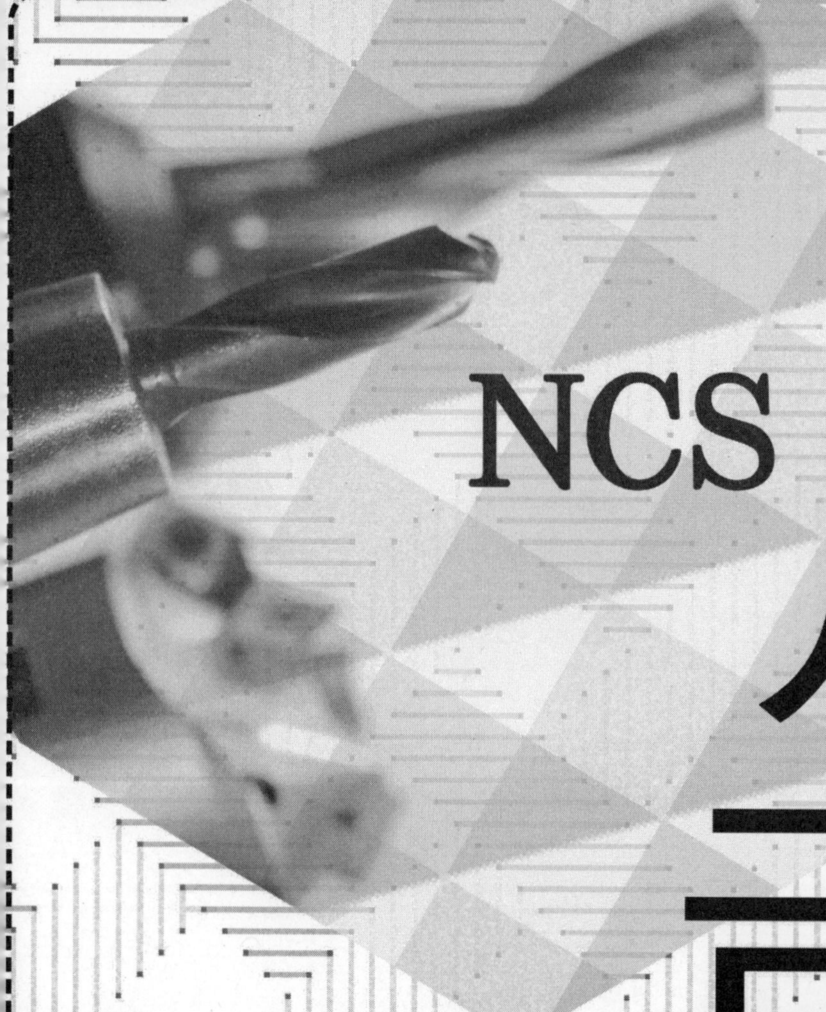

NCS 기반 사출금형

김종수·박태원 공저

D.B.Info

Preface

우리의 일상적인 생활에서 동일한 모양을 가진 수많은 제품을 볼 수 있다. 가전제품에서 자동차, 각종 공구와 생활도구에 이르기까지 그 수를 헤아릴 수 없다. 이러한 제품의 대부분은 금형(金型)이라는 도구를 통해서 생산되었다고 할 수 있다. 그러한 제품은 생산성과 품질향상, 원가절감이라는 요구에 충족될 방법으로 만들어 지게 되는데 이를 만족 할 수 있는 방법으로 플라스틱을 원료로 한 제품이 많다. 플라스틱 제품도 더욱 복잡하고, 다양한 제품을 요구함과 동시에 더 높은 정밀도가 요구되고 있는 실정이다.

금형의 설계와 제작, 그리고 성형에 이르기까지 성형품질에 영향을 주는 여러 요소 중 어느 것 하나 손쉽게 할 수 없다. 제품의 정밀도에 절대적인 영향을 주는 금형은 제작과정이 어려울 뿐만 아니라 금형과 관련된 용어의 이해가 어렵기도 하고, 같은 부품일지라도 다르게 불리는 등 명칭들이 정리되어 있지 않아 배우는데 혼선을 초래하는 경우가 많다.

이 교재는 금형산업의 특징과 플라스틱 금형의 종류와 특징, 그 중에서 사출금형에 기초하여 각 구성부품의 기능과 동작의 특징을 소개 하였으며, 금형의 제작방법과 금형의 분해조립에 관련한 지식, 사출금형의 도면 이해와 설계에 관한 능력, 사출성형기의 작동, 성형된 플라스틱 제품의 품질에 대한 평가를 통한 성형조건 등을 설명하여 이해를 돕도록 편집하였다.

최근, 산업현장에서 직무를 수행하기 위해 요구되는 지식ㆍ기술ㆍ소양 등의 내용을 국가(한국산업인력공단)가 산업부문별 수준별로 체계화하여 산업현장의 직무를 성공적으로 수행하기 위한 지식, 기술, 태도 등을 국가적 차원에서 표준화한 국가직무능력표준(NCS)이 있다. 여기서 활용되고 있는 사출금형의 능력단위별 교재를 바탕으로 사출금형에 관련한 기초적인 사항에서부터 금형을 설계하고자 하는 중급기술자, 현장기술자 등의 이해를 돕기 위해 재정리 하였다.

금형을 만드는 단순함에 그치지 말고, 원리와 이치를 고려해서 개선하고 실천해서 나아가는 것이 좋은 금형을 만드는 바른 길이라는 선배들의 충고를 받아들이고 성형을 고려한 설계와 제작을 통하여 살아있는 금형을 만드는 일에 조금이나마 도움이 되었으면 한다. 정리를 하다 보니 중요한 사항을 빠뜨린 잘못은 없는지, 행여 표현에 오류가 있다면 많은 질책을 기대해 본다.

2015년 12월

저자

NCS 기반 **사출금형**

제 1 장

총론

사출성형품 설계
금형설계기술과 CAE
사출 금형 설계
열처리
수지 (PLASTIC)
금형제작
사출성형기와 사출성형
고정밀 사출성형

제1절 금형산업 개요

1. 개요 및 범위

1) 일반적 정의

금형(Die&mould)은 제품의 소재가 가지고 있는 소성(塑性 Plasticity), 전연성(展延性 Ductility), 유동성(流動性 Fluidity) 등을 이용하여, 소재를 가공성형하여 제품으로 만드는 도구로 '틀' 또는 '형'(型)이라 한다. 기술적 의미에서 금형이란 동일 규격의 제품을 대량으로 생산하기 위하여 금속재료를 사용하여 만들어진 모체가 되는 틀을 말한다.

2) 금형의 종류 및 범위

금형은 가공품의 종류, 재질, 성형방법, 금형의 구조, 크기, 수량, 정밀도, 용도 등에 따라 다양하게 분류된다. 한국 표준 산업분류에서는 "주형 및 금형제조업(29294)"을, 용도상으로는 프레스금형, 플라스틱금형, 다이캐스팅금형, 주조금형, 단조금형, 고무금형, 분말야금금형, 유리금형, 요업금형 등으로 성형방법상으로는 전단가공금형, 벤딩가공금형, 드로잉금형, 성형가공금형, 압축가공금형, 사출성형금형, 압축성형금형, 이송성형금형, 압출성형금형, 블로성형금형, 진공성형금형, 압공성형금형, 발포성형금형 등으로 분류된다. [그림1-1]에 용도상 분류에 의한 금형으로 생산한 제품을 보여 주고 있다.

프레스 제품

플라스틱 제품

다이캐스팅 제품

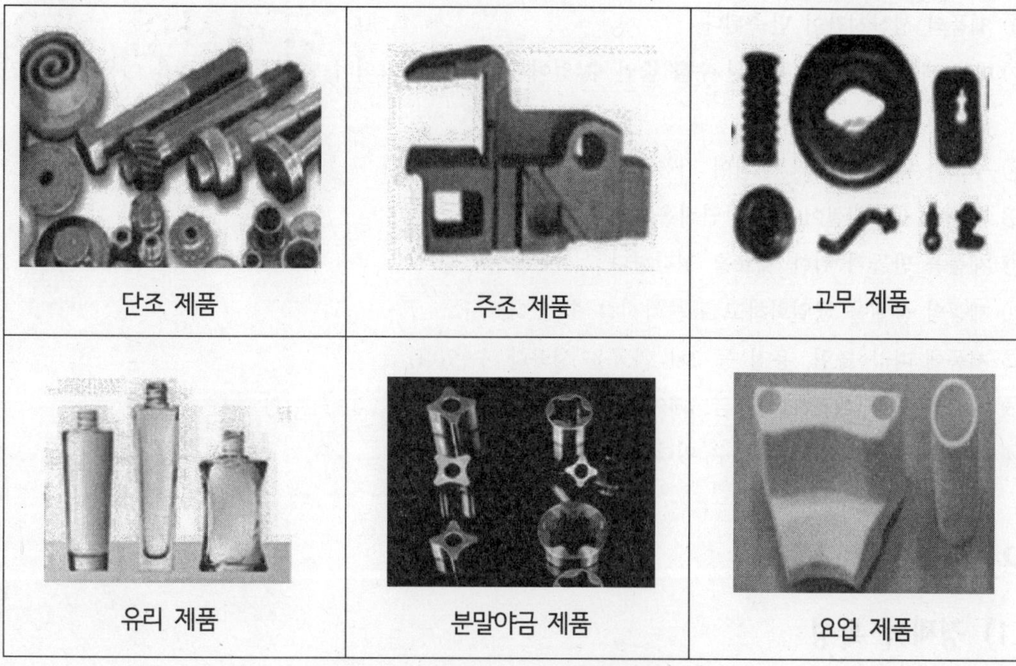

[그림1-1] 금형으로 생산한 제품의 예

3) 금형의 용도 및 기능

(1) 금형의 용도

금형은 우리가 사용하는 전기 · 전자 제품을 비롯하여 자동차, 철도, 선박, 항공기 등의 수송기계, 반도체 · 통신기기, 산업기계, 정밀기계, 광학기기, 농업 · 건축용 기기, 완구 등을 제조하는데 필수적으로 이용되는 만큼 그 용도는 광범위하고 다양하다. 또한 금형은 프레스, 다이캐스팅 머신, 사출성형기 등의 성형기에 부착되어 각종 재료를 동일 형상으로 반복 성형하는 것이 주요 기능이며, 금형의 사용법은 성형가공 기술에 따라 현저하게 달라진다.

(2) 금형의 장점

금형을 이용하여 각종 공산품을 대량생산함으로써 얻는 장점은 아래와 같다.

① 생산제품, 부품의 치수 정밀도가 높다.

② 제품규격이 동일하여 호환성이 있고 조립 생산이 쉽다.

③ 제품생산 시 금형을 이용하면 숙련기술 없이도 제품을 생산할 수 있다.

④ 제품의 외관이 깨끗하고 미려하다.

⑤ 신제품의 개발 또는 모델의 변경이 쉽다.

⑥ 제품의 생산시간이 단축된다.

⑦ 다른 생산 방법보다 종업원 수를 줄일 수 있어 인건비가 절약되며, 자동화 시스템을 이용하면 무인(無人) 생산도 가능하다.

⑧ 두께가 얇은 제품의 생산이 가능하고 무게도 줄일 수 있다.

⑨ 기존의 생산시설이나 공장면적을 줄일 수 있다.

⑩ 제품을 만들기 위한 재료를 절감한다.

⑪ 제품의 품질을 균일화하고 표준화시킬 수 있다.

⑫ 제품에 따라 조립, 용접 등 2차 가공을 생략할 수 있다.

⑬ 제품 표면이 깨끗하여 도금, 페인팅을 생략할 수 있다.

⑭ 제품의 생산원가를 줄일 수 있다.

2. 산업적 특성

1) 경제적 특성

금형은 제품의 대량생산을 위한 도구생산이 주류를 이루고 있어 기술개발 및 투자의 방향도 적정한 규모에서 최대의 이윤을 추구할 수 있는 규모의 경제적 이점을 살릴 수 있는 방향으로 집중되고 있다. 이에 따라 금형의 설계기술, 수명연장기술 등에 관한 연구개발이 활발히 이루어지고 있으나, 날로 다양해지는 수요자들의 요구에 따라 제품의 형상, 색깔, 기능, 크기 등이 다양해지면서 이러한 요구를 충족시키기 위한 방편으로 규모의 경제가 조금씩 약해지고 있는 경향이 있다. 또한 금형산업은 고객의 다양한 욕구만족을 위해 변종[1] · 변량[2]형 생산방식으로 전환되고 있지만 규모의 경제는 여전히 강하고 단지 모델 교체의 주기가 짧아지게 되는데, 이러한 환경에 대처하기 위해서는 금형의 생산방식이나 개발방식이 개선되어야 한다. 즉 짧은 시간에 최대의 효과를 얻을 수 있는 금형기술의 축적과 개발이 절대적으로 필요하다.

금형의 가공방식 또한 예전의 범용공작기계에 의한 방식에서 제품의 정밀도가 높아짐에 따라 고가의 전용공작기계를 사용하게 되면서 금형 자체만으로는 수지를 맞출 수 없게 되자 제품생산까지 겸하고 있는 실정이다. 향후에는 금형제작과 금형에 의한 제품생산이 한 곳에서 이루어지는 범위의 경제로 나아갈 것으로 전망되고 있다.

---

1) 변종(變種)이란? : market을 활성화하고 매출을 늘리는 전략
많은 기종(機種)을 갖춘다. 조합(편성)에 의해 variation을 많게 한다.
동일한 제품은 많이 만들지 않는다. 제품의 라이프사이클을 짧게 한다.

2) 변량(變量)이란? : 시장의 실제 수요를 파악하여 대응하는 전략

2) 기업적 특성

금형은 기술이나 기능을 어느 정도 보유한 사람이면 누구나 소자본과 단순 설비만으로 창업이 가능하기 때문에 대부분 전형적인 중소기업 형태를 띠고 있으며, 영세규모의 기업형태이기 때문에 낮은 보수, 열악한 근무환경으로 인해 이직률이 높고 기술축적도 어려운 한계를 지니고 있다. 특히 금형의 수요업체는 대량생산이 필요한 대기업이 주를 이루고, 공급업체는 주로 중소기업으로 되어 있어 공급업체 간 과다경쟁이 유발되고, 이로 인한 금형가격의 인하경쟁으로 경영여건은 악화되고 있다. 대부분의 금형업체들은 종업원 20인 이하의 영세업체로서 담보력 부족으로 기업자금 확보가 어렵고, 대기업에 비해 근무조건, 급료, 복지후생시설 등이 전반적으로 미흡하기 때문에 고급인력의 확보가 어려운 상황이다. 아울러 수요업체와 대등한 관계가 아닌 상황에서 기술을 공급, 지도 받으면서 금형을 납품하는 형태이므로 저가격 및 단납기 요구 등 종속적일 수밖에 없는 속성을 지니고 있다.

3) 기술적 특성

금형기술과 같은 생산기반 기술은 예로부터 이론보다는 기술인력의 현장경험에 의해 전수되어 오다가 공작기계와 컴퓨터의 발달로 인해 기술자료가 체계화되면서 소프트웨어 형태로 축적, 전수되고 있다. 금형의 정밀도가 일반급인 프레스금형이나 플라스틱금형의 경우에는 국내 기술 수준이 선진국과 동등할 정도의 수준에 달하고 있으나, 이들 기술에 의한 부가가치는 점차 줄어들게 되고, 특히 중국, 동남아시아 등 인건비가 저렴한 국가들의 가격 경쟁력에 의한 추격으로 향후에는 쇠퇴기술이 될 것이기 때문에 앞으로는 고부가가치의 핵심부품 개발을 위해 고(高)정밀급의 금형기술이 필요한 실정이다. 특히 금형은 이론과 현장기술이 복합된 현장 지향형의 복합기술이며, 공산품의 80% 이상은 금형에 의해 만들어지므로 제품의 품질 및 생산성 향상을 추구하기 위해서는 바로 이러한 고부가가치의 금형기술 개발을 위한 기술, 인력, 장비 등 종합적인 시스템 구축이 절실히 요구되고 있다.

4) 생산방식의 특성

금형은 수요산업의 대량생산방식을 지원하고 있다. 제조업체에서는 일반적으로 제품을 대량생산하지만 금형 자체가 대량생산되는 경우가 극히 드물고 금형의 설계나 제작 시 납기 단축이나 품질문제로 인해 금형부품의 표준화를 통해 표준부품을 구입하는 경우에 한하고 있다.

또한 금형은 특정한 제품을 생산할 수 있도록 설계, 제작된 것이기 때문에 다른 제품 생산에 유연성 있게 사용할 수 있는 것이 아니라 수요자의 요구에 따라 형태가 다양한 단품 수주 생산방식이다. 앞으로 제품의 다양화에 의한 이러한 생산방식은 새로운 개념의 금형기술을 습득할 수밖에 없으므로 고도의 정밀도와 숙련도를 필요로 하는 현장 지향형의 기술·기능 복합 산업이라 할 수 있다.

금형은 각종 공산품을 양산하는데 필요한 도구이자 수단으로써 오늘날 우리가 사용하는 거의 모든 공산품 생산에 활용되고 있으며, 금형에 의하지 않고는 생산량 확대에 어려움이 뒤따르고, 사용범위도 다양하므로 금형산업과 연관된 산업도 광범위하다. 금형산업과 연관된 산업의 관계를 살펴보면 전방산업으로는 프레스, 사출성형기 등을 보유하고 플라스틱, 프레스, 유리, 고무 제품 등을 성형하는 산업을 비롯하여 전기·전자, 자동차, 생활용품 등 공산품을 제조하는 대부분의 산업이 이에 속하고 있다. 후방산업으로는 금형업체가 제조활동에 필요한 공작기계 등기계설비, 공구, 금형부품 및 소재 등을 공급하는 산업과 방전가공 등 기계 산업을 비롯하여 열처리, 표면처리, 부식, 모델, 설계, 엔지니어링산업 등이 있다.

[표 1-1] 금형산업과 연관산업의 관계

	연관산업	관련분야
전방산업	성형가공산업	플라스틱, 고무, 다이캐스팅, 유리, 분말야금, 요업, 금속, 압단, 프레스, 단조 등 각종제품 성형 및 가공산업
	전기·전자산업	가전제품, 전기용품, 반도체 부품 등
	기계산업	자동차, 우주항공, 공작기계, 계측기기 등
	광학정밀산업	의료기기, 광학기기 등
	생활용품산업	완구, 문구, 주방기기, 신발, 스포츠용품 등
	건축자재산업	PVC 파이프, 알루미늄 섀시 등 토건자재
후방산업	금형소재 및 금형부품	금형강, 공구강 등 소재산업과 다이세트, 몰드베이스 및 금형부품
	공작기계/공구산업	선반, 밀링 등 공작기계, 공구
	열처리/표면처리산업	담금질, 풀림, 침탄 등
	설계/엔지니어링산업	CAD 등 제품설계, 디자인 등
	산업디자인산업	프로토타입, 목형 등

자료 : 산업연구원, 한국금형공업협동조합, 「금형 산업경쟁력 조사」, 2008.12.

제2절 새로운 성장동력 금형

1. 금형산업의 육성 필요성

창조경제시대에 전통 제조 산업의 고부가가치화는 전 · 후방 모든 산업분야의 핵심과제가 되고 있으며 금형 육성의 필요성은 더욱 증가할 것으로 예상된다. 금형은 대량 생산되는 모든 제품의 품질과 성능을 좌우할 뿐만 아니라 완제품의 가격 결정에도 직접적인 영향을 미치고 있다.

현재 우리나라 주력 수출 품목인 자동차, 휴대폰의 경우 국내에서 자체 금형개발이나 금형제작이 어려울 경우 전적으로 수입에 의존할 수밖에 없으므로 신제품 개발은 물론 내수 및 수출시 가격 경쟁력 확보나 신제품 정보유지 등에서 큰 어려움을 야기할 수 있으므로 금형산업의 중요성이 배가 되고 있다.

2. 산업변화에 따른 금형의 수요

창조경제 시대의 대표적인 복합 산업으로는 자동차 산업을 주목해야 한다. 자동차 산업의 경우 IT를 융합한 자율주행 및 자동제어, 인공지능, 로봇공학 등 첨단 기술의 융합이 가속화되고 있으며 무선통신망, 스마트그리드, 빅데이터 기술과의 융합을 통해 운전자 편의를 향상시키는 새로운 분야로의 광의적 사업영역 확대가 예상되고 있다. 자동차 제조과정에 IT를 도입해 생산성 향상 및 고객서비스 제고로 경쟁력을 강화하고, R&D와 생산부문에서는 3D시뮬레이션 설계, 3D프린팅 기술, 글로벌 실시간 품질관리 등이 추진되고 있다. IT, 전기, 화학 등 이종 산업에 속한 중소 및 중견 부품업체와의 협력이 더욱 확대될 전망이며, 부품생산을 위한 복합 금형기술 분야에 대한 전문기업의 기술 확보도 더욱 가속화될 것으로 예상된다.

금형의 신수요는 성형 원재료 및 공정에 따라 고생산성 임계 성형 플라스틱 금형, 초정밀 Netshape 프레스 금형 및 차세대 특수 복합금형 등을 들 수 있다.

① 고생산성 임계성형 플라스틱 금형의 경우, 열가소성수지(Thermoplastic esin)를 사용하여 주력산업제품군의 미세 형상 부품, 기능성 부품, 대면적 외관 부품, 복잡형상 내장부품, 경량화 부품 등을 대량으로 요구하는 분야에 활용될 수 있다.

② 초정밀 Net Shape 프레스 금형의 경우, 메탈 및 기타 소재로부터 벤딩, 피어싱, 블랭킹 등의 공정을 적용하여 성형 한계 공차 극복을 요구하는 주력산업제품군 분야에 활용될 수 있다.

③ 차세대 특수 복합 금형의 경우는 상기 플라스틱 및 프레스 금형분야 외에 적용되는 제반 금형과 이를 복합화한 금형으로 메탈파우더 레진 적용, 메탈과 플라스틱의 일체성형, 조립품의 금형 내 성형, 초고생산성 향상, 디자인 성능향상을 요구하는 부품제조용 금형으로 분류될 수 있다.

3. 금형의 시장성 및 성장성

국가기반 산업의 근간을 이루는 금형분야는 "국가주력 제품군의 고부가가치화"를 위한 수단으로 新시장창출을 위한 미세화, 정밀화 및 생산성과 신뢰성 향상을 위한 복합화 추세로 진행되고 있다. 국가 주력산업 제품의 모든 부품(ex.자동차 약 20,000개 부품)은 금형으로부터 시작되므로 금형분야는 다양한 특성과 이와 관련한 많은 응용제품을 포함한다.

기존 주력분야인 플라스틱 금형, 프레스 금형 등과 비교하여 복합 금형의 시장성 및 성장성을 평가해 보면, 시장성 및 성장성 모두 기존 주력분야인 플라스틱 금형 및 프레스 금형보다 양호한 것으로 평가 (기존의 플라스틱 금형과 프레스 금형에 비해서 복합 금형의 시장성(110 수준) 및 성장성(120 수준으로 추정) 모두 더 나은 것으로 판단.) - 금형분야 전문가 델파이 조사(2013.12) 결과.

[표 1-2] 주요 금형의 시장성 및 성장성 평가

	시장성	성장성
플라스틱 금형(기존 주력분야 1)	100	100
프레스 금형 (기존주력분야 2)	90	110
특수복합 금형(B)	110	120

자료 : 산업연구원
주 : 대표적인 기존 주력분야와 비교시(=100), 대상분야(B)를 상대평가한 것임.

제3절 국내외 산업 현황 및 육성정책

1. 국내산업의 현황과 문제점

1) 생산 현황

한국의 금형생산은 연평균 11.4%의 증가세를 유지하고 있다. 2011년도 생산규모는 10인 이상 기업기준으로 7조원에 이른 것으로 집계되었으며, 2012년 생산규모는 동 기준 7조 5,000억 원에 육박한 것으로 추정하고 있다. 특히 한국 금형산업의 특징은 내수시장의 금형수요를 충족할 뿐 아니라 총 금형 생산액의 35.5%를 일본, 중국을 비롯한 세계 120여 국가에 수출하는 수출 집약형 고부가가치 산업으로서 수출 비중도 점진적으로 증가하고 있다.

품목별 금형생산은 2011년도 기준 플라스틱금형이 43.0%, 프레스금형 31.6%, 다이캐스팅금형 1.7% 등의 비중을 보이고 있으며, 주력 품목인 플라스틱 금형과 프레스 금형이 우리나라 금형 생산의 74.6%를 차지하고 있으며, 2011년도 금형생산은 2010년도 보다 평균 6.5% 증가하였으나, 품목별로 전년도와 비교하면, 플라스틱금형이 15.9%, 프레스금형 8.5% 증가하였으며, 다이캐스팅금형과 기타금형, 금형부품 등은 감소한 것으로 나타났다.

한편 가치사슬 변화와 관련이 큰 복합금형은 표준산업 분류코드를 바탕으로 할 때 생산 규모가 통계로 되어 있지 않으나, 산업 통상 자원부의 첨단기술 및 제품의 범위에 포함되어 있는 플라스틱금형 기술 7개 분야와 프레스금형 기술 5개 분야, 다이캐스팅금형 7개 분야, 주조금형 기술 3개 분야, 기타금형 기술 4개 분야 등과 산업융합원천기술개발사업, 산업융합 촉진사업, 미래산업선도기술개발사업에 대한 기술개발자금 지원이 매년 증액되고 있다.

중소기업청의 복합 기술개발사업을 통한 중소기업의 제품개발지원으로 인하여 생산기반인 금형의 복합금형 생산규모도 매년30% 이상 증가하고 있는 것으로 추정된다.

[표 1-3] 금형산업의 수급추이

단위 : 억원, %

	2007	2008	2009(a)	2010(b)	2011(c)	증감		구성비
						b/a	c/b	
플라스틱금형	21,291	23,353	23,529	25,998	30,144	10.5	15.9	43.0
프레스금형	12,593	14,500	19,644	20,463	22,199	4.1	8.5	31.6
다이캐스팅금형	1,139	1,095	1,014	1,252	1,176	23.5	△6.1	1.7
기타금형	6,229	7,668	7,536	9,628	9,144	27.8	△5.0	13.0
금형부품	4,241	4,810	5,187	8,488	7,463	63.6	△12.1	10.7
계(A)	45,493	51,426	56,910	65,829	70,126	15.7	6.5	100.0
복합금형(B)	4,235	5,905	8,548	11,615	14,813	35.9	27.5	-
비중(B/A)	9.3	11.5	15.0	17.6	21.1	-	-	-

자료 : 「광업·제조업통계조사보고서」, 통계청, 2007~2011(10인 이상 기업 기준)
주 : 복합금형의 생산규모는 한국금형공업협동조합 추정치임.

[표 1-4] 품목별 금형 생산실적

단위 : 억원(백만 달러), %

		2007	2008	2009	2010	2011	2012	연평균 증가율 (2007~2011)
수요	내수	33,073	36,403	42,478	46,970	46,767	47,761	9.0
	수출	13,613 (1,464)	16,580 (1,507)	15,974 (1,452)	20,420 (1,766)	24,910 (2,248)	28,285 (2,512)	16.3
공급	생산	45,493	51,426	56,910	65,829	70,126	74,334	11.4
	수입	1,193 (128)	1,557 (141)	1,542 (140)	1,561 (135)	1,551 (140)	1,712 (152)	6.8

자료 : 1) 「광업·제조업통계조사보고서」, 통계청, 10인 이상 기업
2) 한국무역협회 수출입 통계
주 : 2012년은 산업연구원(KIET) 추정치임.

2) 금형 수출입 현황

국내 금형수출은 1990년도에 처음으로 1억 달러를 달성하였으며, 꾸준한 기술 및 품질향상과 해외시장 개척을 통하여 수출이 급성장 하고 있으며, 1994년에는 2억 달러를 돌파하면서 처음으로 무역수지가 흑자로 전환되었다. 또한 대일 금형수출도 매년 증가세를 유지하여 1998년에 최초로 대일 무역수지 흑자 9,500만 달러를 달성한 이후 매년 무역수지 흑자폭을 증가시키면서 국가 산업발전에 크게 기여하고 있다.

2012년도 금형산업은 수출 25억 1,211만 달러와 수입 1억 5,171만 달러로 무역수지 23억 6,040만 달러의 흑자를 달성하였다. 2007~2012년 중 한국의 금형수출은 연평균 12.0% 증가하고 수입은 연평균 3.5% 증가하면서, 무역수지도 꾸준히 증가하고 있다.

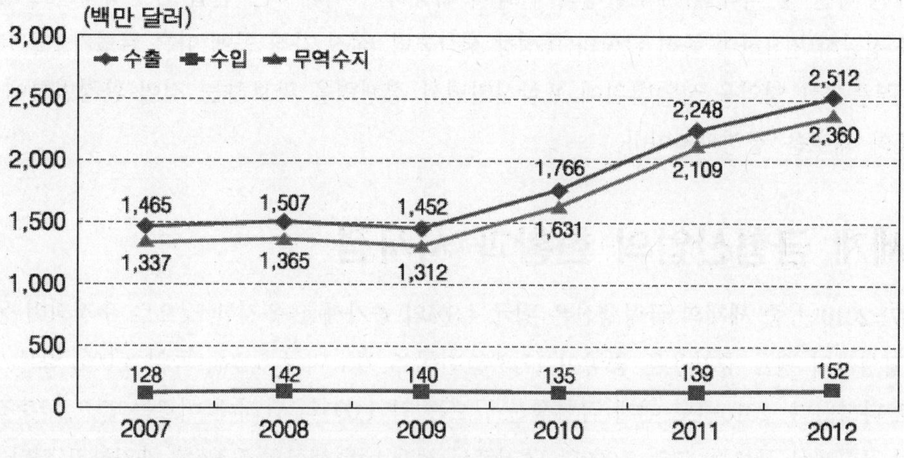

자료 : 한국무역협회 통계자료, 2007~2012년판 참조

[그림 1-2] 연도별 금형 수출입 추이

3) 금형업체 현황

국내 금형업체는 1인 기업을 포함하여 약 7,200개사, 종사자는 약 52,000명으로 추정되고 있으나, 절대 다수가 영세업체이며 잦은 이전과 휴·폐업 등으로 인하여 정확한 파악은 불가능한 실정이다. "뿌리산업 진흥과 첨단화에 관한 법률"에 근거하여 국가 뿌리산업 진흥센터에서 조사한 2011년도 기준 금형분야 표준 산업분류(29294)에 의한 전국 금형업체 전수조사 결과에 의하면, 전국에 소재한 1인 이상 금형업체 수는 7,183개사로 조사 이 가운데 근로자 규모별로는 10인 미만 금형업체가 5,576개사(77.6%), 10인에서 50인 미만 금형업체는 1,124개사(15.7%)로 50인 미만의 소기업이 6,700개사(93.3%)인 것으로 나타났다. 2011년도 통계청 자료인 10인

이상 금형업체는 1,341개사가 기업 활동을 하고 있는 것으로 조사되었으며, 근로자 규모별 금형업체 구성비는 전체 1,341개사 중 10~19인 기업이 57.1%, 20~49인 기업은 32.7%, 50~99인 기업은 7.6%, 100~199인 기업은 2.1%, 200인 이상 기업은 0.5%인 것으로 나타났다.

이 조사 결과에 의하면 2011년도 기준 10인 이상 기업의 금형업체당 평균 근로자 수는 26.0명, 50인 미만 소규모 금형업체는 2,410개사로 전체의 89.8%를 차지하고 있다.

4) 금형업체 규모별 생산현황

2011년도 금형 생산실적 7조 126억 원에 대해서 금형업체 규모별 실적은 20~49인 기업의 생산규모가 전체 생산액의 33.6%로 가장 높았으며, 이어서 50~99인 기업 24.6%, 10~19인 기업이 23.5%, 100~199인 기업 12.5%, 200인 이상 기업 5.8% 순으로 조사되었다. 이 결과를 분석하면 생산 및 국내외 제조환경의 변화에 대응하기 위해서는 전업 금형업체들도 규모의 확대가 절실히 필요하며 특히 금형의 특성상 생산능력, 적정 가격 등에 따른 금형기술을 바탕으로 한 부품생산 영역을 사업범위에 포함시키면서 경쟁력을 확보하는 것이 환경변화에 따른 기업들의 새로운 경영과제이다.

2. 세계 금형산업의 현황과 시사점

2007~2010년 중 세계의 금형생산은 평균 4.8%의 증가세를 유지한 것으로 추정되며 동기간 중 금형생산의 평균 증가율은 중국이 17.8%, 한국 5.9%, 미국 5.3%, 독일 5.0%, 일본 -3.2% 등으로 나타났다. 2010년도 세계 금형생산 규모는 약 1,095억 달러에 이르는 것으로 추정되며 한국의 금형생산 규모는 57억 5,000만 달러로서 세계 금형생산의 5.3%를 차지하고 있다. 일본(16.2%), 중국(9.9%), 미국(6.5%), 독일(6.4%)에 이어 세계 5위의 금형생산 국가이다. 주요 금형생산 국가인 일본, 중국, 미국, 독일, 한국 등 5개 국가의 금형 생산규모는 총 483.8억 달러(2010년 추정치)로 세계 금형생산액의 44.3%를 차지한다. 한편 향후 세계 금형시장은 중국을 중심으로 꾸준히 성장할 것으로 전망되며, 선진국인 일본, 독일, 미국은 시장 규모 및 성장률에서 뒤처지나 기술 발전도는 중국을 비롯한 기타 국가와 큰 격차 예상된다.

[표 1-5] 금형업체 규모별 생산 실적

단위 : 백만원, %

	2007	2008	2009	2010	2011	증감 (연평균)	구성비
10~19인	1,256,063	1,326,916	1,265,547	1,548,656	1,646,985	7.4	23.5
20~49인	1,655,425	1,694,759	1,839,611	2,122,440	2,356,691	9.3	33.6
50~99인	999,616	1,087,259	1,220,456	1,485,295	1,727,095	14.8	24.6
100~199인	364,294	716,472	711,475	870,633	873,303	29.7	12.5
200인 이상	273,895	317,201	653,972	555,876	408,569	20.1	5.8
계	4,549,293	5,142,607	5,691,061	6,582,900	7,012,643	11.5	100.0

자료 : 통계청, 「광업·제조업 통계조사보고서」, 10인 이상 기업 기준

[표 1-6] 주요 국가의 금형 생산실적표

단위 : 억 달러, %

	2007	2008	2009	2010	연평균 증가율	비중
일본	197.7	168.2	178.2	177.1	△3.2	16.2
중국	66.2	76.1	89.0	108.0	17.8	9.9
미국	61.0	62.5	64.4	71.1	5.3	6.5
독일	60.5	62.0	63.5	70.1	5.0	6.4
한국	50.0	46.8	44.6	57.5	5.9	5.3
기타	514.6	579.4	670.3	611.2	6.5	55.7
계	950.0	995.0	1,040.0	1,095.0	4.8	100.0

자료 : 국제금형협회(ISTMA) 통계, 2010년도는 추정치임.

3. 우리나라의 육성정책

국가기반 산업의 근간을 이루는 금형분야는 "국가주력 제품군의 고부가가치화"를 위한 최후의 수단으로 新시장창출을 위한 미세화, 정밀화 및 생산성과 신뢰성 향상을 위한 융복합화 추세로 진행되고 있다. 2000년도 이후 금형산업을 포함한 뿌리산업의 중요성이 지속적으로 강조되면서 기업 및 정부의 체계적인 투자 및 정책 지원이 확대되고 있다.

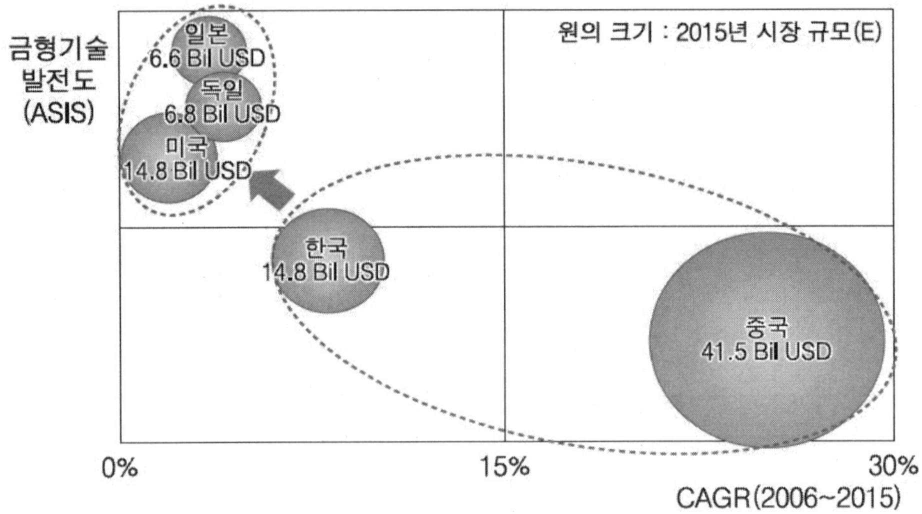

자료 : ISTMA, 무역위원회, 산업연구원, Deloitte analysis(2013 .3)

[그림 1-3] 주요 국가의 금형시장 현황 및 전망

제조기반 6대 분야 기반구축사업 (2000~2009년/342억원)

생산기반기술개발사업 (2003~2009년/274억원)

2006년 "신산업 육성을 위한 융합부품소재 발전 방안(산업부) 수립으로 제조기반 분야 육성 확대

* 정부: 뿌리산업 진흥과 첨단화에 관한 법률(2012년)

* 지자체: 김제, 진주, 대구, 시흥(시화: 뿌리산업진흥센터(2012년) 등

* 대기업: 삼성 광주 정밀금형개발센터(2010년), LG 평택 금형기술센터(2011년)

산업통상자원부를 중심으로 정부가 추진하고 있는 동 산업의 육성 정책을 종합적으로 검토하여 국무회의를 통과한 "뿌리산업 진흥과 첨단화에 관한법률" 개정 법률안 포함하여 생산기반 R&BD의 추진 전략 가운데 융·복합금형을 중심으로 금형부문의 정책적 변화를 가져오고 있다.

[표 1-7] 한국형 新제조기반 전략기술(녹색·신성장동력 기반 기술) 금형 분야

신제조기반기술		관련 산업(제품/부품/소재)
	세부 연관기술	
사출금형	디지털 금형설계기술, 초정밀가공 및 조립기술, 마이크로 성형기술, 대면적 성형기술	• 가전(케이스), 자동차(내장부품, 계기판부품), 휴대폰(케이스) 등
프레스 금형	디지털 금형설계기술, 초정밀가공 및 조립기술, fine blanking 및 forming die 제작기술, 난성형재 성형기술	• 자동차(차체 및 섀시부품), 휴대폰(커넥터), 반도체(IC배선부품) 각종 기능부품
특수금형	다색다중사출성형기술, blow 성형기술, 플라스틱 메탈 일체화 성형기술, IMA(In Mold Assy') 성형기술	• 휴대폰(2색컬러케이스), 융복합 제조 • 디스플레이(LCD초슬림필터), 의약 및 식품산업(용기류), 카메라(렌즈 및 광학부품) 등
다이 캐스팅	알루미늄 다이캐스팅기술, 마그네슘 다이캐스팅기술	• 자동차(엔진부품, 미션, 크랭크 케이스), 휴대폰(케이스), 정보통신(컴퓨터 케이스) 등

자료 : 산업연구원 정리

제4절 우리나라 금형의 수준 및 국제비교

국내 금형관련 기업들의 개발추이를 보면 태동기 → 도입기 → 성장기를 거쳐 성숙기와 선진국 진입기로 이동하면서 가치사슬변화에 비교적 능동적인 대응을 하고 있는 것으로 판단된다. 다만 새로운 수요에 대응하는 금형부문은 개발이 제한적으로 이루어지고 있다.

1. 기업 관점

세계의 금형시장은 중국 금형이 일본, 미국의 금형수요를 크게 잠식하였으며, 최근 들어 금형수요기업의 글로벌 투자확대로 신흥 금형국가의 생산이 점진적으로 증가하고 있고 한국의 금형산업은 중국 금형과 경쟁이 더욱 심화되고 있다. 인건비 비중이 높았던 선진국의 금형산업이 점차 둔화되고, 금형인력도 감소하는 가운데 고급 기술 인력의 수급안정화가 금형업체와 국가의 금형경쟁력에 큰 영향을 미치는 요인이 되고 있다.

2. 공급사슬 관점

1) 전방산업의 수요구조

국내 금형은 주력 수출 품목인 자동차, IT, 가전 등에 파급효과가 가장 큰 기반산업 중 하나로 가전 · 통신부품 29.0%, 자동차 부품 24.6%, 컴퓨터 · 사무기기 부품 22.2%, 반도체 부품 12.4%, 생활용품 9.4%, 기타 2.4%의 비중을 차지한다.

[표 1-8] 주요 산업별 국내 금형산업의 효과

	생산	수출	금형비중 추정비율(%)	금형생산 추정액(조원)	부가가치 추정책(억원)
자동차	375(만대)	210(만대)	5	2.25	2,250
석유화학	1,964(만톤)	638(만톤)	3	0.88	880
반도체	47.4(조원)	370(억달러)	5	2.37	2,370
가전	19.8(조원)	119(억달러)	5	0.99	990
메카트로닉스	3.6(조원)	1.9(조원)	3	0.11	110
전자부품	30.1(조원)	260(억달러)	5	1.50	1,500
컴퓨터	11.9(조원)	194(억달러)	5	0.59	590
통신기기	32.9(조원)	223(억달러)	8	2.63	2,630
계	-	-	-	11.32	11,320

자료 : 부천시, 「부천금형산업 집적화단지 조성을 위한 기본계획 수립」 참조

(1) 자동차 산업

세계 자동차 시장은 저성장 국면에 진입하였으며 과잉공급 상태가 지속되면서 판매 경쟁이 심화되고 있다. 모듈화 발주의 정착과 글로벌 소싱은 확대되는 추세로 설계 전문화에 따른 품질, 성능개선, 생산원가 절감, 조립 비용감소 등이 강조되고 있다. 따라서 부품업체의 대형화, 전문화가 가속화되고 자동차 부품 가격의 지속적인 인하가 요구되면서, 부품 외주생산 및 글로벌 소싱도 확대되고 있다. 미국, 일본, 유럽 등 선진국에서는 자동차 산업이 고용, 내수, 수출 등 연관 산업에 미치는 막대한 파급효과를 고려하여 미래형 자동차 산업을 집중 육성하고 있다. 하이브리드 자동차 시장(일본), 연료전지 자동차 개발(미국), 고안전 지능형 자동차 상용화(유럽)등 미래형 자동차의 부가가치 및 경쟁력 향상은 금형을 비롯한 부품업체의 핵심기술에 있다.

(2) 가전 산업

가전산업은 최근 디지털 융합을 접목하면서 성장단계에 이르고 있으며 향후 우리나라 가전 산업의 성장 및 수출을 주도할 것으로 전망되고 있다. 디지털 융합가전은 IT기술을 중심으로

BT와 NT기술을 기반으로 대화형, 지능형, 맞춤형 기능을 복합 적용하는 추세이다. 향후 모든 디지털 융합 가전제품은 유무선 네트워크로 연결되며, 각각의 기기에 주소(IP)가 부여되어 어디서나, 언제든지 접속이 가능한 유비쿼터스 환경에 적응하는 형태로 진화할 전망이다. 가전산업은 신규진입 및 M&A를 통한 글로벌 경쟁이 가속화되고 있으며, 디지털화 및 융합화에 따라 시장 진입장벽이 완화되고 산업간 경계가 붕괴되면서 신규업체의 진입이 증가함과 아울러 후발업체의 빠른 기술 확보로 경쟁 심화될 것으로 판단된다. 다국적 기업들의 해외투자 확대 경쟁으로 인하여 중국, 멕시코, 동유럽이 주요 생산거점으로 부상하는 등 세계 디지털 가전산업의 중심지가 이동하고 있다. 생존전략 차원에서 자국 내 기업이나 국내외 기업 사이의 전략적 제휴와 협력이 더욱 확대되는 추세로 기술선점을 위한 핵심부품의 고난도 모듈화 등을 통해 기술의 역추적을 불가능하게 하는 기술 블랙 박스화 경향도 확산되고 있으며, 특허분쟁이 더욱 가속화되는 경향을 보이고 있다. 국제표준 확보가 기업의 생존과 직결되어 제품이 국제표준을 획득하지 못할 경우 사업유지에 막대한 타격 발생이 될 것이나 한국의 디지털 융합가전 대부분은 자급률이 높은 편으로 경쟁력을 확보하고 있으며, 세계 시장에서는 중국, 일본, 미국에 이어 세계 4위의 디지털 가전 생산국으로 입지를 굳히고 있다. 또한 대기업 간 칩셋이나 소프트웨어 등 주요 부품을 인소싱하면서 계열사 및 부품업체들의 계열화를 통한 수직적 통합 생산구조를 구축하고 디지털 가전산업은 수직적 계열화 생산체제라는 특성으로 인해수요 완제품 업체와 모듈 및 1, 2차 부품업체와의 협력관계, 1, 2차 부품업체와 2, 3차 부품업체와의 협력관계가 더욱 긴밀해지는 경향을 보이고 있다.

2) 후방산업의 공급구조

금형, 주조, 열처리, 표면처리, 소성가공, 용접산업 등 생산기반산업은 6대 전략산업으로 분류되며, 상호 기술, 제품의 연계성이 매우 커서 동반 육성을 통해 최대의 시너지 효과를 낼 수 있는 주력 품목이다. 21세기 자동차, 가전, 이동통신, 디스플레이 등 주력산업의 대외환경은 생산기반기술 시장의 확대를 동반하고 있으며, 대기업의 글로벌 수급 경쟁구도의 가속화와 선진국 생산기반기술의 활발한 이전으로 이에 대응한 생산기반 후방산업의 기술개발이 절실히 필요하게 되었다. 생산기반인 후방산업은 국가주력산업인 전기, 전자, 반도체, 자동차, 항공우주 등과 매우 밀접한 관계를 맺고 지속성장 및 기술고도화를 통해 수요산업의 선진화를 뒷받침하여야 한다. 앞으로 금형의 수요산업은 세계적으로 초경량화, 고기능화, 초정밀화, 친환경화 추세에 있으므로 혁신적 가공기술 요구 증대될 것이다. 2000년 기준 생산기반산업은 생산 약 50조원(GDP 대비 8%)이며, 연평균 성장률은 10% 이상인 성장산업으로 최근 IT 전자정보 산업제품의 물량확대 및 다양화에 따른 생산기반 후방산업의 생산 및 수출 확대도 증가하는 추세이다.

6대 뿌리산업 전체의 기술수준 및 경쟁력 분석 결과를 보면, 일본을 100으로 할 때 유럽은 98.1(2011년 기준), 미국은 94.3 우리나라는 84.2로서 선진국에 비해서 여전히 상당한 차이를 보이고 있다. 금형의 경우에는 플라스틱금형의 기술수준이 일본 대비 86.4, 프레스금형은 83.9로 나타난 반면 특수금형은 80.0에 불과하여 상대적으로 기술수준이 부족한 것으로 나타고 있다. 향후 수요확대가 예상되는 특수금형의 기술력 제고 및 정부의 적극적인 육성책 마련 필요하다.

3. SWOT 분석으로 본 금형산업

1) 산업수요측면(Needs)

국가 주력 산업군(자동차, 디스플레이, 휴대폰 및 가전 등)의 지속적인 성장 및 글로벌 경쟁력 강화로 금형에 대한 꾸준한 수요 및 기술개발 필요성이 증가하고 있는 가운데 내수 부진을 수출로 극복하고 있으며, 한.EU 및 한.미 FTA에 따른 관세인하 효과로 수출 신장이 기대되고 있다.

[표 1-9] 우리나라 주요 금형별 기술수준 평가

	최고기술 보유국	기술수준(%)	기술격차(연)
플라스틱금형기술	일본	86.4	3.4
프레스금형기술	일본	83.9	4.0
특수금형기술	일본	80.0	2.9

자료 : 한국산업기술평가관리원, "주력산업 산업융합 R&D 전략", 2012.

(1) 촉진 요인

기존 제품의 기능을 차별화시키며 후방산업을 견실히 지원하고, 전방산업의 경쟁력을 높일 수 있는 금형 분야의 수요는 꾸준히 증가할 것이다. 자동차의 환경규제에 따른 경량화로 고생산성 임계성형 플라스틱 금형에 대한 수요가 계속적으로 증가할 것으로 예측되며, 기존의 내외장 플라스틱 부품의 적용에서 차체 바디로 적용이 확대되어 시장이 급속히 증가할 것이다.

특히 국내외 및 전 세계적으로 HEV, PHEV, EV, NEV 등 전기 자동차 개발에 대한 지속적인 연구개발이 진행되고 있어 이를 구성하는 요소부품 제조를 위한 임계성형 플라스틱 금형은 새로운 블루오션 분야다. 초정밀 Net Shape 프레스 금형 분야의 경우 국내 현대, 기아 등의 글로벌 경쟁력 강화 및 반도체 산업의 견고한 성장으로 보다 정밀하고 내구성 있는 부품에 대한 수요도 꾸준히 증가할 것이다.

차세대 특수 복합 금형의 경우는 기술 선진국 독일과의 격차가 있으나, 국내 주력산업의 대외 경쟁력 향상, 국가 브랜드 이미지상승, FTA체결로 인한 수출증대로 계속적인 수요 증가가 예상된다. 주력산업 외 로봇, 정보통신, 환경.에너지산업 등 신산업의 기술력을 뒷받침하는 산업으로 미래시장 선점의 기반이며, 첨단화 및 복합화를 통해 신성장 동력산업 탄생을 견인할 수 있다.

(2) 저해요인

유럽 재정위기 지속에 대한 불안감, 미국과 중국의 경기침체 우려에 따른 전 세계적인 경제침체에 대한 우려 및 이로 인한 수요 위축이 우려되며 공급망 구조의 최하단에 위치하여 수요기업의 과도한 납품단가 인하 요구 및 기술 개발비용 전가 등으로 중소기업의 수익성 악화, 기술개발 의욕 저하 등 수요 대기업과 중소기업의 동반성장 여건이 취약하다.

2) 산업환경측면

자동차, 모바일, 디스플레이, 반도체, 전기전자 등 국가 전략산업에 해당되는 전방산업이 글로벌 경쟁력을 확보하고 꾸준히 성장하면서, 이를 뒷받침하는 뿌리산업이 정부차원에서 법제화되었으며, 이 중 핵심 산업인 금형에 대한 대기업, 지자체 및 정부차원의 관심도 증가로 계속적인 투자와 연구개발이 이루어지고 있다.

(1) 촉진 요인

2000년도 이후 금형산업을 포함한 뿌리산업의 중요성이 강조되어 기업 및 정부의 체계적인 투자 및 정책 지원이 확대되고 있다. 제조기반 6대 분야 기반구축사업(2000~2009년/342억원), 생산기반기술개발사업(2003~2009년/274억원), 2006년 "신산업 육성을 위한 융합 부품소재 발전 방안(산업부)"수립으로 제조기반 분야 육성 확대와 정부의 뿌리산업 진흥과 첨단화에 관한 법률(2012년)과 김제, 진주, 대구, 시흥(시화: 뿌리산업진흥센터 - 2012년) 등의 지자체 입지 강화 등의 촉진요인과 고생산성 임계성형 플라스틱 금형분야는 환경보호에 대한 전 세계적 이슈와 함께 소비자의 다양한 요구 증대로 기존의 기술을 뛰어넘는 초정밀 초고생산 환경으로 전환되고 있어, 이와 관련된 연구 개발이 활발히 진행되고 있다. 이러한 현상은 차세대 특수 복합 금형 및 초정밀 Net shape 프레스 금형에서도 가속화되고 있어 연구개발에 대한 필요성이 증대되고 있으며, 거대 금형산업 선진국이 답보 상태로 전략적 육성에 따른 선진화 가능성이 증대되고 있다.

(2) 저해 요인

우리나라 금형산업은 3D 업종이라는 잘못된 인식과 낮은 1인당 부가가치 생산성에 기인한 저임금 구조로 인해 현장 기능 인력난 심화 및 글로벌 가격 경쟁력 약화로 이어지고 신규 취업자 감소로 근로자가 고령화되고 기술인력 부족 현상 급가속화, 외국인 근로자 증가 및 국내 기술력의 국외 유출이 우려되고 있으며, 세계 경제의 글로벌화 및 자국 산업 우선화 전략 시도, 즉 최근 FTA 체결 움직임의 제동, 자국 산업보호, 근로자의 일자리 및 소득유지를 위한 국제 흐름의 변화도 나타나고 있다. 중국 자국 내 지적재산권 보유 제품에 대한 우선권 부여(2009.10)와 EU는 미국 인텔에 대해 불공정거래에 대한 과징금(10.6억 유로, 2009.05) 부과 등이 저해요인이다.

중국 제조업은 고도성장, 생산력 제고로 "세계의 공장"으로 부상(세계 2위)하고 있어 제조업 실질 부가가치 1.1조 달러(2009년)로 2015년 미국 추월 가능성과 중국의 금형강국의 꿈으로 매년 13% 상승, 정부차원 적극지원 및 완전 국산화 추진하고 있다.

수출 위주 및 공급사슬의 산업 특성상 환경규제에 직접 노출되어 있는 반면, 중소기업 특성상 환경 및 에너지 문제에 대응할 수 있는 능력은 매우 취약하고, 이산화탄소 억제방안 구축, 전세계 모든 국가들은 1990년 대비5.2% 이상 CO2 배출을 억제하고 있어 포스트 교토체제 출범 등 향후 온실가스 감축압력 지속적 증대 예상되며(국내 중소기업의 85%가 환경중요성에 대한 인식이 부족하다.), 그 원인으로 기업의 예산부족(22.4), 외부 경제환경 악화(17.8), 대응수단 부족(16.9) 등을 들 수 있다.

3) 산업기술측면

고생산성 임계성형 플라스틱 금형의 상업화를 위해서는 핵심기술인 고분자 복합소재, 설계기술, 초정밀 가공 및 성형기술, 첨단측정기술 등의 복합화가 필요하며, 기존의 하드웨어 중심에서 소프트웨어 중심의 금형기술 보완 필요하며, 자동차 산업분야에서는 최우선 과제인 경량화를 실현하기 위해 내외장 부품, 전장부품 및 구동부품에 이르기까지 고생산성 사출금형기술에 대한 원천기술이 요구된다. 모바일 및 디스플레이 산업에서도 슬림화 및 고감성 디자인 대응을 위해서는 재료를 적게 쓰면서도 생산성을 높이고, 극한 치수의 고분자 성형이 가능한 고생산성 임계성형 플라스틱 금형에 대한 원천기술 확보가 절대적으로 필요하며, 이를 위한 제품화 기술이 개발되고 있다.

초정밀 Net shape 프레스 금형과 관련하여 난성형 재료의 성형기술, 임계 두께 가공기술, 복합 가공 및 금형내 조립에 대한 양산기술들이 개발되고 있으며, 자동차와 반도체 분야에서 양산화를 위한 기술들도 지속적으로 연구되고 있다.

차세대 특수 복합 금형은 기존의 플라스틱 금형과 프레스 금형의 고생산성, 초정밀성 및 디지털화 전략이 융복합되어, 기존 성형이 불가능한 이종, 다종 소재의 일체화 성형 측면으로 기술 개발이 진행 중이다.

(1) 촉진 요인

기존의 하드웨어 기술 중심에서 소프트웨어가 강조된 기술개발 추세로 전환되고 있으며, 전 주력산업분야에서 핫 이슈화되고 있다. 국내 IT기술의 발전과 연동되어 금형기술에서도 IT융합 기술개발을 통한 전 제조 공정에 대해 제품불량 여부 전수 분석, 불량률 산출 등 공정 프로세스의 고도화 추진을 가속화하고, 주력산업, 녹색/에너지산업 분야에서 금형/성형장비 상호맞춤형 생산공정 기술 수요증가, 시장 선도가능 생산공정 및 이에 필요한 요소기술의 개발 필요성을 느끼며, 자동차, 디스플레이 산업 등의 제품 생산 . 제조에 있어서, 생산성 및 가격 경쟁력 향상과 직결된 초정밀 금형분야에 대한 높은 비중(금형설계기술 22.7%)이 촉진요인이며, 생산기술 24.9%, 가공연계기술 16.1%, IT 융합기술 13.8%, 공정개선 12.8%, 관리기술 5.7% 등을 보이고 있다.

(2)저해 요인

경량 친환경소재가 적용된 금형기술에 대한 요구 증대로 소재 자체의 중요성이 더욱더 증대되나 산업구조상 중소기업의 독자적 기술개발 한계성을 가져 10 ~ 15%의 자동차 경량화 목표를 달성하기 위해서는 기존 강판 적용 금형의 한계성을 극복하기 위한 플라스틱 경량소재 적용이 요구되고 있다. 특히 경량 플라스틱 소재 자체에 대한 정확한 이해 없이는 금형 기술개발이 어렵고 국내 금형 업체들의 매출액 대비 연구개발 구성비는 평균 4.4%로 여전히 기술개발 예산구조가 취약하다. 기술부족(39.8%), 정보부족(21.6%), 연구인력부족(18.2%), 자금부족(15.8%), 연구 설비부족(4.6%) 등의 어려움을 겪고 있는 실정이다. 기술 선진국인 미국, 일본, 독일의 기술보호주의 강화로 국가주력산업 중 자동차, 디스플레이, 가전 등 세계 경쟁력을 확보하고 있으나, 원천기술은 여전히 선진국 의존적이어서 국내 중소기업의 기술경쟁력은 선진국 대비 80% 수준으로 답보상태이다.

참고문헌

박광순외, 「기계산업의국제경쟁력분석과전략적발전방안」, 산업연구원, 2012.12.

제5절 각종 플라스틱 성형법

[표 1-10] 성형가공법의 선택의 기준표

분류 \ 가공법	사출성형	압출성형	진공성형
주 대상재료	열가소성수지 (열경화성수지의적용 확대 중)	염화비닐,스티롤, 폴리에틸렌,ABS, AS	메타크릴염화비닐, ABS,스티롤, 폴리에틸렌 폴리카보네이트
경제적인 성형 수	1,000 이상	연속절단사용	1,000 전후
적절한 투영면적(㎠)	1~10,000	대형물가능	400~10,000
형상복잡 정밀도	복잡한 것도 가능	단면 똑같음 이형도 가능 긴 물건	형상변형의 방향이 한 방향의 것 (상자모양)
성형품 정밀도	비교적높다 버가 적다 방향성있다 살이두꺼운 것은 체적수축이 생기기 쉽다	너무 높지않다	좋지않다 살 두께 정밀도는 나쁘다 빼기구배경사는 최저 3/100필요
제품외관 표면	광택이 얻어진다	양호	형에 접하는 면의 광택은 좋지 않다
인서트가부	PC 이외는 가변성 PPO는 좋다	불가(태핑은가능)	불가(태핑은가능)
평균적인 성형사이클 (인서트없이)	0.5~2분	연속	0.5~1분
금형수명기준	20,000 (담금질않을때)	-	목형5~10 수지형:100,000 아연형:100,000
용도	기어,캠,코일, 보빈,커버,하우징	실,패킹이형, 긴물건,레일	커버, 하우징, 통

분류 \ 가공법	압축성형	이송성형	주 형	핸드레이업
주 대상재료	열경화성 수지	열경화성 수지	에폭시, 디아릴프탈레이트	폴리에스텔 에폭시, FRP
경제적인 성형 수	500전후	1,000전후	5~20/월	500전후
적절한 투영면적(㎠)	3~100	3~400	비교적소형물	5,000~10,000
형상복잡 정밀도	간단한 것, 언더컷은 곤란	복잡한 것도 가능	간단한 것, 다소의언더컷은 가능 (실리콘 고무형일 때)	간단한 것, 다소의 언더컷은가능
성형품 정밀도	고 정밀도 버 발생이많음 휨이 적다 방향성적다 살두께정밀도는 조금 떨어짐	양호 버가 적다 압축성형 보다 휜다	살두께 정밀도는 나쁘다	살두께 정밀도는 나쁘다
제품외관 표면	광택이얻어진다.	광택이얻어진다.	반드시 한면은 거친면.	한면 만 평활한 면 얻는다.
인서트가부	가능 하지만 부적당	적당	가능	가능
평균적인 성형 사이클 (인서트없이)	5~20분	2~8분	1일	120분
금형수명기준	10,000 (담금질 않을때)	30,000 (담금질 않을때)	5~6 (실리콘 고무형)	200
용도	폴리,보빈,캠, 커넥터, 스위치 터미널	폴리,보빈,커넥터, 스위치 터미널	소형물의 기어, 보빈, 가이드	커버, 하우징

플라스틱의 성형법은 같은 목적의 성형품을 제작함에도 자사의 제조 설비, 기술적 축적, 관계 협력회사, 의장적 특징 등에 따라 적용할 수 있는 성형법이 상당히 달라진다. 그러나 실제 제품설계에 있어서는 제조부문 또는 자재부문과 협의하는 등 성형방법을 미리 정할 필요가 있다. 이 때문에 선택의 방법 내지는 선택의 기준을 일반적으로 만든다는 것은 각각 사정이 다르므로 결정하기가 어려워진다. 검토의 기준이 된다고 생각되는 요점을 종합 정리한 결과를 [표 1-10]에 나타내었다. 최근의 기술의 진보는 두드러진 바가 있어 구하고 있는 부품에 따라서, 더 좋은 성형가공법이 있으리라고 생각 될 때 전문가와 상의하여야 한다. 플라스틱 금형은 그 종류가 여러 가지가 있는데 여기에서 사출성형을 비롯하여 압축성형, 압출성형, 블로성형, 진공성형 등 몇 가지의 금형에 대해 살펴보기로 한다.

1. 사출성형금형

1) 사출금형의 특징

사출성형법은 멀리 1849년까지 거슬러 올라갈 수 있다고 하지만 1929년에 미국에서 자동성형기가 개발되면서부터 본격화한 성형법으로 압축성형법, 이송성형법에 비하여 새로운 성형법이다. 사출성형기는 플라스틱 재료의 공급, 가소화, 혼련, 사출, 제품 뽑기 등 각 기능을 가지고 금형과 일체가 되어 그 기본적인 목적을 다하는 것이다. [표 1-11]에 사출성형기의 동작을 나타내었다. 현재는 스크루 인 라인 사출성형기가 주류이므로 이에 대하여 작동공정은 [그림 1-4]을 참고하기 바란다. 이 그림에서 실린더 속의 스크루를 플런저로 바꿔 놓으면 플런저식 성형기가 된다.

사출성형기의 기초는 플라스틱 재료의 용융, 유동, 고화의 프로세스에 있다. 이 때문에 재료에 알맞은 기계 및 금형이 중요하며, 이것을 사출성형의 3요소(3M: Material, Machine, Mold) 할 수 있다. 이 프로세서에 의해서 능숙하게 성형품을 만들기 위하여 제어해야 할 요소는 온도, 속도, 압력으로 이것을 사출성형의 3조건이라고 부른다. 그리고 목표로 하고 있는 강도, 외관, 경제성을 만족시키기 위한 개량, 개발이 계속되어 차례차례로 높은 요구에 도전하고 있다. 이 때문에 재료 변형의 프로세스를 합리적으로 할 수 있도록 성형기와 금형의 다목적 · 다기능 적 복합화나 타 분야의 기술로부터 사출성형에 대한 테크놀로지 · 트랜스퍼가 중요한 포인트가 되고 있다. 이와 함께 재료의 복합화, 성형품의 복합화가 진행되고 있다.

[표 1-11] 사출성형의 동작

공 정		동 작	그림
1.	형폐(금형닫기)	금형을 저압으로, 이물질이 없는 것을 확인한 다음 형을 닫는다.	(a)
2.	형체(금형체결)	금형을 고압으로 잠그고 사출압력으로 인하여 열리지 않도록 한다	
3.	사출	실린더내의 플라스틱을 금형내에 고온·고압·고속으로 주입한다	(b)
4.	보압	사출실린더내의 압력을 고압으로 유지한다	(c)
5.	냉각(고화)	사출실린더내의 압력을 낮추고 금형내의 플라스틱을 고화시킨다	
	가소화	이 시간을 이용하여 다음 차례의 플라스틱을 가열·가소화 한다	
6.	형개(금형 열기)	금형을 연다	(d)
7.	이형(이 젝 팅)	성형품을 형에서 떼어낸다	

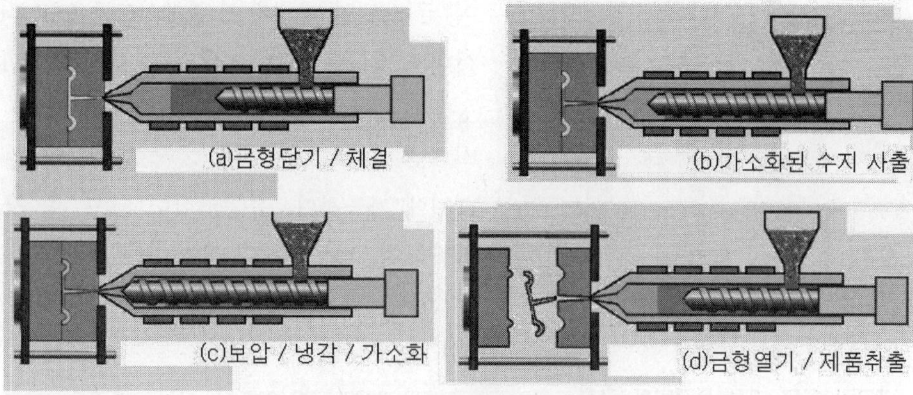

[그림 1-4] 사출성형기 작동 공정

[표 1-12] 사출성형의 장단점

장 점	단 점
-대량생산에 알맞다 -무인운전하기가 쉽다 -복잡한 형상의 제품도 만들어진다 -정밀도도 내기 쉽다(±0.3㎜/10㎜) -후가공이 적고 쉽다	-초기비용(이니셜 코스트)가 높다 -시험제작하기 어렵다 -에너지 소비가 크다 (고온, 고압, 불연속, 압축성형의 3배)

한편 이전엔 열경화성 수지의 사출성형은 곤란하다고 생각되어 왔으나 열경화수지 사출성형 기술의 개발에 의해 가능해졌다. 성형기의 실린더 온도, 형내 온도 및 스크루에 있어서 재료의 계량이 쉽게 되었기 때문이다. 페놀, BMC로 되어 있는 불포화 폴리에스테르 등의 사출성형이 실용화되고 있다. 에폭시수지 등 일부에서 실용화를 기대하고 있는 것도 있다.

2) 사출금형 종류

(1) 2장 플레이트 금형

2장 플레이트 금형은 파팅라인에 의해서 고정측과 가동측으로 나누어지는 금형으로, 게이트 방식도 다이렉트 게이트, 사이드게이트, 서브마린 게이트 등이 있다.
[그림 1-5] 는 사이드 게이트 금형을 나타낸 것으로 유동저항이 크나, 잔류응력이 작으며, 다수개 떼기도 가능하다.

(2) 3장 플레이트 금형

3장 플레이트 금형은 고정측 부착판과 고정측 형판 사이에 러너 스트리퍼 플레이트를 설정하

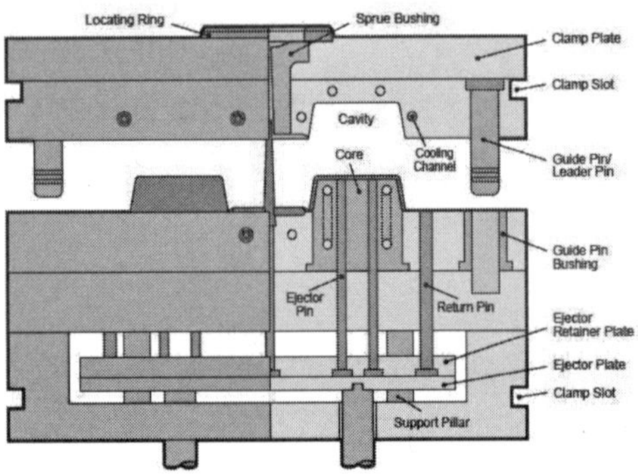

[그림 1-5] 2장 플레이트 금형

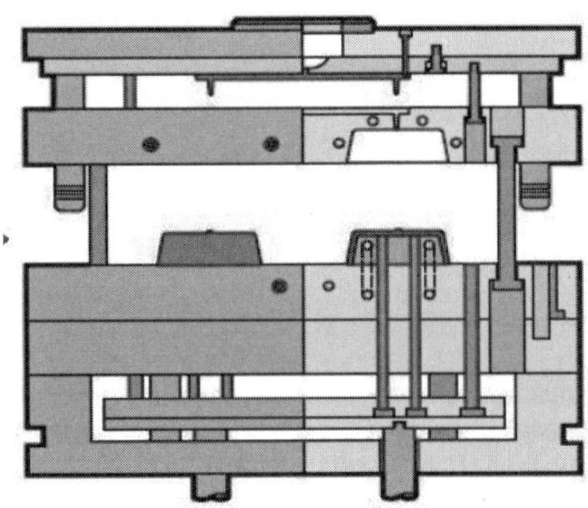

[그림 1-6] 3장 플레이트 금형

여, 금형을 열 때마다 이 플레이트를 열고 러너를 꺼내는 것이다. [그림 1-6]은 핀 포인트 게이트금형을 나타낸 것이다. 형이 열릴 때 게이트가 자동적으로 절단되고, 게이트 자국도 작으며, 다수개 떼기에 가능하다. 유동저항이 크고, 형 구조도 복잡하여, 적용수지에 제한이 있다.

(3) 특수 금형

여기에서는 언더컷이 있는 제품을 성형하는 경우의 금형으로서 분할형, 슬라이드 코어방식의 것을 살펴본다. 아래 [그림 1-7]의 (a)는 분할형의 금형을 나타낸 것으로 형이 열릴 때에 성형품이 취출되도록 분할형의 블록이 좌우에 여는 기구를 갖는 타입이다. (b)에 슬라이드 코어방식의 금형을 나타내었는데, 그 반대로 사이드 코어가 가동측에 있는 경우도 있다. 제품의 옆 측면의 어더컷을 성형하기 위해 사이트 코어가 좌우로 이동한다.

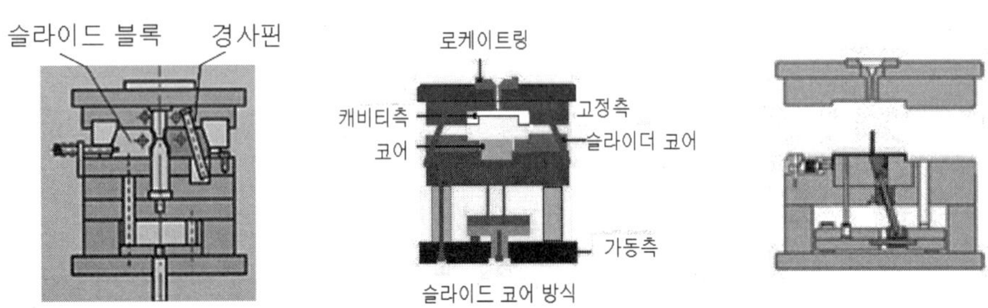

(a) 분할형 (b) 슬라이드 코어형 (c) 내측언더컷 형

[그림 1-7] 특수금형

2. 압축성형금형

1) 압축성형의 원리

압축성형은 성형방법 중에서도 가장 오래된 방법으로 주로 열경화성 플라스틱에 주로 응용된다. 압축성형의 원리를 [그림 1-8]을 통해 살펴보자. 우선 분말상의 성형재료를 계량하고 나서 금형의 캐비티에 넣어, 위로부터 눌러 형을 닫고, 열판 사이에 삽입하여 가열, 가압하면 재료는 연화 유동하여 금형의 세부까지 충전된다. 완전히 경화한 다음에 형을 열고 취출 핀에 의해서 성형품을 취출한다.

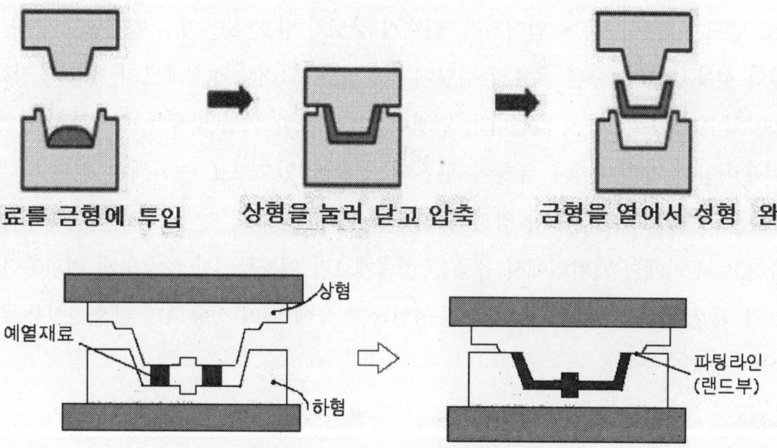

[그림 1-8] 압축성형의 원리

2) 압축성형의 특징

다른 성형법과 비교하여 압축성형법의 특징을 살펴보면 다음과 같다.

① 성형 압력을 낮게 할 수 있다. 따라서 성형품의 왜곡응력은 작아지고, 대형 성형품에는 효과적이다.

② 형체 압력이 성형재료에 직접 전해지기 때문에 정밀한 성형품을 얻을 수 있다.

③ 압축성형은 게이트를 필요로 하지 않기 때문에 성형재료의 제약이 없으며, 특히 유리섬유등의 강화성형재료에 최적이다. 또한 이러한 충전재에 의한 배치의 영향(성형 수축률이나 기계적 특성, 또는 휨이나 비틀림)은 적다.

④ 압축성형의 구조가 아주 간단하기 때문에 설비비가 들지 않는다.

⑤ 최대의 결점은 금형이 완전히 닫히지 않아 성형수지가 금형에서 새거나 넘칠 수 있다.

3) 압축성형용 금형의 종류

성형용 금형은 상형과 하형이 합쳤을 때 원하는 형태로 되는데, 성형 프레스의 종류나 성형법에 의해 구조는 달라진다. 크게 나누면 [그림 1-9]과 같이 평압형, 압입형, 반압입형으로 구별된다.

① 평압형(a)은 금형의 상하 파팅면에서 여분의 수지가 흘러나오게 되어 있다. 이 형의 특징은 형구조가 단순하고, 제작비가 싸며, 성형조작이 쉽고, 성형품의 두께도 일정하다. 또한 성형 사이클이 단축되고, 금형의 손상도 적으며, 형수명도 비교적 길다. 그러나 burr의 발생이 많고, 재료의 손실이 크며, 시간이 많이 걸리고 가압 때 상형이 기울어진다.

② 압입형(b)은 상형에 가해진 가압력의 전부가 성형압력으로서 재료에 효과적으로 가해지는 것이므로 일반적으로 밀도가 높은 제품이 얻어지며, 기계적 강도가 양호하고 치수 정밀도도 좋다. 또한 깊이가 깊은 제품의 성형, 흐름이 나쁜 재료의 성형에 적합하다. 그러나 성형재료의 계량이 정확하지 않으면 가공방향의 치수정밀도가 나지 않는다는 결점이 있다. 또한 끼워 맞춤부에서 상형과 하형이 기울면 제품에 기울어짐이 생긴다거나 금형이 파손되는 일이 있으므로 주의해야 한다.

③ 반압입형(c)은 평압형과 압입형의 양자의 장점을 살린 형으로 가압 초기에는 성형재료를 놓치지 않고 압축하고, 후기에는 캐비티에서 유출한 성형재료가 랜드부에서 깨끗하게 변환된다. 반압입형은 장점이 많기 때문에 다수개뗴기 금형, 자동성형금형 등에 널리 사용되며 압축성형용 금형 중에서도 가장 많이 이용되고 있다.

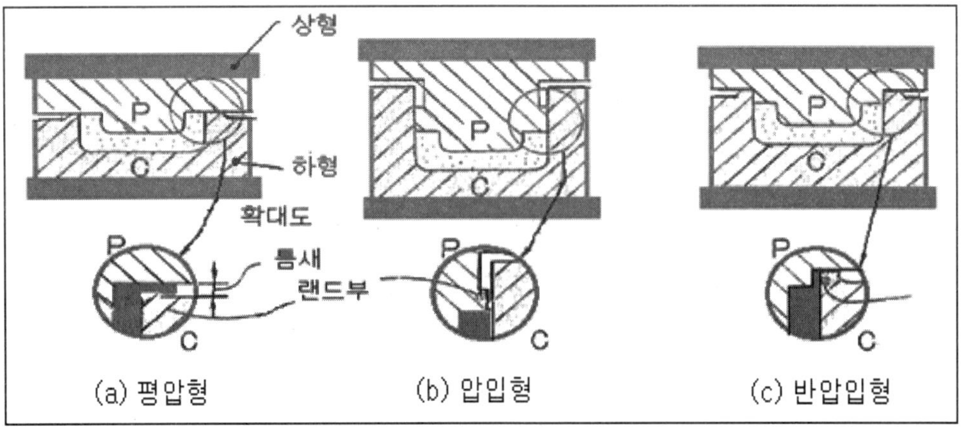

[그림 1-9] 압축성형용 금형의 종류

3. 트랜스퍼성형금형

1) 트랜스퍼 성형의 원리

트랜스퍼 성형은 이송성형이라고도 불리며, 열경화성 플라스틱의 성형능률과 품질의 향상을 목적으로 하여 고안된 성형방법이다.

[그림 1-10]에 나타내듯이 성형재료를 금형 위에 설치된 가소화실에 넣어 연화하는 온도까지 가열하여 가소화하고, 이것을 플랜저로 밀폐된 금형 속에 압입하여 경화시킨다. 이를테면 성형 공정은 기본적으로 사출성형법과 같지만, 가소화공정을 금형에서 분리한 것이다.

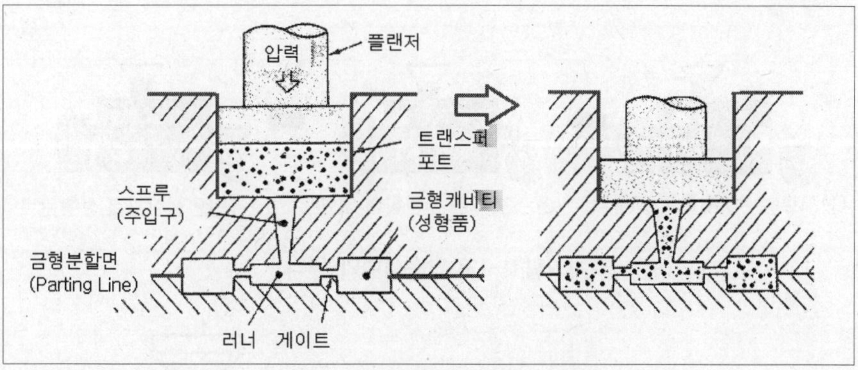

[그림 1-10] 트랜스퍼성형의 원리

2)트랜스퍼 성형의 특징

트랜스퍼 성형의 특징은 다음과 같다.

① 복잡한 부품이나 가늘고 깊은 구멍의 성형품에 적합하다.

② 유동재료가 역류하는 일이 없기 때문에 형을 저속, 저압력으로 성형할 수 있다. 따라서 성형품의 내부에는 거의 잔류 응력이 생기지 않는다.

③ 다듬질 작업이 용이하다는 것과 성형재료자체와 예열 때 (특히 열경화성 플라스틱)에 생기는 수분, 휘발분의 제거가 충분히 가능하다.

④ 문제점으로는 금형비가 비싸고 재료손실이 크며, 성형조건 및 형구조의 적정화가 필요하다.

4. 압출성형금형

1) 압출성형의 원리

[그림 1-12]에 나타나듯 성형재료를 호퍼에 넣어, 가열실린더 속에서 가열, 혼련하여 가소화시키고, 스크루에 의해 원하는 형상을 다이의 작은 구멍으로 압출하여, 냉각 고화시켜서 성형품을 얻는다. 막대기, 고리모양 등의 단면이 일정한 성형품 밖에 얻을 수 없기 때문에 응용범위는 작지만 성형을 연속적이고 능률적으로 할 수 있다. 또한 막대기 뽑기와 동시에 중심부에 전선피막을 만든다거나 가늘고 긴 리프 틈새로부터 압출하여 필름상의 성형품을 만들 수 있다. [그림 1-13]의 압출기는 단축 압출기이다.

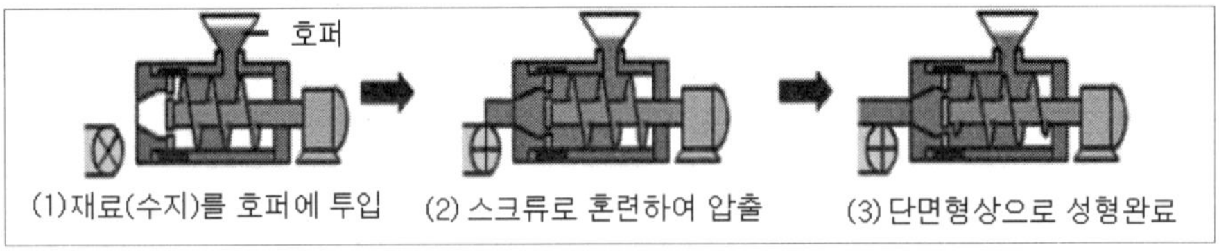

[그림 1-12] 압출성형의 원리

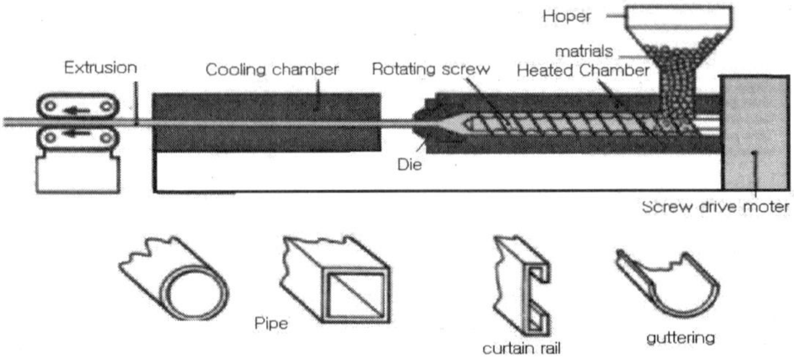

[그림 1-13] 단축 압출기

[그림 1-14]에 압출성형용 금형을 적용한 예로서 시트를 성형하는 모습이다. 시트용 다이의 단면으로 시트의 두께를 조정하는데, 매니폴드와의 사이에 다시 조절용의 바(초크)로 전체 폭의 유량이 균일해지도록 조정한다. 시트란 두께 0.2㎜ 이상의 제품을 말하며 0.2㎜ 이하를 필름이라고 한다. 그리고 2.5㎜ 이상을 플레이트라고 한다. 스태커는 완성된 제품을 소정의 수가 될 때까지 임시로 저장해 두는 곳을 말한다. 폴리싱 롤 통과후의 성형품 체크는 숙련자가 이것을 절단하여 게이지에 두께를 측정하여 수정하였는데, 최근에는 단면을 인라인 계측하는 장치를 도입함으로써 자동 수정하여, 시간과 재료를 단축하고 있다. 동일한 방법으로 생산되는

파이프는 토목이나 건축의 하수 혹은 화학 약품에의 배관용에 사용되는 경질 염화비닐이 주로 사용된다. 한 번의 압축작업으로 동시에 2개의 파이프를 제작할 수 있는 것도 있으며, 스크류 축을 2개 가진 압출기도 있다. 이 기계는 토출량의 변동이 적고, 수지가 실린더 내에 체류하는 시간이 일정하고 균일하다는 특징이 있다.

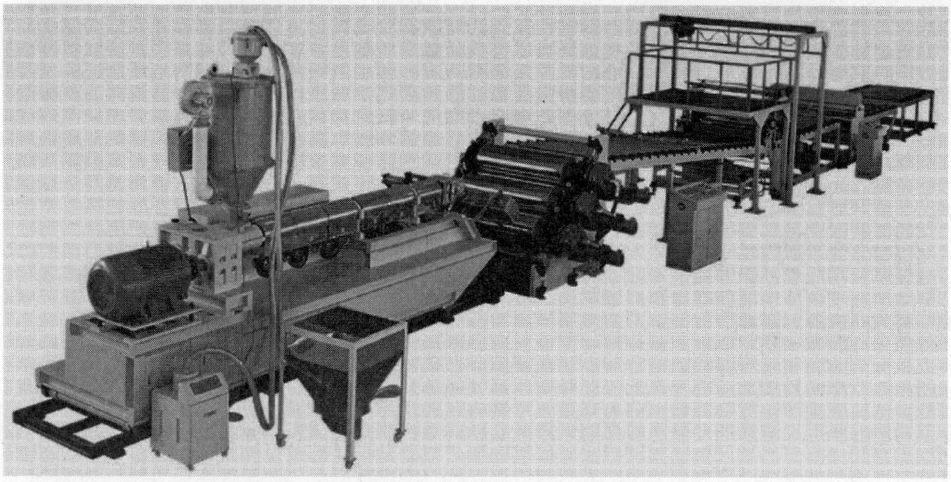

[그림 1-14] 압출성형기로 시트를 생산하는 모습

5. 블로성형금형

1)블로성형의 원리

[그림 1-15]에 나타내듯이 블로성형은 압출성형법의 원리를 응용한 것이다. 압출되어 오는 튜브상의 성형품(패리슨)의 일부를 양끝의 밀폐된 금형사이에 끼우고, 이 패리슨 내부에 압축공기를 불어 넣어(취입)하여 재료를 팽창시키고, 금형 내면에 고착시켜 냉각 시키는 방법이다. 이 방법은 폴리에틸렌, 플로프로필렌 등을 사용하여 용기 등을 만드는데 널리 사용되고 있다. 패리슨이 냉각되기 전에 성형하는 방법인 다이렉트 블로법과 이미 만들어 놓은 시트 또는 튜브를 다시 가열하여 연화시키고, 한 끝이 닫혀진 밑바닥 있는 패리슨을 스트레치 로드로 세로 방향으로 연신시킨 다음, 여기에 압축공기를 취입 금형 내에서 성형하는 연신블로법 등이 있다.

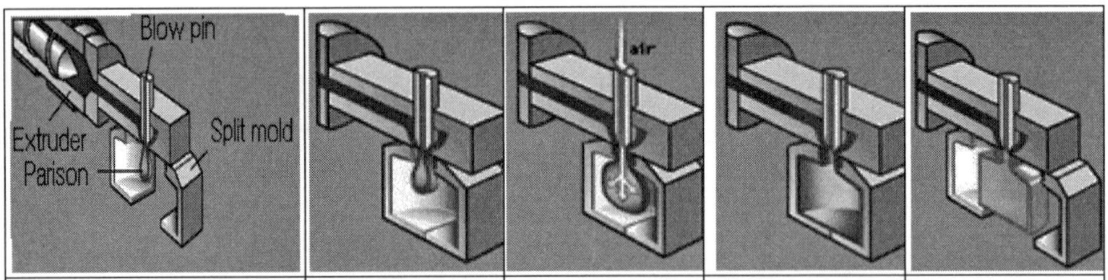

패리슨생성	금형닫힘	에어공급	소재팽창	냉각취출

[그림 1-15] 블로성형의 원리

6. 진공성형금형

1)진공성형의 원리

[그림 1-16]에 나타내듯이 히터 등으로 열가소성 플라스틱 시트를 가열하여 가소화시켜, 형틀의 하부에 둔 금형에 뚫은 배기구멍에서 내부의 공기를 빨아내면, 시트는 형에 흡착되어 성형된다. 진공성형의 성형압력이 대기압(1kg/㎠) 이하이므로 금형재료로 금속 이외에 석고, 목재, 열경화성 플라스틱을 사용할 수 있다. 이 방법은 비교적 값싼 설비로 대형의 성형품을 얻을 수 있기 때문에 경질 염화비닐, 폴리에틸렌, 아세틸셀룰로이드 시트류의 성형에 널리 사용되고 있다.

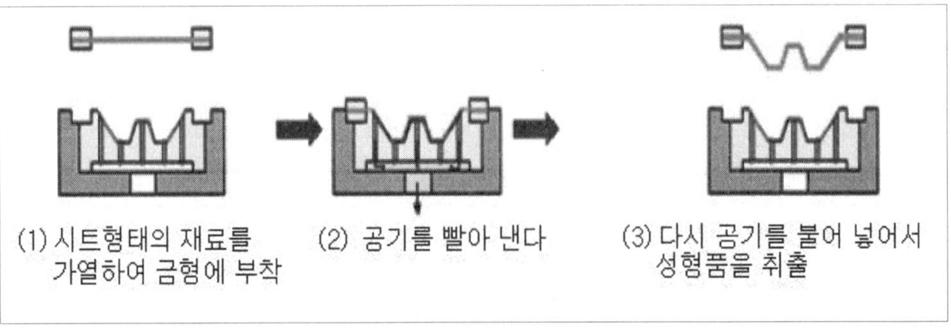

[그림 1-16] 진공성형의 원리

2) 진공성형의 종류

① 스트레이트법(凹형 성형)은 [그림 1-17] (a)에 나타난 방법으로 가열 열화한 재료를 직접 진공만으로 성형하는 가장 간단한 방법이다. 얇은 드로잉에 적합한데, 깊게 드로잉한 경우는 두께가 불균일하다. 측면이 길고, 밑바닥 면이 얇아 예비신장을 해서 성형한다.

② 드레이프법(凸형 성형)은 [그림 1-17](b)에 나타내듯 이 재료를 凸형 성형으로 밀어 올려 미리 준비해 두고, 마무리를 진공에서 한다. 스트레이트법보다 두께가 균일해지는데, 凸형을 밀어올린 상태에서 진공에서 흡인하기 때문에 凸형과 접촉한 부분은 다른 부분보다 두께가 두꺼워진다.

③ 스냅백법은 [그림 1-17] (c)에 나타나듯이 다이 박스에 가열, 고정한 시트를 싣고, 진공을 신장시키고, 그 다이박스 중에 凹凸형 을 삽입한 다음 상압 혹은 압축공기를 취입, 凹凸형의 외면에 시트를 밀착시키는 방법이다.

④ 플러그링법은 플러그어시스트법이라고도 부르는데 [그림 1-17] (d)에 나타내듯이 凹凸형에 고정한 시트를 가열연화하고, 이것을 플러그에서 凹凸형으로 밀어내리고 나서 진공을 끌고 凹凸형 내면에 흡착시키는 방법이다. 특징은 검출 헤드가 필름에 완전히 자유로운 범위에서 이동하기 때문에 필름의 동요나 필름이 롤 통과 여부에 관계없이 검출할 수 있다. 따라서 필름의 손상이나 압박에 의한 폭 검출의 오차를 방생하는 일 없이 두께. 인수속도, 인수위치에 관계없이 자동제어가 가능하다. 또한 필름 폭의 검출 및 제어, 필름 폭을 희망치수로 설정하기 위해서 일일이 압출기 또는 인수 장치의 상부 등에 접촉, 승강하는 일 없이 작업에 편리한 곳에 설치한 제어부의 제어용 스위치 등의 조작에 의해서 자동적으로 할 수 있다.

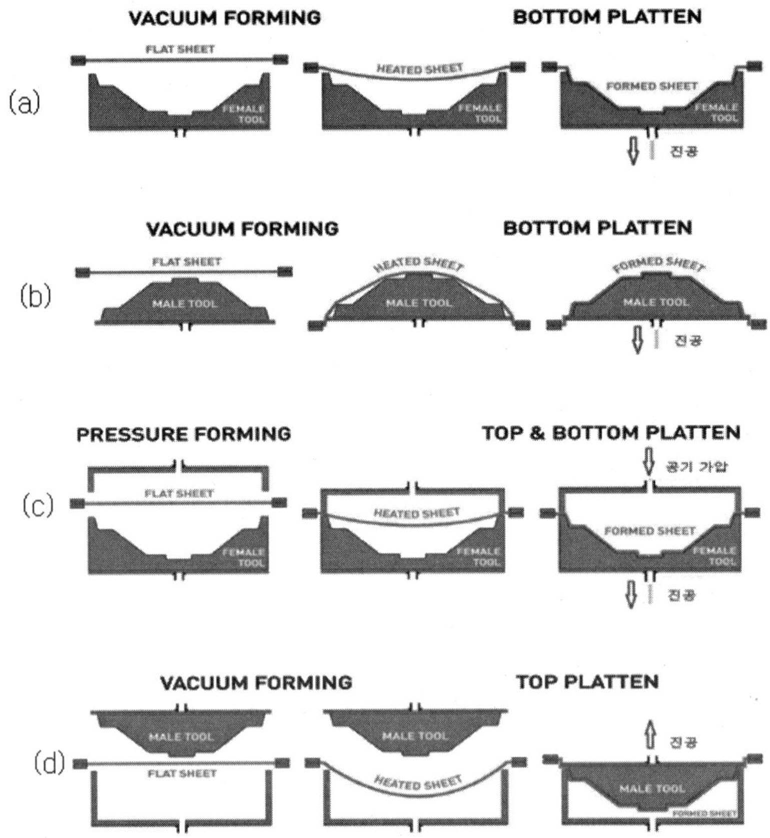

[그림 1-17] 진공성형의 종류

제 2 장

총론

사출성형품 설계

- 금형설계기술과 CAE
- 사출 금형 설계
- 열처리
- 수지 (PLASTIC)
- 금형제작
- 사출성형기와 사출성형
- 고정밀 사출성형

제1절 성형품의 치수 오차 발생

1. 오차발생원인

사출 성형품의 치수오차에 대해서는 일반적으로 금형의 제작 정도만으로 영향을 크게 생각하는 사례가 많이 있으나 치수오차의 원인은 사출성형이라는 환경에서도 많은 여러 가지 원인이 복합적으로 이루어져 나타난 결과에 의한 것이다. 아래 표에서 다음과 같이 성형품의 치수오차 발생 원인을 살펴 볼 수 있다. [표 2-1]은 성형품의 치수 오차 발생 원인을 나타내었다.

[표 2-1] 성형 치수 오차 발생원인

금형에 의한 직접적 요인	금형의 구조, 금형형식
	금형 제작 및 가공상의 오차
	금형의 마모 및 변형
사출 수지에 관련된 요인	수지 종류에 따른 수축률
성형 조건에 관련된 원인	성형 조건 변동에 의한 치수 오차

2. 금형에 직접 관련되는 요인

금형에 의한 직접적 요인에는 금형의 구조나 금형의 형식으로, 예를 들면 2단 금형이나 3단 금형뿐만 아니라 코어나 캐비티 등의 금형 부품에 의해 성형되는 치수로 [그림 2-2]에 금형에 의해 직접적으로 영향을 받는 치수와 금형에 의해 직접적으로 영향을 받지 않는 치수를 보여주고 있다. 금형에 의해 직접 영향을 받는 치수는 금형에 의해 구속되는 치수라 할 수 있다. 그림에서 ①은 단순한 성형 형상이고 ②와 ③은 서로 다른 파팅라인(Parting Line)을 보여주고 있다. ②는 2개의 다른 면을 파팅라인으로 하였고 ③은 한 개의 면을 따라 파팅라인을 선택하였다. ②번의 경우 금형 설치 시에 파팅라인에 의해 캐비티가 이동할 수 있으며 치수의 정밀도가 좋지 않으며 ③번의 경우 한 면에 파팅라인이 나누어져 있기 때문에 금형 조립시 어려움이 있지만 가공이 용이하며 치수의 정밀도를 높일 수 있다.

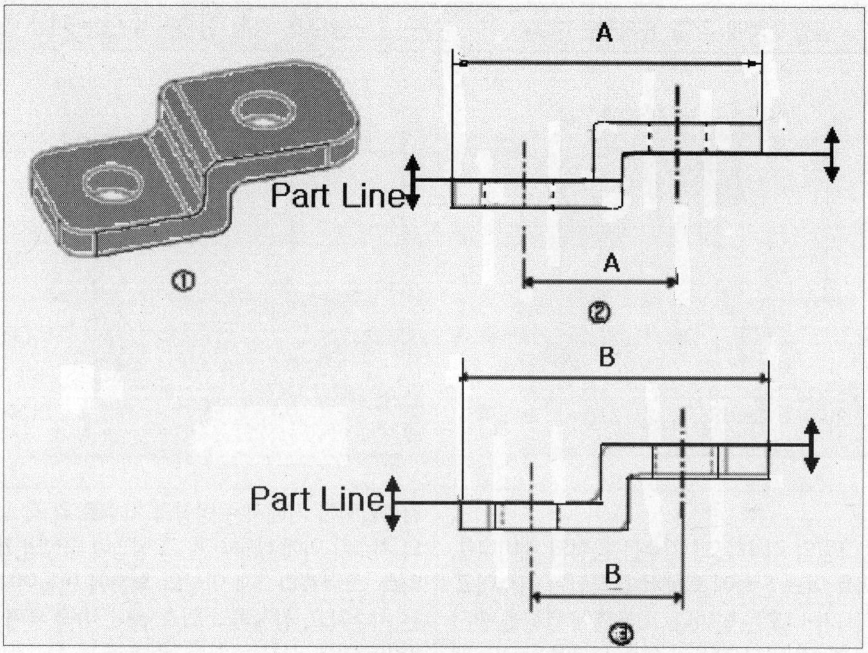

[그림 2-1] 금형의 치수에 영향을 주는 파팅라인 (Parting Line)

[그림 2-2]은 금형에 의해 직접 정해지는 치수와 금형에 의해 직접 정해지지 않는 치수를 보여 주고 있다. [그림 2-2] 에서 ①은 금형에 의해 직접 결정되어지는 치수이고, ②는 금형에 의해 직접 결정되어 지지 않는 치수이며, 실제 사출성형제품은 형상이 복잡하여 중요하게 결정 되어야할 치수는 금형에 의해 결정되어지는 치수로 설정해야 한다.

성형품의 형상설계를 하는 경우에 직면하면 다음 사항에 유의한다. 제품의 기능과 조립성에 절대적으로 필요한 부분 이외의 치수는 가능하면 여유 있는 공차를 적용한다. 무기호 또는 일반 공차를 여유 있게 주어지면 금형제작, 성형조건 선택과 제어 폭이 넓어진다. 성형품을 설계할 때 파팅면 양측에 걸치는 치수 지정은 피한다. [그림 2-3 참고]

<table>
<tr><th>금형구조에 의해 정해지는 치수</th><th>금형구조 의해 정해지지 않는 치수</th></tr>
<tr><td>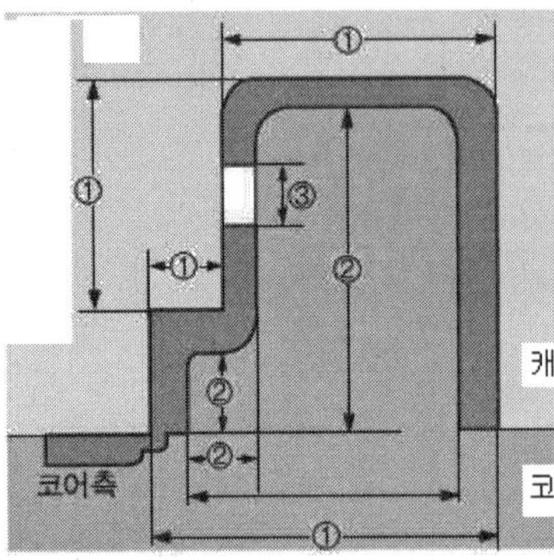
</td><td>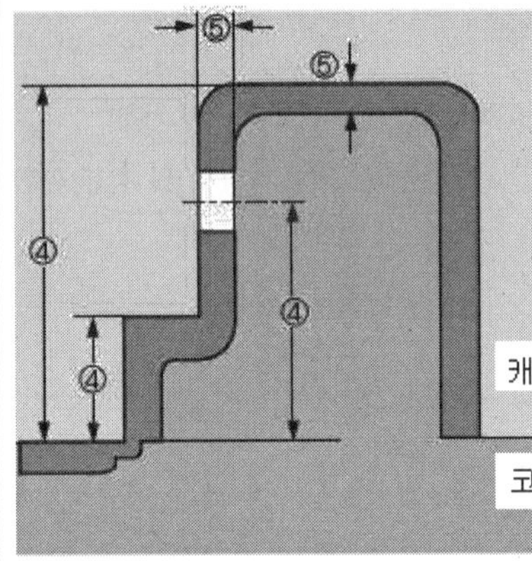
</td></tr>
<tr><td>위 그림의 각 부분의 치수는 금형의 캐비티측, 코어측 어느 한쪽에 의해서 결정되는 치수이고, 플래시가 나오는 법이나 그 두께에 영향을 받지 않는 치수이며, 성형품의 치수 부분이 금형의 해당 치수 부분에 해당하는 치수가 된다.
① 캐비티 치수로 결정되는 치수.
② 코어의 치수로 결정되는 치수.
③ 슬라이드 코어치수로 결정되는 치수</td><td>사출압력이 가해지는 방향의 치수로 위 각 부분의 치수가 이에 해당하며, 그 방법이 금형의 캐비티측, 코어측의 2개 이상의 부분에 만들어내지는 치수이고, 상자류의 외측 높이, 바닥 두께 등. 파팅라인에 걸치는 치수, 측벽 두께 등 캐비티측, 코어측의 상호 관계에 의해 정해지는 치수. 그 밖에 사이드 코어 등에 걸치는 치수 등이다.
④ 파팅라인에서 출발되는 치수
⑤ 캐비티와 코어의 조합(기울어짐, 형체오차)에 따라 결정되는 치수</td></tr>
</table>

[그림 2-2] 금형구조에 따라 결정되는 치수

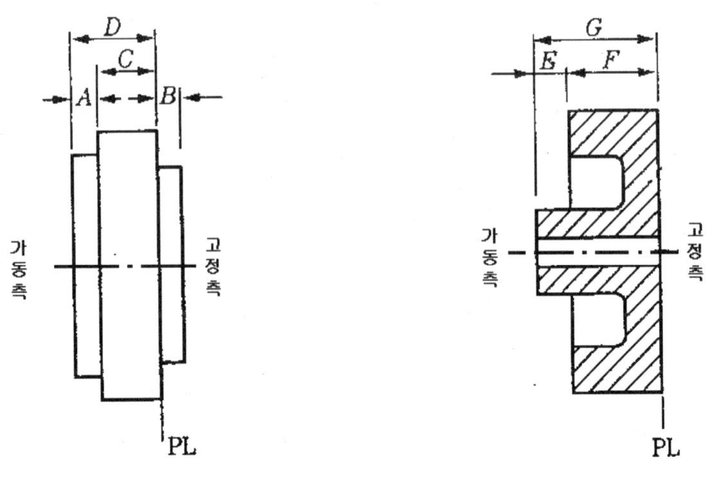

(a) 고정측과 가동측 양방향 성형 (b) 한쪽 방향에서 성형되는 제품

[그림 2-3] 성형품의 형상에 따른 치수기입

① A, B에는 엄격한 치수를 부여 한다.

② C, D는 무난한 공차나 무기호 공차를 지정한다.

③ A, D를 지정하게 되면 C의 치수는 부여되어, 참고치수가 된다.

④ E는 엄격한 치수를 부여한다. 이음부의 휨에 영향을 주지 않는 성형조건의 제어가 필요하다.

⑤ F, G는 여유있는 공차나 무기호 공차를 지정한다.

⑥ E, G가 지정되면 F는 의미없는 참고치수가 된다.

3. 성형 재료에 관련되는 요인

성형 재료에 관련하는 요인은 모두 성형 수축률로 나타나는 오차로 금형 설계에서도 중요하게 고려되고 있는 부분이다. 수축은 사용수지의 종류에 따라 사용수지의 수축률의 오차는 있으며 수지의 수축률이 작은 수지일수록 성형품의 치수 오차를 줄일 수 있다. [그림 2-4]는 성형조건과 수축률의 관계를 보여주고 있다.

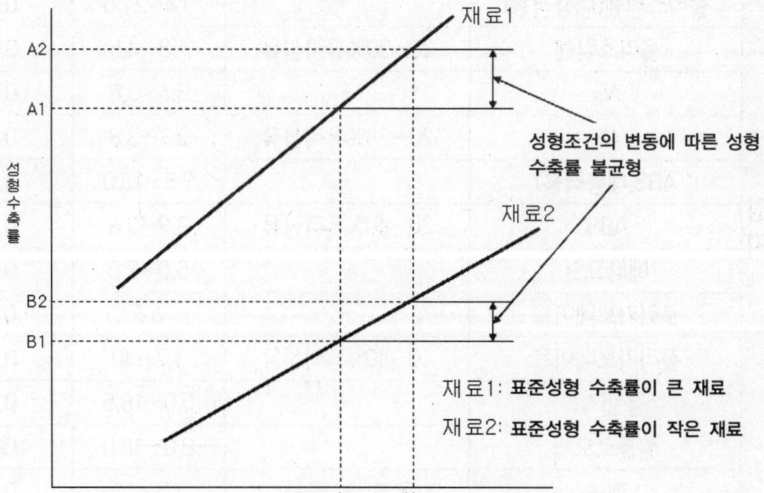

[그림 2-4] 수축률과 성형조건의 관계

사출성형의 수축률은 수지의 종류에 따라서 다르며 이 값은 성형조건 뿐만 아니라 가공이나 기타 환경적으로 약간의 변동만 있어도 성형 수축률의 오차는 크게 나타나므로 유의하여야 한다. [표 2-2]는 성형 수지의 선팽창계수와 수축률을 보여주고 있다.

[표 2-2] 성형 수지의 선팽창계수와 수축률

수지 종류		수 지 명	첨가재 (강화재)	선팽창계수 $(10^{-5}/℃)$	성형수축률 (%)
열가소성수지	결정성 수지	폴리에틸렌(저밀도)	-	10.0~20.0	1.5~5.0
		폴리에틸렌(중밀도)	-	14.0~16.0	1.5~5.0
		폴리에틸렌(고밀도)	-	11.0~13.0	2.0~5.0
		폴리프로필렌	-	5.8~10.0	1.0~2.5
		폴리프로필렌	유리섬유	2.9~5.2	0.4~0.8
		나일론6		8.3	0.6~1.4
		나일론6-10		9.0	1.0
		나일론	20~40%유리섬유	1.2~3.2	0.3~1.4
		폴리아세탈		8.1	2.0~2.5
		폴리아세탈	20% 유리섬유	3.6~8.1	1.8~2.8
		폴리스티렌(일반용)	-	6.8~8.0	0.2~0.6
	비결정성수지	폴리스티렌(내충격용)	-	3.4~21.0	0.2~0.6
		폴리스티렌	20~30%유리섬유	1.8~4.5	0.1~0.2
		AS	-	3.6~3.8	0.2~0.7
		AS	20~33%유리섬유	2.7~3.8	0.1~0.2
		ABS(내충격용)	-	9.5~13.0	0.3~0.8
		ABS	20~40%유리섬유	2.9~3.6	0.1~0.2
		메타크릴	-	5.0~9.0	0.2~0.8
		폴리카보네이트	-	6.6	0.5~0.7
		폴리카보네이트	10~40%유리섬유	1.7~40	0.1~0.3
		경질PVC	-	5.0~18.5	0.1~0.5
		셀룰로오스	-	8.0~18.0	0.3~0.8
열경화성수지		페놀	목분(솜, 플록)	3.0~4.5	0.4~0.9
		페놀	유리섬유	0.8~1.6	0.01~0.4
		요소	a'셀룰로오스	2.2~3.6	0.6~1.4
		멜리민	a'셀룰로오스	4.0	0.5~1.5
		디아릴프탈레이드	유리섬유	1.0~3.6	0.1~0.5
		에폭시	유리섬유	1.1~3.5	0.1~1.5
		폴리에스테르	유리섬유(믹스)	8.0~18.0	0.1~1.2

4. 성형 공정에 관련되는 요인

성형품의 품질에 영향을 주는 성형 조건으로는 용융수지온도, 사출 속도와 사출 압력, 균일한 냉각 등이 있다. 또 성형품의 형상 크기, 사용, 재료에 따라 성형은 더욱 복잡하게되어 각 성형품별로 표준화를 작성하여야 한다. 우선 수지의 종류에 따라 온도 조건의 범위를 정한다. 정해진 성형 재료의 온도 범위 내에서 시험 사출시 선정된 사출 온도에서 압력 시간(속도)을 구하는 것이 보편적인 성형 조건의 결정 방법이다. 그러나 이들의 요인은 상호 관계가 있으므로 조건 결정에 주의를 하여야 한다.

일반적인 방법으로는

① 온도를 일정하게 하고 저압(고압), 저속(고속)의 조합

② 압력을 일정하게 하고 고온(저온), 고속(저속)의 조합

③ 속도를 일정하게 하고 고온(저온), 저압(고압)의 조합

위의 순서로 조합을 이루어 사출 조건을 결정한다. 이울러 금형 온도의 균일성은 중요한 요인이며 통상적으로 약간 높게 설정하여 성형 조건을 구하는 것이 좋다.

1) 실린더내 수지온도

사출성형 수지는 수지회사에서 추천하는 조건으로 수지온도를 설정한다. 수지의 온도는 점성에 영향을 미치게 되며 유동성에 영향을 미치게 된다. 예로 유동성이 좋다는 것은 수지의 온도가 높아서 점성이 낮게 되며 충전시 유동압력이 낮아서 성형제품에 대한 전사성이 좋아지며 수축률도 작게 된다. [그림 2-5]는 온도에 따른 수지유동성을 나타내고 있다. 재료의 특성별로 차이가 있으므로 조건 설정시 재료의 특성 부품의 적용 여부를 파악해야 한다. 극단적으로 온도를 높이는 것은 수지의 열분해, 플래시가 발생하기 쉽다. 제품 두께가 두꺼운 제품은 유동저항이 적기 때문에 실린더 온도는 낮게 설정하여야 싱크마크 및 기포 발생을 방지할 수 있다. 또 용융 수지의 충전이 곤란한 얇은 제품의

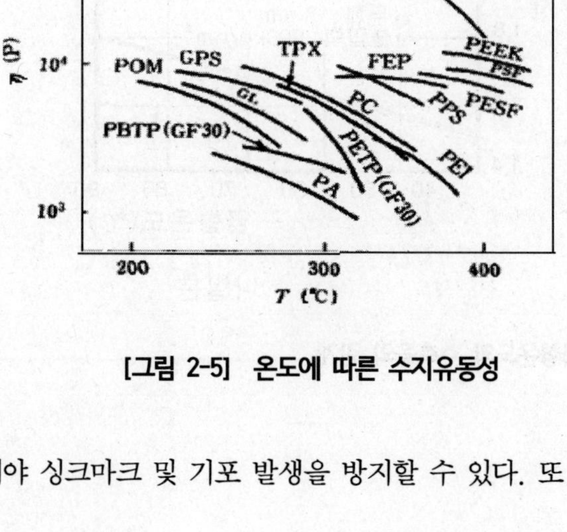

[그림 2-5] 온도에 따른 수지유동성

성형이나 제품 형상이 크고 유동 거리가 길 때는 실린더 온도를 높게 설정해 주는 것이 좋다. 실린더 온도가 낮을 때는 일반적으로 성형품에 배향 현상이 강하게 나타나므로 주의해야한다. 이와 같이 실린더 온도는 재료의 유동성에 큰 영향을 주므로 특히 변화가 없도록 관리 제어해야 한다.

2) 금형온도

사출성형시 금형온도에 따라 수축률의 차이는 크게 나타나고 있으며 열가소성 수지 중에 결정성수지와 비결정성 수지에 따라 수축률의 차이가 다르게 나타나고 있는데 비결정성 수지는 수축률이 작게 나타나고 있으며 결정성 수지는 비결정성 수지보다 상대적으로 높게 나타난다. [그림 2-6]는 금형온도와 수축률의 관계를 보여주고 있다. 금형 온도 설정을 일반적으로 약간 높게 설정하며 또한 균일하게 해야 한다. 용융된 고온의 수지를 금형내에 신속히 충전하고 이것을 균일한 속도로 냉각 고화시키는 것이 좋다. 즉 약간 높은 금형 온도의 설정은 수지의 유동저항을 적게 하며 배향이 작아지고 잔류응력도 작으며 성형품의 표면 광택을 향상시키는 효과를 가져온다. 금형을 냉각한다는 것은 식히는 것이 아니고 고온으로 주입된 수지의 온도를 금형 밖으로 빨리 배출하는 것이며 그것을 위해서는 냉각수가 항상 금형 속을 순환하고 있어야 한다. 즉 열교환이 행해지는 것이며 항상 금형 표면 온도를 균일하게 유지하는 것이 이상적이다. 금형 온도 조절가의 사용이나 금형의 냉각수 출구와 입구의 온도차가 ±3℃ 이내로 되도록 조절하는 것 등에 유의해야 한다.

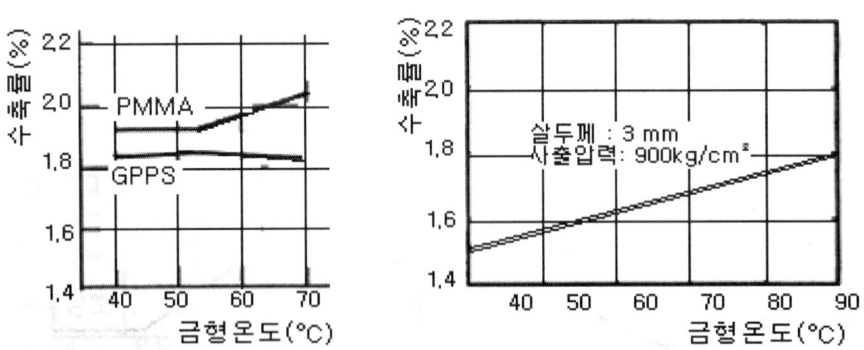

GP 스틸렌　　　　　　　　　　나일론

[그림 2-6] 금형온도와 수축률의 관계

3) 사출압력 및 보압시간

용융수지가 캐비티로 충전되면서 압력이 필요하게 되며 충전이 끝나면 수축을 보상하기 위해 보압이 필요하다. 캐비티내의 압력이 높을수록 밀도가 높아져서 수축이 작게 된다.

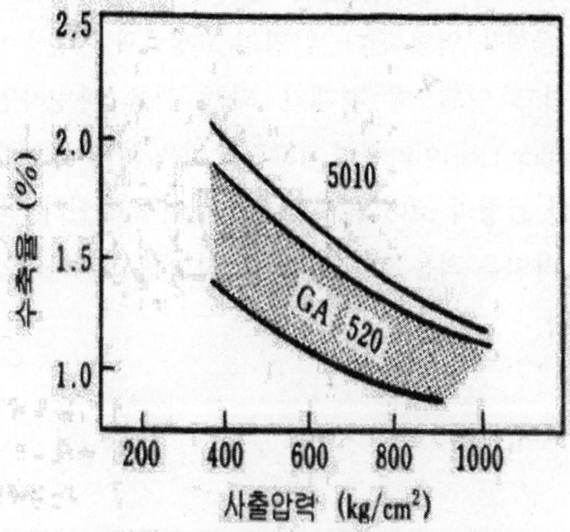

[그림 2-7] POM의 압력에 따른 수축율

[그림 2-7]은 사출 압력에 따른 수축률에 대한 그림을 보여주고 있으며 그림에서 압력이 높을수록 수축률은 줄어드는 것을 볼 수 있다. 일반적으로 사출 속도와 사출 압력은 시험 사출시에 높게 설정하여 준다. 특히 두께가 얇은 제품의 성형에 있어서는 속도를 빠르게 하는 것이 좋다. 그렇게 함으로써 캐비티내의 수지 온도가 거의 균일하게 되어 성형품의 강도 밀도를 균일하게 한다. 또한 표면 광택이 좋아지고 성형 수축을 작게 해서 휨의 발생을 막으며 사출 압력이 높아지면 충격 강도가 높아진다. 그러나 사출 압력과 속도가 커지면 잔류응력이 커진다.

4) 사출시간

사출시간은 성형품의 형상 크기에 따라 다르나 완전한 충전과 성형품 품질에 따라서 정한다. 일반적으로 평판상의 얇은 제품에서는 휨이 발생하기 쉬우므로 사출 시간을 짧게 하고 살이 두꺼운 제품은 싱크 마크나 기포의 발생을 막기 위해 길게 한다. 그리고 게이트의 지름이 클 때는 짧게, 지름이 작을 때는 길게 설정한다. 물론 사출 시간에는 성형 온도, 사출 압력과의 상관관계가 있다.

5) 냉각시간

냉각시간은 실린더 온도, 금형 온도, 스프루 러너를 포함한 성형품의 살두께에 따라 크게 변화한다. 충분히 냉각하면 성형품의 변형을 방지할 수 있으나 성형 사이클의 연장이나 금형으로부터 성형품의 빼내기가 나빠진다. 냉각 시간이 짧을 때는 성형품은 충분히 고화되지 않으므로 이형에 의한 외력으로 변형을 일으키거나 치수 안정성이 나빠진다. 이러한 점에서 냉각 시간으로서는 성형품을 빼낼 때 무리가 없어야하고 변형을 일으키지 않는 시간을 설정하는 것이 필요하다.

제2절 성형품의 Parting Line

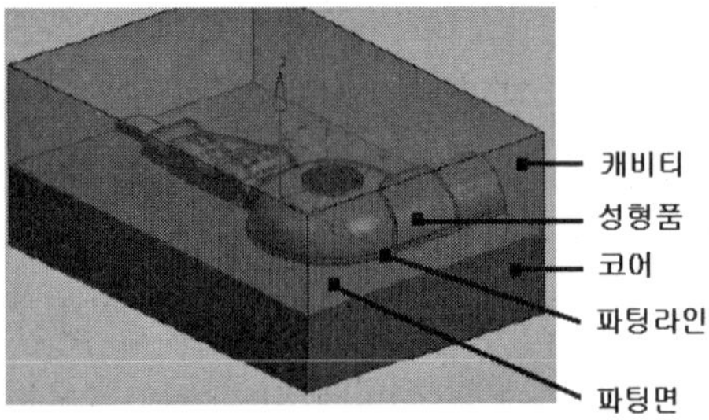

[그림 2-8] 코어와 캐비티

금형을 닫고 체결한 후 사출성형을 하고 나서 성형이 되고나면 금형을 열어서 제품을 취출하고 금형을 열게 된다. 금형의 고정측과 이동측이 닫히고 열릴 때 경계가 되는 선을 파팅라인(Parting Line)이라한다. [그림 2-8]은 파팅 라인에 의한 금형의 코어와 캐비티를 보여주고 있다. 파팅 라인을 적용 할 때는 다음 사항을 고려하여야 한다.

① 눈에 잘 나타나지 않는 위치나 형상으로 한다. [그림 2-9]

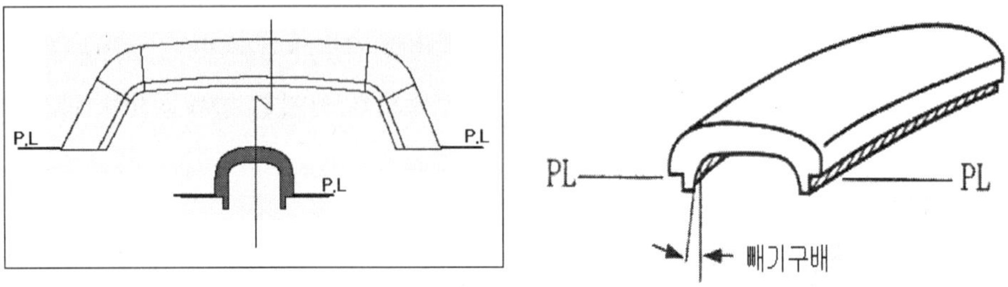

[그림 2-9] 냉장고 손잡이 파팅라인 위치

② 금형 열림 방향에서 수직인 평면으로 사용한다. [그림 2-10]

[그림 2-10] 수직 파팅라인과 경사파팅라인

③ 언더컷을 피해서 파팅 라인을 설정한다. [그림 2-11]

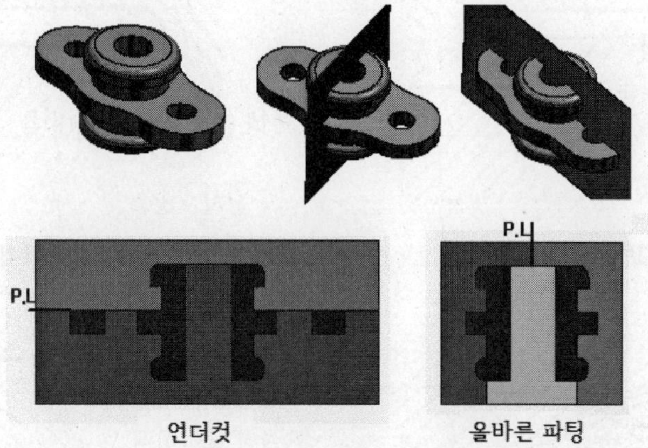

[그림 2-11] 언더컷을 피한 파팅 라인

④ 파팅 라인 다듬질이 용이한 곳으로 한다. [그림 2-12]

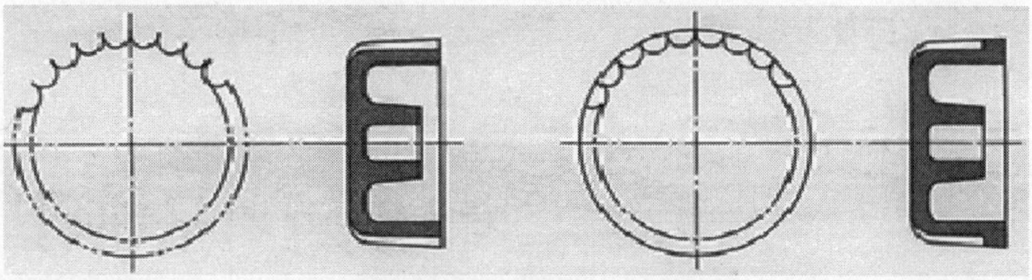

[그림 2-12] 물결모양 성형품

⑤ 게이트 위치를 고려한 파팅라인 설정

⑥ 금형가공시 가공이 용이한 부분에 설정한다.

⑦ 끝단 A부와 B부에 생기는 날카로움을 해소한다. [그림 2-13]

⑧ 핸들이나 홀더 등의 손이 접하는 부분에 PL이 있는 경우, 코어에 가는 홈을 부착한다. [그림 2-14]

⑨ 제품의 끝 부분을 직각으로 처리한다. PL면을 한 평면으로 할 수 없는 점은 피할 수 없다. [그림 2-15]

⑩ 파팅에 접하는 코어에 미소한 턱을 붙인다. [그림 2-16]

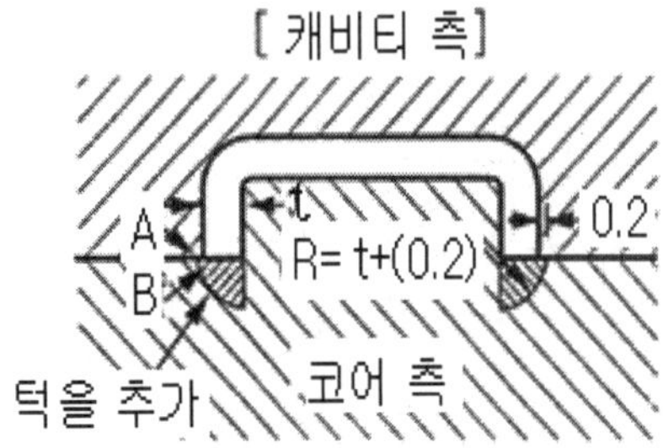

[그림 2-13]

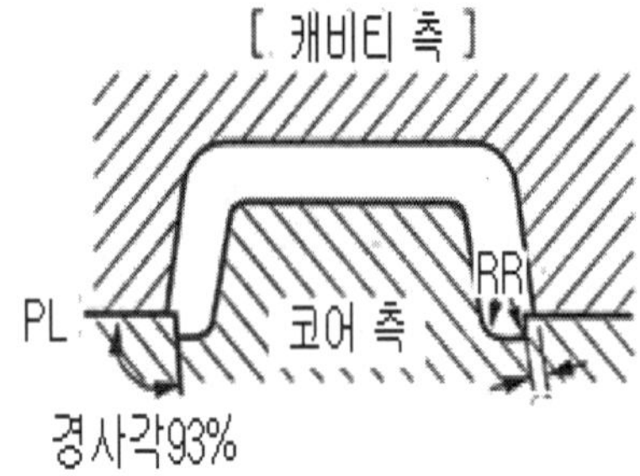

[그림 2-14]

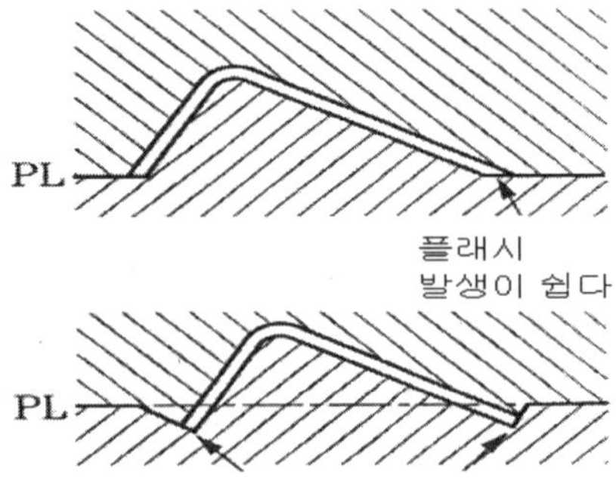

[그림 2-15]

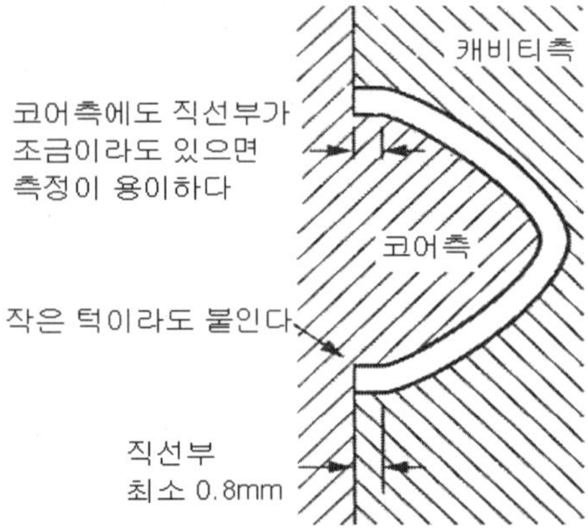

[그림 2-16]

제3절 빼기구배의 설정

금형에서 성형품을 취출하기 위해서는 빼기구배가 필요하다. 빼기구배가 작으면 사출 성형 후 취출시에 제품이 취출되지 않거나 취출하여도 제품 표면에 휨이나 긁힘이 발생할 수 있다. 빼기구배의 표시는 °(도) 또는 %로 나타내며 구배값은 다음과 같이 나타낼 수 있다.

ex) [그림 2-17]을 참고하여

제품 길이 70mm, 구배각 1.2°

제품 길이 70mm, 구배각 1.5%

구배각 1.2° 일 경우

$X = 70 \times \tan 1.2° = 1.47mm$

구배각이 1.5% 일 경우

$$X = 70 \times \frac{1.5}{100} = 1.05\text{mm}$$ 이다.

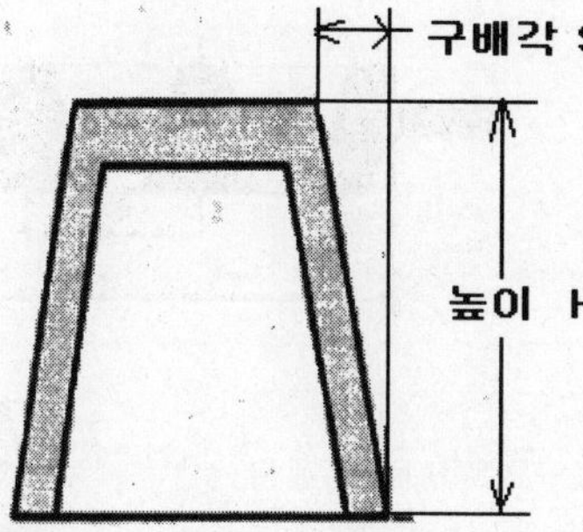

[그림 2-17] 빼기구배

1. 일반적인 빼기구배

① 사출 성형후 일반적인 빼기구배는 각각의 측면에서 보통 1/30～1/60 (1°～2°)으로 적용하지만 실용 최소한도는 1/120 (1/2°)이 된다.

② 빼기구배를 줄 수 없을 경우 슬라이드 방식을 사용한다.

③ 부식이 들어있는 경우 보통 0.025mm에 대해 1°의 추가 구배가 필요하다.

④ 유리섬유, 미네랄 등 충전제가 들어있는 경우 수축이 작기 때문에 구배각을 크게 준다.

2. 격자 빼기구배

격자 빼기구배는 [그림 2-18]에서 보는 것과 같은 성형제품이 있을 경우 0.5(A-B)/H=1/12 ~ 1/14로 적용한다.

① 격자의 피치가 4mm 이하일 경우 빼기구배는 1/10 정도로 적용한다.

② 격자 치수 C부위가 클 경우 빼기구배는 가능한 크게 한다.

③ 격자의 높이 H가 8mm보다 크거나 격자치수 C부위의 구배가 설계상 구배를 작게 가져가야 할 경우 캐비티 격자 부의 1/2H 이하의 창살을 붙여서 설계를 하여야한다.

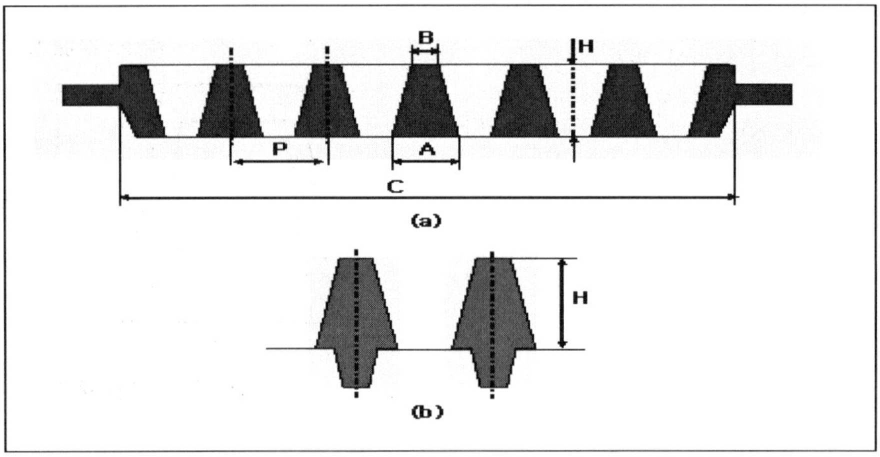

[그림 2-18] 격자 형상

3. 상자형 빼기구배

[그림 2-17]를 참고하여

① H가 50mm 이하일 경우는 $\frac{X}{H} = \frac{1}{30} \sim \frac{1}{35}$으로 적용

② H가 100mm 이상일 경우는 $\frac{X}{H} = \frac{1}{60}$으로 적용

4. Rib의 빼기구배

변형 방지나 보강용으로 적용되고 있는 리브는 [그림 2-19]을 참고로 하여 (a)는 내부적용 리브이고 (b)는 외부적용 리브이다.

$$\frac{0.5(A-B)}{H} = \frac{1}{500} \sim \frac{1}{600}$$

[그림 2-19]에서 내측에 적용하는 리브 (a)는 A=T (0.5~0.7)를 적용하고 외측에 적용하는 리브(b)는 A=T (0.8~0.9)로 적용한다.

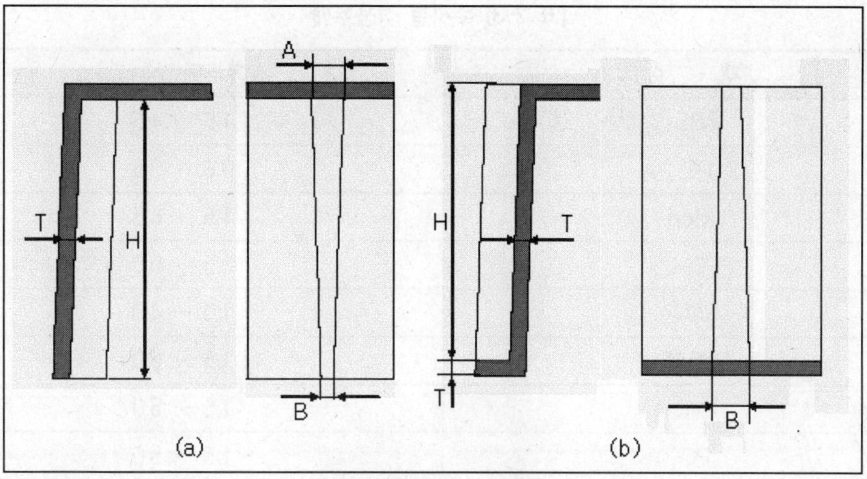

[그림 2-19] 리브

제4절 살 두께 설정

성형품의 살 두께 설정은 균일한 두께가 가장 이상적이라고 할 수 있다. 살 두께 적용시 다음과 같이 고려한다.

① 구조상의 강도

② 금형으로부터 이형시의 강도

③ 충격에 대한 힘의 균등한 분산

④ 인서트부의 크랙방지(성형품과 금속의 열팽창에 의한 크랙)

⑤ 구멍, 인서트부에 생기는 웰드라인 보강

⑥ 살 두께가 얇은 부위에서 발생 될 수 있는 타는 현상 고려

⑦ 두꺼운 살 두께에서 발생 될 수 있는 싱크마크 고려

살 두께의 편차가 심할 경우 냉각시간이 길어지고 수축과 싱크의 발생이 높다. 그러나 제품의 특성과 정밀제품의 다변화로 인하여 균일한 성형품의 설계는 힘들다 할 수 있다. 균일한 두께의 성형품의 설계가 힘들지만 구조적으로 가능한 한 균일 벽두께로 하는 것이 좋다. [그림 2-20]은 성형제품을 균일한 두께로 변경하는 것을 보여주고 있다. [그림 2-21]는 살 두께 등의 조절로 예상되는 휨과 싱크마크 등의 불량을 개선한 예이다.

[표 2-3]은 성형 수지별 적용 벽두께를 볼 수 있다.

[표 2-3] 수지별 적용두께

재　료	벽두께 (mm)
ABS	1.5 ~ 4.5
PP	0.6 ~ 3.5
Nylon	1.5 ~ 4.5
POM	1.5 ~ 5.0
SAN	1.0 ~ 4.0
PMMA	1.5 ~ 5.0
PVC	1.5 ~ 5.0
PC	1.5 ~ 5.0
PE	0.9 ~ 4.0

[그림 2-20] 균일한 살 두께 적용

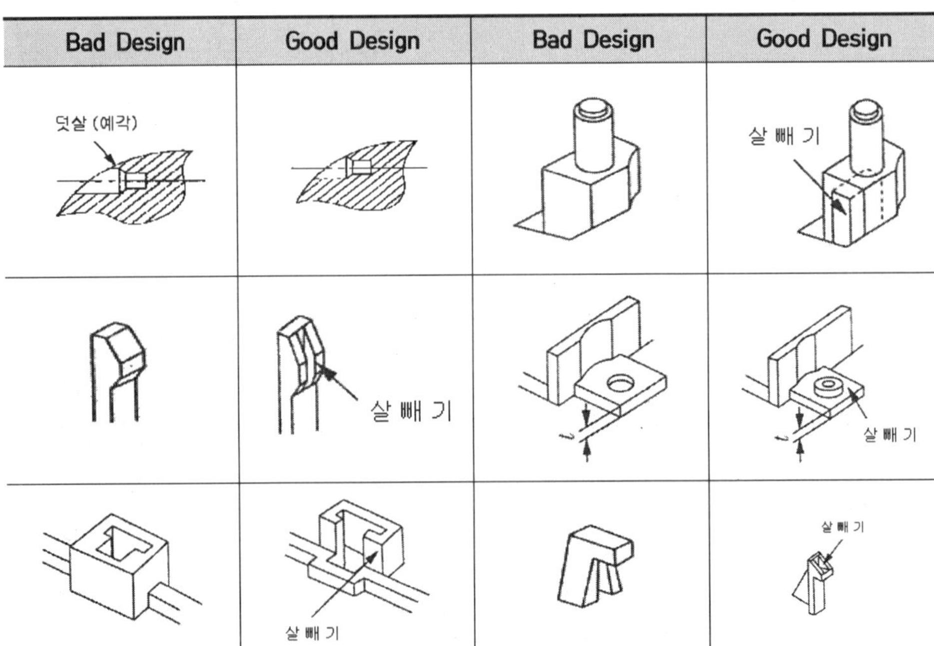

[그림 2-20] 균일한 살 두께 적용

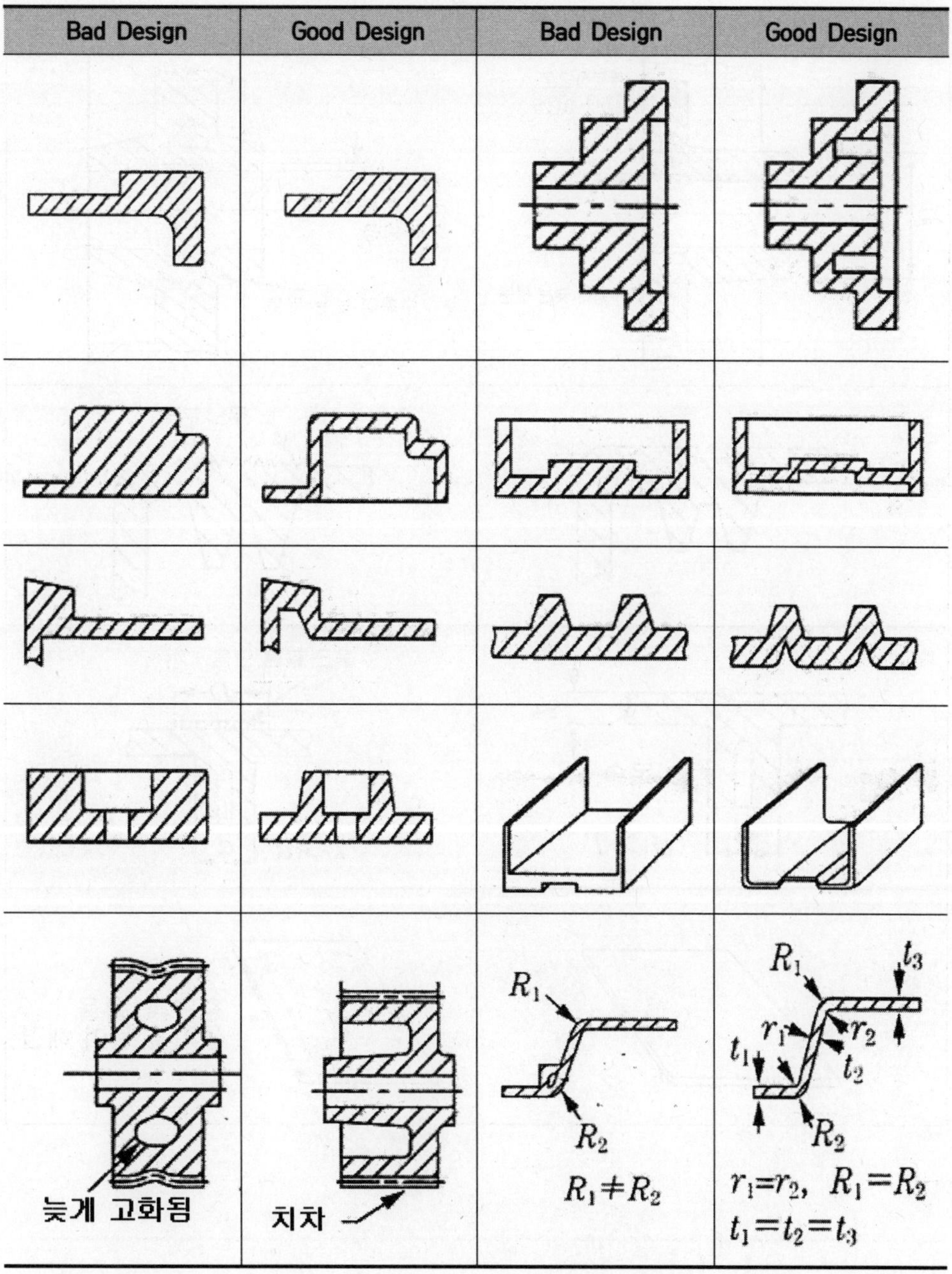

[그림 2-21] 휨과 싱크마크 등의 불량을 개선한 예

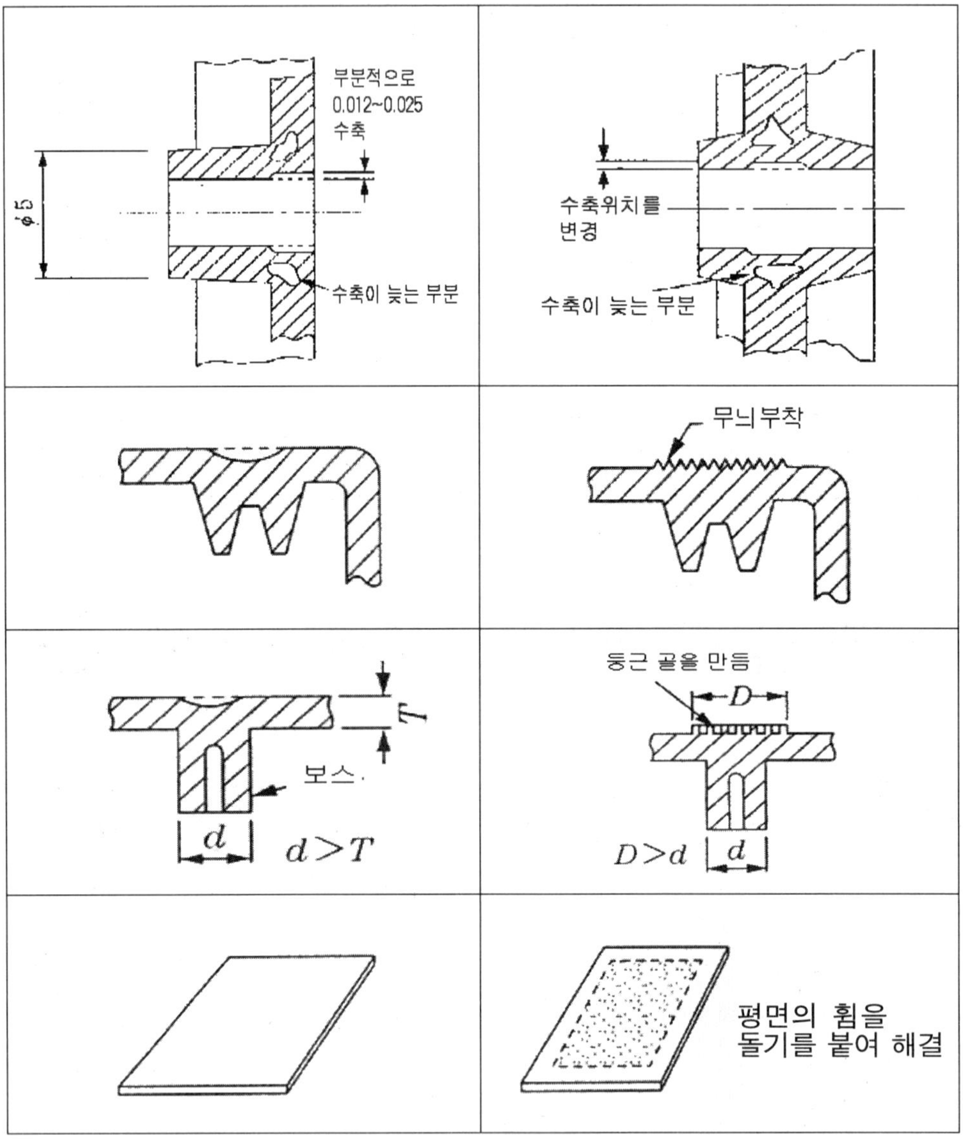

제5절 성형품 보강과 변형방지

1. 모서리 부의 라운드 적용

응력의 집중현상은 모서리 부에서 나타난다. 따라서 내부 응력을 해소시키고 성형시에 수지의 유동을 좋게 하기 위해서는 모서리 부에 R을 준다.

[그림 2-22]은 라운드(R)와 두께(T)에 대한 응력집중의 관계를 보여주고 있다. 그림에서 R/T가 0.3 이하에서 응력이 급격히 증가한다. 그러나 0.8 이상에서는 응력집중 효과가 없다. 추천되는 R값은 R/T=0.6이 추천된다.

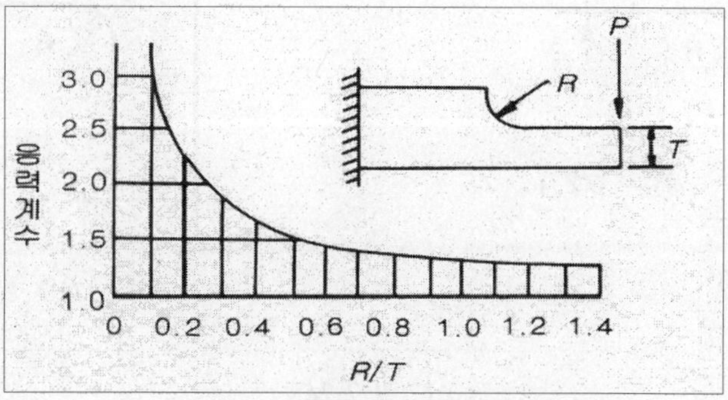

[그림 2-22] R/T와 응력 집중관계

모서리R에 대한 적용식을 나타내고 있다. (a)는 내측에 대해 모서리 R을 주고 (b)는 내측과 외측에 대해 모두 모서리R을 주었다. 제품 설계시 모서리R을 주어야 할 경우 (b)의 형상으로 모서리R을 주는 것이 바람직하다.[그림 2-23]

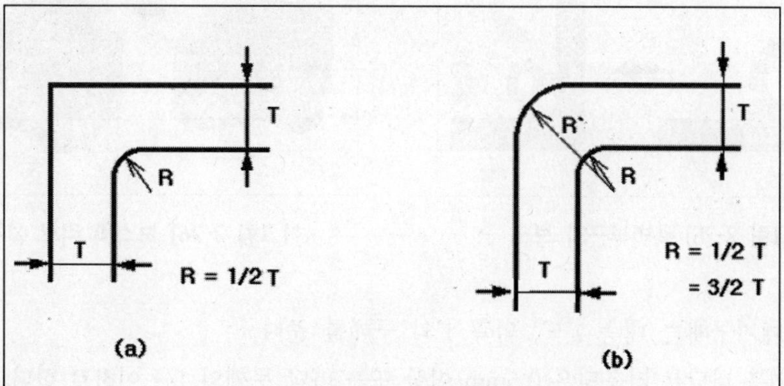

[그림 2-23] 모서리의 Round 처리

2. 보스(Boss)

보스는 대부분 다른 제품과 결합하기위해 나사 조임용 구멍으로 설계되거나 제품 결합시 원하는 형상을 유지하는 가이드 역할을 위해 설계된다. 보스의 설계시 다음과 같이 고려하여야 한다.

① 측벽과 보스가 가까운 위치에 있을 경우 Rib로 연결한다. [그림 2-24]

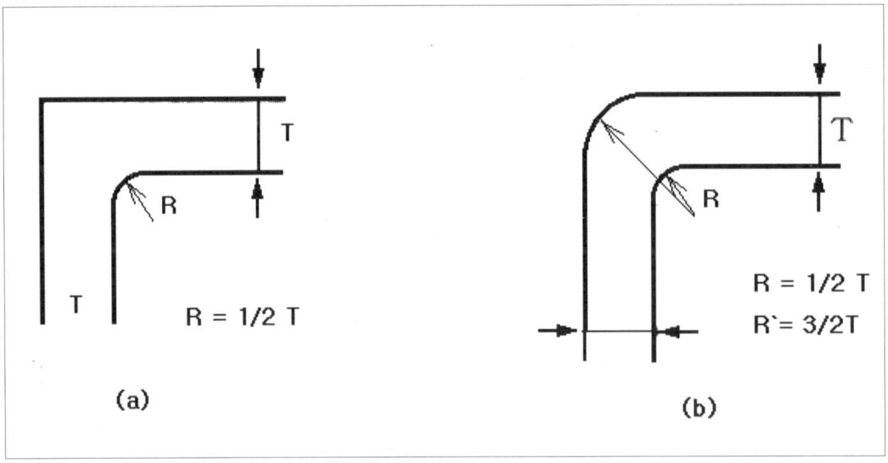

[그림 2-24]

② 제품형합시 가이드를 위해 보스의 길이를 높게 해야 할 경우 보스의 측면에 Rib를 설치한다. [그림 2-25]

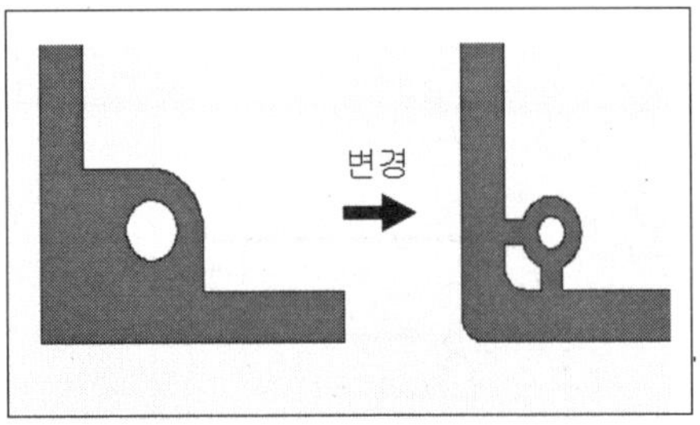

[그림 2-25] 측벽부근의 보스

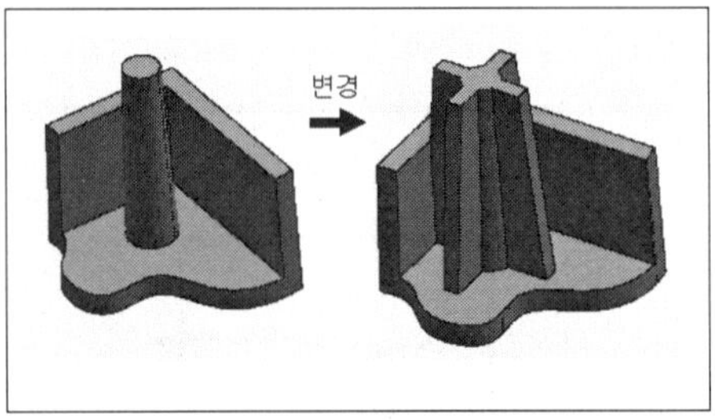

[그림 2-26] 보스의 리브 설치

③ 보스의 빼기구배는 내측 1.5°, 외측 1°의 구배를 준다.

④ 보스의 외측 바닥부 라운딩은 0.5mm 이상 또는 바닥 두께의 1/4 이하로 한다. [그림 2-26]

⑤ 보스의 높이는 빼기구배로 인한 외경 바닥부 지름의 커짐으로 인한 싱크발생을 방지하기

위해 높이는 20mm 이하로 하는 것이 바람직하다.

⑥ 보스와 보스와의 간격은 보스 지름의 2배 이상으로 한다.

[그림 2-26] 보스 바닥 두께

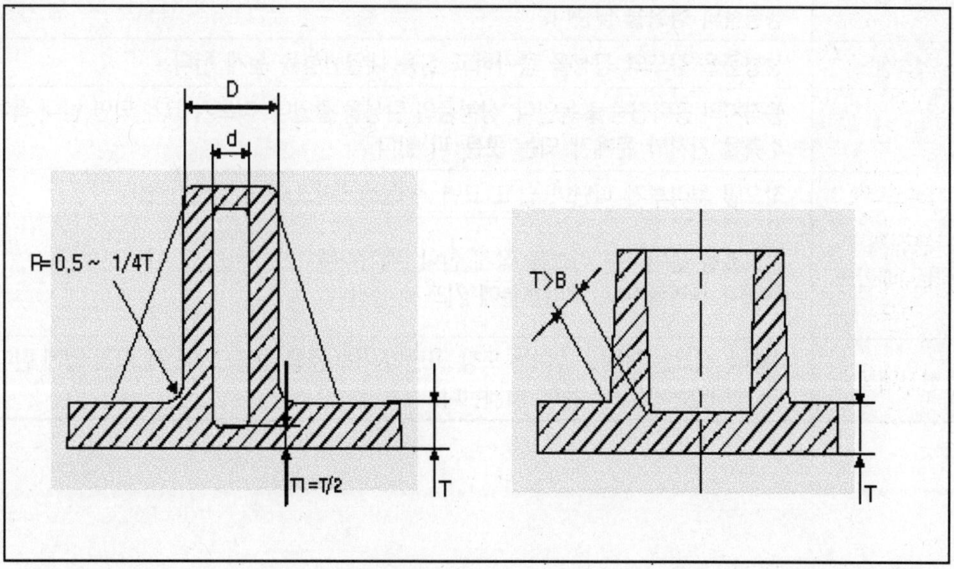

3. 리브(Rib)

리브는 성형품의 보강과 변형을 방지하기 위해 대부분 적용되고 있다. 리브 설계시 다음을 고려하여야 한다.

① 리브는 원활한 취출을 위해 1°의 구배가 필요하다.

② 리브의 하단 부 응력의 집중을 분산시키기 위해 바닥 부에 R을 준다.

(R은 리브 두께의 1/4~1/8 정도로 한다.)

③ 리브의 하측 두께는 리브 두께의 50~70% 정도로 한다.

④ 리브의 높이는 리브 두께의 1.5배 이하로 하는 것이 적당하며 설계상 보강이 필요할 경우 수량을 늘리는 것이 효과 적이다.

[그림 2-27]의 (a)는 리브의 높이가 바닥두께의 50%가 넘어서 싱크가 생기는 경우이고 (b)는 리브의 높이가 바닥두께의 20%를 넘지 않아서 싱크가 발생하지 않는 경우이다.

[표 2-4] 리브적용 참고사항

항 목	내 용
개 수	리브가 높은 것보다 낮은 리브 수를 많게 하는 것이 낫다
장 소	금형에 용융수지가 흐르는 방향으로 하는 것이 좋다. 그렇지 않으면 유동이 복잡해서 성형품의 성질을 낮춘다.
장 점	성형품을 강도와 강성을 증가하고 실용 내열변형을 높게 한다.
단 점	충격치의 응력집중을 높인다. 상형품의 탄성을 줄인다. 리브가 크게 되면 반대 측에 수축을 가져와 문제가 되는 곳은 피 한다.
기본코너R	작으면 뿌리부가 파단이 쉽고 크면 수축(싱크마크)이 발생하기 쉽다.
충전재 (glass)배합의 경우	탄성률을 높이려면 리브를 작게 한다. 빼기구배≥2°, R=0.5, t≠T 두께가 두꺼워지고, 뿌리부분에 기포가 생긴다.
싱크대책	가벼운 싱크는 광택을 줄이는 도장, 표면의 거친 주름 가공으로 눈에 띄지 않게 한다. 단 광택있는 도장은 눈에 띄게된다.

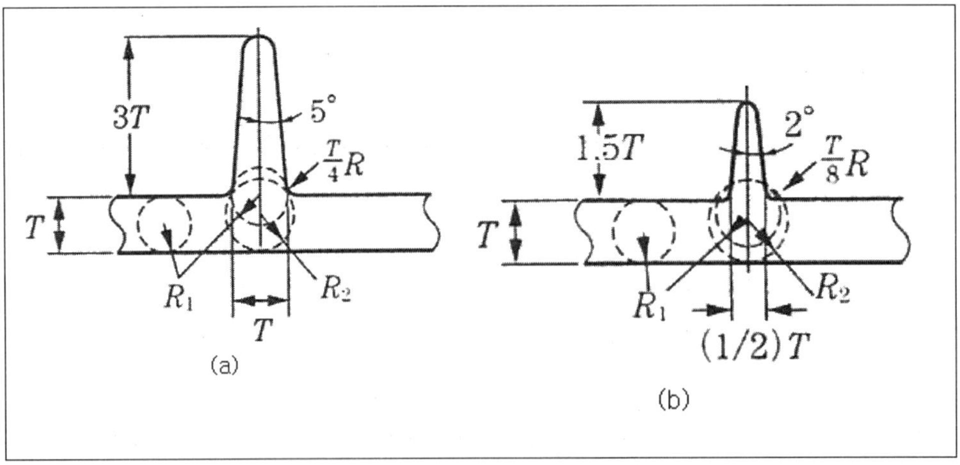

[그림 2-27] 리브치수의 결정 방법

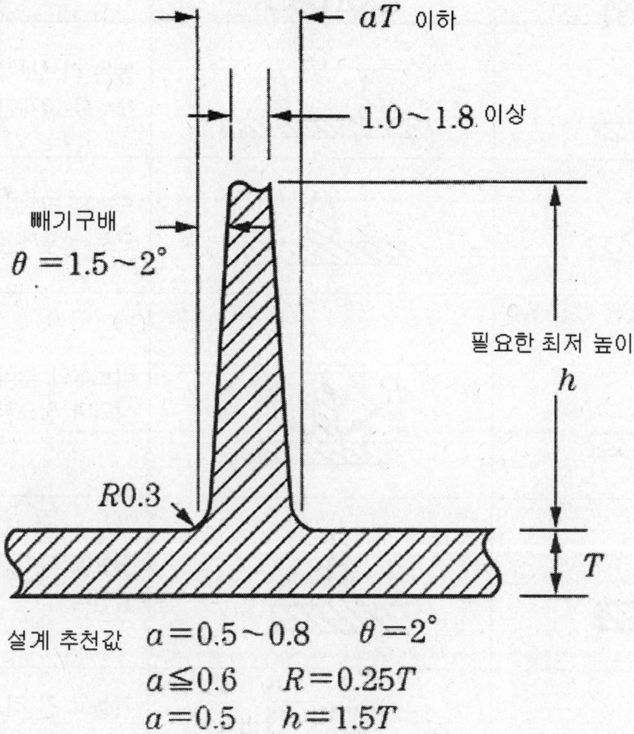

[그림 2-28] 리브의 표준 형상

Bad Design	Good Design	설명
	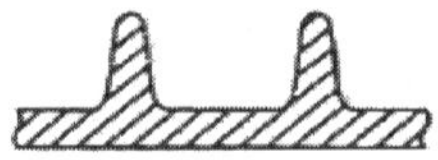	높은 리브보다 리브를 낮게하여 개수를 많게한다.
		두꺼운 리브는 싱크발생이 쉬우므로 살두께를 줄인다
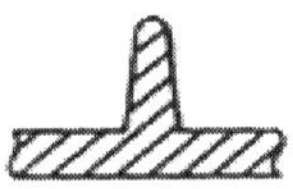		리브부의 뿌리에 응력집중이 예상되며 필요한 R을 붙인다.
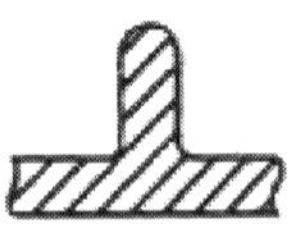	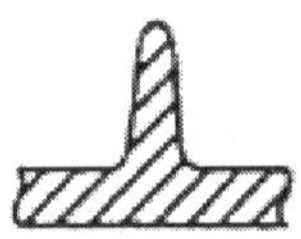	필요에 따라 적정한 빼기구배를 붙인다.
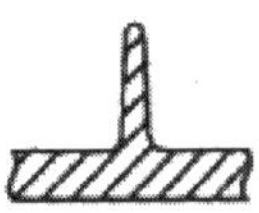	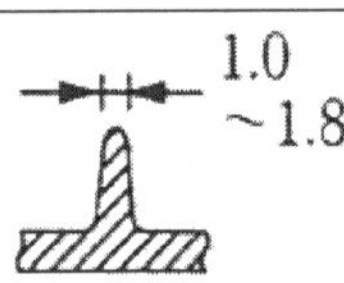	가늘고 긴 리브는 금형가공이힘든다 선단의 두께는 1.0~1.8㎜ 추천
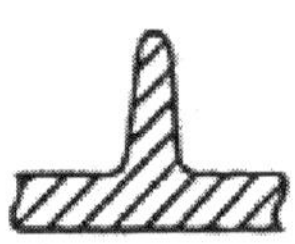	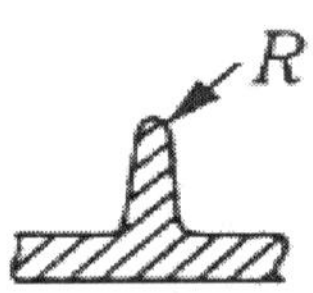	Glass 첨가수지의 선단은 R을 붙인다.
	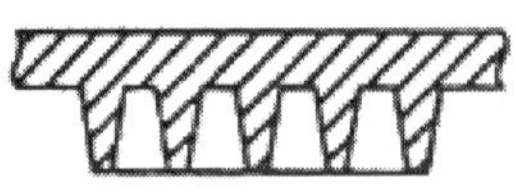	격자로 연결한 예
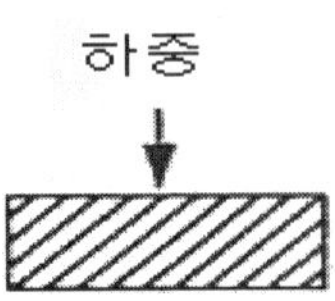	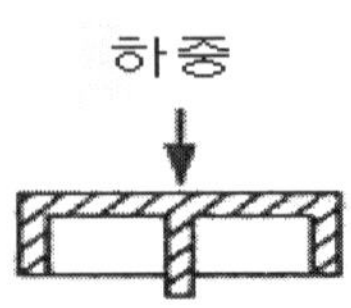	하중방향에 리브부착
		리브를 간단하게해서 동일강도, 제작간단, 성형사이클을 줄인다.

[그림 2-29] 리브의 디자인 비교

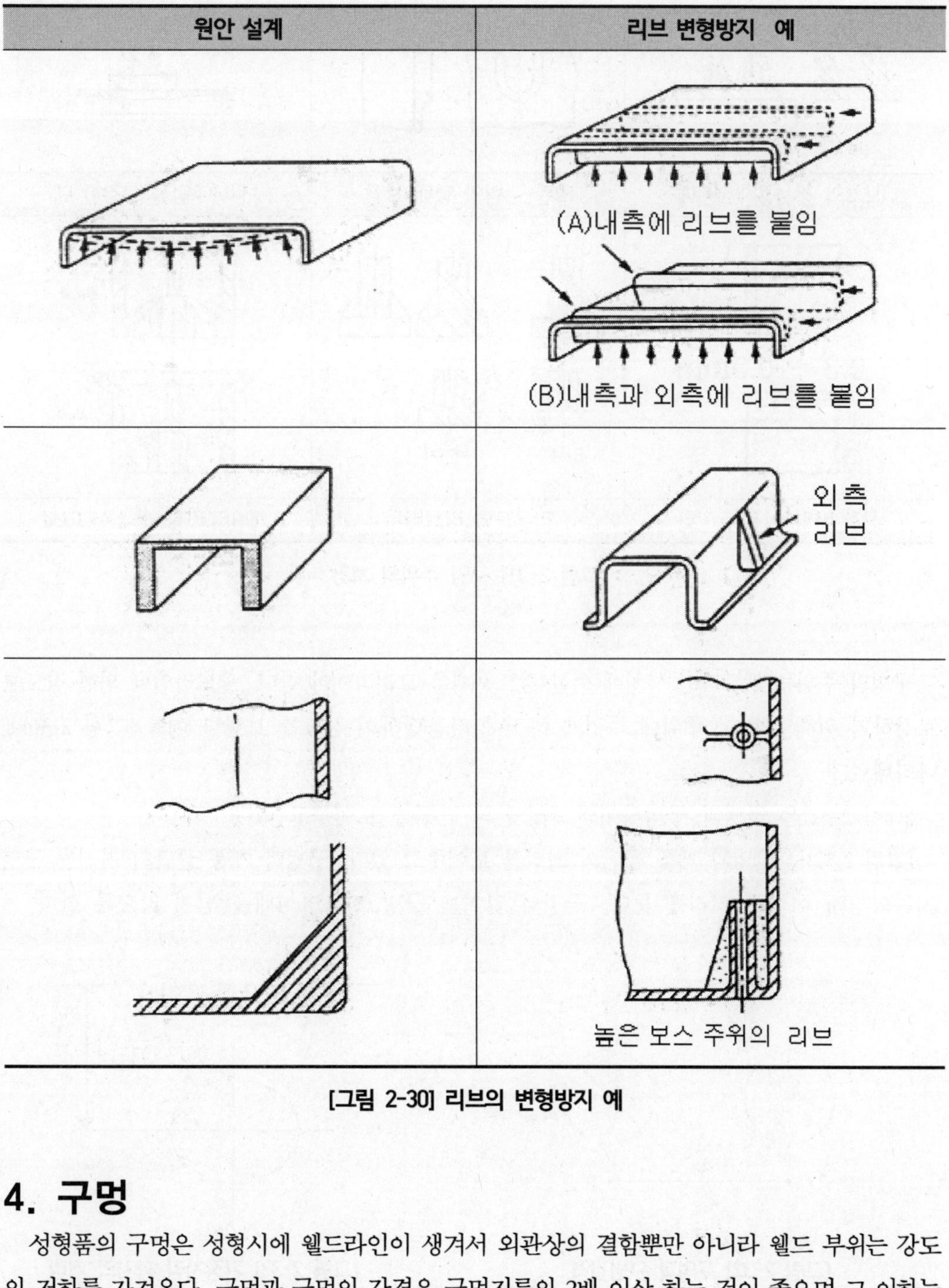

[그림 2-30] 리브의 변형방지 예

4. 구멍

성형품의 구멍은 성형시에 웰드라인이 생겨서 외관상의 결함뿐만 아니라 웰드 부위는 강도의 저하를 가져온다. 구멍과 구멍의 간격은 구멍지름의 2배 이상 하는 것이 좋으며 그 이하는 웰드라인이 생길 우려가 있다.

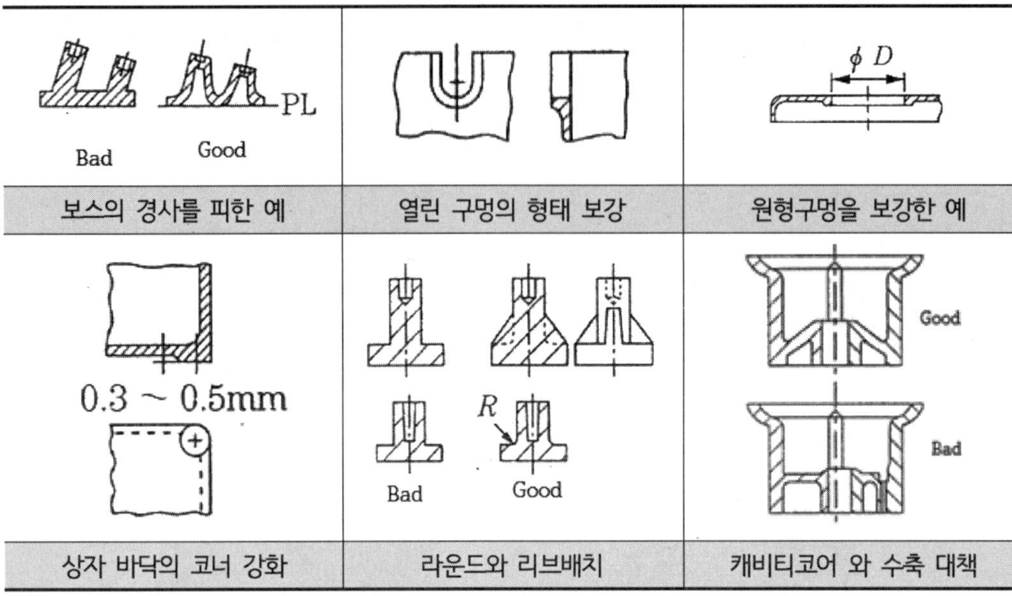

[그림 2-31] 구멍 주위의 보강

구멍의 주위는 웰드라인 생성에 의한 강도문제를 고려하여야 한다. 웰드라인에 의한 강도를 보강하기 위해 구멍의 주위에 두껍게 하거나 라운딩하여 강도를 보강한 예를 [그림 2-30]에 나타내었다

[그림 2-31]은 구멍과 구멍사이의 최소한의 간격을 보여주고 있다.

[그림 2-32]는 구멍과 제품 끝단의 거리를 보여주고 있다. 구멍과 제품 끝단의 거리는 구멍 지름의 3배 이상의 거리를 둔다. 구멍의 깊이는 구멍 지름의 4배를 넘지 않도록 한다.

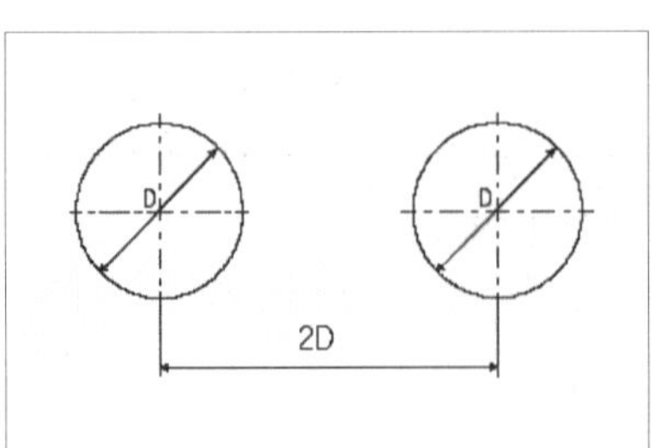

[그림 2-32] 구멍과 구멍간격

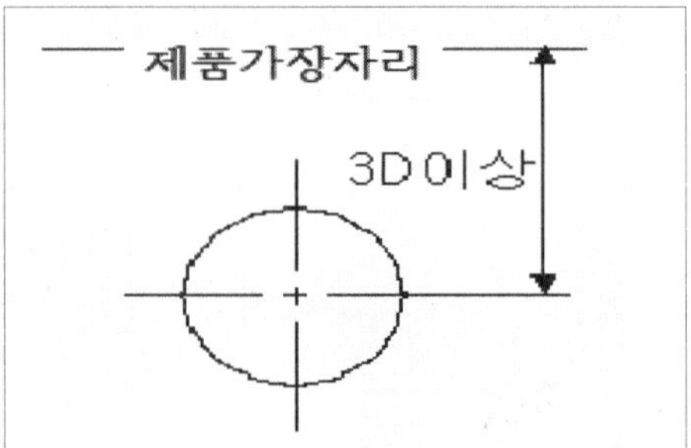

[그림 2-33] 가장자리 까지의 거리

제6절 여러 사항을 고려한 제품설계

1. 균일한 벽 균두께를 고려한 설계

Wrong	Right
	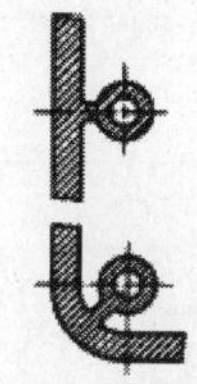
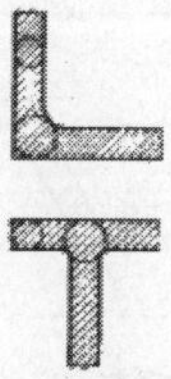	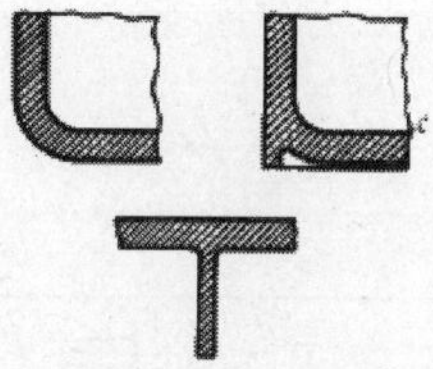
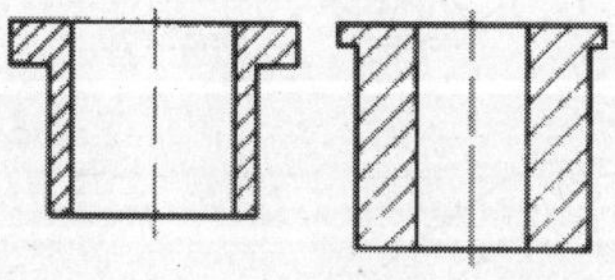	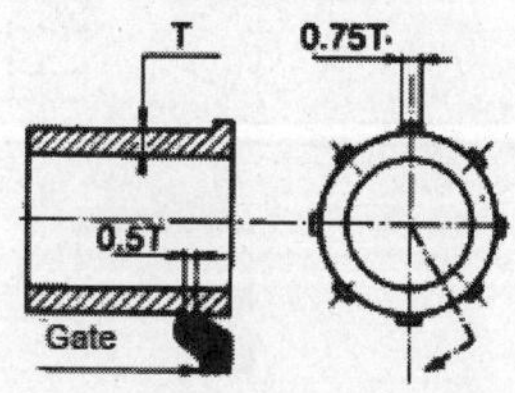
Central gate 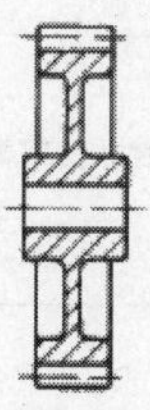	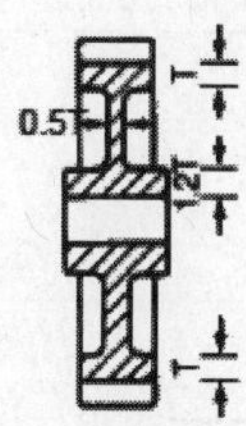 Problem may be solved by proper web dimension. In some cases properly dimensioned ribs may be used to fill the exterior crown.
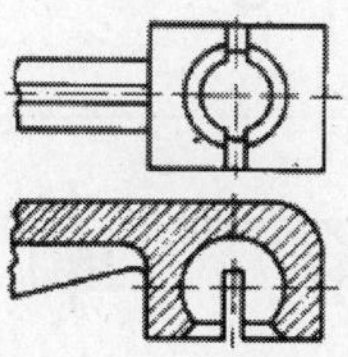	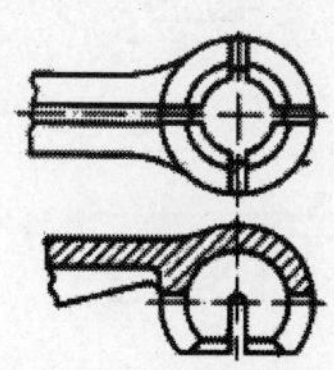

Wrong	Right
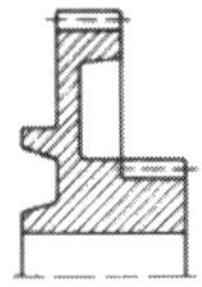	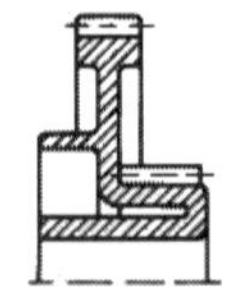
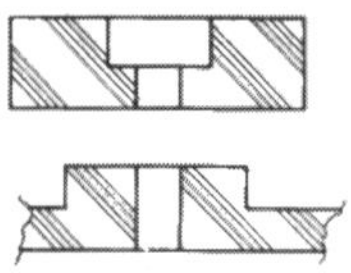	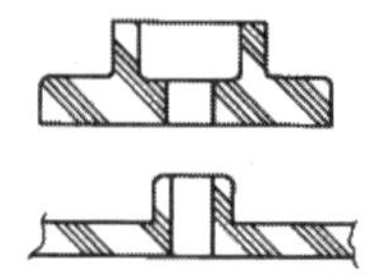
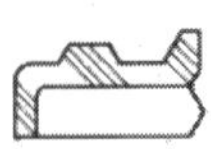	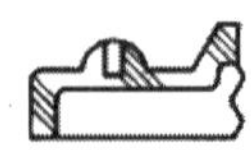
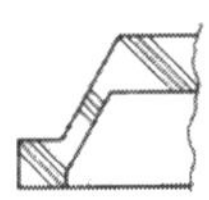	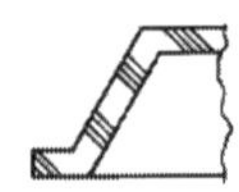
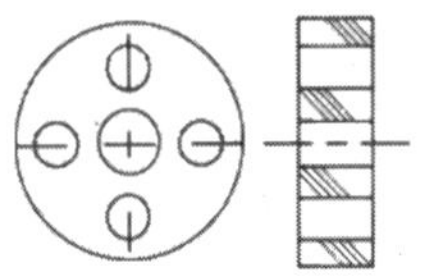	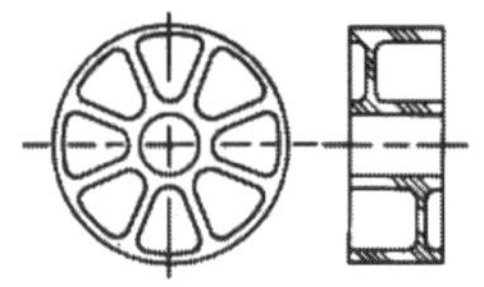
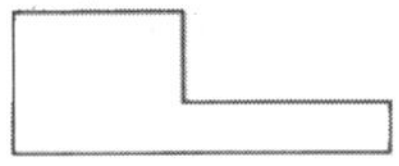	
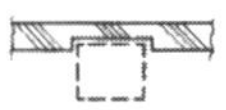	
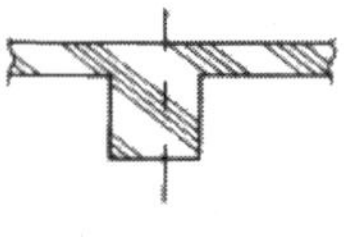	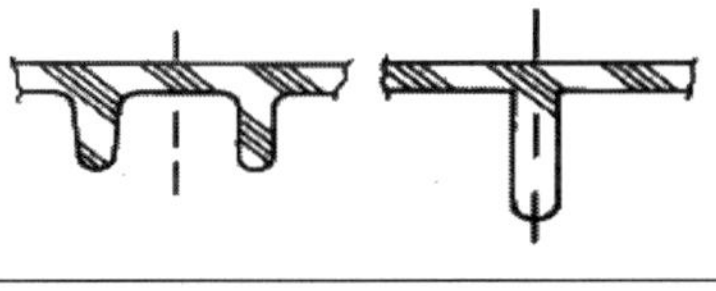
	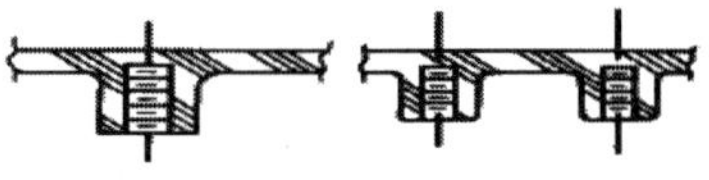

2. 리브를 설치한 설계

Wrong	Right
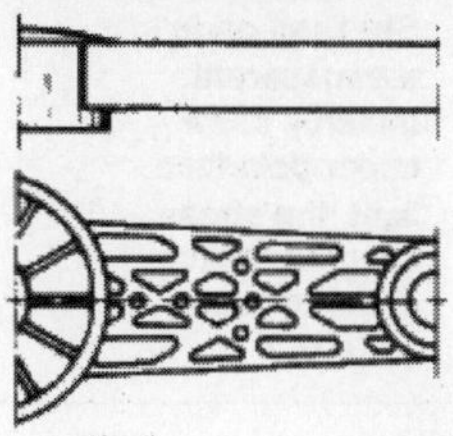	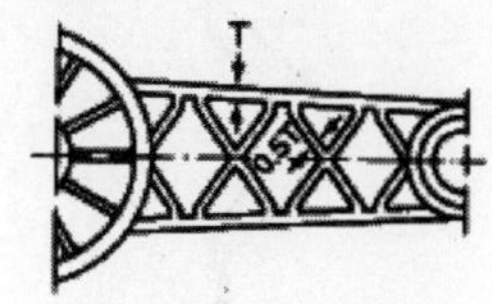
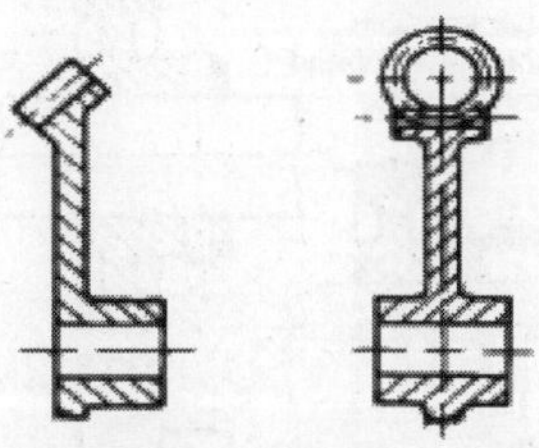	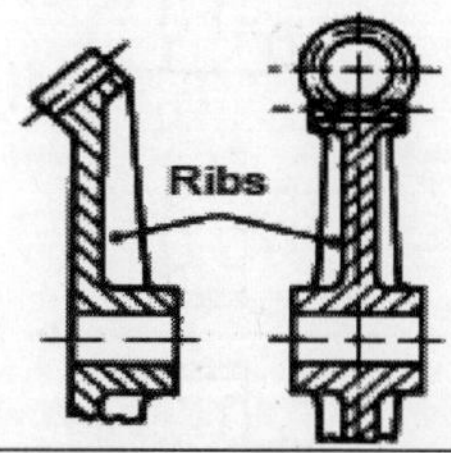
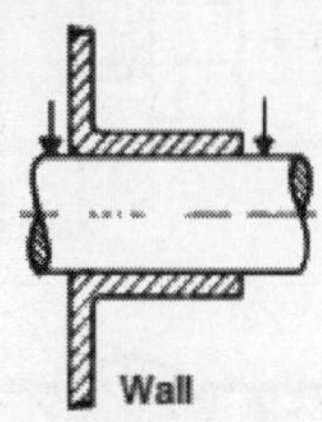	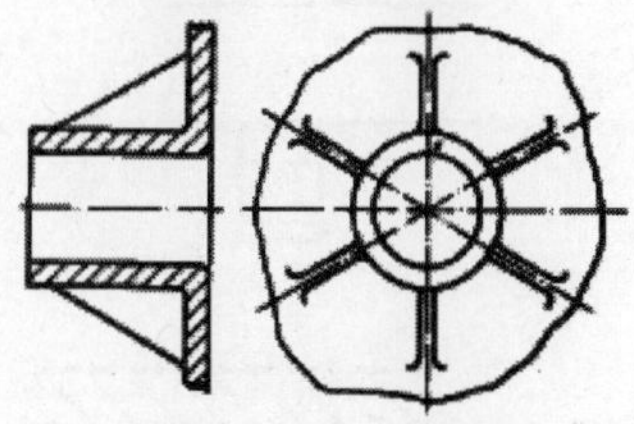

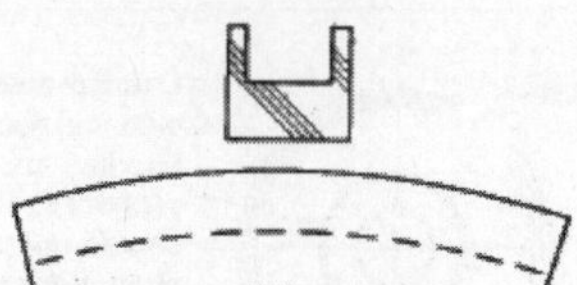	

3. 응력분산을 고려한 설계

Wrong	Right
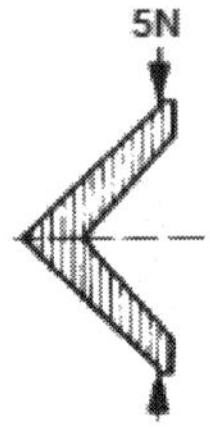	 Stressed parts in a transparent material show, under polarized light, the stress concentration effect of sharp corners.
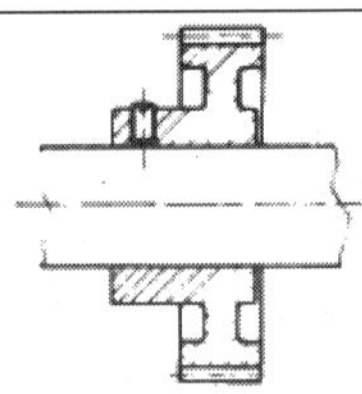 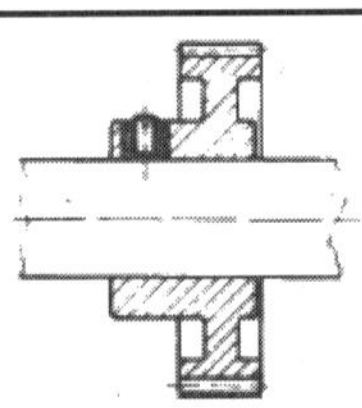	Here are two alternative solutions; their choice will depend on the torque to be transmitted. 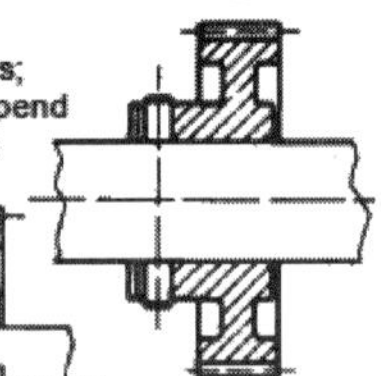 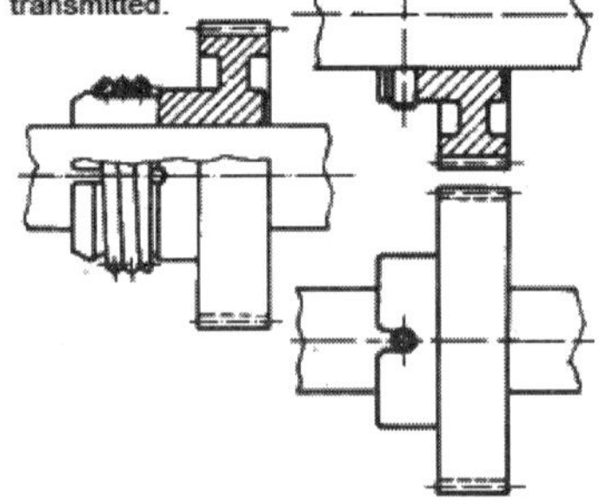
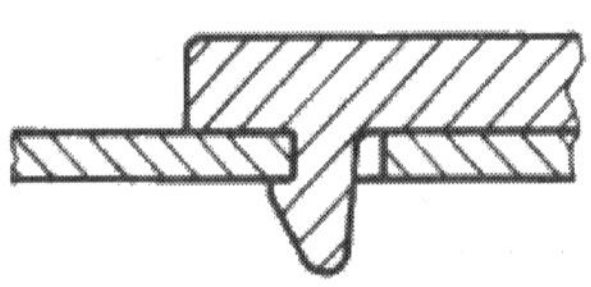	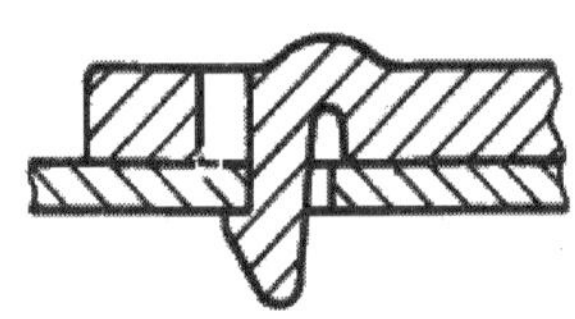 Redesign has reduced high stress concentration in snap-fit area.
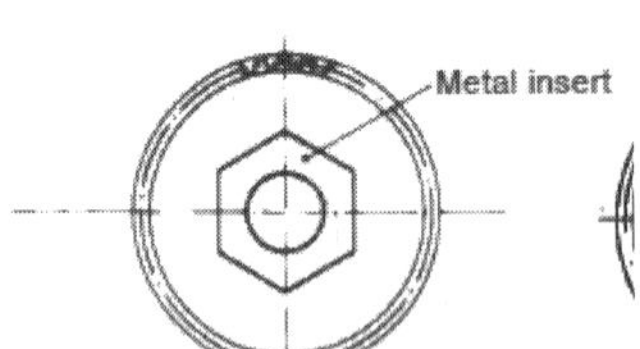	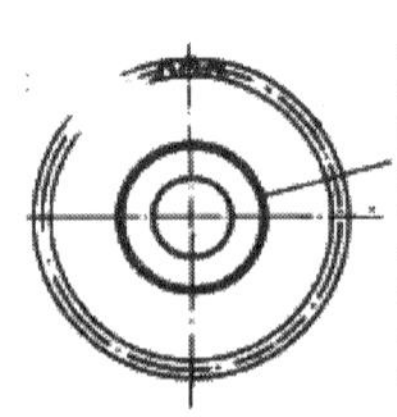 Circular inserts with fine rounded knurling are preferred. They should not have sharp edges. Installing inserts after molding may also be a solution.
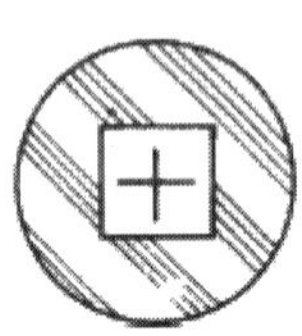	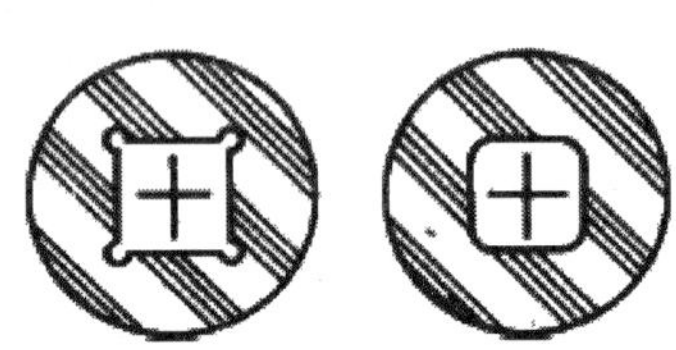

4. 조립을 고려한 설계

Wrong	Right
	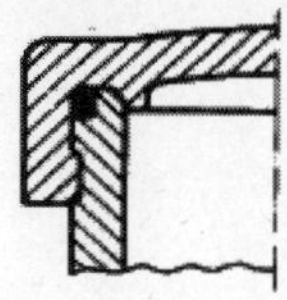 Redesigned exterior snap-fit cap and addition of "O" ring eliminate leakage.
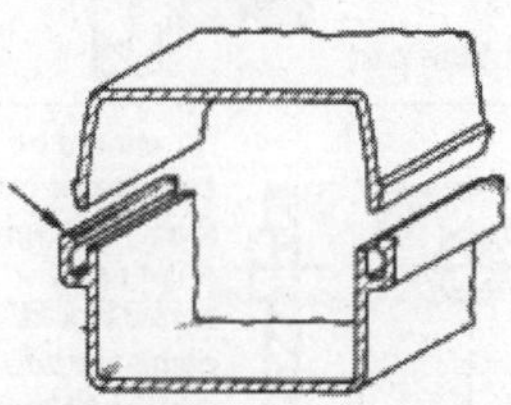	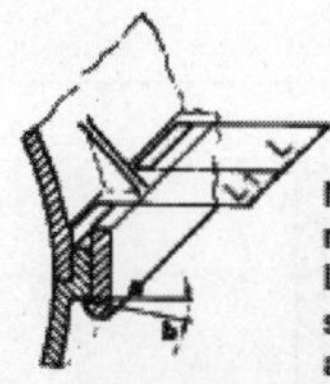 No undercut in the mold. If the ratio $L{:}L_1$ increases, some ribs can be added.
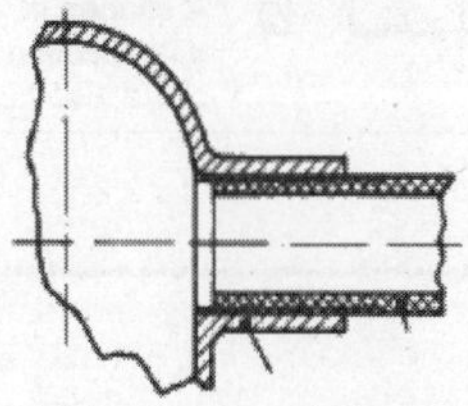	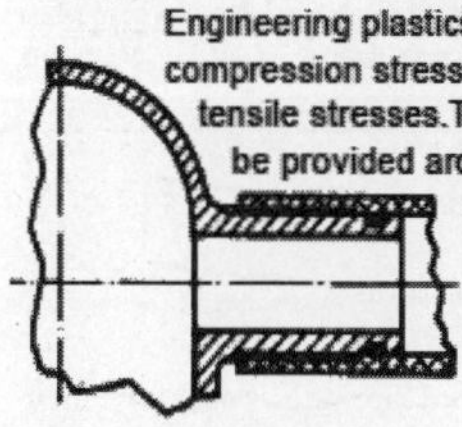 Engineering plastics usually resist compression stresses better than tensile stresses. Threads should be provided around the exterior diameter of the plastic part. An "O" ring ensures tightness.
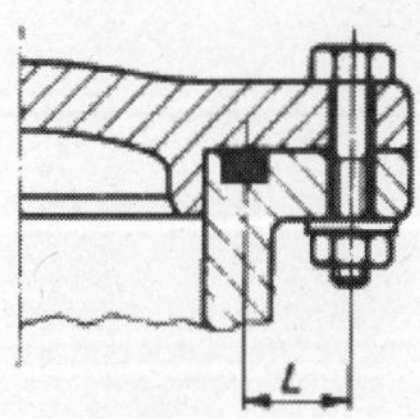	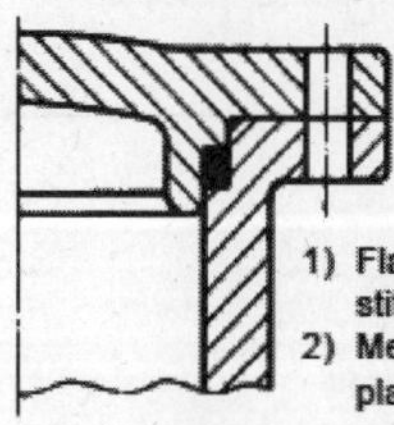 The "O" ring is compressed radially. Additional ways to control creep could be: 1) Flanges may be stiffened by ribs, or 2) Metal rings all around, placed under the bolts.
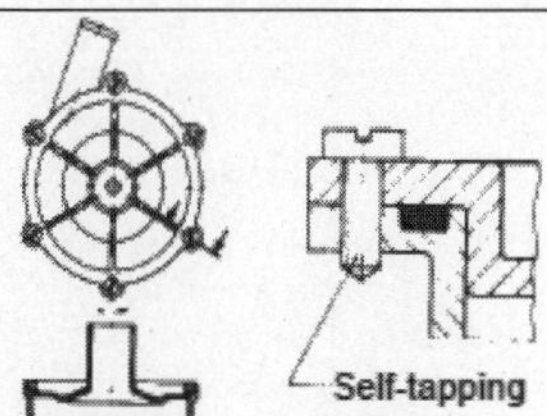 Self-tapping screw	
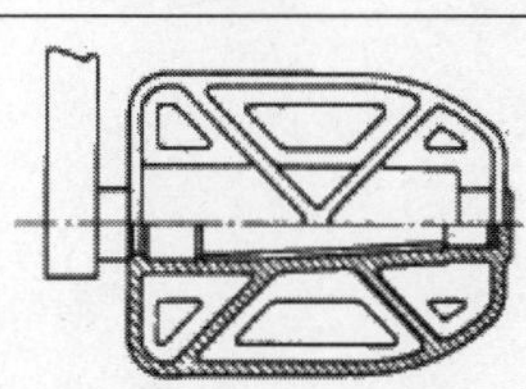	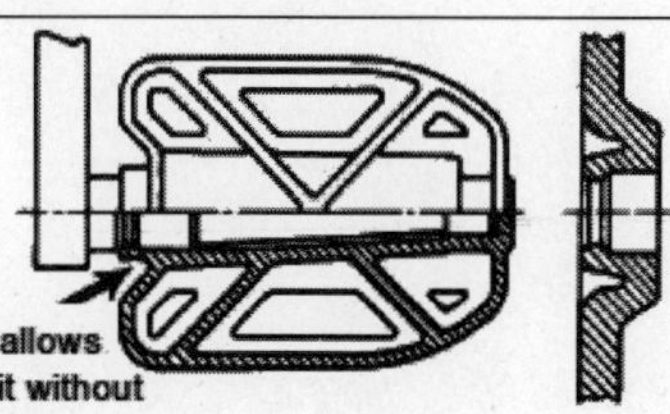 Relief allows snap-fit without breaking

5. 제품의 특성을 고려한 게이트의 위치선정

Wrong	Right
	The two ways to solve this problem are: A) Locate the gate in the thicker section (a long cycle may however be necessary to pack the cavity properly).  B) Core out the part. 
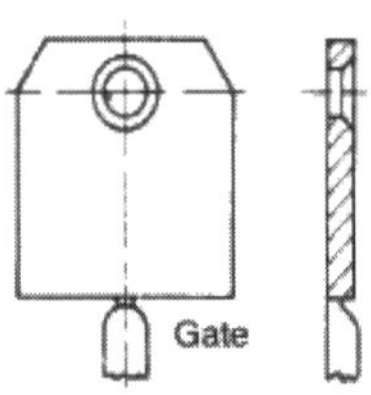	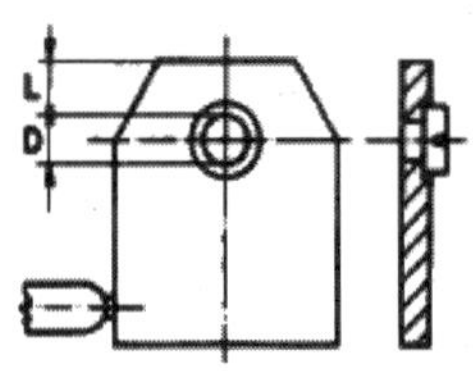 "L" should be kept larger (at least ≃ D), and a flat head screw would eliminate tangential stresses. A change in gate location could also help.
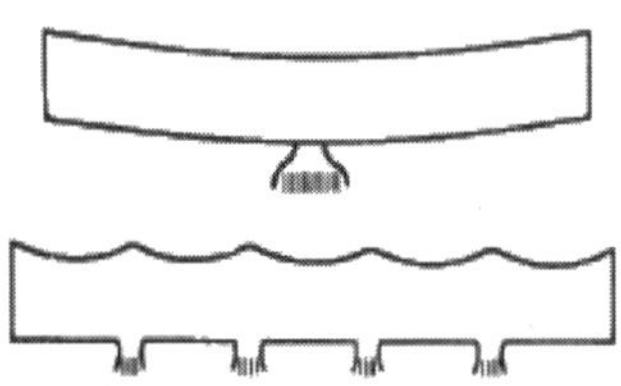	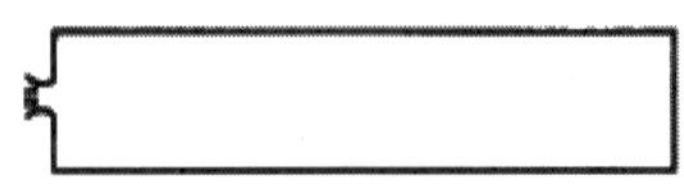

6. 나사에 여유(Clearance)를 둔 설계

Wrong	Right
	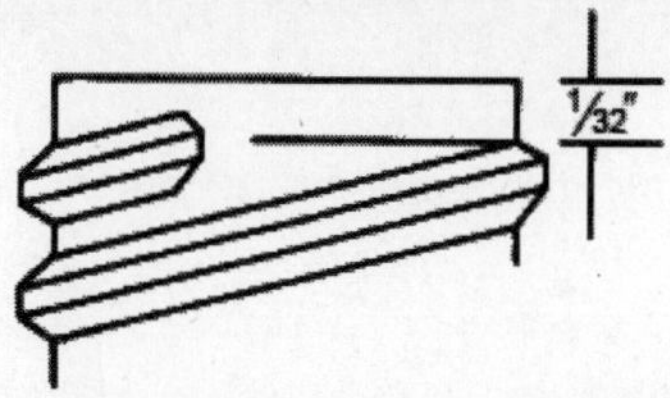
	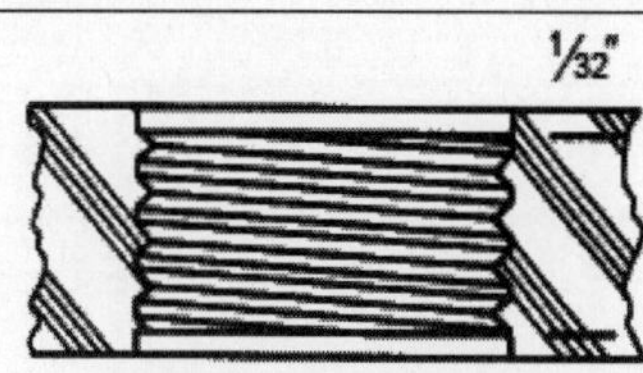

제 3 장

금형설계기술과 CAE

- 총론
- 사출성형품 설계
- 사출 금형 설계
- 열처리
- 수지 (PLASTIC)
- 금형제작
- 사출성형기와 사출성형
- 고정밀 사출성형

제1절 사출금형에서 CAE 응용

CAE(컴퓨터 지원공학/설계)는 제품개발 중에 확인되지 않거나 실제 현장에서 나타날 수 있는 요인을 검증된 이론과 축적된 자료(Data Base)를 이용하여 문제점을 분석하여 사전에 불안한 요인을 제거하여 최적 설계를 실현하는 기술이다. 문제점이 없는 성형품을 만들기 위해서 제품설계, 금형설계, 사출성형, 재료와 같이 이러한 부분들이 유기적으로 연결되어 기능적으로 작용하여야 하며 효율적으로 기술 정보의 공유가 필요하다. 플라스틱 제품개발 과정에서 기술적으로 중요하게 고려되어야 하는 네 가지의 요소를 [표 3-1]에서 보여주고 있다.

[표 3-1] 기술적으로 고려하는 요소

제품설계	금형설계	사출성형	재료
Design / 경제성	Accuracy	Cycle Time,품질	Properties / Price

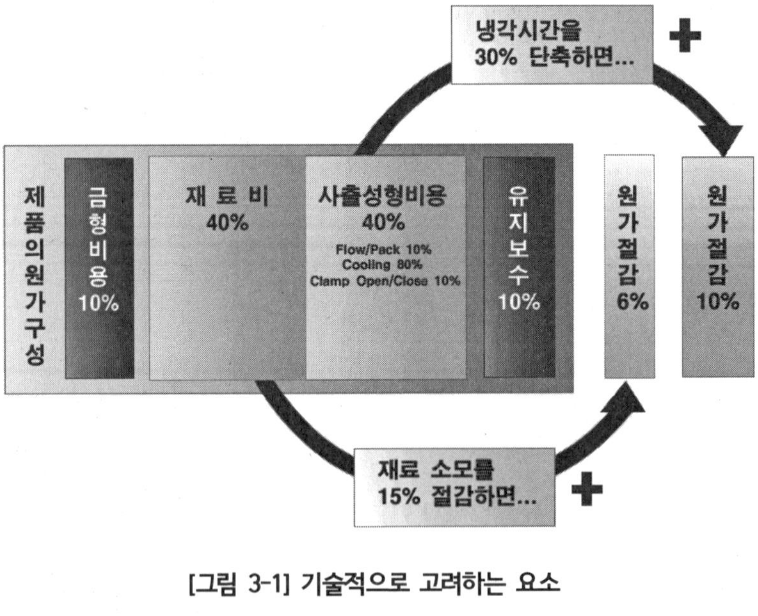

[그림 3-1] 기술적으로 고려하는 요소

CAD로 작성한 모델의 성능을 컴퓨터 내에서 상세히 검토하여 그 자료를 토대로 모델을 수정하는 시스템으로 제품 성능이나 특성을 시험제작 전에 미리 예측하여 개발기간의 단축, 비용 절감 등을 할 수 있는 컴퓨터를 이용한 공학(CAE)을 사출성형금형에 적용하게 되면 설계 합리화로 제품의 살두께를 감소 할 수 있으며 Sprue, Runner, Gate등의 감소와 불량률 감소,

위기 대처능력의 향상, 재료의 대체를 검토 할 수 있어 재료비를 줄이고, 개발기간의 단축을 통한 추가비용의 절감과 시장선점 효과, 금형수정 비용의 절감, 시장경쟁의 우위 확보와 동시에 생산적인 측면에서 형체력을 줄여 설비투자와 비용을 줄이고, 사이클 타임의 감소로 생산성이 증대되며, 부품의 일체화로 조립비용을 절감하며 공정축소와 생산량 증대에 따른 인건비를 줄일 수 있다. 플라스틱 제품의 원가를 구성하는 비율은 금형비 10%, 재료비 40%, 생산(사출) 비용 40%, 부대 비용10%로 구성된다. [그림 3-1]에서 냉각기간을 30% 단축하면 원가절감을 10%, 재료소모 15%를 절감하면 원가절감 6%가 절감된다.

1. CAE의 적용을 위한 성형제품의 개발단계

1) 제품설계 단계

(1) 플라스틱 구조해석

재료의 유동현상이 제품의 구조에 미치는 영향을 파악하여 적합한 제품 두께를 설정하고 제품의 두께 및 보강을 위해 리브를 설계하여 정확한 수지 사용량을 파악하여 수지를 절감하며 사이클 타임의 단축으로로 원가를 절감한다.

(2) 유동해석

제품에 영향을 주지 않는 위치에 웰드라인이 발생되도록 결정하고 유동 밸런스 설계를 실시하여 사출 성형 후 제품의 품질을 향상시킨다. 다수의 개폐 금형에 대한 사출 유동성에 대한 불균형을 개선한다.

(3) 변형해석

리브의 효과를 검증하여 적합한 형상을 설계하고 제품 두께 편차에 대한 유동성 효과를 검증하고 변형을 최소화 할 수 있는 설계를 실시한다. 최종 제품의 변형량을 예측하고 원인을 규명한다.

2) 금형설계 단계

(1) 유동해석

유동해석에서는 게이트 수, 위치, 형태 및 크기를 결정하고 런너 배열과 크기를 결정하면서 이상적인 캐비티의 숫자를 정하여 안정적인 유동이 될 수 있도록 하며 가공 수축률을 결정하여 치수 안정성이 뛰어난 제품이 성형될 수 있도록 한다.

(가) 냉각해석- 냉각채널의 배열 및 최적 냉각조건을 결정하여 사이클 타임을 최소화할 수 있어야 한다.
(나) 금형 처짐 해석- 금형에서 제품을 대량으로 생산하기 위해 적합한 금형 두께를 계산하고 몰드 베이스를 설계한다.

3) 사출성형단계

(1) 유동해석

사출단계에서는 실제 현장에서 적용될 수 있도록 사출 성형 조건의 최적화가 필수적으로 요구된다.

(2) 수축 및 변형해석

제품의 수축 및 변형량을 검증하고 원인을 찾아서 필요시 설계 변경을 하고 치수가 안정되는 성형 조건을 찾아야한다.

2. CAE의 적용범위

금형제작이 완료되어 사출 시 예상되는 모든 문제점들을 미리 분석하여 최적의 설계치를 얻을 수 있으므로 종래의 방법에서 빈번하게 발생되는 설계 변경, 금형 수정, 시험사출 반복 등으로 인한 시간 낭비와 비용지출을 방지할 수 있다. [표 3-2]은 각 단계에서 CAE의 적용범위를 설명하고 있다.

[표 3-2] 각 단계에서 CAE 적용범위

단 계	범 위	
제품설계	* 살 두께 결정 * 제품 구조(Rib, Boss, Grille) 설계	* 사용수지 선택 * Project 공정기술 관리
금형설계	* 금형 수축률 결정 * Runner, Gate Balancing	* Sprue, Runner, Gate설계 * 냉각 회로 설계
사출성형	* 수지 및 금형 온도 결정 * 다단 보압 Profile 결정	* 사출 시간, 다단 속도 제어 * Cycle Time단축, 원가 절감
수지개발	* 고객요구에 부응하는 수지 개발 * 체계적, 과학적 기술정보제공	* Data Base 구축

제2절 사출금형 유동해석

1. 충전해석

충전해석은 수지가 런너 시스템을 통하여 금형의 캐비티 안으로 수지를 채워가는 유동 현상을 나타낸 것이다. 충전 패턴은 제품의 품질을 결정하는데 중요한 역할을 한다. 이상적인 충전은 용융수지가 유동의 마지막까지 일정한 유동선단 속도를 가지고 동시에 충전되는 것이 좋다. 이러한 유동 충전이 불균일할 경우 국부적으로 먼저 도달한 부분은 과도한 압력이 발생하게 된다. 실제 현장에서 충전과정을 이해하기 위해서는 미충전 성형을 행하면서 시험사출을 진행하지만 요즈음 들어서는 컴퓨터 시뮬레이션을 통하여 유동패턴을 예상할 수 있다.

1) 충전패턴

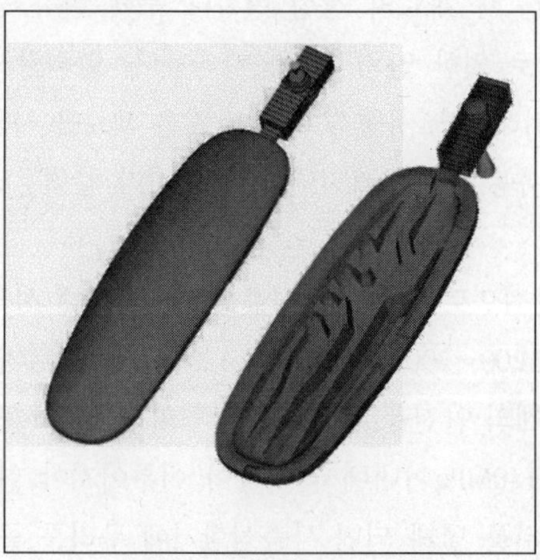

[그림 3-2] CAE 해석 제품

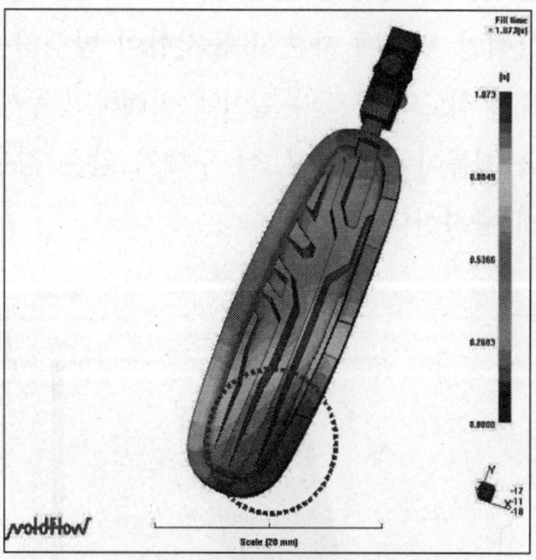

[그림 3-3] 불균일 충전 패턴

충전패턴은 유동선단의 진행과정을 나타내며 충전 중에 항상 유동의 상태가 균일한가의 여부를 판단하는 것이 중요하다. 다음 예의 경우 충전 패턴의 불균일이 발생되는 제품에 대해 모델을 수정하여 균일한 충전패턴으로 진행 할 수 있다. [그림 3-2]에 불균형이 일어나는 제품의 형상이고 이 제품의 경우 [그림 3-3]에서처럼 유동이 한쪽으로 쏠리는 경향을 보이면서 유동의 끝단에서 불균일한 유동을 보이고 있다. [그림 3-4]의 경우 제품의 리브의 높이를 조정하여 충전패턴을 검토한 결과 [그림 3-5]와 같이 유동의 패턴을 균일하게 유지할 수 있다. 다음은 충전 해석 하였을 때 나타나는 결과에 대한 것이다.

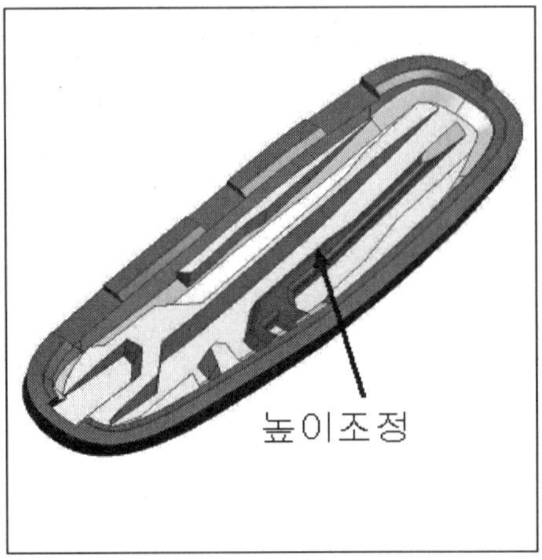

[그림 3-4] 높이 조정된 제품

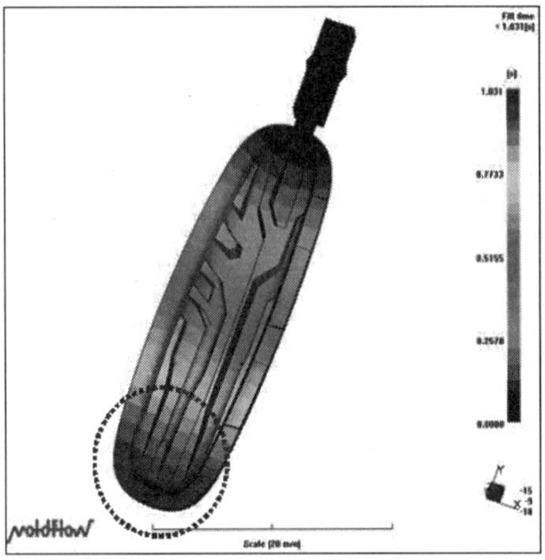

[그림 3-5] 균일한 충전 패턴

2) 압력분포

압력분포 결과는 용융 수지가 금형으로 유입될 때 재료의 점성 변화나 두께 변화 등의 형상적인 제약에 따른 유동저항이 발생하는데 이로 인한 압력강하를 나타낸다. 압력강하는 재료의 점도와 유로의 길이에 비례하며 두께에 반비례한다. 유동성이 좋지 않은 재료를 사용하거나 제품이 대형이며, 살 두께가 얇은 경우에는 유동저항이 커지면서 이에 따라 압력강하도 크게 증가한다.

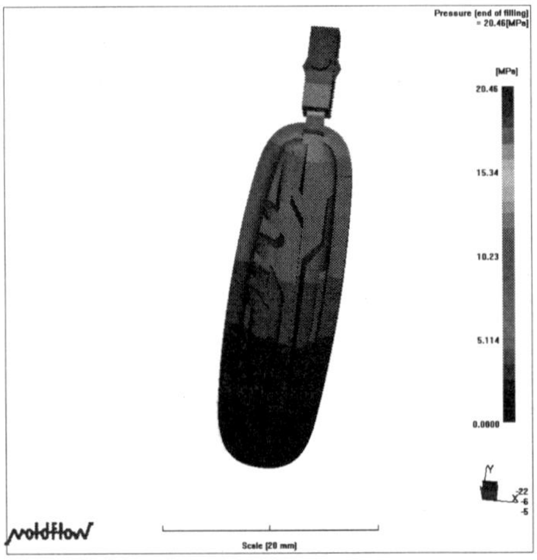

[그림 3-6] 압력분포

일반적으로 사용되는 사출성형기의 최대 사출압력은 1200~2000 Kg/㎠ (약 120~200Mpa)로써 보통 기계의 안전율로써 허용 압력의 70%만 사용한다면 140MPa이내에서 사출이 이루어져야 한다. 이 범위를 넘게 되면 사출성형기에 무리를 줄 수 있으므로 특별한 경우를 제외하고는 해석에서의 최대 허용 압력은 100MPa을 사용한다. 높은 사출압력은 금형체결력의 과도한 상승을 야기하므로 가능하다면 최소 사출압력으로 성형이 이루어질 수 있는 방법을 수립하여야 한다. 사출압력을 감소시키는 방법은 유동저항을 증가 시키는 요인들을 제거해 주는 것이다. 즉, 유동성이 우수한 재료를 사용하고 같은 재료의 경우에는 용융 온도를 높여주며, 게이트의 위치와 숫자를 적절하게 결정하여 하나의 게이트로써 채워지는 유로가 짧아질 수 있게 해주고 살 두께를 증가시키면 유동저항이 감소하여 압력강하를 낮은 범위에서 유지할 수 있다. [그림 3-6]은 [그림 3-2]의 제품에 압력분포를 보여주고 있다. [그림 3-6]의 압력분포는 20.46Mpa를 보이고 있으며 최대허용 압력 100MPa를 넘지 않고 있다.

3) 온도분포

유동 해석 결과에서 계산되는 온도 분포는 유동 선단의 온도 분포(TEMP)와 충전된 직후의 전체적인 온도 분포(TEMI ; Instant Temperature)의 두 가지가 있다. TEMP는 금형의 수지가 유입되는 어느 순간의 각 위치에서의 온도 변화를 나타내는 것으로 온도 분포의 변화가 심하다면 수지의 유동저항 편차가 증가하며 지역적으로 제품 물성의 변화가 커진다는 사실을 의미한다. 용융 수지의 유동성은 재료의 점도에 의존하는데 점도는 온도의 함수이므로 금형의 어느 위치에서 수지의 온도가 금형으로 많이 전달되어 온도 강하가 증가한다면 이 지점에서의 유동저항이 커져 사출압력과 내부 응력이 증가되어 성형성은 물론 제품의 물성에 영향을 줄 수 있다. 더구나 재료가 결정성 수지인 경우에는 고화된 재료의 포화 결정화도에 영향을 주므로 물성과 더불어 수축률 변화에도 큰 변화를 준다. 용융 선단의 온도 분포 TEMP는 해석에 적용했던 원래의 수지 온도보다 20℃ 이상 감소하지 않을 것이 요구된다. 불균일한 온도 분포는 지역적인 수축률의 편차를 유발하는 원인이 될 뿐더러 이로 인한 밀도 변화는 제품 표면 조직의 변화를 발생시켜 색차(Color Difference)발생의 요인이 되기도 한다. 충전 직후의 온도 분포 TEMI는 금형 내로 수지가 유입될 때 유동균형 또는 정체효과(Hesitation Effect)의 발생 여부를 판단할 수 있게 한다. 만약 금형의 어느 부분에 수지가 먼저 도달하여 멈추거나 정체된다면 다른 지역으로 정상적인 유동을 하는 수지 보다 훨씬 빠르게 금형으로 열을 빼앗기게 되므로 온도가 급격하게 감소하거나 더 심각한 경우 재료의 No Flow Temperature 이하로 감소하게 되어 미성형의 원인이 된다.

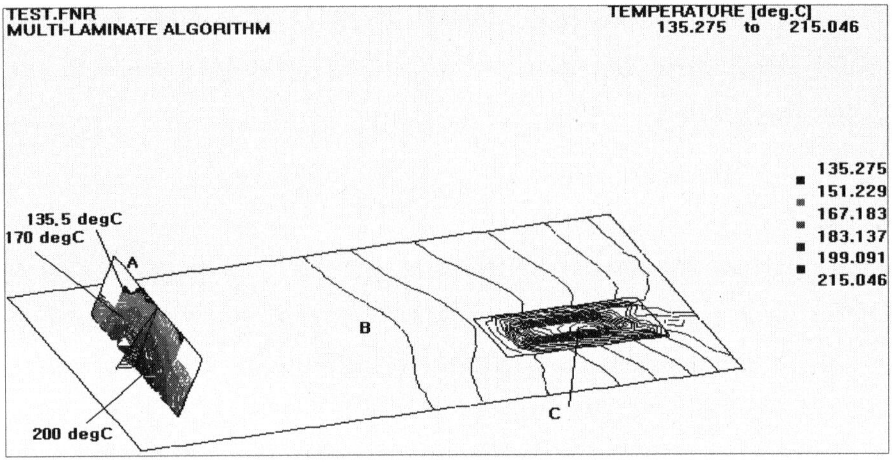

[그림 3-7] 온도 분포 등고선

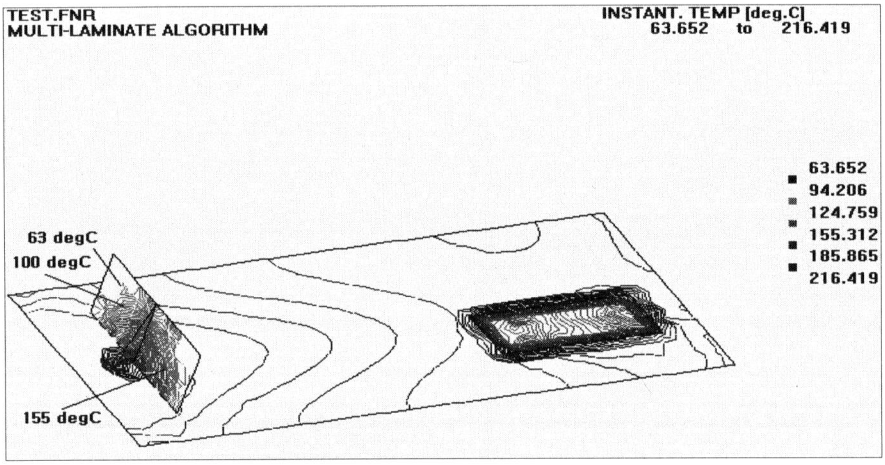

[그림 3-8] 충전 직후 전체적인 온도 분포

[그림 3-7]과 [그림 3-8]의 결과에서 알 수 있는 것처럼 A부분의 얇은 립(Rib)에서는 수지의 유동 속도가 감소하면서 금형으로의 열 전달이 촉진되고 결과적으로 수지의 용융 온도가 이 재료의 No Flow온도 이하로 떨어져 미성형이 발생되고 있다. 그러나 C부분은 똑같은 살 두께임에도 불구하고 뜨거운 수지가 A부분보다는 빨리 도착하여 열 손실이 적으므로 이 지역에서는 미성형은 발생하지 않는다.

A부분은 수지가 일찍 도착하여 거의 유동되지 못하므로 금형의 다른 부분을 채우는 동안 온도는 더욱 빨리 감소하게 된다. 이 현상은 충전 직후의 온도 분포(TEMI)를 확인함으로써 알 수 있다. 이와 같이 TEMP와 TEMI분포를 정밀하게 관측하여 재료의 금형 내에서의 성형성과 표면의 색차등 성형 불량을 예측할 수 있다. C부분의 온도 분포 또한 매우 관심을 끈다.

C지역의 TEMP 결과는 215℃를 유지하고 있는 것으로 나타나 있지만 TEMI분포는 124~155℃로 이 부분에서도 다소 유동 정체 현상이 발생하였음을 의미하며 이로 인하여 인접 부위와 다른 수축률과 밀도를 가지게 되므로 변형은 물론 표면 색차를 유발하는 원인이 될 수 있다.

4) 웰드라인

Weld Line은 서로 다른 방향을 갖는 두 유동 선단이 만나면서 만드는 선이다. 제품의 형태나 게이트의 위치와 숫자는 Weld Line의 상태를 결정한다. 제품에 살 두께 변화가 심하거나 게이트의 숫자가 많을수록 Weld Line도 증가한다. Weld Line을 방지 또는 은폐하기 위해서는 이와 같은 설계 요소들을 잘 검토하여야 한다. 외관 제품은 특히 주의해 주어야 하는데 Weld Line의 발생을 피하지 못하는 경우에는 수지의 온도, 압력, 접촉각등을 잘 조절하여 그 영향을 최소화할 수 있다. Weld Line의 강도는 온도와 압력 및 사용하는 재료의 특성에 따라 변화한다.

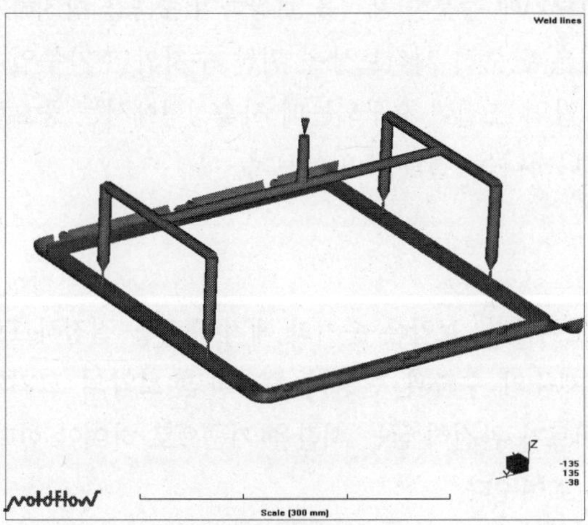

[그림 3-9] 웰드라인

Weld Line에서 수지가 만날 때 온도는 용융온도 이상을 유지하여야 하고 보압에서 압력 전달이 충분하여야 한다. 유리 섬유나 기타 충전재가 보강된 수지는 Weld Line의 강도가 더욱 감소하므로 사용시 성형 조건 결정에 세심한 주의가 요구된다. 외관상으로 관측되는 정도는 V홈의 깊이와 Weld Line의 길이에 좌우되는데 홈의 깊이는 금형 충전시의 유동 속도에 영향을 받으며 이는 접촉각에 따라 결정된다. [그림 3-9]은 웰드라인을 보여주고 있다. 웰드라인의 종류는 다음과 같다.

1) Butt weld line

서로 다른 유동 선단이 만나서 더 이상의 유동이 없는 웰드 라인. (만나는 각 180도) 수지간의 혼합이 거의 생기지 않는다. 사출율을 조절하여 웰드 라인부에 도착한 수지들의 온도가 성형 온도에 가깝도록 유지하는 것이 필요하다. 강도상 가장 취약하다.

2) Weld line with meld line

서로 다른 유동 선단이 만나서 웰드 라인을 따라서 수지가 흘러가는 경우. 최초에 만나는 부위는 버트 웰드가 되지만 금형 충전이 지속됨에 따라 2개의 유동 선단이 만나는 각이 버트 웰드가 만나는 각 180도 부위에서 점점 줄어들어 없어지게 된다. 최초의 만나는 부위가 버트 웰드이므로 이에 의한 응력 집중이 발생할 수 있다.

3) Transient weld line

최초 표면에 생성된 웰드 라인이 지속적으로 움직이게 된다. 따라서 표면 부위에는 최초 생성된 웰드 라인이 존재하지만 표층 아래에서 발생된 웰드 라인은 발생된 수지 유동에 의해서 생긴 내부 웰드 라인에서 수지가 서로 섞이게 된다. 최초 형성된 웰드 라인이 계속 이동 되므로 언제 정지하느냐가 문제이며 항상 버트 웰드보다 강도가 높다.

2. 보압해석

보압해석은 충전의 공정 후에 일어나는 공정으로 충전이 끝나고 제품의 형상은 갖추어 졌지만 제품의 체적까지 보상이 된 것은 아니다 그렇기에 충분한 체적을 보상하여 수축을 방지하기 위해 보압공정이 진행되는 것이다. 보압공정은 단순히 체적보상을 위한 수지의 추가주입이 아니고 압력분포를 균일하게 하기 위한 다단 압력 조절이 요구되는데 사출성형에서는 중요한 부분을 차지한다. 다음과 같이 보압해석시 나타나는 결과를 알아보자.

1) 보압분포

금형의 캐비티에 전달되는 보압의 분포를 보여준다. 보압은 수지의 체적 수축을 결정하므로 충분한 크기로 균일하게 전달되어야 한다. 제품의 수축과 변형이 증가하면 보압의 크기와 시간을 증가시켜주어야 하며 보압 시간은 게이트가 완전히 굳는 시간을 기준으로 하여야 한다.

[그림 3-10]은 보압시 캐비티 압력분포를 보여준다.

[그림 3-11]에서 게이트에서의 압력 손실로 인하여 약 20MPa의 보압이 15Mpa 이하로 급격하게 감소한다. 압력 전달의 손실이 커지면 체적 수축이 증가하는데 이 결과는 게이트 근처와 멀리 떨어진 곳 사이의 수축 편차가 증가할 수 있음을 보여 준다. 금형에 전달되는 보압은 대략 35 ~ 50MPa이 적당한 것으로 많은 실험 결과에서 밝혀져 있다. 이 제품은 사출압력이 그다지 높지 않기 때문에 오히려 보압을 높게 설정하여 주는 것이 좋다.

2) 체적수축(Volumetric Shrinkage)

보압에 의하여 결정되는 재료의 최종 체적 수축을 나타낸다. 수축이 크면 제품의 치수 정밀도 유지가 어려워지며 더구나 부분적으로 수축률의 편차가 커지면 내부 응력이 발생되어 변형

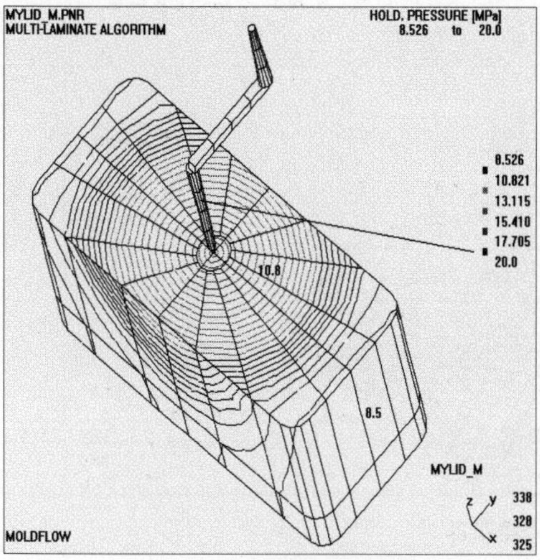

[그림 3-10] 보압시 압력분포

발생의 주요한 요인이 된다.

체적 수축은 전체적인 크기보다 지역적인 편차를 감소시켜주는 것이 더욱 중요하며 편차는 변형 발생에 주요한 원인이기 때문이다. 체적 수축은 재료 고유의 PVT특성에 의존하는데 비결정성 수지는 결정성 수지에 비하여 수축률이 작은데 이는 결정성 수지의 경우 결정화도에 따라 체적의 변화가 심하기 때문이다. 체적 수축은 압력과 온도의 함수이다. 즉, 온도가 높고, 압력이 작을수록 체적 수축은 증가한다. [그림 3-11]에 PVT 특성을 보여주고 있다.

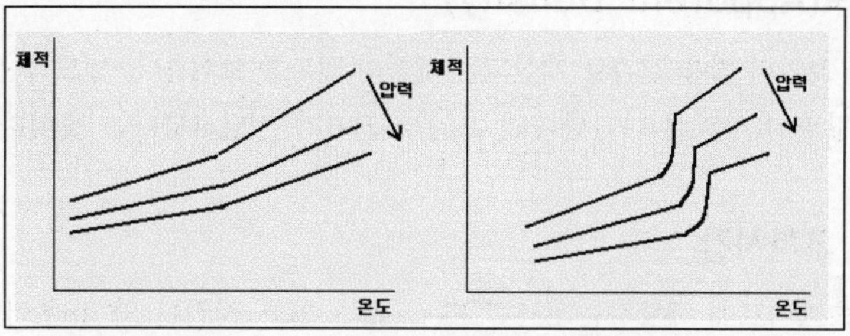

[그림 3-11] 비결정성 수지(왼쪽)와 결정성 수지(오른쪽)의 PVT특성

[그림 3-12]의 해석 결과는 게이트 주변과 제품의 아랫단 쪽에서 수축이 증가하고 있음을 보여준다. 아랫단은 보압 전달의 손실과 두꺼운 살 두께(3mm)로 체적 수축이 증가하며 게이트 주변은 너무 짧은 시간에 보압을 제거하였기 때문에 게이트를 통한 역류가 발생하여 부분적으로 체적 수축이 크게 증가되는 것으로 이해할 수 있다. 보압 시간은 앞에서도 언급한 바와 같이 게이트가 충분하게 고화되는 시간을 고려하여 결정해 주어야 할 것이다.

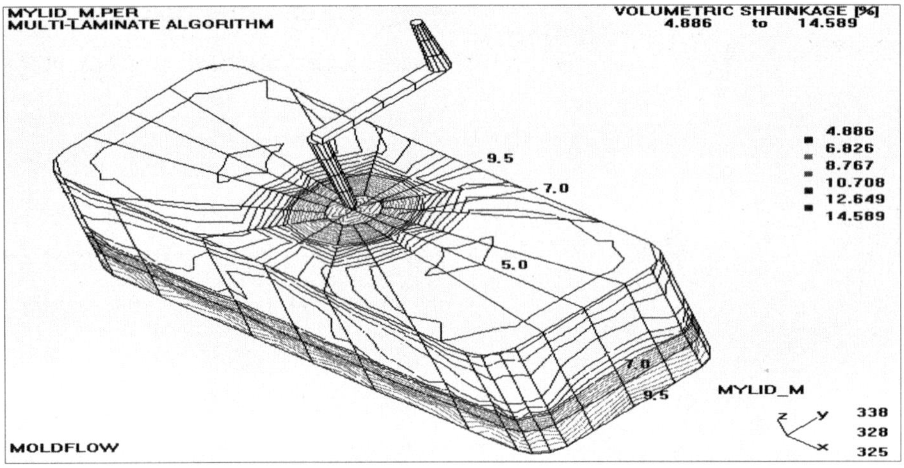

[그림 3-12] 수축결과

3) 밀도분포(Apparent Density)

체적 수축과 보압의 작용 결과로 계산되는 제품의 밀도를 보여준다. 밀도의 분포가 그 수지의 정상적인 값과 유사하게 나타난다면 보압의 크기가 적당하였다는 뜻이다.

4) 게이트 고화시간

[그림3-13]는 게이트에 해당하는 885번 Element는 고화 시간이 약 18초이다. 이는 위에 있는 두꺼운 런너의 영향을 받아서 실제 보다 길어지고 있는데 게이트 주변의 442, 220, 666번 Element는 8초 정도에 고화가 100%이루어진다. 그러므로 게이트의 하단은 약 13초에 고화가 완전히 이루어질 것으로 생각되며 보압 시간은 사출 시간을 포함하여 최소 13초 이상을 유지하여야 함을 의미한다. 수지의 냉각은 유동 중에도 금형에 접촉하는 순간부터 이루어지므로 보압 시간을 연장하여야 한다면 냉각 시간을 그만큼 줄여 전체적인 Cycle Time은 변화 없이 유지할 수 있다.

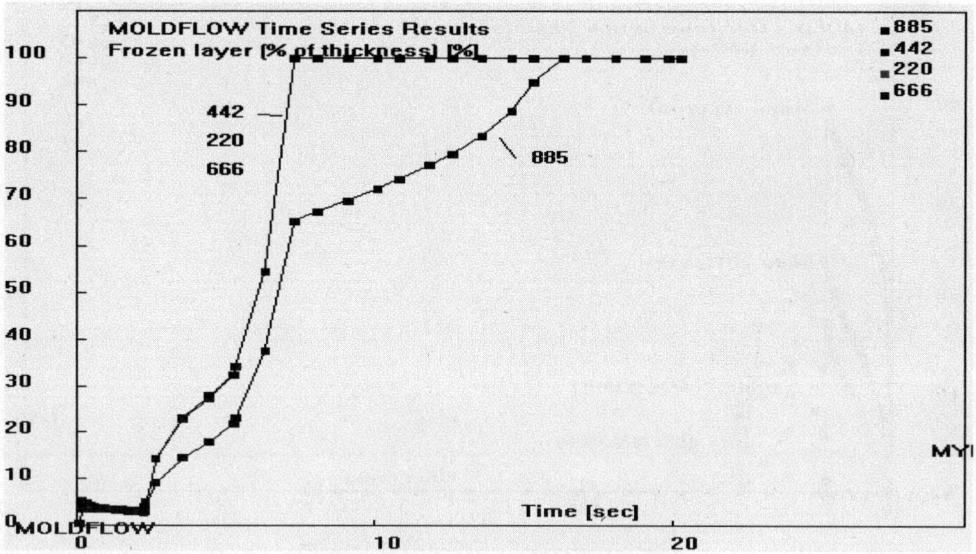

[그림 3-13] 게이트 고화 시간 그래프

5) 시간에 따른 금형내 압력 변화

사출기에서 전해지는 압력은 금형 내에서의 유동저항 증가에 따라 점차 감소한다. 스프루 또는 게이트에서 멀리 떨어져 있을수록 사출기에서 전달되는 압력은 작아진다. [그림3-14]는 스푸루에서 40MPa의 압력이 작용되어도 게이트에서는 25Mpa 까지 압력 손실이 생기고 게이트에서 멀리 떨어진 곳에서는 작용하는 유효 압력이 10MPa까지 감소하고 있음을 알 수 있다. 이것은 수지의 온도 감소에 대한 유동성 저하와 유로의 길이 증가에 따른 압력 손실이 더욱 커지기 때문이다. 수지의 충전에 요구되는 최대 압력은 위치에 따라 변화되며 특히 제품이 대형화될수록 그 차이는 더욱 커진다. 그러나 보압에 해당되는 압력 감소의 구배는 위치에 관계없이 일치되는 것이 바람직하다. 이는 전체적으로 일정한 체적 수축을 유도하기 위함이다. 이 결과는 456번 위치를 제외한 나머지 지역에는 보압 전달이 비교적 원활하였다는 것을 의미하며 이 지역(456번 지점)은 다른 곳에 비하여 체적 수축이 증가할 수 있다고 판단하여야 한다. 위치에 관계없이 균일한 보압을 잘 전달시키려면 적당한 시간과 크기로 구분되는 다단 보압을 설정하여 주어야 한다. 과도하게 높은 충전압은 Flash발생의 원인이 되고 금형 체결력을 증가시키며 금형에 무리를 준다. 이 결과는 적절한 보압 절환 시점을 결정할 수 있게 하여 부드러운 성형이 이루어질 수 있도록 한다.

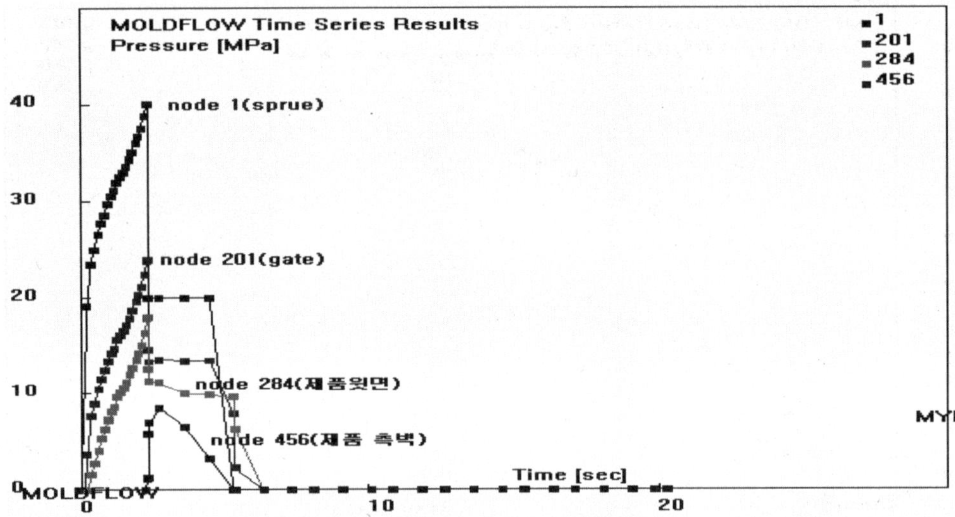

[그림 3-14] 위치와 시간에 따른 압력전달

3. 냉각해석

용융수지가 충전을 시작해서 보압공정까지 끝나는 시점에서 냉각공정이 시작된다. 이때 금형내의 일정량의 수지는 고화되어 부피가 줄어들게 되므로 밀도가 증가하게 되는데 이것을 수축이라고 하며 냉각공정이 끝이 나고 금형에서 취출이 되어 제품이 나오게 되는데 이때 나온 제품은 금형보다 약간 작은 성형품을 얻게 된다. 일반적으로 수축이 일정하게 진행된다면 금형을 사출 제품이 수축되는 만큼 크게 가공하면 되지만 금형의 형상이 복잡해서 사출 진행시 금형의 온도분포나 수지의 온도 분포가 일정하지 않으므로 금형설계가 힘들게 된다. 이러한 이유로 수축을 최소화하기 위해서 수지의 밀도가 달라질 때 보압으로 체적을 보상해서 냉각 중에 수지의 밀도가 항상 일정하게 유지될 수 있도록 보압공정과 냉각공정이 복합적으로 이루어져야한다. 다음사항은 냉각해석에서 고려해야 할 사항이다.

1) 표면상태

사용하는 수지의 특성에 따라 금형 캐비티 표면의 온도를 높여 보다 광택이 양호한 제품을 얻을 수 있다. 그러나 금형 표면의 온도가 균일하지 못한 경우 제품의 광택도가 부분적으로 차이가 날 수 있으며 이는 제품의 질을 떨어뜨리는 요인으로 작용한다.

2) 잔류응력 (Residual Stress)

잔류응력은 충전과 보압과정에서 발생하는 전단응력(Shear Stress)에 의하여 발생하기도 하고 제품의 국부적인 냉각 차이에 의하여서도 발생된다. 이렇게 발생한 잔류응력은 제품의 수명을 단축하거나 변형과 뒤틀림의 원인이 되기도 하며 이를 방지하기 위하여 최대한 균일한 온도분포를 유지하는 것이 바람직하다. 잔류응력(Residual Stress)이란 플라스틱을 성형한 후 제품 내부에 남아 있는 응력을 의미한다. 제품 내부의 응력은 용융된 수지가 게이트와 런너를 통과할 때 높은 전단력을 받아서 발생하기도 하고, 제품 내부의 불균일한 온도 분포와 냉각 속도의 차이에 의해서도 발생하기도 한다. 이렇게 발생한 응력은 수지가 금형 안에서 제품의 모양으로 냉각될 때 감소되며, 제품의 형태와 냉각 효과에 따라 응력이 감소되는 정도가 달라진다. 최종적으로 완전히 냉각될 때까지 감소되지 못하고 제품에 남아 있는 응력을 잔류 응력이라고 한다.

3) 결정화도 (Crystallity)

결정성 수지(Semi-cystalline Material)인 경우에 결정화도가 수축에 크게 영향을 미치며, 용융 상태에서의 냉각 속도가 매우 중요한 인자이다. 결정화도(crystallinity)란 플라스틱 종류에 따라 결정을 형성할 수도 그렇지 않을 수도 있다. 물이 빙점 이하로 떨어져 얼음을 생성하는 것과 유사하게, 용융된 수지가 냉각될 때, 결정을 형성하는 수지를 결정성 수지라고 하고, 버터와 같이 결정을 형성하지 않고 냉각되는 수지를 비결정성 수지라고 한다. 결정성 수지에서, 전체에 대하여 결정이 생성된 부분의 비율을 결정화도라고 한다. 결정성 수지에는 PP, PE, PPS, PET등이 있으며, 비결정성 수지에는 PS, PVC, PC, PPO, PEI 등이 있다.

4) 열적굴곡 (Thermal Bending)

제품의 상하 측의 온도가 다른 경우 두께방향을 따라 서로 다른 수축이 발생되며, 이로 인하여 제품이 상하 방향으로 휘는 경우가 발생한다. 이를 방지하기 위해서는 상하 측의 온도를 균일하게 하여야 한다. 열적 굴곡(Thermal Bending)이란 플라스틱이 냉각되는 속도에 따라 수축되는 양이 달라진다. 그러므로 제품의 상측과 하측의 온도가 다른 경우에는 두께 방향을 따라 서로 다른 수축이 발생되며 이로 인하여 제품이 위쪽 또는 아래쪽으로 휘게 되는 현상이 발생하는데 이를 열적 굴곡(Thermal Bending) 이라고 한다.

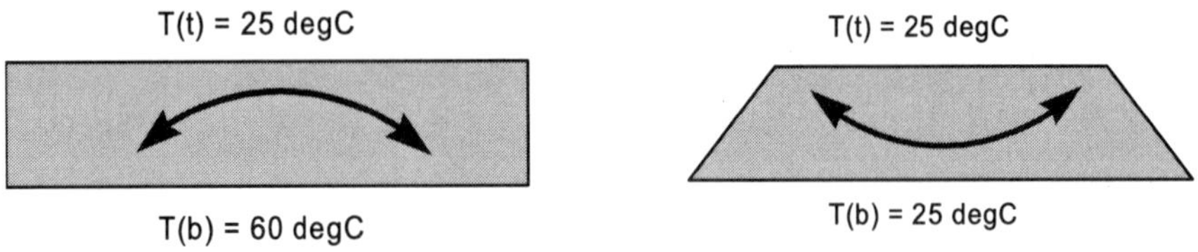

[그림 3-15] 금형온도에 따른 제품의 변형

[그림 3-15]에서와 같이 제품의 위와 아래의 금형 온도가 다른 경우, 뜨거운 쪽에 근접한 수지의 냉각 속도가 차가운 쪽 보다 느리며 이로 인하여 뜨거운 쪽의 수축이 차가운 쪽 보다 커지게 된다. 그러므로 제품의 두께 중심에서 보면 상측 부분의 수축이 적고 하측 부분의 수축이 크게 되고 이로 인하여 제품이 위쪽 방향으로 부풀게 되는 모양으로 변형된다. [그림 3-15]의 오른쪽 그림에서와 같이 제품의 두께 중심에서 보면 상측과 하측의 모양이 서로 다르다. 금형과 접촉하는 부분이 많을수록 쉽게 냉각되므로 상측보다 하측이 빠르게 냉각되는 양이 많을 것이다. 그러므로 상측 부분의 수축이 많고 하측 부분의 수축이 적게 되어 제품이 아래 방향으로 부풀어 오르는 모양으로 변형된다.

5) 제품 취출온도 (Ejection Temperature)

제품 취출온도는 수축률 차이와 잔류응력을 견딜 수 있는 강성(Stiffness)을 가지게 되는 온도를 기준으로 하여야 하며 이때 밀핀(Ejection Pin)에 의한 힘을 충분히 견딜 수 있는지도 함께 고려되어야 한다. 일반적으로 사출공정의 80%정도가 냉각시간이므로 이를 줄이는 것이 생산성을 향상시켜 단가를 낮출 수 있는 가장 손쉬운 방법이다. 다음은 냉각해석에서 나타나는 결과들이다.

- Average Element Temperature - 각부 분의 평균 온도값 분포
- Difference in Temperature - 캐비티의 상측과 하측의 온도 차 분포
- Maximum Plastic Temperature - 각 부분의 최대 온도 분포
- Bottom Frozen Layer Thickness - 캐비티 하측의 냉각 정도 분포
- Top Frozen Layer Thickness - 캐비티 상측의 냉각 정도 분포
- Cooling Analysis Error - 냉각 해석시 발생된 에러의 정도 분포
- Freeze Time - 냉각시간이 지난 후에 제품이 완전히 냉각 요구시간
- Relative Position of Peak Temperature - 최대 온도의 위치분포
- Plastic Temperature (Bottom) - 캐비티 하측의 온도 분포

- Plastic Temperature (Top) -캐비티 상측의 온도 분포

[그림 3-16]은 냉각채널이 설계된 제품이다.

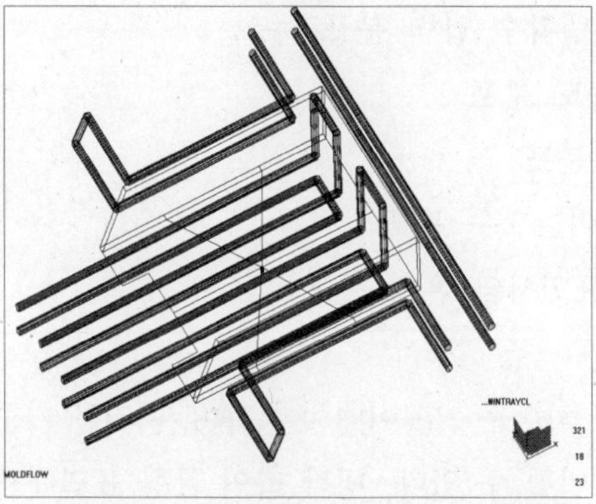

[그림 3-16] 냉각채널이 설계된 제품

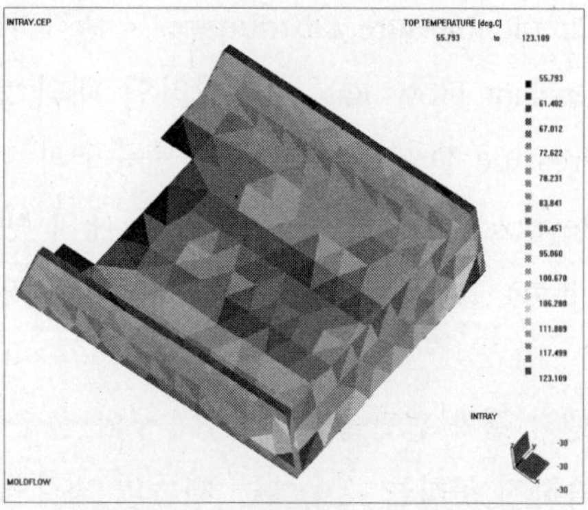

[그림 3-17] 캐비티 상측온도분포

[그림 3-17], [그림 3-18], [그림 3-19]은 냉각채널에서 나타나는 결과를 보여주고 있다. 결과 판단 기준시 다음 사항을 고려한다. 금형의 상측과 하측의 온도분포는 ±10℃ 이내여야 하며 이러한 기준을 만족하지 못하는 경우에는 제품의 변형에 영향을 미칠 수 있다. 정밀한 금형의 경우에는 금형의 상하 온도차를 0.5℃이내에 관리하는 경우도 있다. 금형의 상측과 하측의 온도 차이는 변형의 직접적인 원인이 됨으로 가능한 균일하게 유지하여야 한다. 이 값은 제품 상하 측의 냉각 정도 결과와도 밀접한 관계가 있으므로 같이 비교 검토하여야 한다.

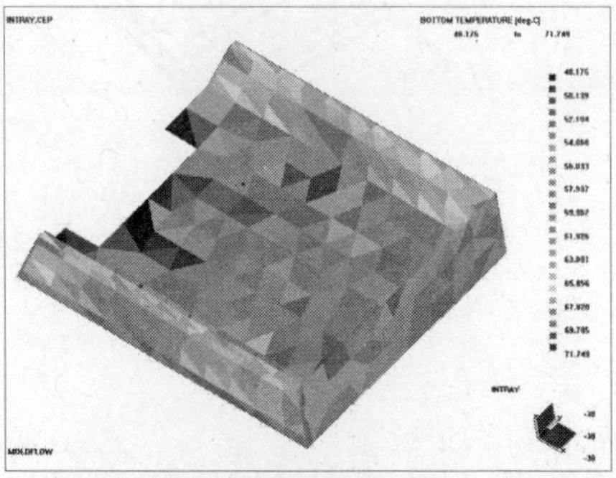

[그림 3-18] 캐비티 하측온도 분포

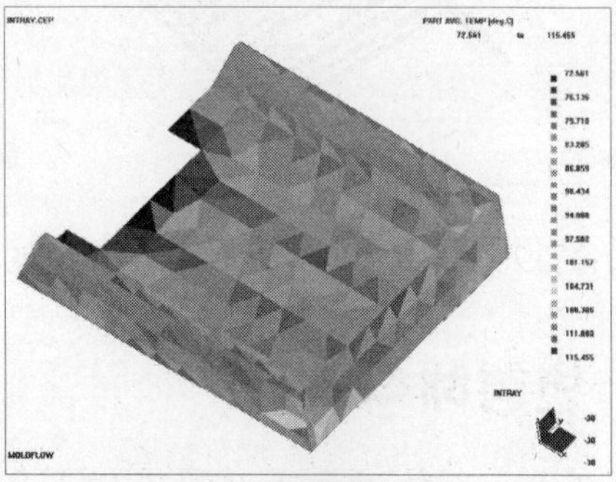

[그림 3-19] 제품평균온도분포

금형 상측과 하측의 냉각온도의 분포는 변형의 요인으로 작용할 수 있으므로 주의해야 한다. 일반적으로 런너나 스프루에서 약 60% 이상, 제품에서는 80% 이상 냉각된 후에 취출 하도록 냉각 시간을 설정하는 것이 유리하다. 제품에서 냉각에 필요한 시간이 과도한 경우, 그 부분에

냉각 라인과 인서트를 추가하거나 제품의 두께를 수정하여야 한다. 금형에 대한 냉각해석 결과의 종류는 다음과 같다.

- Coolant Temperature - 냉각라인 내의 냉각수 온도 분포
- Circuit Pressure Distribution - 냉각라인 내의 냉각수 압력 분포
- Coolant Flow Rate - 냉각라인 내의 냉각수 속도 분포
- Pressure Drop - 입수구와 출수구의 압력차이 분포
- Reynolds Number - 냉각라인 내의 냉각수 레이놀드수 분포
- Circuit Top Temperature - 냉각 라인 금형 표면서의 온도 분포

냉각 결과 판단을 할 때 입수구와 출수구의 온도 차이는 2도 이내여야 하며, 이러한 기준을 만족하지 못하는 경우에는 제품의 냉각에 영향을 미칠 수 있다. 냉각 라인 금형 표면에서의 온도 분포가 5도 이내여야 하며, 이 이상인 경우, 균일한 냉각을 기대하기가 어렵게 된다. 레이놀드 수를 10000 이상 유지하기 위해서 필요한 압력이 사용되는 펌프의 용량을 초과하여서는 안 되며, 초과시 냉각라인을 분리하여 설계하여야 한다.

[그림 3-20]과 [그림 3-21]는 냉각회로에 대한 결과를 보여주고 있다.

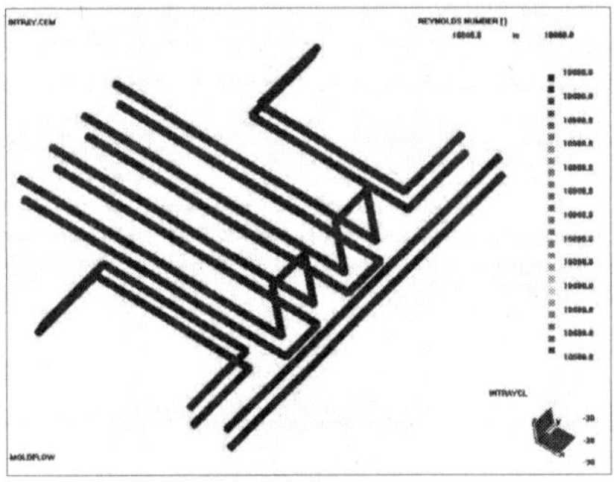

[그림 3-20] 냉각채널 레이놀드수

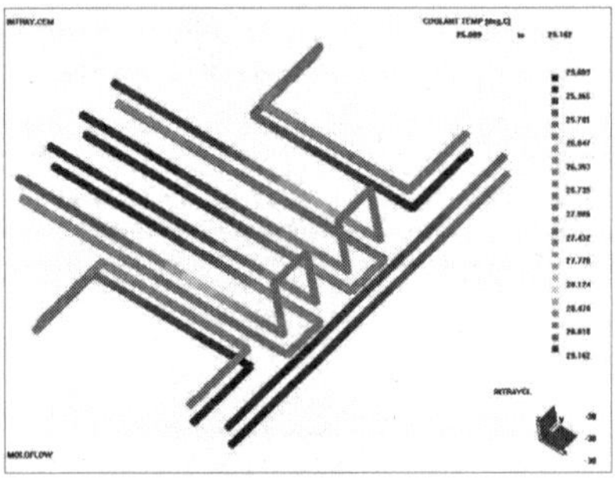

[그림 3-21] 냉각회로의 온도

4. 변형해석

플라스틱 성형 제품의 성형 후 변형은 수축의 또 다른 표현이라고 할 수 있다. 금형을 채운 용융고분자 재료는 냉각이 이루어지면서 여러 가지 영향에 의하여 수축이 발생하게 된다. 만약 수축이 금형의 전 지역에서 일정하게 발생하면 제품은 형태의 변화 없이 단지 크기와 체적만 감소하게 될 것이다. 이 경우를 이상적인 수축(Ideal Shrinkage)이라고 하며 대부분의 실제 상황에서는 수축률의 편차가 발생하고 이로 인하여 내부에 응력이 발생하는데 이 힘이

변형을 일으키는 원인이 된다. 수축의 불균일도가 커지면 제품의 변형은 물론 내부의 잔류 응력이 현저하게 증가하여 기계적인 강도 저하를 야기하는 원인이 된다. 변형해석에 대한 원인은 다음과 같다.

1) 제품변형

재료가 가열되면 분자간의 활발한 운동성으로 체적이 증가하게 된다. 용융된 재료가 냉각되면 늘어났던 부피만큼 줄어드는데 사출성형은 매우 빠른 속도로 냉각이 진행되므로 체적 증가의 궤적과는 약간 다르게 수축이 일어나게 된다. 종류에 따라 결정성 수지는 보다 큰 수축이 발생하며 제품의 형상에 따른 금형 구조와 냉각 회로 등도 수축에 영향을 준다. 체적 수축은 압력과 온도에 따라 변화한다. 부피가 증가한 용융 고분자는 금형 냉각과정에서 다시 수축하게 되는데 압력이나 온도 조건은 수축에 민감하게 영향을 준다. 이 수축은 결정성 수지와 비결정성 수지에서 다소 다르게 나타나며 일반적으로 결정성 수지의 수축이 더 크게 나타난다.

2) 체적수축

보통 비결정성 수지의 선형 수축은 3~/1000 mm/mm이고 결정 수지는 10~18/1000 mm/mm로 나타난다. 위 특성도를 잘 이해하면 수축을 최소화할 수 있는 공정 조건을 결정할 수 있다. 그러나 수축을 억제하기 위해서 과도하게 압력을 작용시키면 내부 응력이 증가하여 변형이 오히려 더 커지고 제품의 기계적 물성을 손해 볼 수 있으므로 주의하여야 한다. 재료가 가지고 있는 체적 수축과 PVT 특성도는 특수하게 고안된 장치를 사용하여 평가한다. 금형내에 압력 센서를 부착하여 성형중의 변화를 관찰하여 보면 재료의 PVT특성도와 얼마나 잘 일치하고 있는지 알 수 있다. [그림 3-22]은 제품의 수축에 대해서 보여주고 있다.

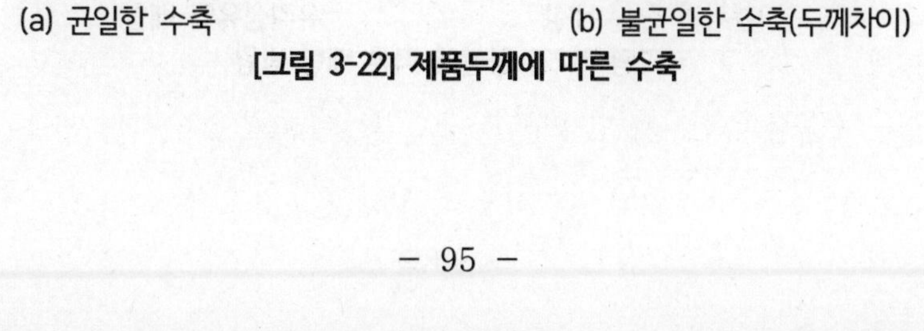

(a) 균일한 수축 (b) 불균일한 수축(두께차이)

[그림 3-22] 제품두께에 따른 수축

3) 결정화도

재료의 결정화는 수축과 밀접한 관계를 가지고 있다. 결정이 형성되는 부위는 강한 인력이 작용하게 되므로 수축이 증가한다. 냉각이 지연되면 결정화도가 증가하므로 수축이 커진다. 제품의 살 두께가 두껍거나 Rib가 부착된 면 및 냉각이 잘 이루어지지 않는 부분에서는 다른 지역보다 수축이 커져서 싱크 마크 또는 성형 제품 변형의 원인이 된다.

4) 배향효과

배향(Orientation)은 수축률의 이방성을 야기한다. 배향의 방향성에 의하여 수축률의 편차가 발생하고 이에 따른 내부의 스트레스는 성형품에 굽힘 모멘트를 주어 제품이 휘는 형태의 변형을 발생시키는 원인이 된다. 통상적인 고분자 재료는 흐름 방향으로 강하게 배향이 이루어지고 결과적으로 배향 방향의 수축이 직각 방향의 수축보다 증가한다. 이는 유동방향으로 펼쳐졌던 분자방향의 공유 결합력이 다른 힘보다 강하기 때문이다. 유리나 탄소 섬유와 같은 보강재가 첨가된 재료는 오히려 배향 방향의 수축이 직각 방향의 수축보다 작아진다. 평면상에서의 단순 배향은 두 방향의 수축 편차만을 유발하기 때문에 제품 변형을 유발하지 않고 단지 크기만 감소할 뿐이다. [그림 3-23]는 형상에 따른 배향 방향을 보여주고 있다.

그러나 현실의 플라스틱 성형품은 3차원 구조를 가지며 매우 복잡한 방향성을 가지게 되고 배향의 방향도 예측하기 어렵게 분포한다. 수축의 지역적인 방향성은 제품의 변형을 일으키는 주요한 요인이 된다. 또한 배향은 유동저항의 증가에 비례하며 게이트를 통과하거나 살 두께가 얇은 부분은 배향이 강하게 발생한다. 수지 온도가 지나치게 낮거나 유동 속도가 빠를 때에도 배향도가 증가하며 특히 유리섬유가 포함된 재료는 제품의 형태와 성형 조건에 따라 매우 복잡한 형태의 배향 분포를 보여주며 변형이 발생할 가능성이 높다. 높은 온도에서 충분하게 오래 유지되면 배향은 어느 정도 이완되어 원래의 불규칙한 코일 상태로 회복된다. 금형에서의 급속한 냉각은 이완(Relax)을 방해하여 성형품 내부에 조건에 따라서는 배향이 높은 수준으로 남아있게 된다. 배향은 수축의 이방성과 이에 따른 변형뿐 아니라 제품 내부에 잔류 응력을 형성하여 강도를 저하시킨다.

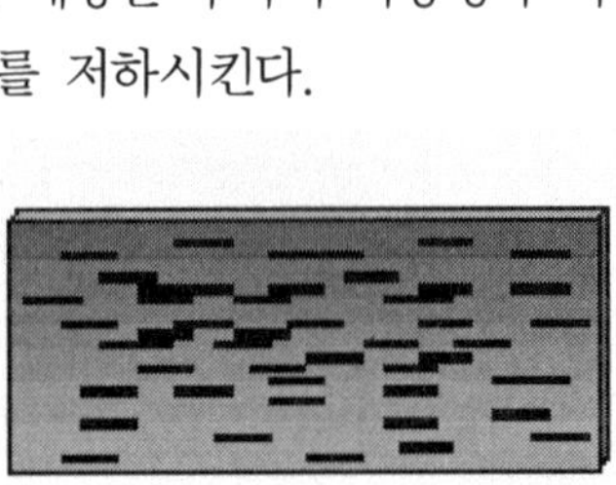

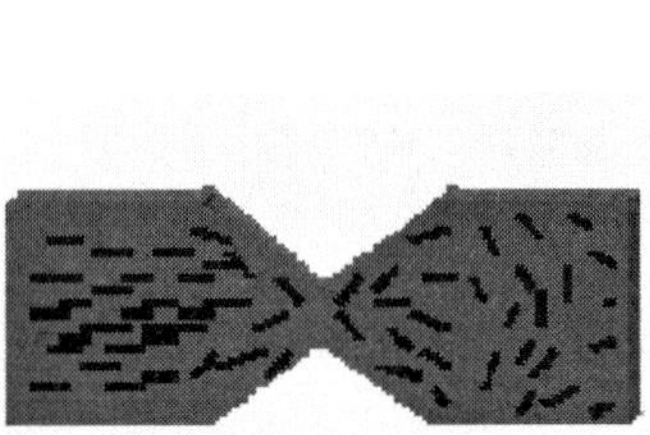

고분자의 단순 배향　　　　유리섬유의 배향

[그림 3-23] 형상에 따른 배향 방향

5) 금형구속과 응력이완

용융되었던 고분자 재료가 금형 내에서 냉각될 때 제품의 형태와 금형 구조에 따라 자유롭게 수축이 발생하는 부분과 수축이 방해되어 오히려 응력이 증가하는 부분이 있을 수 있다. 성형품이 금형에 구속되는 경우 수축이 적게 발생되고 그렇지 않은 부분에 비하여 수축률의 편차가 증가하여 변형을 발생시키는 원인이 된다. 더구나 구속에 의하여 응력이 커져 강도가 저하되고 후 변형이 추가적으로 발생되기도 한다. 금형 내에서 냉각 시간을 연장하거나 또는 성형 후 냉각 지그를 사용하여 급랭을 시키는 경우는 구속 효과를 촉발한다. 응력의 이완을 위하여 풀림(Annealing)을 할 때 응력이 낮아져 기계적 물성은 향상되지만 제품의 변형도 따라서 증가하는 까닭은 구속 효과에 의하여 증가했던 높은 수준의 내부 응력이 이완되면서 수축으로 표현되기 때문이다. 금형에 구속된 부분은 수축이 억제되고 응력이 상승한다.

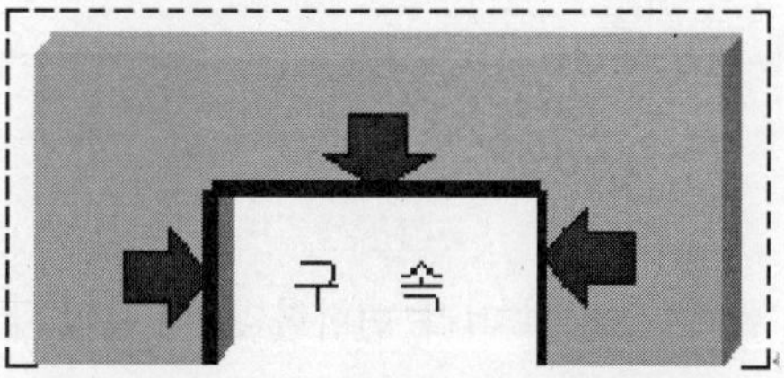

[그림 3-24] 금형구속과 응력이완

[그림 3-24]는 금형구속에 대한 응력이완을 보여주고 있다.

6) 금형온도의 영향

금형 온도가 높게 유지되어 천천히 냉각이 이루어진 부분은 수축이 커지게 되며 만약 제품의 상하면 사이에 온도 편차가 있었다면 고온인 부분의 수축이 많아져 제품이 휘는 형태의 변형을 발생시킨다. 금형 속에서 구속되어 있을 때에는 변형이 억제되지만 취출된 이후에는 압축 응력이 작용하고 이 힘에 의하여 제품 변형이 이루어진다. 수지가 완전히 고화 될 때까지 구속되어 있었다면 제품의 겉보기 변형은 억제되어 있지만 내부에는 매우 높은 응력이 형성되어 사용중 고온인 상태로 노출되면 응력이 이완되면서 후 변형이 발생하게 된다. 선형 제품중 도금이나 도장 등의 후 공정 과정에서 높은 온도의 오븐을 거치는 경우 금형에서의 온도 분포와 위에서 언급한 금형내의 구속에 따른 내부 응력 상승에 특히 조심하여야 한다. [그림 3-25]은 금형온도에 의한 변형을 보여준다.

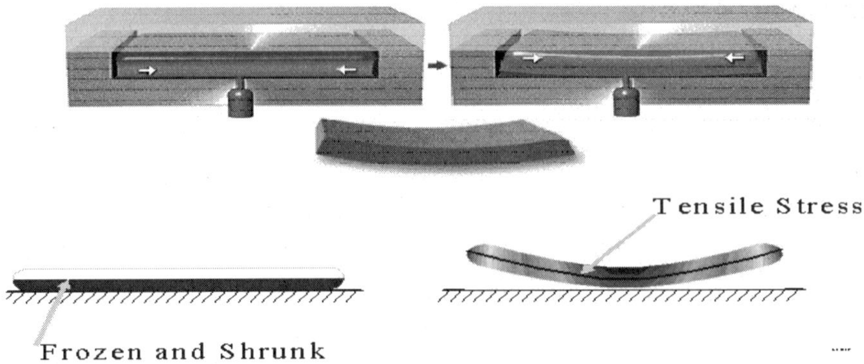

[그림 3-25] 금형온도에 의한 변형

7) 성형조건과 수축변화

수축은 재료의 종류와 성형 제품의 형태, 두께 및 성형 조건에 따라 변화한다. 금형의 냉각 회로와 냉각 조건도 수축에 중요하게 영향을 미친다. 때로는 수지에 첨가된 소량의 물질이 결정화도에 영향을 주어 수축을 변화시키기도 한다. 각각의 조건들은 상호 작용을 하기 때문에 때로는 보다 중요한 인자를 제어하기 위하여 오히려 수축이 증가하는 조건을 부여하는 경우도 있다. 만약 변형의 원인이 불완전한 압력 전달 때문이라면 온도를 증가하여 압력 손실을 최소화해 주어야 한다. 용융 고분자 재료는 고유한 PVT특성에 따라 압축된다. 압력이 높고 오래 지속 될수록 수축이 감소한다. 보압은 금형 캐비티내의 수지가 수축되는 것을 보상해 주는 공정이며 사출기 선단의 Melt Chamber에 남아 있는 수지 잔량(Cushion)은 사출기의 램(Ram)에 의하여 높게 압축되어 있다가 금형으로 전달된다. 금형속의 수지는 빠르게 냉각되면서 압력 손실이 증가하므로 사출기에서 설정한 보압은 금형에 충분하게 전달되지 못한다. 더구나 위치에 따라 압력 전달 효율이 변화되어 지역적으로 서로 다른 수축률이 분포하게 된다. 금형에 압력센서를 부착하여 시간에 따른 압력 변화를 검출하여 보면 그 차이가 상당히 크다는 것을 알 수 있다.

8) 변형해석기능

변형은 사출 성형 플라스틱 제품의 변형 현상을 해석하여 과학적인 이해를 돕고 변형이 어느 곳에 발생할 것인지를 예측하며 결과적으로 설계의 최적화를 이루고 적절한 재료의 선정과 성형 조건을 결정하게 하므로써 금형이 가공되기 전에 제품의 변형을 방지할 수 있는 방안을 모색할 수 있게 한다. CAE에서 변형해석을 사용하면 가장 중요하게 요구되는 성형품의 치수 정밀도와 외관 품위를 만족하고 상대물과 형합이 우수한 제품을 적시에 최소의 원가로 개발할 수 있다.

(1) Linear Buckling Analysis (선형좌굴해석)

플라스틱 성형품은 대부분 얇은 살 두께를 가지고 있기 때문에 쉽게 좌굴이 일어난다. Linear buckling 해석은 좌굴의 발생 여부를 판단해 성형 제품의 최종 형상을 예측하고 해석의 종류를 결정하여 준다. 좌굴이 발생하는 경우에는 비 선형 해석을 재차 수행하여야 하며 좌굴이 발생하지 않는 경우에는 Linear Response를 선택하여 결과를 바로 계산한다. Load Factor(Eigen Value)가 0 보다 크고 1 보다 작을 때에는 좌굴이 일어났다고 판단하며 이 값이 1 보다 클 때에는 선형인 것으로 판단한다.

(2) Small Displacement Analysis (선형해석)

이 해석은 성형품이 좌굴을 일으키지 않는 경우에 대하여 적용 된다. 선형 해석은 결과의 응답이 매우 빠르며 제품의 변형 모습과 수치를 정확하게 계산하여 준다.

(3) Large Deflection Analysis (비선형해석)

이 해석은 좌굴이 발생하여 성형품에 대변형이 일어나는 경우에 적용된다. 하중이나 변위를 변수로한 해석이 가능하고 해석의 형태나 Step Size를 자동으로 조절할 수 있는 특성을 가지고 있다. 대변형 해석은 좌굴해석에서 Load Factor가 1보다 작을 경우에 실시되며 제품의 최종적인 변형 형상과 수치를 계산한다. 선형해석과 비선형해석은 Corner effects를 고려한 변형 해석을 수행하는데, 코너 효과는 성형품의 모서리 부분에서 열적인 요인에 의한 수축 증가 현상이나 높은 잔류 응력에 따른 부가적인 굽힘 변형에 대한 영향을 말한다. 이 효과는 성형품의 변형량과 형상에 크게 영향을 주므로 정밀하게 고려하여 해석해야 한다.

변형해석 방식을 고려하여 해석을 하게 되면 변형의 원인을 파악해야 한다. Isolate warpage 해석은 변형의 원인을 규명하고자 할 때 사용한다. 해석을 시작하면 내부적으로 유동/보압 및 냉각해석 결과를 인식하여 변형의 형태와 변형량을 계산하여 보여준다 [그림 3-26]은 변형에 대한 결과 값을 보여주고 있다.

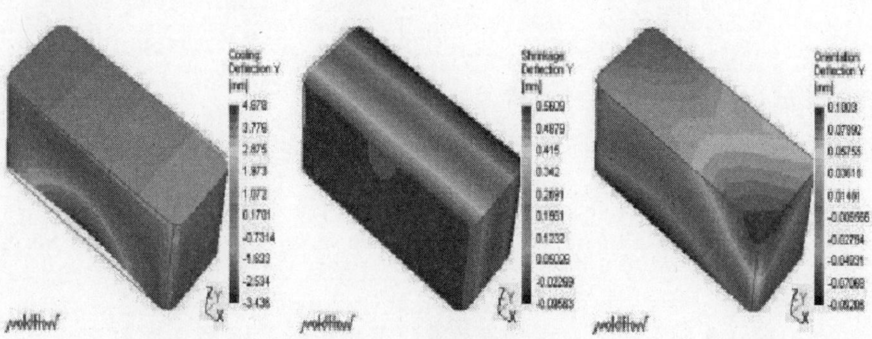

[그림 3-26] 변형에 대한 결과

[그림 3-26]의 결과는 220 x 90 x 90mm인 상자형 제품이 성형된 이후에 발생하는 변형을 보여주고 있다. 이러한 형태의 변형이 발생하는 이유는 대부분 열 집중에 따른 Corner Effect 때문이며 금형의 이동판 냉각을 강화해 주어야 한다. 금형을 설계할 때 고정판 보다 이동판의 냉각회로를 추가하여 빠르게 냉각이 이루어지도록 하여야 한다. 변형의 원인을 파악해 보면 역시 금형에서의 냉각 문제인 것을 알 수 있다. 다음의 결과들은 Isolate Warpage기능을 이용하여 변형의 원인을 규명한 것이다. Cooling Deflection에 의한 변형이 Shrinkage Deflection이나 Orientation Deflection보다 실제 형태와 가장 유사하다. 변형을 방지해 주기 때문에 최적화는 위에서 밝혀진 원인에 대한 대비책을 세워 제품, 금형 개발 단계에 적절하게 적용해 줌으로써 가능하다. 최적화의 과정에서 목표 품질 수준을 결정한 후 응용하기가 용이하며 경제적인 방법을 수립하는 것이 중요하다.

[그림 3-27]은 각종 CAE해석의 사례를 보여 주고 있다.

[그림 3-27] 각종 CAE해석의 사례

제 4 장

사출 금형 설계

총론
사출성형품 설계
금형설계기술과 CAE
열처리
수지 (PLASTIC)
금형제작
사출성형기와 사출성형
고정밀 사출성형

제1절 금형의 설계

금형을 설계하고 제작하는 이유는 제품을 만들기 위한 것이기 때문에 금형 제작에 대해 외형적으로 판단할 것이 아니고 좋은 제품이 나올 수 있는 금형을 만드는 것이다. 금형을 설계하고 제작하는 것은 품질과 작업성에 미치는 영향이 크며 잘못된 금형설계는 금형제작시에 많은 수정을 하여야하고 이것은 납기지연으로 이어지고 금형 비용 상승에도 영향을 미친다.

1. 설계도면 관리

1) 도면 크기 및 배치

도면의 크기가 서로 다르면 보관과 관리가 불편하기 때문에 도면은 반드시 일정한 크기로 만들어야 한다. 도면의 크기는 [표 4-1]의 A열 사이즈를 사용한다. 다만, 연장하는 경우에는 연장 사이즈를 사용하며, 윤곽의 치수는 도형의 크기와 척도에 따라 결정한다. 제도 용지의 세로와 가로의 비는 1 : $\sqrt{2}$ 이고, A열 A0의 넓이는 약 1㎡이다. 큰 도면을 접을 때 는 A4의 크기로 접는 것을 원칙으로 한다.

① 출력도면의 크기는 금형설계시 크기에 맞게 출력을 하고 출력도면의 크기는 A0, A1, A2, A3, A4의 5종으로 하여 출력한다.

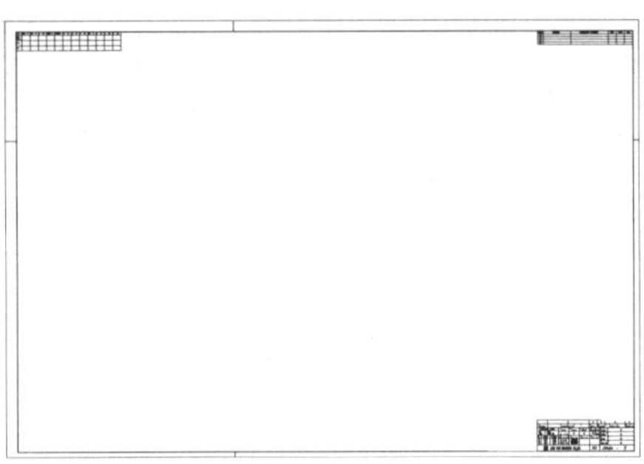

[그림 4-1] 금형 도면 구성요소

② 가공 및 금형 구조상 동일 종류로 배치한다.

③ 표제란은 우측하단에 위치 시킨다.

④ 모든 도면의 Data는 1:1로 작성하는 것을 원칙으로 하며 출력용지 설정은 인쇄시 배율로써 조정한다.

⑤ 도면의 구성요소 [그림 4-1] 및 크기 [표 4-1]을 참고하기 바란다.

[표 4-1] 용지 크기

	A0	A1	A2	A3	A4
가로	1189.0	841.0	594.0	420.0	210.0
세로	841.0	594.0	420.0	297.0	297.0

2. 표제란 서식

표제란은 설계 도면에서 설계에 대한 기본적인 정보가 나타나는 곳이다. [그림 4-2]

① 수주처(Maker): 발주처를 기입하는 곳이며, 시방서의 내용을 참고하여 기입.

② 모델명(Model): 모델의 이름을 기입하는 곳이며, 시방서의 내용을 참고하여 기입.

③ 품명(Name): 제품의 이름을 기입하는 곳.

④ 도번(Dwg No.): 제품의 도번, 시방서의 내용을 참고하여 기입한다.

⑤ Ⓚ ⊛ ⊗표에 대한 설명 (Ⓚ : 형합부, ⊛ : 습동부, ⊗ : 끼워맞춤)

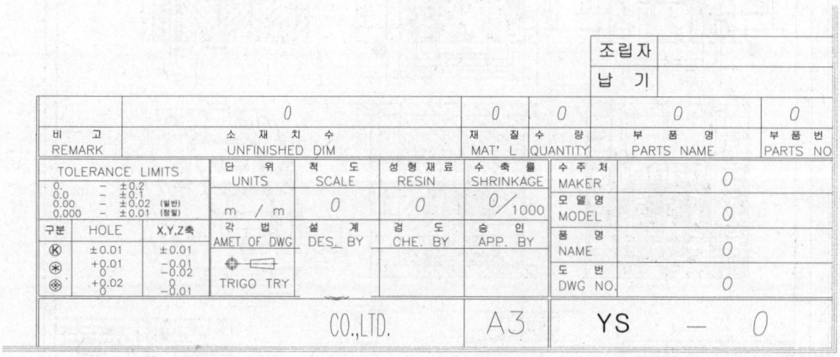

[그림 4-2] 표제란

3. 조립도 작성법

① 조립도 작성은 고정측 평면도, 가동측 평면도, 장축 단면도, 기타 첨부 등이 따로 작성되어야 한다. [그림 4-3]은 조립도 작성법에 대하여 보여준다.

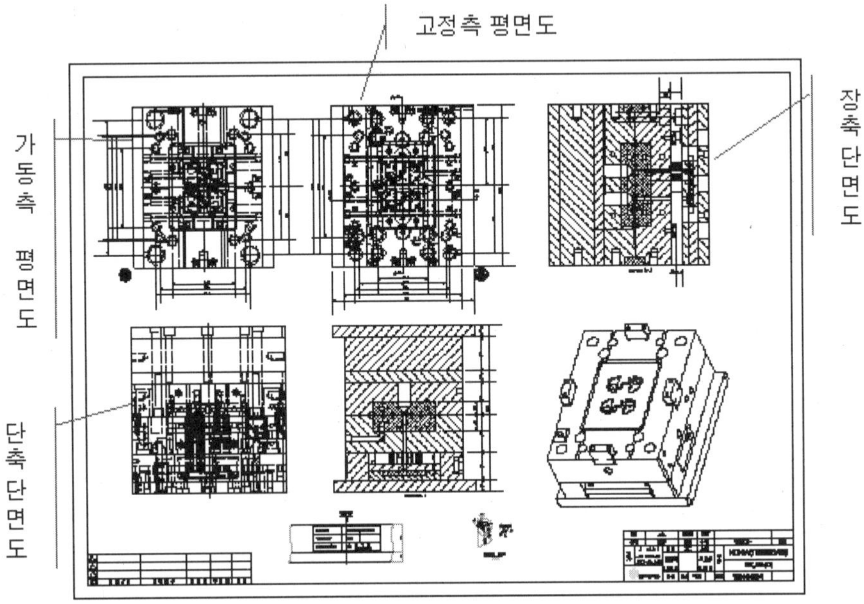

[그림 4-3] 조립도 작성

② 기타 첨부는 평면도, 단면도에 표시하기 힘든 내용이나 HOT-TIP, 유압실린더, 교환 코어, 스프루, 런너, 게이트 등 중요 부위에 대하여 표시한다. [그림 4-4]는 조립도에 대한 중요부위에 대한 표시를 하였다.

③ 수정 조립도의 경우 도면의 우측 상단에 수정사항에 대하여 설계 변경 표시 및 수정 및 변경사항에 대한 내용을 기록하고, 변경 부위에 설계변경(설변) 사항에 대한 No.를 표기한다. [그림 4-5]는 설계 변경 사항에 대한 표시를 하고 있다.

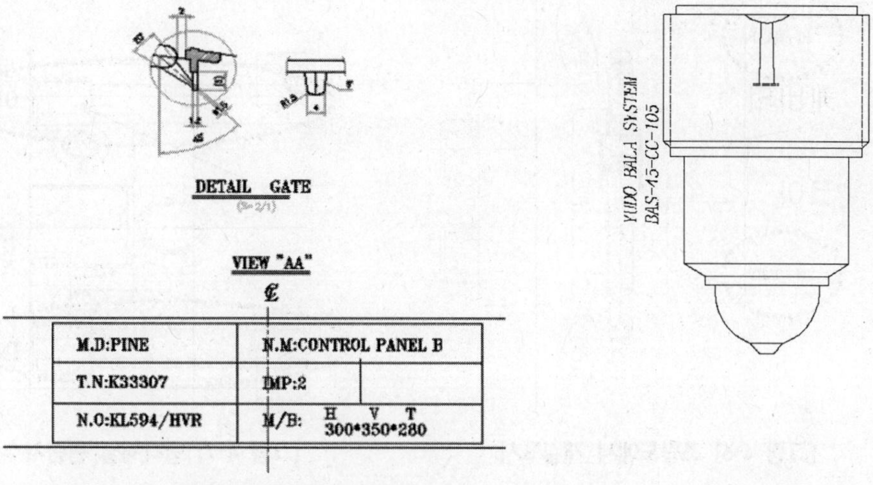

[그림 4-4] 조립도에 대한 중요부위 표시

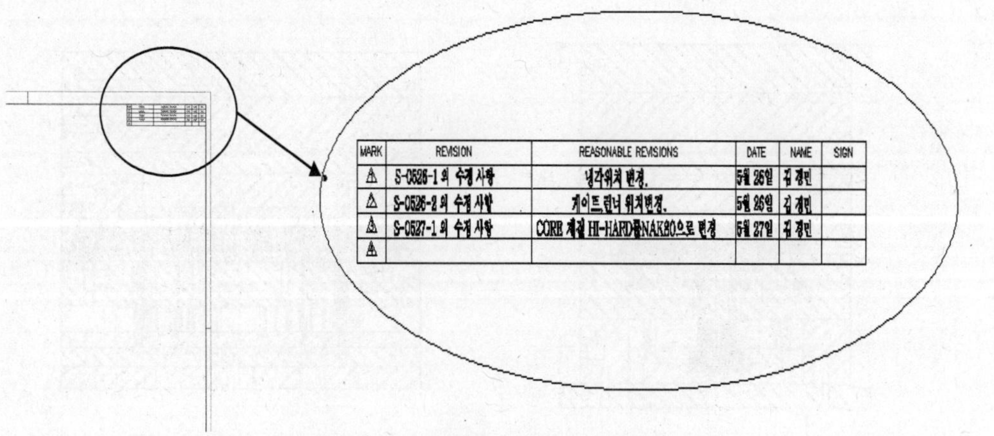

[그림 4-5] 설계변경 사항에 대한 표시

④ 메인 코어와 슬라이드 코어, 또는 특수한 재질의 원판 사용시에는 반드시 코어나 원 판에 재질에 대해 표기한다. [그림 4-6]은 금형조립도에서 재질을 표시한 그림이다.

⑤ 냉각채널에 관련된 치수는 정확히 기입을 해야하며 [그림 4-7]은 조립도에서 냉각관련 치수를 표시한 것이다. (냉각 Φ치수, 탭 치수 및 표준 규격, IN-OUT표기)

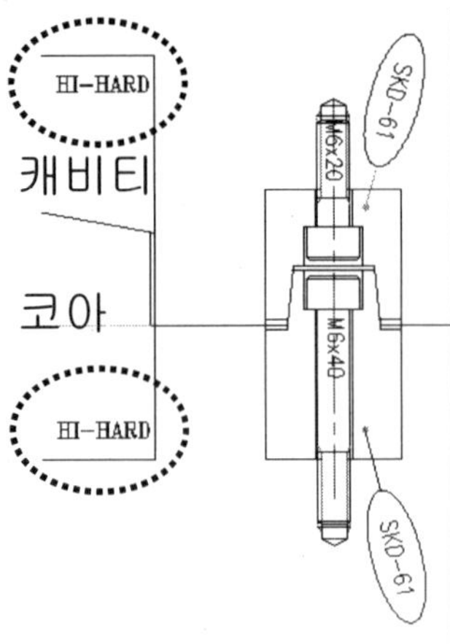

[그림 4-6] 조립도에서 재질표시

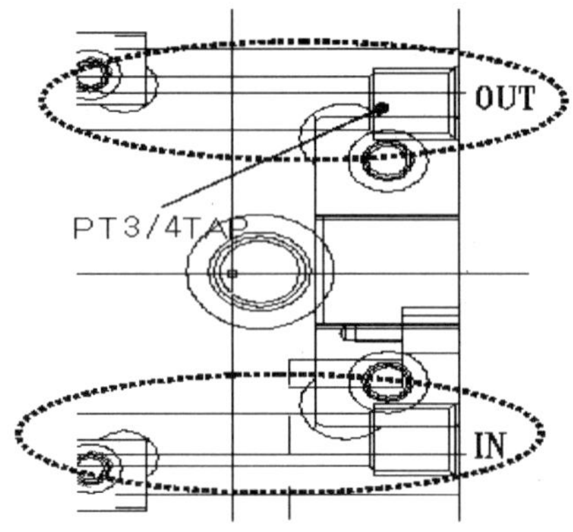

[그림 4-7] 냉각채널 관련치수 명기

⑥ 조립도에서 단면도 작성시 장축과 단축 혼합 단면도는 표시하지 않는 것을 기본으로 하고 설계상 필요하다면 상세도를 추가한다. [그림 4-8]은 단면도를 나타낸 예이다.

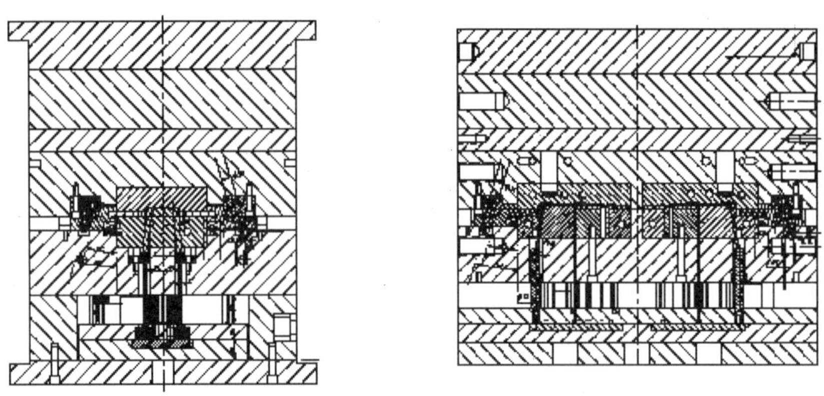

[그림 4-8] 상세도 설계

⑦ 아이볼트의 치수(지름과 깊이)도 정확히 명기한다. [그림 4-9]는 아이볼트를 표기하였다. 금형설계시 금형에 조립되는 모든 표준 부품은 설계시 규격을 표기한다. [그림 4-10]은 표준품의 규격을 표기한 것을 보여주고 있다.

⑧ 금형 조립도에서는 중복되는 부분을 제외하고는 생략 않고, 금형도는 모든 부품과 규격이 반영되어야 하 특히, 부품의 치수나 규격, 원판 모따기나 R, 아이볼트 홀 지름/깊이, 스톱 핀, 유압실린더의 규격/외각 치수 등은 기록되어야 한다.

⑨ 그외 도면표기사양, 재질표기, 금형 스페이스 블록에 금형 이력표기 사양 등은 각각의 회사에서 준하는 사양에 맞추어 표기한다. [그림 4-10]

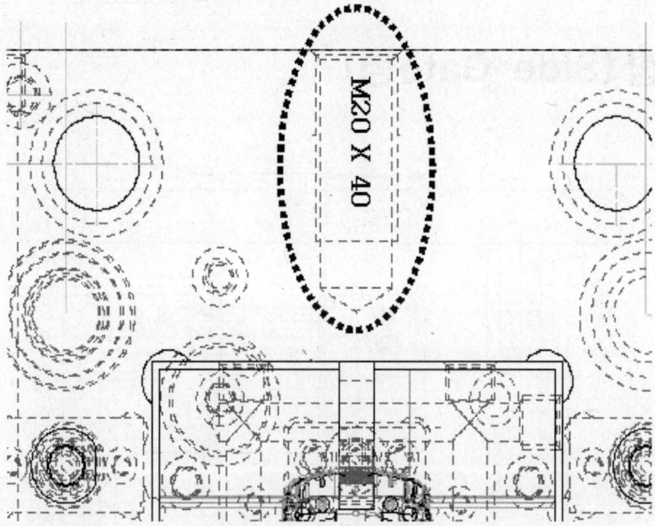

[그림 4-9] 아이볼트 표기

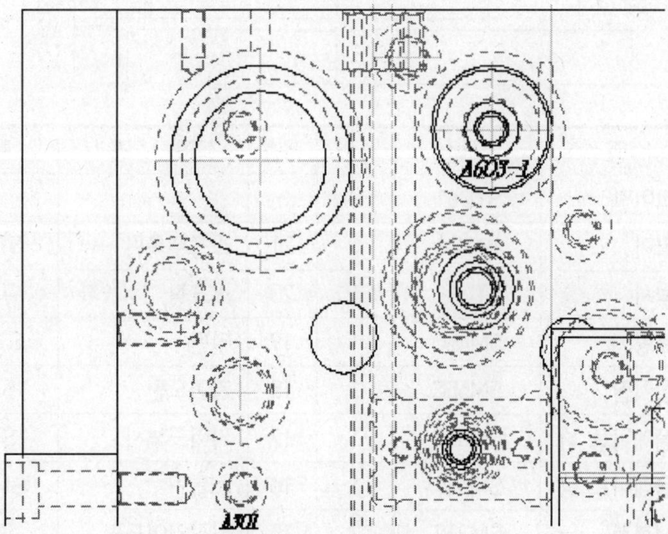

[그림 4-10] 규격품의 표기

제2절 금형 구조

1. 표준금형(Side Gate형)

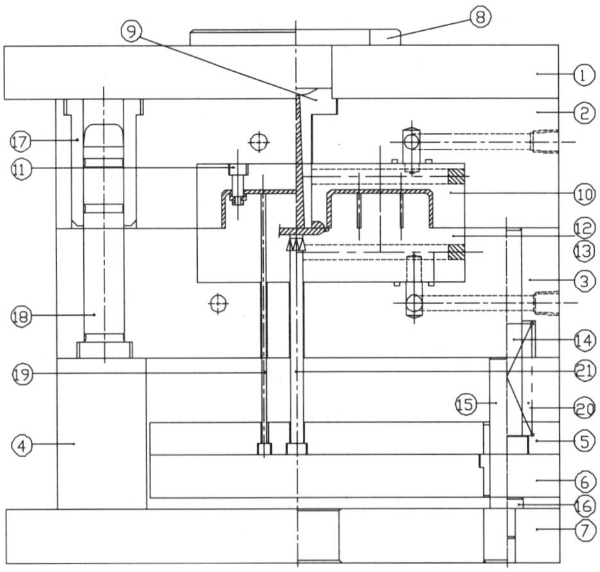

품번	품　명	재질	수량	품번	품　명	재질	수량
11	고정측코어편	STD61	8	-	-	-	-
10	고정측코어	KP4M	1	21	스프루록핀	STD61	1
9	스프루부시	STD61	1	20	스프링	규격품	4
8	로케이트링	SM45C	1	19	밀핀	STD61	22
7	가동측설치판	SM55C	1	18	가이드핀	STB2	4
6	이젝터플레이트 하	SM55C	1	17	가이드부시	STB2	4
5	이젝터플레이트 상	SM55C	1	16	스톱핀	SM45C	4
4	스페이서블록	SM25C	2	15	밀판가이드핀	STB2	2
3	가동측형판	SM55C	1	14	리턴핀	STB2	4
2	고정측형판	SM55C	1	13	가동측코어편	STD61	2
1	고정측설치판	SM55C	1	12	가동측코어	KP4M	1

2단-사이드 게이트 금형

[그림 4-11] 표준금형의 조립도

2. 구조와 각 부품의 기능

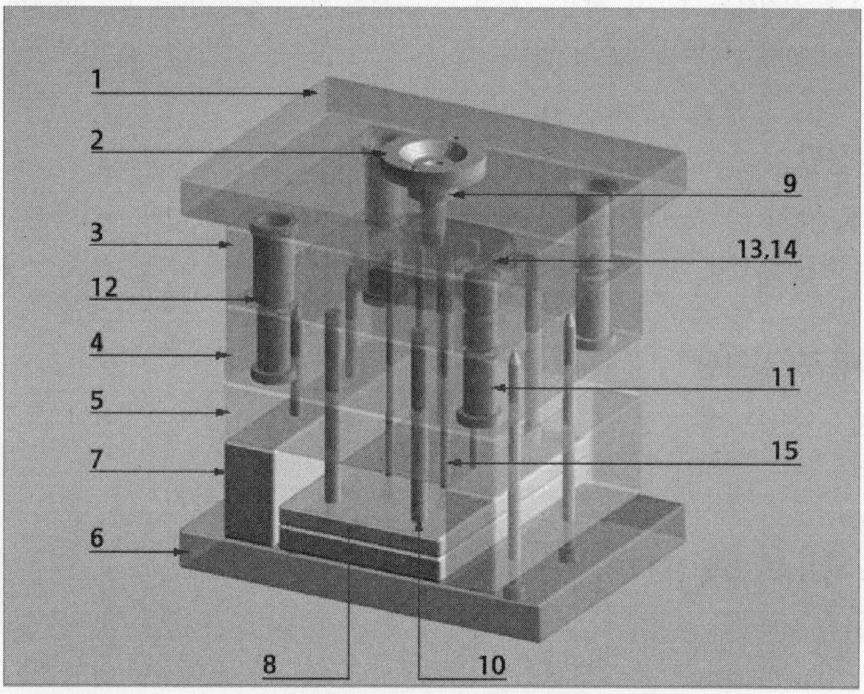

[그림 4-12] 표준금형의 형상

1) 고정측 설치판

금형을 구성하는 판 모양의 부품으로 사출성형 기계의 고정측 부착판에 금형을 설치하여 고정하는 판으로 상부 고정판이라고도 한다. 로케이트 링 및 스프루 부시 등의 위치를 결정하게 되며, 스프루 부시의 센터는 사출기의 노즐 센터 위치와 일치해야 한다.

2) 로케이트 링

금형의 고정측 설치판의 중앙에 있는 카운터 보링자리에 들어가며 사출성형기의 노즐과 스프루 부싱의 중심을 맞추는데 사용되는 부품으로 표준화가 잘 되어 있으며, 제품의 질에 영향을 주지 않는 부품으로 대량생산된 제품을 구매하여 사용하는 경우가 많다.

3) 고정측 형판

성형품을 성형하는 공간을 이루는 형판 중 고정측에 있는 형판을 말하며 캐비티 부가 내재하며 스프루 부싱 등을 고정시킨다.

4) 가동측 형판

성형품을 성형하는 공간을 이루는 형판 중 금형의 가동 측에 있는 판을 말하며 코어가 내재하며 가이드 핀 부싱을 고정시킨다.

5) 받침판

금형을 구성하는 형판 중 가동 측에 설치되고 사출 성형시 고압 및 반복 작업에 의한 변형이 가동 측 형판에 휨이 일어나지 않게 받쳐주는 형판이다.

6) 가동측 설치판

금형을 구성하는 부품 중 맨 아래에 있는 판 모양의 부품으로 사출성형기계의 가동 측 부착판에 금형을 설치하여 고정하는 판으로 하 고정판이라고도 한다.

7) 스페이스 블록 (다리)

성형품을 금형에서 빼낼 때 밀판이 상하로 움직일 수 있게 공간을 만들어 주는 블록이다.

8) 이젝터 플레이트 (밀 판)

성형품을 밀어내기 위해 사용하는 금형 내의 장치의 일부이며 핀 이젝터들이 이안에 고정되어 있다.

9) 스프루 부시

사출기의 노즐과 밀착되어있어 재료가 노즐에서 러너로 흘러 들어가는 원뿔 형태를 가지고 있는 주입구 통이며, 스프루 부시의 역할은 사출기로부터 용융된 수지를 금형의 틀 안으로 안내하는 역할을 하므로, 수지의 흐름에 방해가 되지 않도록 경면 사상을 해 주며, 최근에는 부품의 표준화로 인하여 제품을 구매하여 사용하는 경우가 늘어나고 있다.

10) 리턴 핀

핀 이젝터 고정판에 고정되어 있으며 금형이 닫힐 때 핀 이젝터나 스프루 로크 핀을 보호하여 원위치로 정확히 돌아가게 하도록 작용하는 핀.

11) 가이드 핀

금형을 열고 닫을 때 고정 측 형판과 가동 측 형판이 정확하게 맞추어지도록 안내 역할을 하는 핀이다.

12) 가이드 핀 부시

고정 측 형판에 고정되어 안내 핀이 움직일 때 저항이 적도록 베어링의 역할을 해주는 부품으로 금형구조에 따라 여러 형태가 있다.

13) 캐비티 (상 · 하 코어)

성형용 금형에서 성형되는 공간 부분을 캐비티라고 하며, 하나의 금형에 몇 캐비티가 가공되는지, 생산되는지에 따라 생산성이 달라지고, 금형의 난이도, 가격 등이 상승하게 된다.

14) 슬라이드코어 및 기타 코어

성형품의 측면 및 내면을 형성하기 위한 금형의 돌출 부분, 즉 플런저, 언더컷 부를 성형하기 위해서 사용되는 금형부분.

15) 핀 이젝터

밀판에 고정되어 있으며 성형품이 금형 밖으로 빠지도록 밀어내는 기능을 가진 핀으로 가장 일반적인 취출 방법이다.

3. 금형부품의 형상

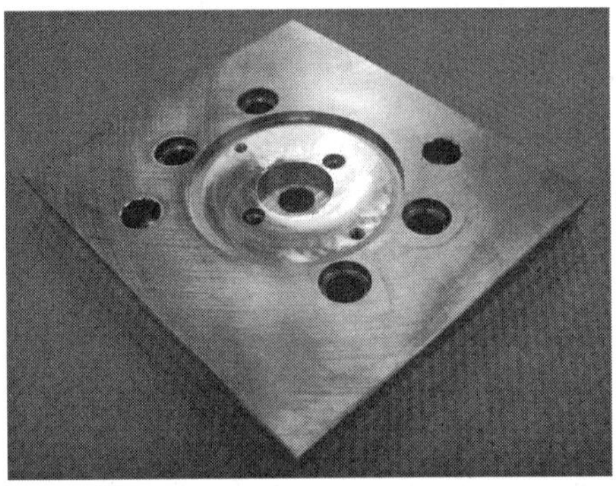

고정측 설치 판

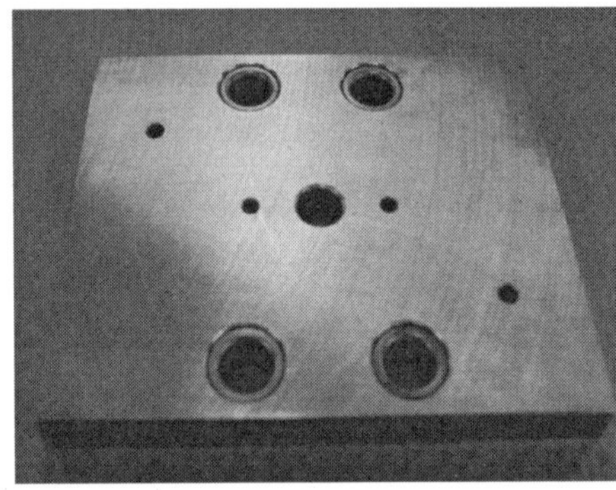

러너 스트리퍼 판

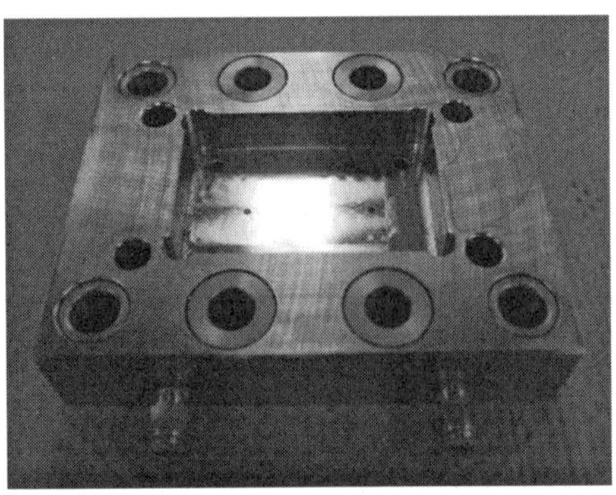

고정측 형판 및 각종 부시

고정측 인서트 코어

가동측 인서트 코어

가동측 형판

하 이젝터 판(하 밀판)

가동측 설치판

로케이트 링

러너 로크 핀

스프루 부시

인장 봉 부시

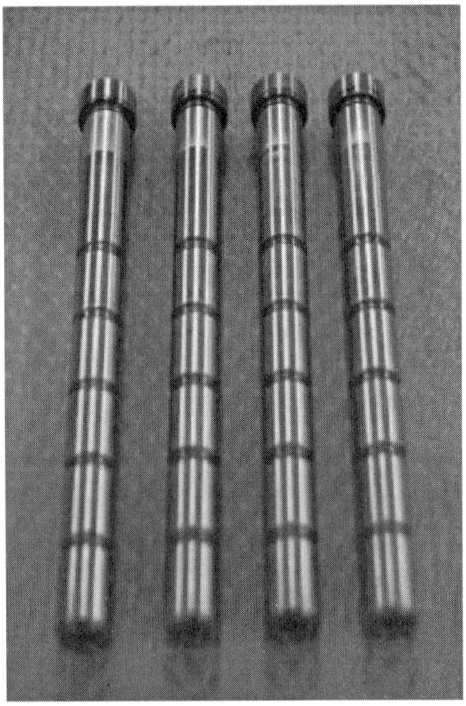

서포트 핀

서포트 핀 와셔

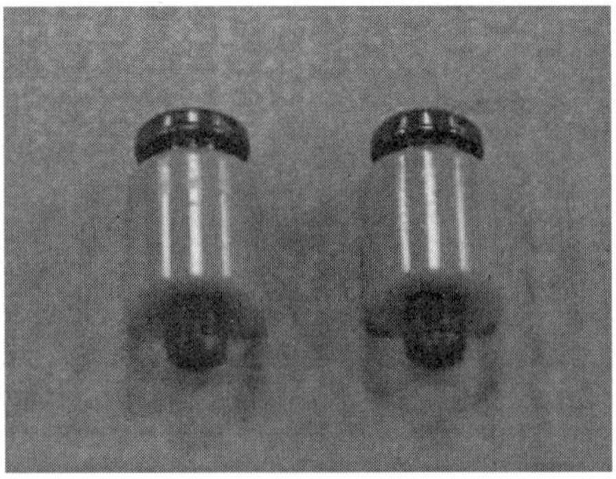

파팅 록

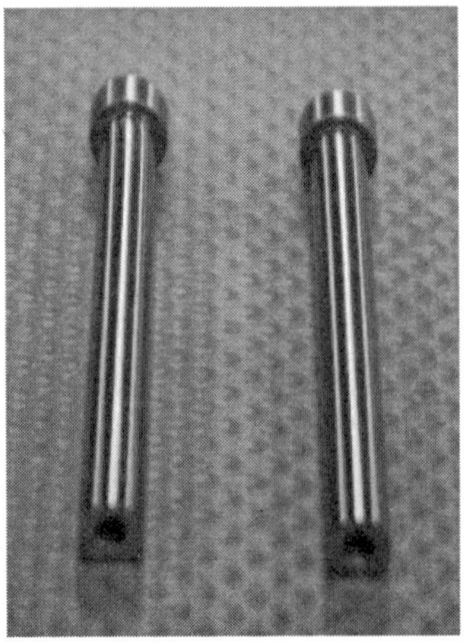

인장 봉

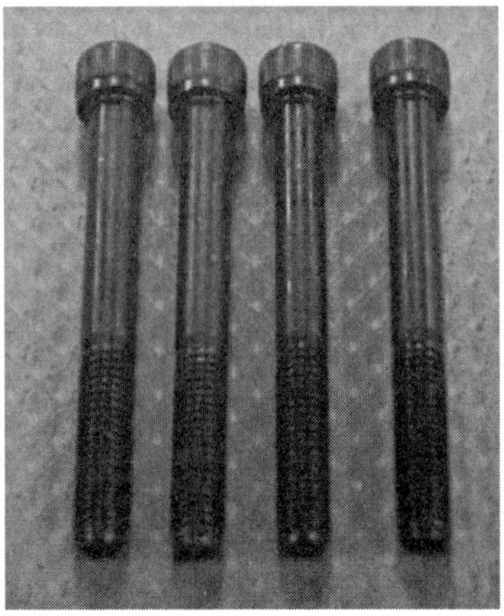

가동측 조립 볼트

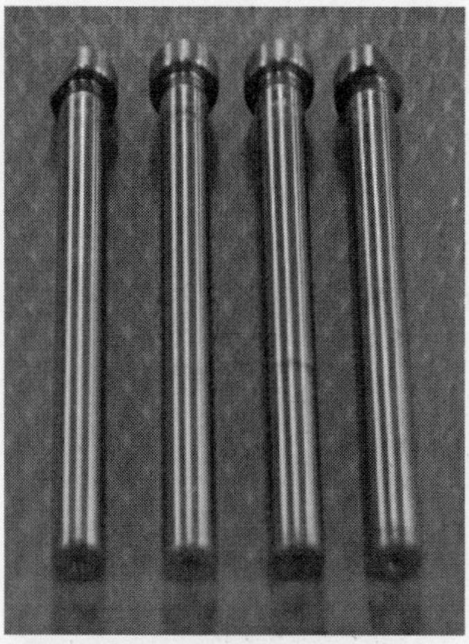

리턴 핀

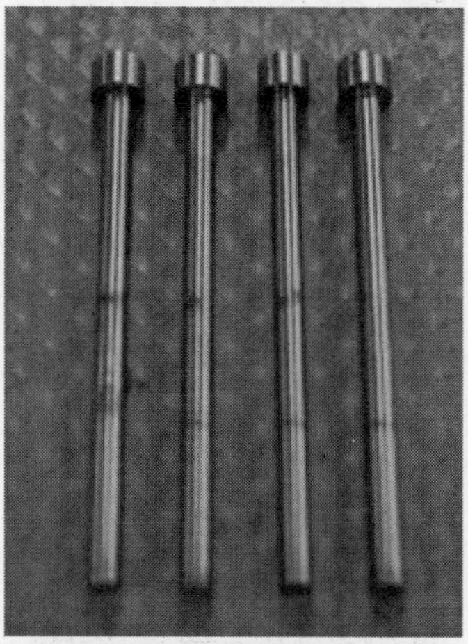

핀 이젝터

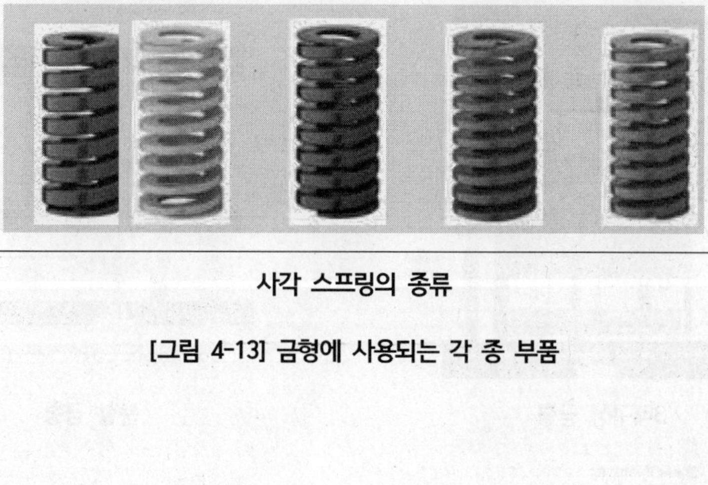

사각 스프링의 종류

[그림 4-13] 금형에 사용되는 각 종 부품

4. 각종 형상의 금형

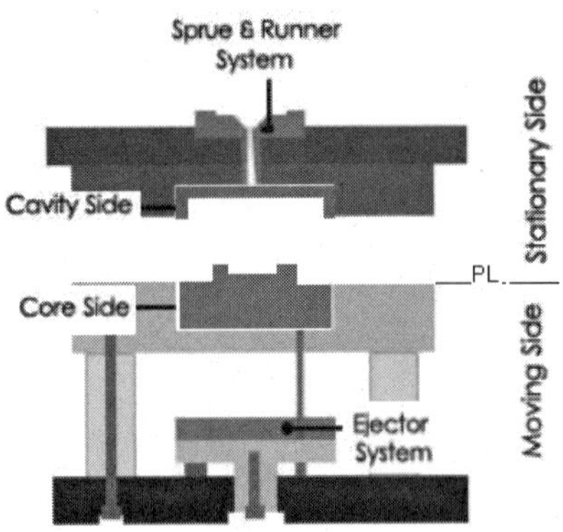

2매구성 금형

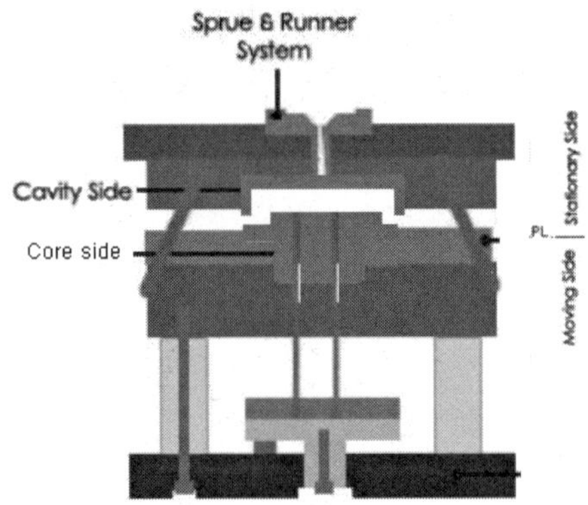

슬라이드 금형

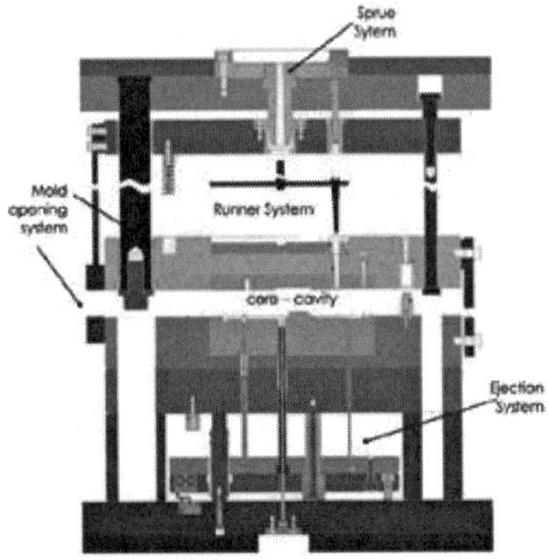

3매구성 금형

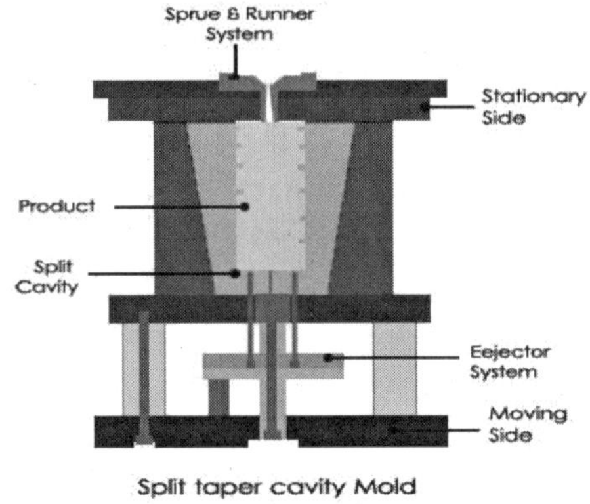

분할 금형

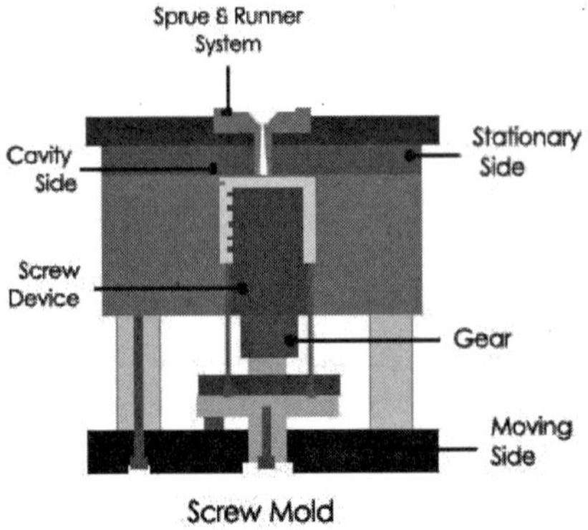

나사금형

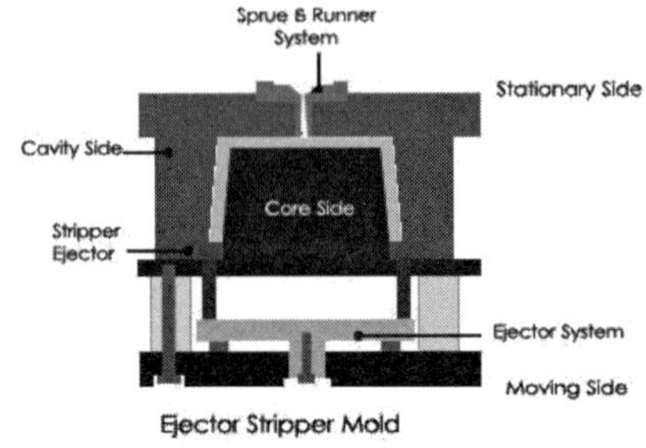

스트리퍼 이젝터 금형

제3절 제품 수축률 결정

1. 수축률과 치수 결정

금형제작을 위해 수축률을 적용하는 것은 사출시 고온 고압의 용융수지가 캐비티에 충전되고 캐비티에 충전된 수지는 고화가 되면서 수축을 하게 되기 때문이다. 플라스틱 수지로 성형을 할 경우 모든 제품은 수축을 하게 된다. 이러한 이유로 금형제작을 위한 캐비티와 코어의 정확한 제작을 위해 수축률의 적용은 중요하며 코어와 캐비티 부의 치수는 성형제품의 치수보다 수지의 수축량 만큼 크게 만들어야한다. 실제 성형수축은 3차원 공간에서 일어나는 현상이라 할 수 있으므로 체적 수축이라 할 수 있다. 아래 식에서 체적 수축 Sv를 나타내었다.

$S_v = \dfrac{V' - V}{V'}$ 식 (4-1). 이 식에서 V' : 캐비티체적 / V : 제품체적이다.

일반적으로 사용되는 수축 S는 식 (4-2)에서 나타내었다.

$S = \dfrac{L' - L}{L'}$ 식(4-2). 이 식에서 L': 캐비티치수 / L : 제품치수 이다.

식(4-2)에 의해 L'는 $L' = \dfrac{L}{1-S}$ 식 (4-3)으로 나타낼 수 있다.

$$\text{성형수축률} = \frac{\text{상온에서 금형치수} - \text{상온에서 성형품치수}}{\text{상온에서 금형치수}} X100(\%)$$

상온에서의 금형치수 ≒ 상온에서 성형품 치수 (1 + 성형수축률)

2. 수축률에 영향을 주는 요인

성형 수축률에 영향을 주는 요인은 다음과 같다.

① 열적수축 : 수지 고유의 열팽창률에 의해 나타나는 수축.

② 탄성 회복에 의한 팽창 : 성형 압력이 제거되어 원상태로 되돌아갈 때 발생되는 팽창.

③ 결정화에 의한 수축 : 성형 공정에서 결정화에 따라 나타나는 체적 수축.

④ 분자 배향의 완화에 의한 수축 : 열가소성 수지는 용융 상태에서 유동에 의해 분자 배향을 일으켜 수지 분자는 유동 방향으로 늘어지지만 냉각 과정에 있어서 배분성이 일부 완화되어 당기어 늘어진 분자가 원래의 상태로 되돌아가려고 하여 수축이 일어난다. 결정성 수지에 있어서는 결정까지도 배향하기 때문에 수축은 더욱 커진다. 성형 수축률은 여러 가지 요인이 복합되어 변화하기 때문에 수축률을 고려하여 금형을 제작하여도 성형수축은 그대로 반영되지 않는다. 그렇기 때문에 실제 성형 수축률은 경험과 시행(試行)에 의하여 결정되고 있다.

제4절 유동 시스템 설계

유동 시스템은 게이트(Gate), 런너(Runner), 스프루(Sprue), 콜드 슬러그 웰(Cold Slug Well)로 설계되어 있으며 [그림 4-14]에서 유동시스템의 형상을 보여주고 있다.

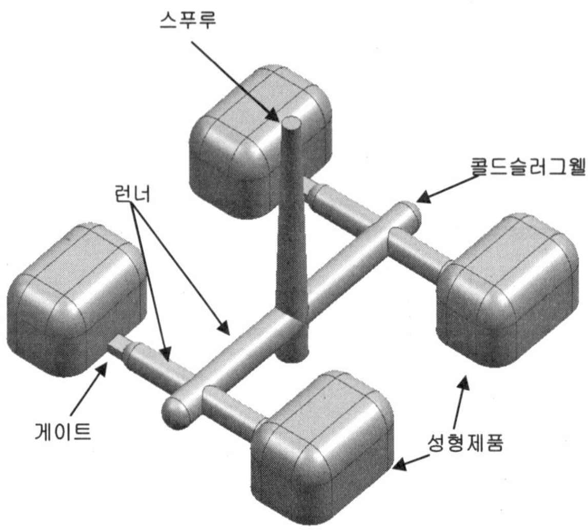

[그림 4-14] 유동 시스템

1. 게이트 설계

1) 게이트 설계

게이트는 [그림 4-14] 유동시스템 에서 보는 것과 같이 성형품에 수지가 흘러 들어가기 위한 입구이며 위치, 형상, 제품 수량에 따라 제품에 영향을 준다. 게이트의 특징은 다음과 같다.

① 런너의 마지막 지점이고 캐비티의 입구이다.

② 응력집중을 최소화 할 수 있고 배향에 의한 변형이 적은 형상을 선택하여야 한다.

③ 게이트의 단면적이 크면 충전성은 좋으나 게이트 부 냉각 시간이 길다.
④ 수지의 흐름 방향, 웰드라인의 생성, 게이트 처리 등을 고려해서 게이트의 종류와 위치 선정이 필요하다.
⑤ 게이트의 위치, 개수, 형상, 치수는 제품 성형시 성형품의 외관이나 성형효율 및 치수 정밀도에 큰 영향을 준다.
⑥ 게이트를 충분히 고화시켜 수지가 역류되지 않도록 설계한다.
⑦ 게이트에서 수지가 제품으로 충전되는 과정에서 제팅 불량이 생기지 않도록 한다.
⑧ 사출 성형 후 취출된 제품의 게이트 마무리 작업을 용이하게 한다.

2) 게이트 종류

(1) 다이렉트 게이트

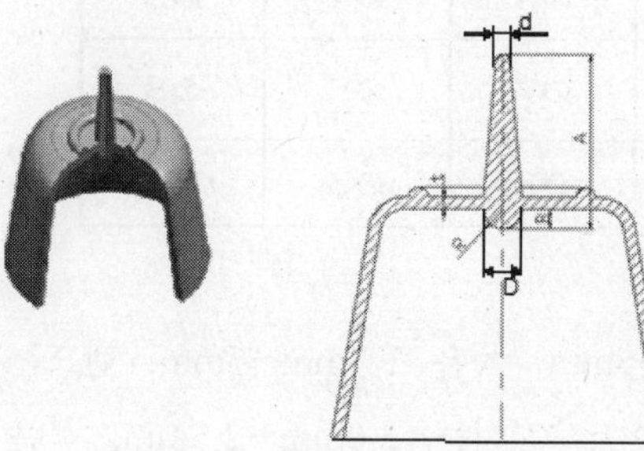

다이렉트 게이트는 스프루 게이트라고도 하며 [그림4-15]에 그 예를 나타내었으며 스프루 게이트의 장단점을 나타낸 것이다.

[그림 4-15] 다이렉트 게이트

[표 4-2] 다이렉트 게이트의 장단점

장　　점	단　　점
- 성형성이 좋다. - 사출 압력 손실이 적다. - 어떠한 수지에서도 성형이 가능하며 대형이면서 길이가 긴 성형품에 많이 사용된다.	- 성형품의 표면 또는 이면에 설치하기 때문에 성형 후 절단 및 2차 가공이 필요하다. - 게이트 자국이 남는다. - 폴리에틸렌(PE), 폴리프로필렌(PP) 수지로 얇고 넓은 성형품을 성형할 때는 뒤틀림(TWIST) 또는 휨(WRAP)이 발생한다. - 성형 후 잔류 응력이 게이트 부근에 집중되어 균열을 일으키는 경우도 있다.

다이렉트게이트의 설계시 [표 4-3]과 같이 고려하고 [표 4-4]는 다이렉트게이트 설계 치수를 보여주고 있다.

[표 4-3] 다이렉트 설계시 고려사항

설계시 고려사항
- 다이렉트 게이트는 게이트이면에는 콜드 슬러그 웰(성형품의 두께의 1/2)을 설치하고 길이는 짧게 하는 것이 좋다. - 스프루 입구의 지름은 노즐 구멍보다 0.5 ~ 1.0mm 정도 크게 한다. - 스프루 테이퍼의 값은 4°내외로 한다.

[표 4-4] 다이렉트 게이트의 설계 치수 (단위:mm)

수 지	제품 중량	85g 3 oz이하		340g 12 oz이하		대 형	
	스프루	d	D	d	D	d	D
PS		Ø2.5	Ø4	Ø3	Ø6	Ø4	Ø8
PE		Ø2.5	Ø4	Ø3	Ø6	Ø4	Ø8
ABS		Ø2.5	Ø5	Ø4	Ø7	Ø5	Ø8
PC		Ø3	Ø5	Ø4	Ø8	Ø5	Ø10

게이트 설계시 사용되는 게이트 깊이는 0.5mm~1.5mm, 폭은 1.5mm~5mm, 랜드는 1.5mm~2.0mm로 설계를 하고 대형제품의 경우 게이트 깊이는 2.0mm~2.5mm, 폭은 7mm~10mm, 랜드는 2.0mm~3.0mm으로 설계된다.

(2) 표준게이트

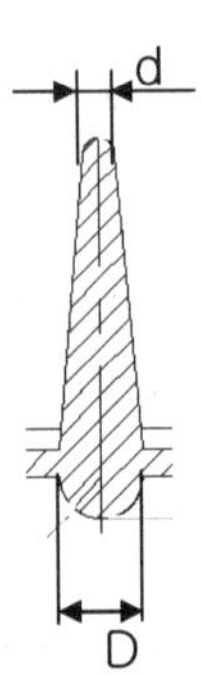

표준게이트는 수지의 유동성이 좋은 경우에 많이 이용되며 일반적인 성형품에 광범위하게 적용되고 있다. 표준게이트는 사이드 게이트라고도 하며 가장 일반적으로 널리 쓰이는 게이트이며 [그림 4-15]에서 보는 것과 같으며 원형이나 반원형, 또는 사다리꼴 런너를 많이 사용한다. 표준게이트의 특징은 다음과 같다.

(가) 복수 캐비티 금형에서 게이트의 밸런스가 용이하다.

(나) 거의 모든 플라스틱에 적용한다.

(다) 압력손실이 많으므로 사출압력을 높일 필요가 있다.

(라) 성형후 게이트 절단시 자국이 남는다.

(마) 게이트의 다듬질이 간단하다.

게이트 설계시에는 [그림 4-16]에서 보는 것과 같이 경험식에 의해 계산한다.

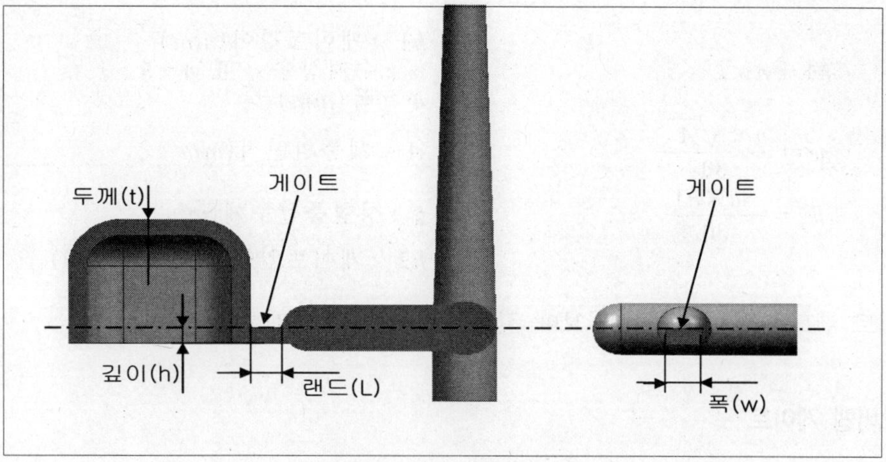

[그림 4-16] 표준 게이트

$$h = n \times t$$

$$w = \frac{n \times \sqrt{A}}{30}$$

h : 게이트깊이(mm)
n : 수지상수 < 표 4-5 >
w : 폭(mm)
A : 제품의면적(mm^2)
t : 성형품살두께(mm)

[표 4-5] 수지상수

재료명	n	재료명	n
PS, PE	0.6	PVAC, PMMA, PA	0.8
POM, PC, PP	0.7	PVC	0.9

(3) 팬 게이트

팬게이트는 면적이 큰 성형품에 적용된다. 또한 폭이 좁고 기포나 플로우 마크가 생길 우려가 있을 때 사용하며 흐름이 균일하고 얼룩이 없는 제품을 생산에 사용되고 있다. 팬 게이트는 다음과 같은 특징이 있다.

(가) 플로우 마크나 기포를 방지하기에 유용하다.

(나) 수지의 배향성이 적어 성형품의 휨을 방지한다.

(다) 게이트의 폭이 넓은 만큼 성형 후 게이트부 가공이 필요하다.

(라) 두꺼운 성형품에는 좋지 않다.

(마) 평판의 성형품에 많이 적용된다.

(바) 게이트의 단면적이 런너의 단면적보다 크지 않도록 주의한다.

게이트 설계시에는 [그림 4-17]에서 보는 것과 같이 경험식에 의해 계산한다.

$$h1 = n \times t$$

$$w = \frac{n \times \sqrt{A}}{30}$$

$$h2 = \frac{w \times h1}{30}$$

$h1$: 게이트깊이(mm)
n : 수지상수 < 표 4-5 >
w : 폭(mm)
A : 제품의면적(mm^2)
t : 성형품살두께(mm)
$h2$: 게이트입구부의깊이(mm)

게이트 랜드(L)는 표준게이트 보다 길게 6mm전후로 설계한다.

(4) 오버랩 게이트

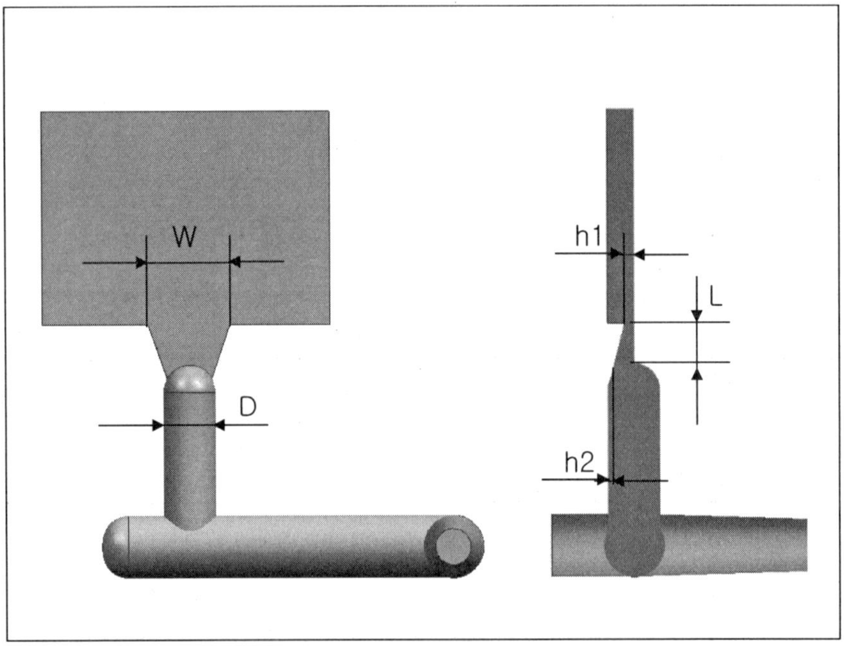

[그림 4-17] 팬 게이트

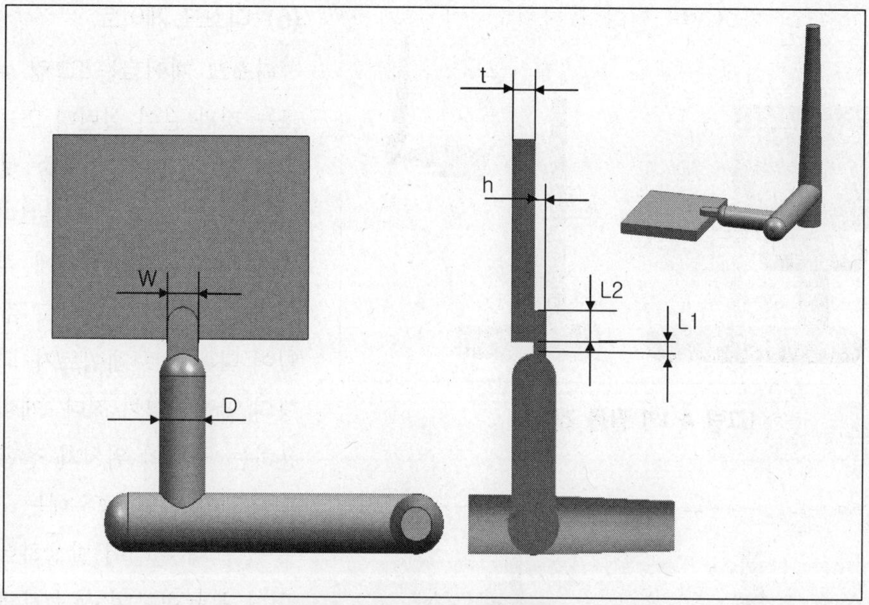

[그림 4-18] 오버랩 게이트

오버랩 게이트는 [그림 4-18]에 보는 바와 같이 형상은 표준게이트를 따르고 있지만 게이트 부위의 설계가 제품의 밑면에 위치하고 있다.

오버랩 게이트 설계시 다음과 같은 경험식으로 설계한다.

$$h1 = n \times t$$

$$w = \frac{n \times \sqrt{A}}{30}$$

$$L2 = h + \frac{W}{30}$$

$L1$: 랜드길이는 2 ~ 3mm로 한다.
h : 게이트깊이(mm)
n : 수지상수 < 표 4-5 >
w : 폭(mm)
A : 제품의면적(mm^2)
t : 성형품살두께(mm)

(5) 필름 게이트

필름게이트는 [그림 4-19]에서 보는 것과 같이 성형품의 폭과 게이트의 폭을 같은 길이로 하고 두께를 얇게 한 게이트로 플래시 게이트라고도 한다. 게이트 내에서 수지유동방향을 조정하여 평판상 성형품으로 평판도를 좋게 하고 변형을 최소한으로 막으려는 경우에 효과적이다. 필름 게이트 설계시 두께(h)는 0.2 ~ 1mm로하고 랜드길이 (L)는 1mm 정도로 하는 것이 효과적이다.

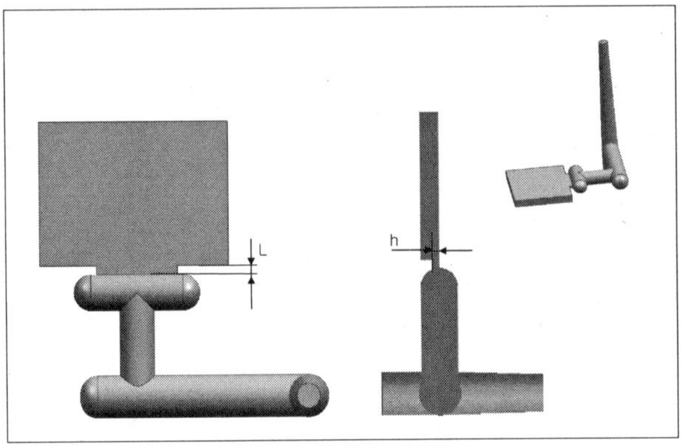

[그림 4-19] 필름 게이트

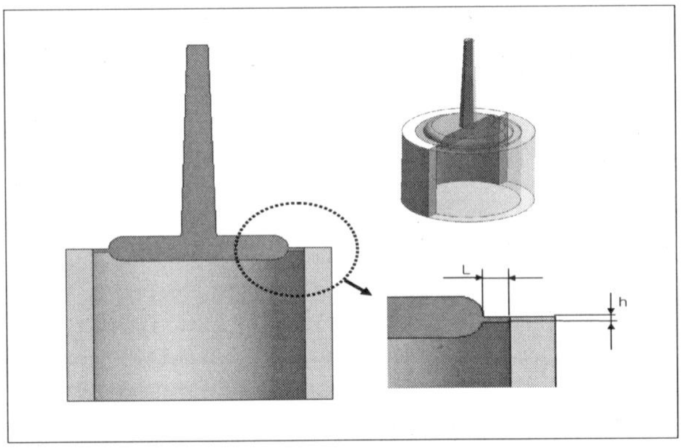

[그림 4-20] 디스크 게이트

(6) 디스크 게이트

디스크 게이트는 [그림 4-20]에서 보는 것과 같이 실린더 또는 내부가 비어있는 원형의 성형품 및 성형품 중앙부근에 스프루 지름보다 큰 구멍(Hole)이 있는 경우에 적용한다. 런너의 형상이 간단하고 짧게 되어 있어 다이렉트 게이트가 되므로 성형의 압력손실이 적다. 게이트로 이용하는 구멍의 위치가 성형품의 중앙부근이 아닌 경우에는 사출기에 붙였을 때 편심이 발생하여 사출압력이 불균형하여 사출기에 무리가 생기기 때문에 가급적 성형품의 밸런스가 맞는 제품의 중앙부위에 위치하는 구멍을 사용해야 한다. 디스크게이트 설계시에는 랜드길이(L)은 0.7~1.2mm로 하고 게이트 깊이(h)는 0.7n×t로 한다.

(7) 링 게이트

링 게이트는 [그림 4-21]에서 보는 것과 같이 실린더형 성형품 중 소형의 성형품을 사출하기 위한 것으로 사출시 웰드라인을 방지할 수 있고 사출 압력에 의한 코어 쓰러짐을 방지 할 수 있다. 이젝팅은 스트리퍼 플레이트에 의해 스트립방식으로 이젝팅되므로 런너는 사다리꼴 방식으로 적용되는 경우가 많다. 링 게이트 설계시 랜드길이(L)는 랜드길이(L)는 0.7~1.2mm로 하고 게이트 깊이(h)는 0.7n×t로 한다.

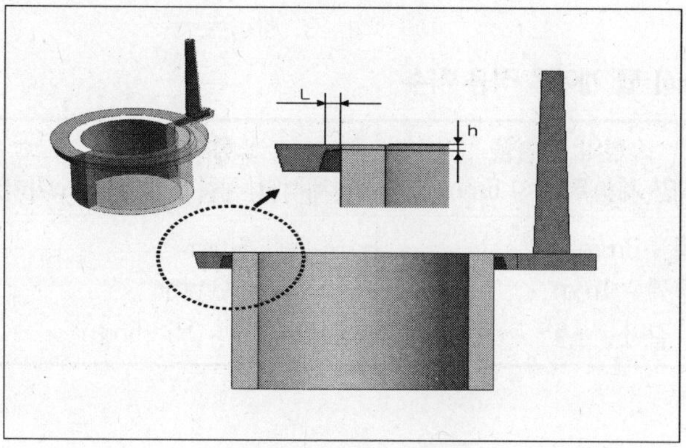

[그림 4-21] 링 게이트

(8) 탭 게이트

탭 게이트는 [그림 4-22]에서 보는 것과 같이 게이트 부에 집중되는 응력을 줄이기 위해 사용된다. 일반게이트의 1/2의 압력으로 성형할 수 있다. 또한 PVC, PC, PMMA와 같은 유동성이 좋지 않은 수지를 성형하는데 적합하며 다음과 같은 특징이 있다.

(가) 캐비티내 제팅현상을 방지 할 수 있다.
(나) 배향성을 줄여 변형을 방지할 수 있다.
(다) 게이트부의 응력집중을 완화할 수 있다.
(라) 게이트 부근의 완화로 인하여 게이트 주변 싱크마크를 방지할 수 있다.
(마) 냉각된 용융수지는 단면이 좁은 탭을 통과할 때 마찰열로 인하여 재용융된다.
(바) 금형의 구조가 복잡하고, 성형 후 제품에서 게이트 가공이 필요하다.
(사) 게이트를 얇은 곳에 붙이면 웰드라인이 발생 할 수 있으므로 두꺼운 부분에 붙이는 것이 좋다.
(아) 투명도가 좋은 성형품을 얻을 수 있다.

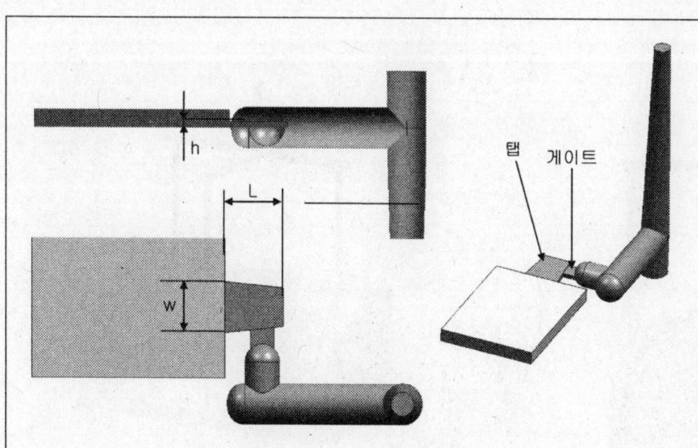

[그림 4-22] 탭 게이트

탭 게이트의 설계시 경험식은 표준 게이트의 경험식과 같으며 [표 4-6]은 탭 게이트 적용치수를 보여주고 있다.

[표 4-6] 탭 게이트 적용 치수

일반적인 성형품	소형의 성형품 (전체적인 제품두께 1.5mm이하)	소형의 성형품 (전체적인 제품두께 3.5mm이하)
- 탭 폭 (W) : 6~9.5mm - 탭 길이 (L) : 10~15mm - 탭 두께 (h) : 제품두께의 절반 이상	- 탭 폭 : 3mm - 탭 두께 : 1mm - 랜드 길이 : 1.5~2mm	- 탭 폭 : 5mm - 탭 두께 : 3mm - 랜드 길이 : 2.5~5mm

(9) 핀 포인트 게이트

핀 포인트 게이트는 [그림 4-23]에서 보는 것과 같은 형상이며 3단 구조 금형에 적용되며 게이트의 크기가 작아서 유동저항이 크다. 또한 PS, PE, PP 등의 단일 캐비티(Cavity)금형 또는 복수 캐비티 금형에도 사용이 가능하다.

핀 포인트 게이트의 특징은 다음과 같다.

(가) 제품의 여러 곳에 게이트를 적용 할 수 있어 성형품의 변형이 작다.

(나) 스트리퍼 판에 의해 런너가 제거됨으로써 후가공이 적다

(다) 자유로운 게이트 위치 선정이 가능하다.

(라) 게이트 부근에서 잔류 변형이 적다.

(마) 게이트 절단이 용이하다.

(사) 금형 열림에 의해 게이트가 자동적으로 절단된다.

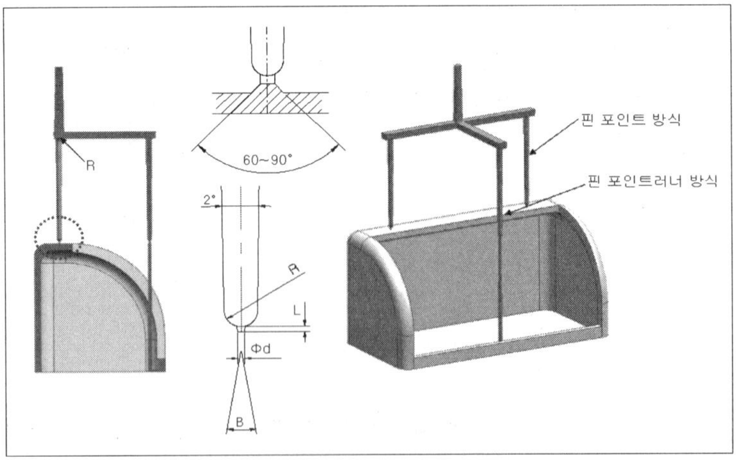

[그림 4-23] 핀 포인트 게이트

핀 포인트 게이트 설계 시 경험 식은 다음과 같다.

$$d = n \times c \times \sqrt[4]{A}$$

L: 랜드길이는0.8~1.2mm로한다.
n : 수지상수 < 표 4-5 >
c : 살두께상수 < 표4-7 >
A : 제품의면적(mm^2)

런너와 교차되는 부분은 R을 주어서 유동저항을 줄이며 [표 4-8]에서는 게이트 크기에 따른 치수를 보여주고 있다.

[표 4-7] 살 두께 상수

살두께 상수								
두께	0.08	0.90	1.30	1.50	1.80	0.00	2.30	2.50
c	0.036	0.014	0.047	0.055	0.051	0.058	0.062	0.065

[표 4-8] 게이트 크기에 따른 적용치수

<table>
<tr><th>Φd</th><th colspan="6">R</th><th>B</th><th>L</th></tr>
<tr><td>1.0</td><td>1.5</td><td>2.0</td><td></td><td></td><td></td><td></td><td rowspan="4">20°
30°</td><td rowspan="4">1.0
1.2
1.5</td></tr>
<tr><td>1.2</td><td>1.5</td><td>2.0</td><td></td><td></td><td></td><td></td></tr>
<tr><td>1.5</td><td>2.0</td><td>2.5</td><td>3.0</td><td>3.5</td><td>4.0</td><td>5.0</td></tr>
<tr><td>2.0</td><td>2.0</td><td>2.5</td><td>3.0</td><td>3.5</td><td>4.0</td><td>5.0</td></tr>
</table>

(10) 터널 게이트

터널 게이트는 서브마린 게이트라고도 하며 런너는 사이드게이트 형식으로 있지만 게이트가 각도를 가지고 코어를 관통하고 있는 형상으로 [그림 4-24]와 같다. 그림에서와 같이 터널게이트는 캐비티측을 관통하는 방식 [그림 4-24]의 (a)와 코어 측을 관통하는 방식 [그림 4-24]의 (b)가 있으며 제품의 외부에 게이트 흔적을 숨기려면 [그림 4-24]의 (c)와 같이 제품의 안쪽으로 런너를 설계하여 게이트의 흔적을 숨겨 줄 수 있다. 또한 게이트 구조가 코어를 관통해야하는 어려움으로 가공이 복잡하고 어려우며 런너 이형시 도중에 파손된 게이트가 캐비티내에 남지 않도록 게이트 부의 다듬질을 충분히 해야 한다. 터널게이트 설계를 위한 경험식에서 지름 d는 핀 포인트 게이트 경험식을 따르며 게이트의 중심선 각도는 20°~45°로 하고 게이트의 외각 테이퍼는 10°~30°로 한다.

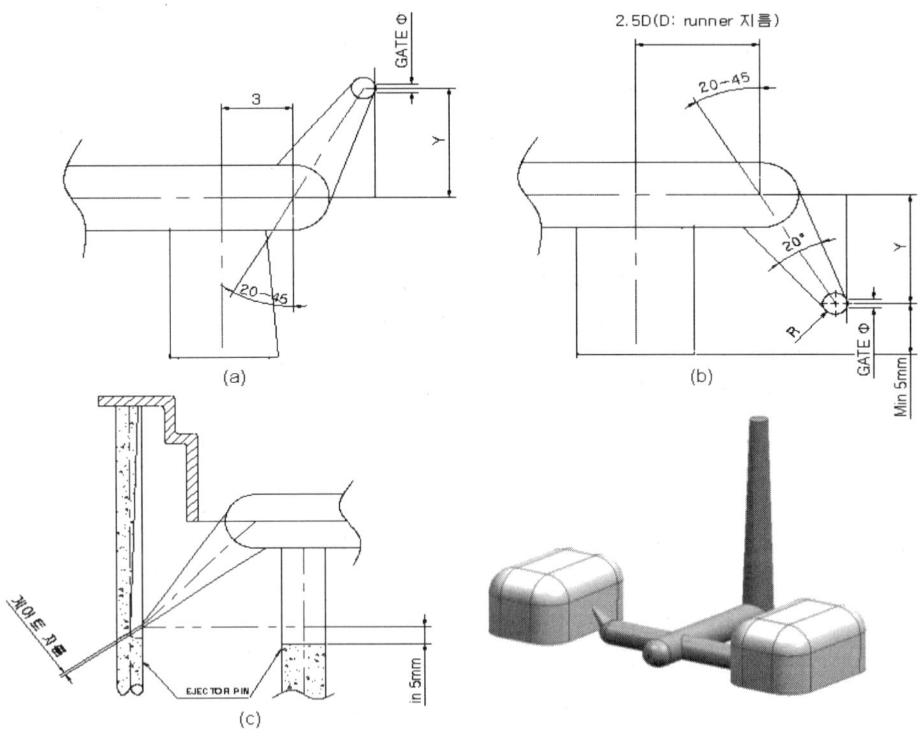

[그림 4-24] 터널 게이트

(11) 오버랩 게이트

오버랩 게이트는 [그림 4-25]에서 볼 수 있으며 코끼리게이트, 바나나게이트, 굴곡게이트 등으로 여러 가지 이름으로 쓰인다. 터널 게이트 변형이라고 할 수 있으며 [그림 4-24]의 (c)처럼 게이트의 압력 손실을 줄일 수 있으며 게이트 분리가 자동으로 이루어진다. 게이트 설치시 제품의 살 두께가 두꺼운 부분에 설치하고 리브나 핀 부위의 사출시 압력에 영향을 많이 받는 곳은 피한다. 게이트에서 유동이 시작되는 점에서 인서트나 기타 장애물이 있는 곳은 피하여 설계한다. [그림 4-26]에서는 얇은 박판의 성형품에 게이트 크기Φ 1mm에 대해 게이트 치수를 보여주고 있다.[그림 4-27]에서 오버랩 게이트의 작도법을 보여준다.

[그림 4-25]오버랩게이트 형상

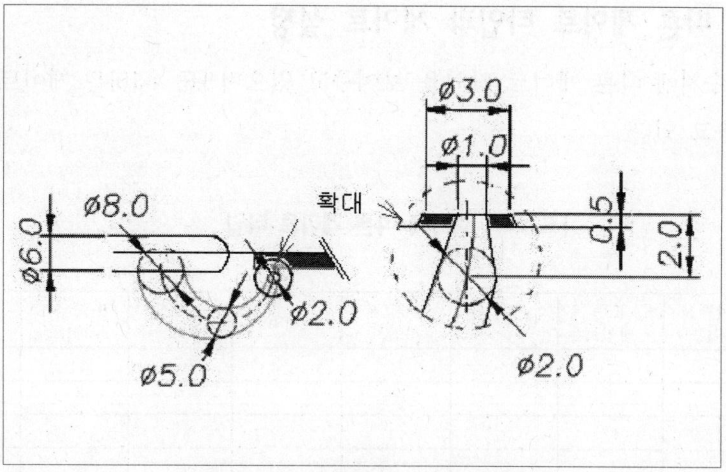

[그림 4-26] 박판성형의 게이트 치수

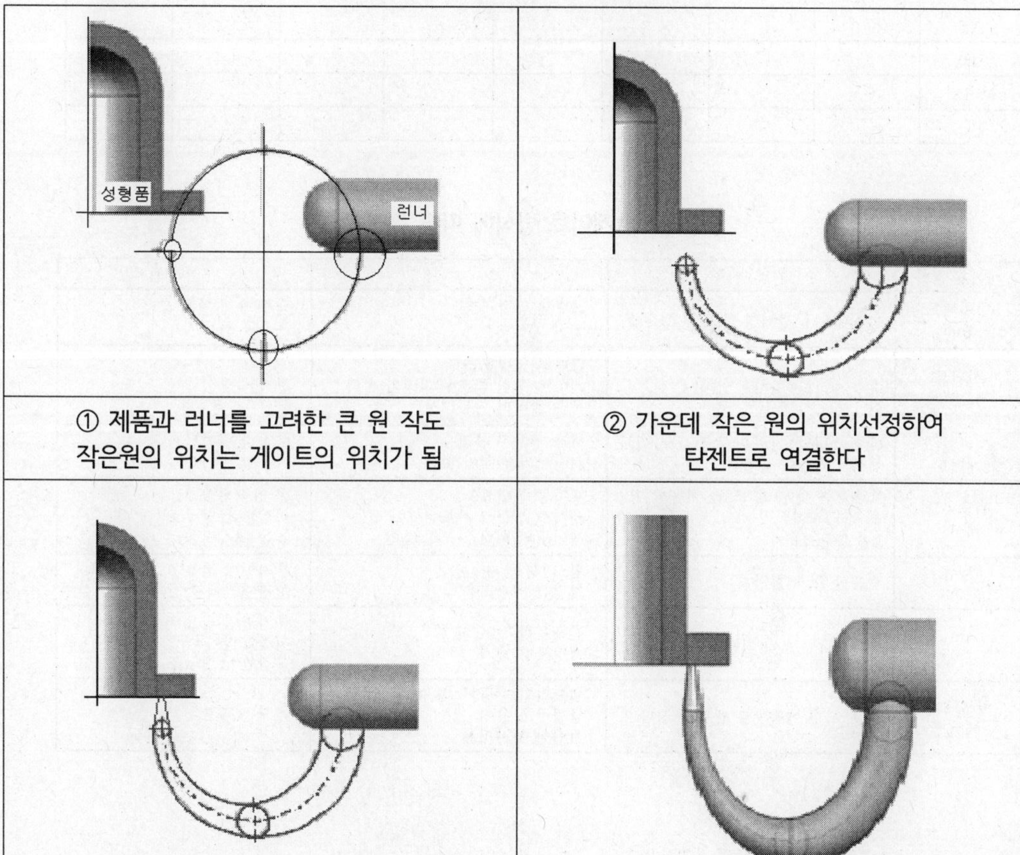

[그림 4-27] 오버랩 게이트 작도법

3) 수지에 따른 게이트 타입과 게이트 설정

[표 4-9]는 수지에 따른 게이트 타입을 보여주고 있으며 [표 4-10]은 게이트 방식에 따른 특성을 보여주고 있다.

[표 4-9] 수지에 따른 게이트 타입

○ 표는 통상 적용 , △ 표는 적용 가능

구분	다이렉트 게이트	표준 게이트	탭 게이트	필름/팬 게이트	링 게이트	디스크 게이트	핀 포인트 게이트	터널 게이트
PE	○	○					○	○
PP	○	○					○	○
HIPS	○	○					△	△
PA (나이론)	○	○		△	△	○	○	○
POM	○	○	○	○	○	△	○	○
AS	○	○	○	△		○	○	
ABS	○	○	○	○	○	○	○	○
아크릴	○	○	○	△				
PC	○	○					△	△

[표 4-10] 게이트 방식에 따른 특성

게이트 방식	적 용	장 점	단 점
다이렉트 게이트	1개 캐비티, 간이형 및 대형 성형품	· 간단한 금형구조 · 수지 절약	· 내부 응력 잔류 · 후가공 필요
사이드 게이트	다수 캐비티, 저비용 금형	· 간단한 금형구조 · 게이트 주변 플로우 마크가 적다 · 복수 캐비티 가능	· 큰 압력손실
터널 게이트	다수 캐비티, 저비용 금형 핀/사이드 게이트 적용이 불가능	· 사출 후가공 불필요 · 게이트의 흔적이 없음	· 복잡한 게이트 구조 · 가공이 난이
핀포인트 게이트	제품측면 외에 게이트를 적용할 경우,다수 캐비티 3단 금형적용시	· 후가공 불필요 · 게이트 부근의 잔류변형이 적음 · 게이트의 밸런스 조절 용이	· 큰 압력손실 · 복잡한 금형구조 · 높은 제작비용
필름 게이트	제품의 휨, 변형방지	· 휨, 변형 방지 · 저렴한 제작비용	· 후가공이 필요 · 평판제품에 한정
탭 게이트	잔류응력방지 및 외관향상	· 잔류응력, 변형 방지 · 제팅불량 제거	· 후가공이 필요 · 사출압력이 큼 · 복잡한 금형구조
링/디스크 게이트	원통, 원형 제품으로 웰드/편심방지	· 웰드라인의 방지 ·휨, 변형 방지 · 금형구조 용이 · 저렴한 제작비용	· 후가공 필요

2. 런너

1) 런너와 단면형상

런너는 스프루와 게이트를 이어주는 통로이며 성형품을 채우기 위해 필요한 수지 양을 최소로 하면서 효율적으로 흘러야 하며 냉각도 쉽게 잘되어야 한다. [그림 4-29]에 런너의 형상이 보여지며 런너의 형상은 금형설계에 따라 여러 가지 단면 형상으로 나눌 수 있으며 단면 형상은 원형에 가까울수록 효율이 좋다. 수지의 흐름을 고려한다면 굵고 짧은 런너가 좋으나 냉각시간이 길어지는 결점이 있다. [그림 4-28]에서 런너의 단면 형상과 효율을 나타내고 있다. [그림 4-28]에서 런너의 단면 형상을 보여주고 있으며 런너의 단면 형상 중에 사각형을 피하는 것은 성형후 취출시에 런너가 빠지지 않는 경우가 생기기 때문에 런너의 측벽에 구배를 주어 사용하게 되는데 이것이 사다리꼴 단면 형상이다. [표 4-11]은 단면 형상에 따른 런너의 특징을 보여주고 있다.

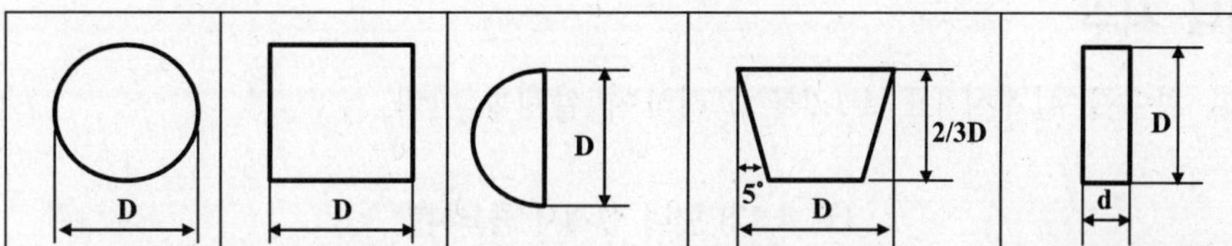

0.25D	0.25D	0.153D	0.195D	d = D/2 : 0.166D d = D/4 : 0.1D d = D/6 : 0.071D
냉각속도가 느리며 보압효율이 좋음	적용을 피하는 것이 좋음	가공상 많이 적용하고 있으나 열 손실이 많음	핀포인트 게이트 방식에서 많이 사용	적용을 피하는 것이 좋음

$$효율 = \frac{면적}{둘레길이}$$

[그림 4-28] 런너 형상에 대한 단면 효율

[표 4-11] 런너 형상에 따른 특징

런너 단면	특 징
원형 런너	–. 가장 좋은 효율을 얻을 수 있고 런너의 냉각시간이 길어진다. –. 수지의 압력강하 및 열 손실을 최소화해 주는 형태 –. 3단 금형에서 원형 런너는 런너 취출을 원활하게 하지 못한다.
사다리꼴 런너	–. 수지의 흐름은 사다리꼴에 형성될 수 있는 내접원에서 수지가 흐를 수 있고 원료가 미리 냉각되는 것을 방지하기 위하여 사다리꼴의 깊이는 밑변의 길이와 같아야 한다. –. 유동 효율이 좋게 하기 위해 런너는 코어 쪽으로 위치하도록 설계하여 가공 시 작업이 쉽도록 한다. –. 3단 금형에서 많이 사용 된다.
반원형 런너	–. 적은 양의 수지가 런너에 채워지며 냉각효과가 좋다.

2) 런너 치수

런너의 치수를 설계시 [표 4-12]를 고려하여 설계를 한다.

[표 4-12] 런너 설계시 중요사항

설계 부위	중요 사항	설 명
런너지름	성형제품의 살 두께보다 두껍게	수지가 캐비티에 충진 될 수 있게 크기를 결정한다.
런너길이	유동 효율 및 수지 절감을 위해 가능한 한 짧게	런너 길이를 길게 할 경우에는 유동 저항을 줄이기 위해 그 길이에 따라 런너의 지름을 크게 한다.
유동성이 좋지 않은 재료	유동성이 좋은 재료에 비해 런너의 지름을 크게	용융수지가 캐비티내로 충분히 유입되고 유동 저항을 줄이기 위해 런너의 지름을 크게 한다.
런너가 교차하는 코너 부분	적당한 콜드 슬러그 웰 설치	수지흐름의 끝단은 공기와 맞닿아 있어 용융수지가 고화되어 있기 때문에 이를 제거하기 위해 콜드 슬러그 웰을 설치한다.

런너 설계시 [그림 4-29]에서 경험식을 아래에 나타내고 있다.

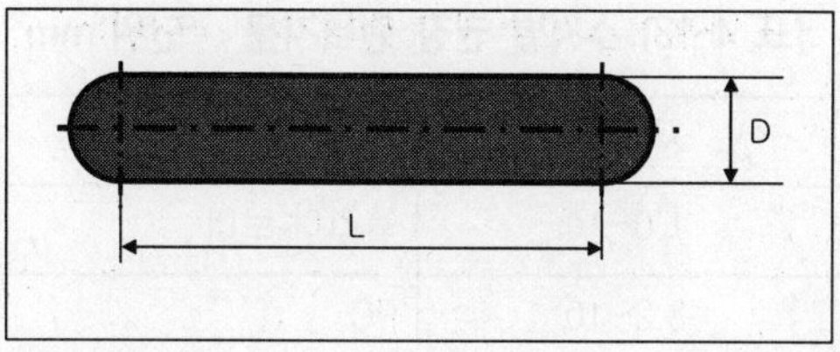

$$D = \frac{\sqrt{W} \times \sqrt[4]{L}}{3.7}$$

D : 원형지름(mm)

W : 성형품중량(g)

[그림 4-29] 런너 형상

[그림 4-30]은 제품의 중량과 런너 지름에 따른 제품의 살 두께를 보여주고 있으며 [표 4-13]은 수지별 권장하는 런너 지름을 보여주고 있다.

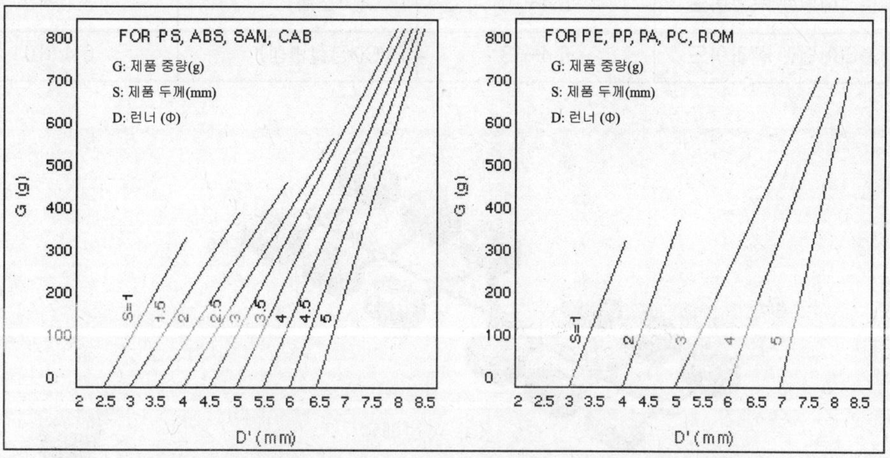

[그림 4-30] 제품의 중량과 런너 지름에 따른 제품의 살 두께

3) 런너 배치

런너의 배치는 런너의 크기, 게이트의 형상, 제품의 개수, 금형의 형식에서 좌우되며 런너 배치시 런너의 길이와 수는 가장 짧은 유동으로 제품을 충전 할 수 있는 유동길이로 하며 런너 시스템은 유동배분을 고려해서 균형성을 유지시켜야 한다. 또한 런너 밸런스는 스프루에서 각 캐비티까지의 거리를 동일하게 해야한다.

[그림 4-31]은 캐비티의 배열의 방법을 보여주고 있다.

[표 4-13] 수지별 권장 런너지름　　단위:mm

수 지 종 류	지　름	수 지 종 류	지　름
ABS	1.6~10	폴리아 로머	1.6~10
POM	3.2~10	PC	1.6~10
아세테이트	1.6~11	폴리에스테르(열가소성)	3.1~8
부텔렌	1.6~10	PE(내충격)	1.6~10
플로글렌카본	1.6~10	PA	1.6~10
PMMA(내충격)	8.0~13	PP	1.6~10
PU	6.4~8	PS	3.2~10
SAN	1.6~10	폴리셀폰	6.4~10
폴리에틸렌 옥사이드	6.4~10	PVC(가소화)	3.1~10
폴리에틸렌 셀파이드	6.4~13	PVC(경질변성)	6.4~10

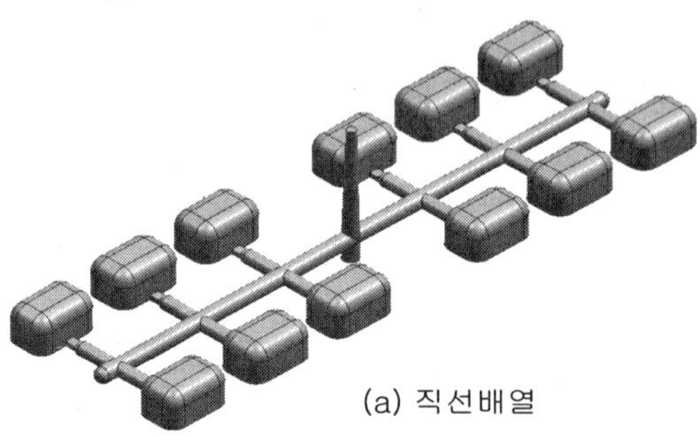

(a) 직선배열

(b) 원형배열

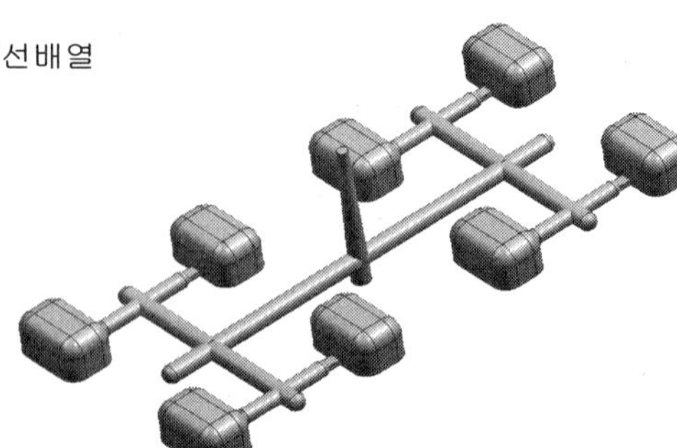

(c) H형배열

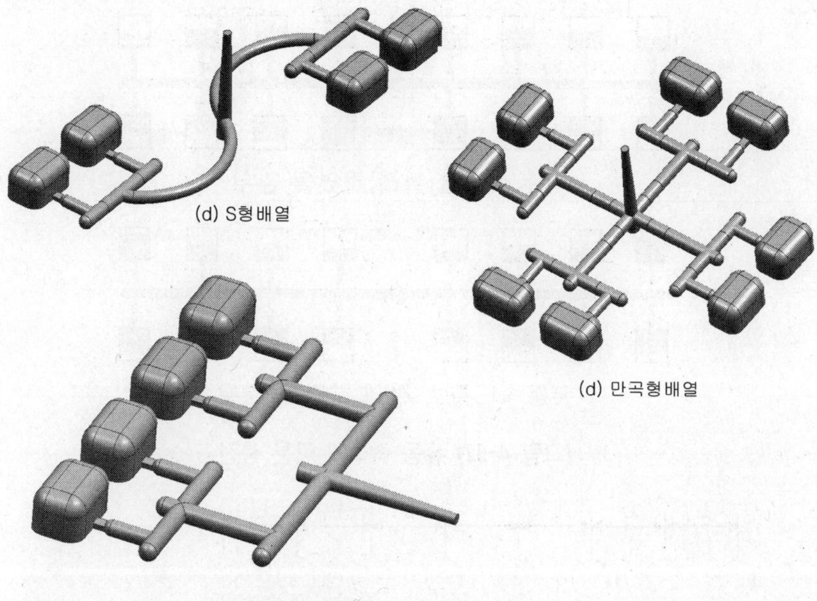

(d) S형배열

(d) 만곡형배열

(d) 토너먼트배열

[그림 4-31] 캐비티 배열

사출시에 런너로 흐르는 용융수지가 고화되어 가스나 공기가 섞여서 제품 속으로 들어가는 찌꺼기를 콜드 슬러그라고 하며 이러한 콜드 슬러그를 방지하기 위해 콜드 슬러그 웰(Cold Slug Well)을 만든다. 콜드 슬러그 웰은 런너 지름의 1.5~2.0로 한다.

4) 런너의 충전 밸런스

여러 개의 캐비티를 배열해야 할 경우 캐비티의 동시충전을 고려하여 스프루에서 캐비티가 같은 거리에서 배치가 될 수 있도록 런너의 길이를 먼저 설계해야 하며 [그림 4-33]에서 런너의 길이 배열을 보여주고 있다. 런너의 배열을 밸런스가 맞게 충분히 고려하여도 사출시에 용융수지의 유동성은 런너의 지름이 모두 일정할 경우, 유동속도를 빨리 할 경우에 스프루와 가까운 캐비티에 충전이 빠르게 이루어지고 유동 속도를 느리게 할 경우 스프루에 먼 캐비티에서 충전이 이루어진다. [그림 4-32]에서 유동 속도에 따른 충전을 볼 수 있으며 [그림 4-33]에서와 같이 캐비티 밸러스를 맞추어 배열을 하였을 경우라도 런너의 크기가 일정할 경우 제품으로 용융수지가 동시 충전을 이루지 못하고 있고 이런한 경우 B.G.V(Balanced Gate Value)값이 동시충전을 이룰 수 있도록 게이트 단면적을 조정하여 B.G.V의 값을 같게 할 필요가 있다. 만약 캐비티의 크기가 다르면 B.G.V의 값을 충전 중량에 비례하게 결정한 후 S_G값을 변화시켜 적용한다.

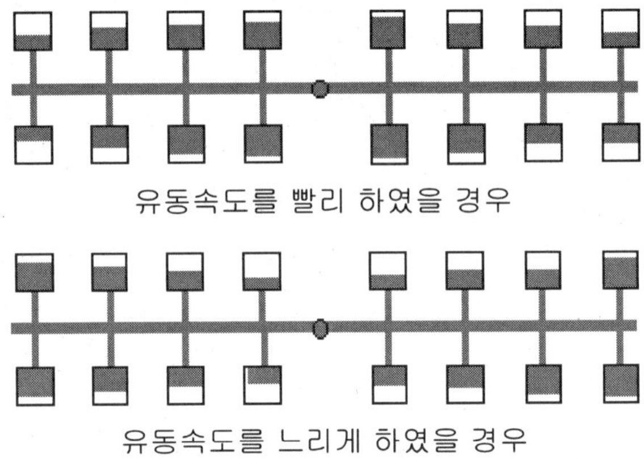

[그림 4-32] 유동 속도에 따른 충전

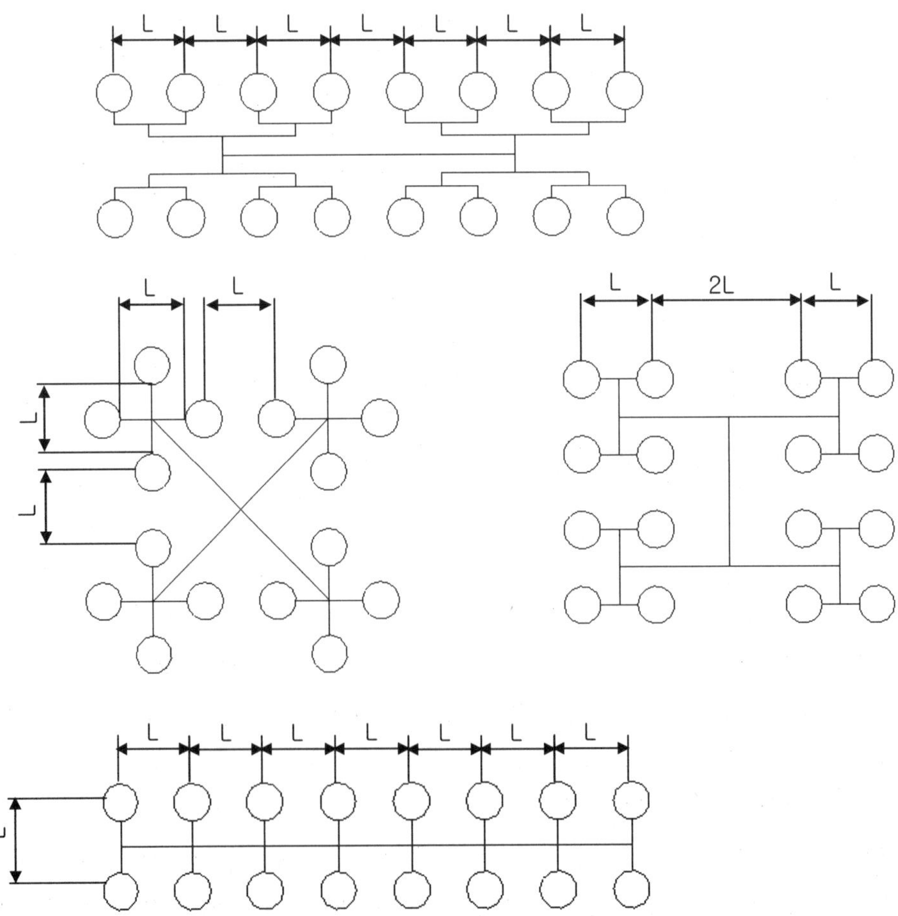

[그림 4-33] 런너 유동길이에 대한 배열

성형품 중량이 같을 경우 B. G. V의 값의 계산식은 다음과 같은 식을 적용한다.

$$B.G.V = \frac{S_G}{\sqrt{L_R} \times L_G}$$

S_G : 게이트 단면적(mm^2)
L_R : 런너 길이(mm)
L_G : 게이트 길이(mm)

일반적으로 동시충전을 위한 게이트와 런너의 단면적 비(S_G/S_R)는 0.07~0.09로 하고 게이트의 폭과 깊이의 비를 3:1로 적용을 한다.

[그림 4-34]에서 10개의 똑같은 성형품이 배열되어 있다. 런너의 지름은 10mm, 게이트 랜드의 길이 2mm로 일정하게 할 때 B. G. V의 식을 이용하여 동시충전을 위한 게이트 치수를 결정하여 보자.

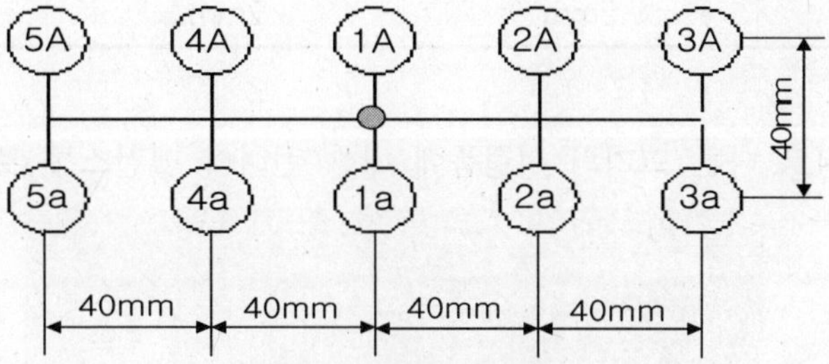

[그림 4-34] 게이트 밸런스

[그림 4-36]에서 보는 것과 같이 성형품의 배치는 10개로 되었지만 2A, 2a와 4A, 4a는 같은 치수를 적용하면 되고 3A, 3a와 5A, 5a도 같은 치수로 적용하면 된다.

그러므로 1A, 1a와 2A, 2a와 3B, 3b의 치수만 결정하면 된다.

런너의 단면적 S_R은 $\frac{\pi}{4} \times 8^2 = 50.24mm^2$이 되고,

$\frac{S_G}{S_R} = 0.09$ 라고 가정하면, 게이트의 단면적 S_G는 $S_G = S_R \times 0.09 = 4.5216mm^2$이다.

일반적인 게이트 폭과 깊이의 비가 3:1이므로 폭:깊이는 3h:h가 된다. 그러므로 게이트 단면적을 다시 계산하면 $S_G = 3h^2 = 4.5216mm^2$이 된다. 따라서 깊이(h)는 1.227mm가 되고 폭(3h)은 3.681mm가 된다.

$L_{G1} = L_{G2} = L_{G3}$ 이므로 2A, 2a의 스프루까지의 런너 단면적과 거리는

$S_{G2} = 1.37mm^2, L_{R2} = 80mm, L_{G2} = 1.5mm$ 가 된다. 계산된 깊이와 폭의 치수를 2A, 2a와 4A, 4a의 게이트에 적용하고 3A, 3a와 5A, 5a로 적용하면 B, G, V는

$$B,G,V = \frac{4.5216}{\sqrt{60}\times 2} = \frac{S_{G1}}{\sqrt{20}\times 2} = \frac{S_{G3}}{\sqrt{100}\times 2}$$

위의 식을 계산하면 $S_{G1} = 2.61mm^2, S_{G3} = 5.84mm^2$가 된다. S_{G1}와S_{G3} 값을 가지고 게이트의 폭과 깊이를 구하면 [표 4-14]에서 볼 수 있다.

[표 4-14] 게이트의 폭과 깊이

	1A, 1a	2A, 2a 4A, 4a	3A, 3a 5A, 5a
폭(h)	2.79mm	3.68mm	4.19mm
깊이(3h)	0.93mm	1.23mm	1.40mm
랜 드	2mm	2mm	2mm

[그림 4-35]는 서로 다른 크기의 성형품에 대한 런너의 밸런스를 보여주고 있다.

[그림 4-35] 동시충전을 위한 런너 밸런스

3. 런너 리스

제품을 성형할 때 소요되는 수지를 나누게 되면 제품을 형성에 소요되는 수지와 스프루와 런너를 성형하는데 소요되는 것이다. 성형 후 취출시에 남아 있는 스프루와 런너는 불필요한 부분이기 때문에 손실이 된다. 이 손실을 없애기 위해 만들어진 것이 런너 리스 금형이며 스프루와 런너가 없다는 의미에서 런너리스라고 한다. 런너리스의 구성 장치에는 여러 종류가 있는데 그 중에서 가장 일반적으로 많이 사용되는 시스템이 핫 런너 구조이기 때문에 핫 런너 금형이라고 하며 통상적으로 핫 런너 금형을 지칭하는 것으로 통용되고 있다. [표 4-15]는 런너리스 금형의 장점과 단점을 보여주고 있다.

[표 4-15] 핫 런너의 장점과 단점

장 점	- 런너 유동 중 낮은 압력으로 사출이 가능하다. - 핀 포인트 게이트 사용으로 2단 금형 구조로 제작이 가능하다. - 다수 캐비티로 단일 캐비티 성형 효과를 낼 수 있다. - 정밀성형가능이 가능하다. - 성형조건 설정이 용이하다.
단 점	- 가열시키는 장치 안에서 수지가 오래 체류되어 있는 경우 수지에서 열 분해가 발생 할 수 있다. - 용융 수지가 사출 중이나 사출 후에 게이트로 부터 수지가 새어 나오던가 또는 막혀 버리는 일 등이 발생 할 수 있다. - 금형의 구조가 복잡하고 정밀온도 컨트롤 장치 등이 소요되어 금형의 제작비용이 비싸다.

[그림 4-36]는 콜드 런너와 핫 런너의 비교 그림을 보여주고 있다. 그림에서 보는 것과 같이 핫 런너 시스템은 사출 후 제품 취출시에 런너가 없는 것을 볼 수 있다.

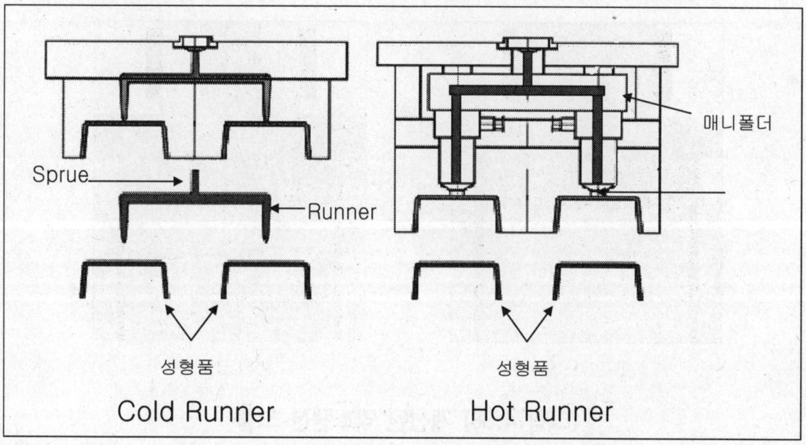

[그림 4-36] 콜드 런너와 핫 런너의 비교

4. 런너 리스 시스템의 종류

1) 익스텐션 노즐

익스텐션 노즐 타입은 일반적인 금형에서 사출시 용융수지는 사출기 노즐에서 스프루를 통하여 유동되는데 반해 스프루가 없이 사출기의 노즐이 캐비티에 직접 닿아서 사출을 하는 방식이다. 다이렉트 게이트 방식에 주로 사용되고 있으며 [그림 4-37]은 익스텐션 노즐을 보여주고 있다.

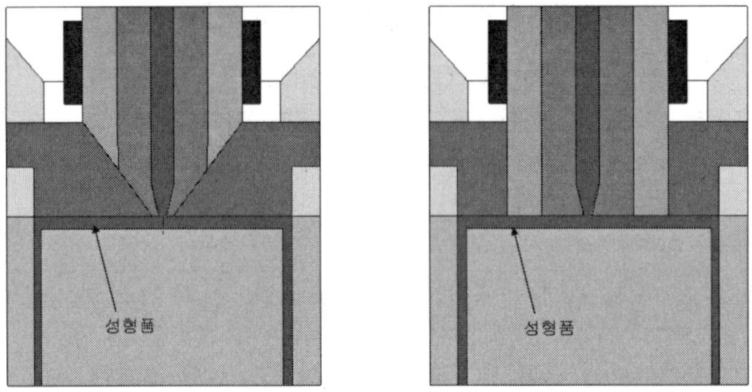

테이퍼 타입 노즐　　　　케비티 타입 노즐

[그림 4-37] 익스텐션 노즐

[그림 4-37]에서 보는바와 같이 노즐이 캐비티 부에 접촉하여 성형의 일부를 구성하지만 노즐과 캐비티가 직접 접촉하기 때문에 노즐간의 단열성이나 수지의 누설로 인하여 현재에는 잘 사용되지 않으나 [그림 4-38]에서 보는 것과 같이 근래에 개선된 형태의 익스텐션 노즐을 사용하고 있다.

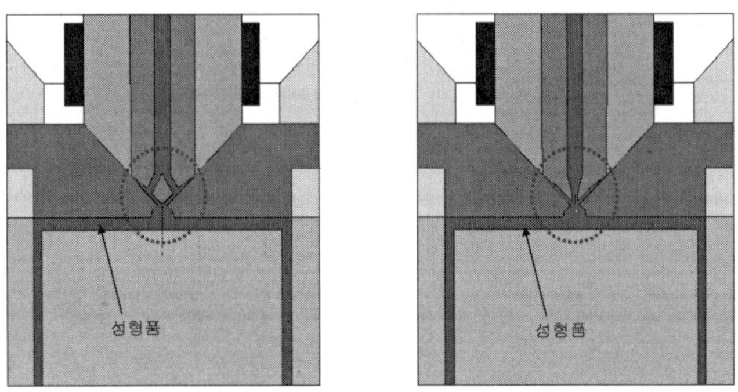

핫 팁 노즐　　　　갭타입볼팁

[그림 4-38] 개선된 익스텐션 노즐

2) 웰 타입 노즐

웰 타입 노즐은 [그림 4-39]에서 보는 것과 같이 노즐부와 게이트부 사이에 수지가 저장되는 공간이 있으며 이 공간을 웰(Well)이라고 한다. 이 공간에 저장된 용융 수지 중 외부쪽은 고화되어 단열작용을 하고 내부의 수지는 용융수지로 유지되어 성형시에 용융상태로 흐른다. 웰타입 노즐은 캐비티 1개에 대해 적합한 타입이며 설계시 고려해야 할 사항은 웰 내부의 고화를 방지하여야 하며 수지가 모이는 웰부위는 부시로 설계를 하고 노즐에서 게이트가지의 거리를 짧게 하는 것이 좋다. 또한 웰부위는 게이트가 응고되지 않는 범위에서 작게 설계하는 것이 바람직하다.

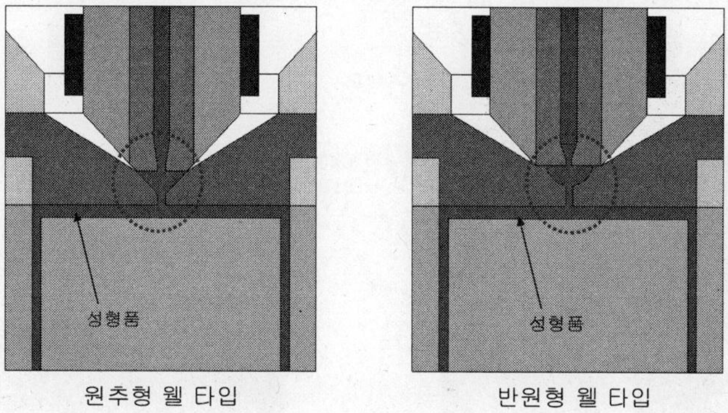

[그림 4-39] 웰 타입 노즐

3) 인슐레이티드 런너 타입

인슐레이티드 런너 타입은 3단 금형의 런너 시스템과 유사하며 차이점은 런너의 직경이 큰 것과 런너 플레이트가 성형 중에는 형개가 되지 않는다. 또한 3단 금형을 필요시 인슐레이티드 금형으로 변환이 가능하다. 또한 인슐레이트 런너 타입은 사출을 하게 되면 용융수지가 런너를 지나가면서 런너의 벽면에서는 수지가 고화 되고 이 고화층은 단열작용에 의하여 수지를 계속적으로 용융상태를 유지하며 계속적인 사출을 하게 된다. [그림 4-40]은 인슐레이티드 런너타입을 볼 수 있다.

인슐레이티드 런너 타입의 특징을 설명하였다.

① 성형 시간에 제약이 있으며 런너와 게이트가 고화 되기 전에 성형해야한다.
② 런너 히팅 장치 성형시간을 길게 할 수 있다.
③ 3단 금형방식으로 쓰이며 게이트도 핀 포인트로 사용한다.
④ 수지 사용에 제약이 있으며 PE와 PP이외에는 적용이 않된다.
⑤ 런너 고화 때문에 런너 주위의 냉각채널을 설계 할 수 없으며 정밀 제품의 성형은 힘들다.
⑥ 런너 플레이트는 분해가 쉽도록 설계하여 런너 게이트 고화시 쉽게 분해해서 작업할 수 있도록 한다.

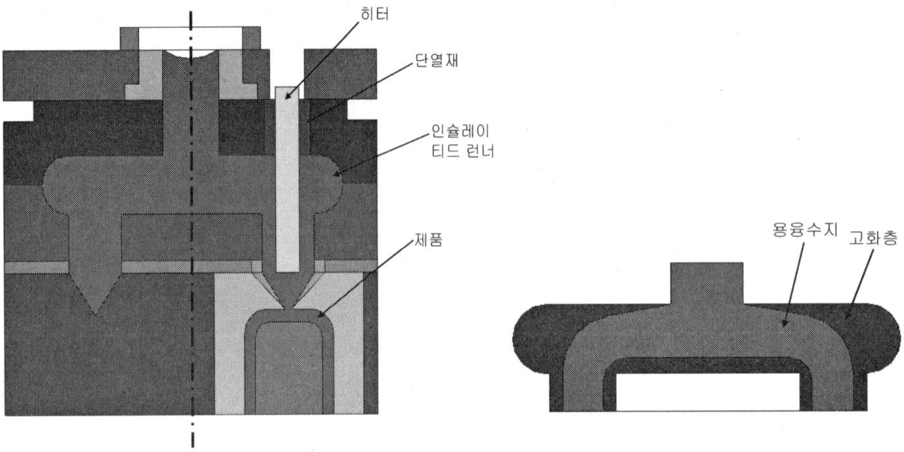

(a) 인슐레이티드 금형 (b) 인슐레이티드 런너

[그림 4-40] 인슐레이티드 런너 타입

4) 핫 런너

런너의 고화 방지를 위한 노력으로 익스텐션 노즐 타입이나 인슐레이티드 방식을 발전시키고 런너 주위의 히팅 장치를 더욱 적극적으로 발전시켜 매니폴더 블록에 런너를 설계하고 히팅장치를 삽입하여 매니폴더 속에 있는 런너 시스템은 항상 용융온도를 유지하며 제품을 성형할 수 있는 런너리스 방식이다. [그림 4-41]은 핫 런너의 세부 구조를 보여주고 있다.

핫 런너는 다음과 같은 특징이 있다.

① 성형 중에 압력 손실이 적기 때문에 용융수지의 온도와 사출압력을 낮게 하여 성형을 할 수 있다.

② 인슐레이티드 타입이나 익스텐션 노즐 타입의 경우 게이트 방식 선택의 제한이나 수지 선택의 제한이 있으나 핫 런너는 3단 금형이 아니라도 적용을 할 수 있으며 수지에 대한 제한 없이 성형이 가능하다.

③ 정밀한 제품에 대해서도 성형이 가능하다.

④ 다이렉트 게이트 뿐만 아니라 부분적으로 콜드 런너시스템을 적용할 수 있다.

⑤ 구조가 복잡하고 부대 장치 및 런너를 계속적으로 용융시키기 위해 히팅장치가 필요하고 사출기 쪽으로 열전달을 피하기 위해 단열재를 사용해야 한다.

⑥ 금형비가 높아진다.

⑦ 메니폴더 쪽에서 게이트까지 세심한 온도 조정이 필요하다.

⑧ 전체적인 금형의 높이가 높아진다.

⑨ 고장 시에는 보수작업이 어렵다.

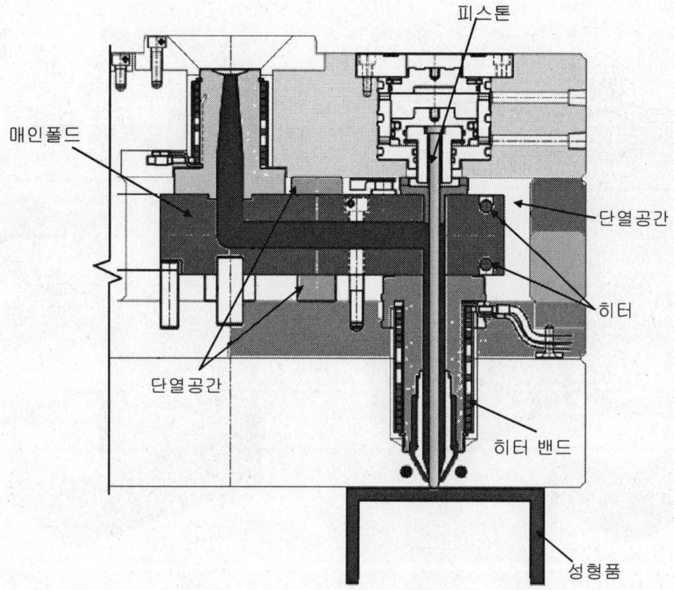

[그림 4-41] 핫 런너의 서부 구조

핫 런너는 매니폴더의 구조에 따라 여러 개의 캐비티를 한번에 취출 할 수 있으며 또한 제품의 형상에 따라 여러 개의 게이트를 적용해야 할 때도 매니폴더의 형상은 달라진다. [그림 4-42]는 런너 시스템에 따른 매니폴더의 형상을 보여주고 있다.

[표 4-15]는 런너리스 타입에 따른 적용 수지를 보여주고 있다.

[표 4-15] 런너리스 타입에 따른 적용 수지

(○ : 가능 , ×: 불가능, △: 곤란)

종류 \ 수지	폴리 에틸렌	폴리 프로필렌	AS 수지 스티롤수지	ABS 수지	폴리 카보네이트	나일론	폴리 아세탈
핫 런너	○	○	△	△	△	×	×
인슐레이티드	○	○	○	○	○	×	×
웰 타입	○	○	△	△	△	×	×
익스텐션	○	○	○	○	○	×	×

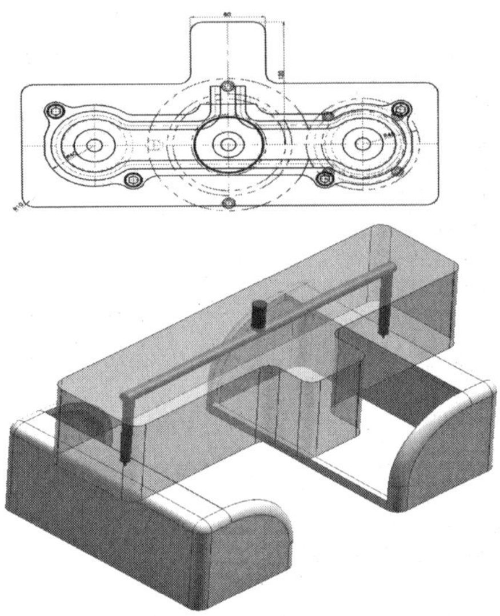

(a) I 형

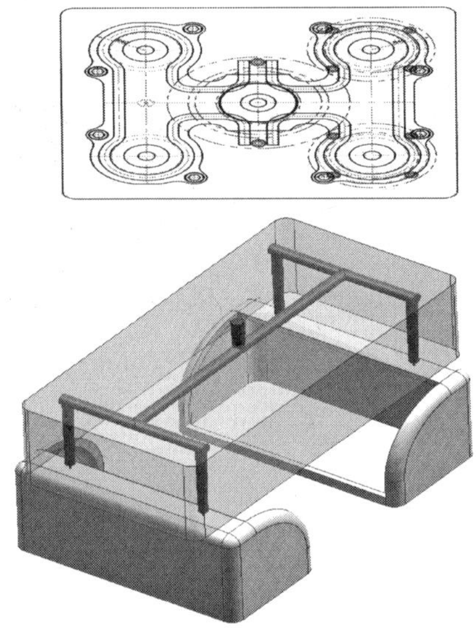

(b) H 형

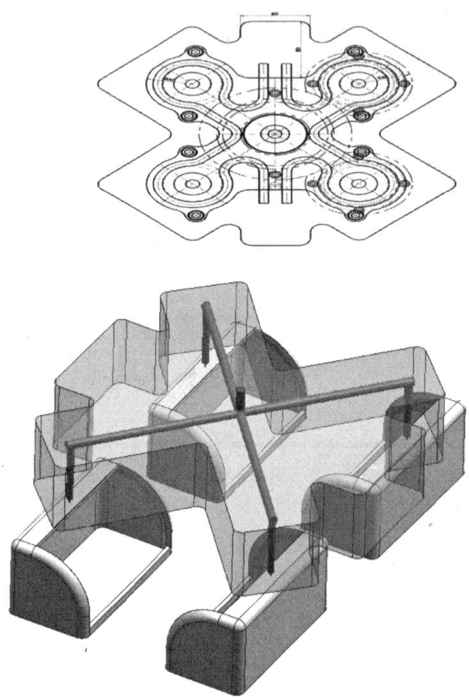

(c) X 형

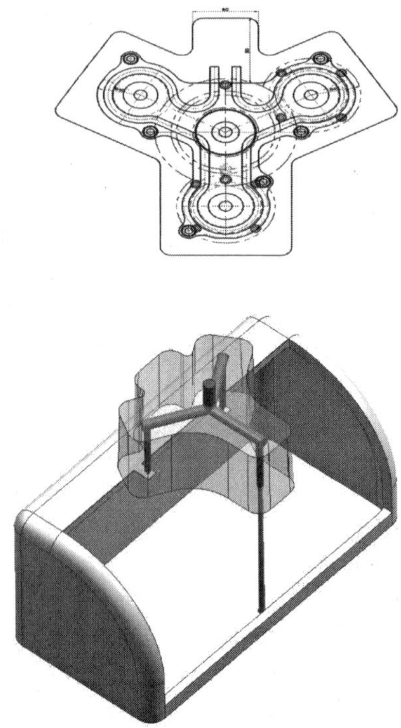

(d) Y 형

[그림 4-42] 핫 런너의 매니폴더 종류

5. 스프루

스프루는 사출기의 노즐에서 수지가 유동 될 때 가장 처음 만나는 부분으로 노즐의 끝부분과 만나는 부위이며 이 부분을 지나서 런너로 통하는 유로를 말한다. 일반적인 형상은 [그림 4-43]와 같으며 스프루는 스프루 부시 안에 가공되며 성형시 스프루에서 유동시 유동의 확산과 압력손실을 줄이기 위해 2°~4°의 구배가 주어지며 이 때 받는 압력을 견디기 위해 로케이트링을 부시와 함께 결합한다. 스프루는 성형후 냉각시 소요되는 시간이 가장 길기 때문에 직경은 가능한 작게 하여 스프루의 구배 각을 주는 경우가 많고 [그림 4-44]은 노즐과 스프루의 일반적 형상 치수 관계를 보여주고 있으며 [표 4-16]은 스프루 설계시 고려할 사항을 보여주고 있다.

스프루 부시의 타입은 A, B, C, D, E타입이 있으며 [그림 4-45]에서 보여주고 있으며 금형 설계시 A, B 타입이 많이 쓰이고 있다.

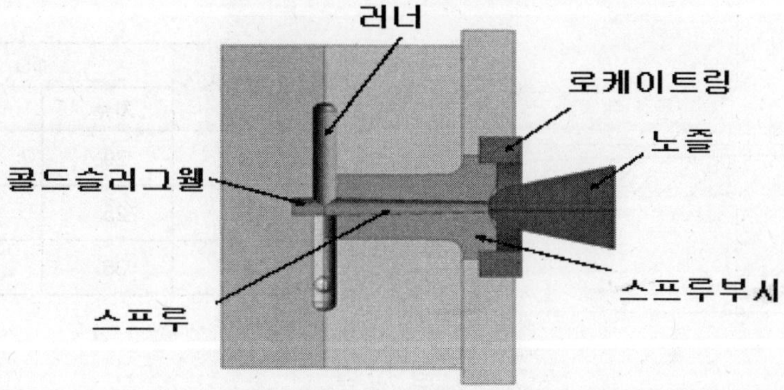

[그림 4-43] 스프루와 스프루 부시

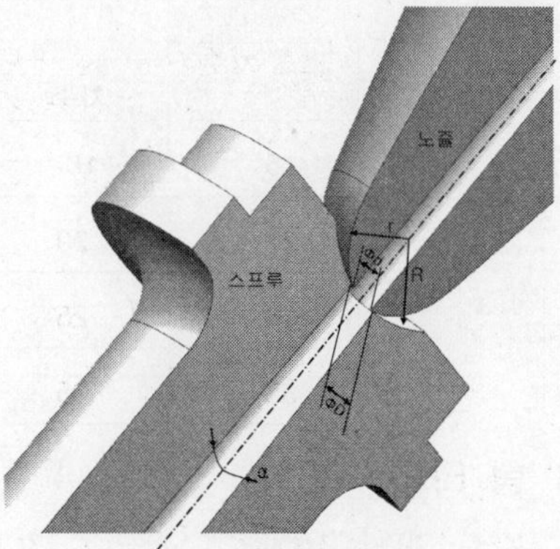

$r = R - 1$

$d = D - 1$

$R > r$

$\alpha = 1° \sim 3°$

[그림 4-44] 스프루와 노즐과의 형상 치수

[표 4-17] 스프루와 부시 설계시 고려사항

스프루 부싱 설계시 고려사항	
스프루 부싱	사출기 노즐보다 R값을 1mm 정도 크게 한다.
스프루 부싱 길이	가능하면 짧은 것이 좋다.
스프루 내측 연마	원주방향보다 수지흐름방향으로 연마하는 것이 수지 흐름에 도움이 된다.
스프루 부싱 입구 지름	노즐 구멍 지름보다 1mm정도 크게 한다.
스프루 각도	1°~1°5′정도가 많이 쓰임. 문헌에는 2°~4°추천
열처리	HFC 40 이상으로 열처리
콜드 슬러그 웰 직경	스프루 부싱의 최대 직경으로 한다.
콜드 슬러그 웰 깊이	스프루 부싱 최대 직경의 1~1.5배 정도로 한다.

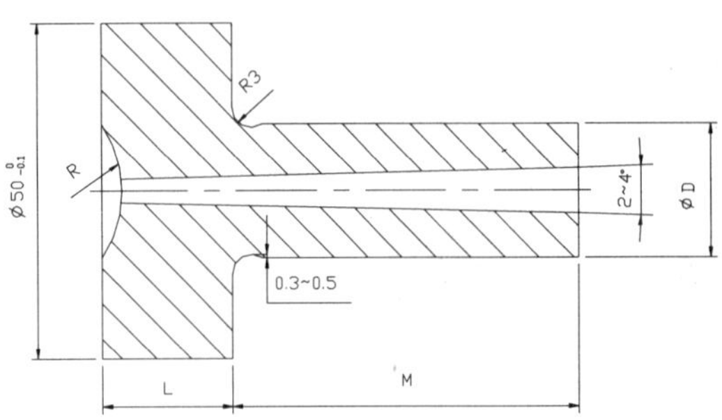

단위:mm

호칭치수	ΦD	
	치수	공차
20	20	+0.013 −0.008
25	25	+0.013 −0.008
35	35	+0.015 −0.010

'A' 형 타입

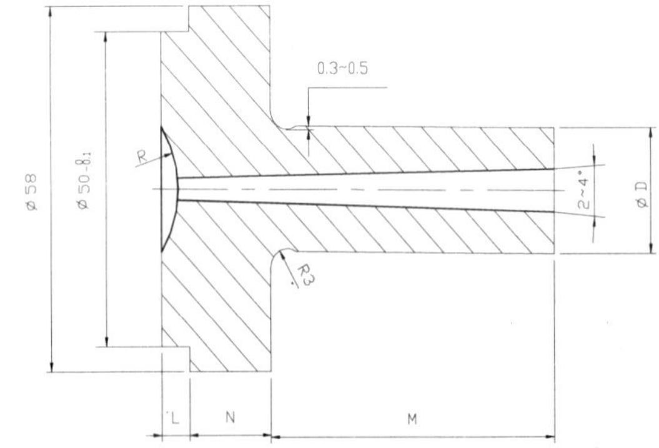

단위:mm

호칭 치수	ΦD	
	치수	공차
16	16	+0.013 −0.008
20	20	+0.013 −0.008
25	25	+0.013 −0.008
35	35	+0.015 −0.010

'B' 형 타입

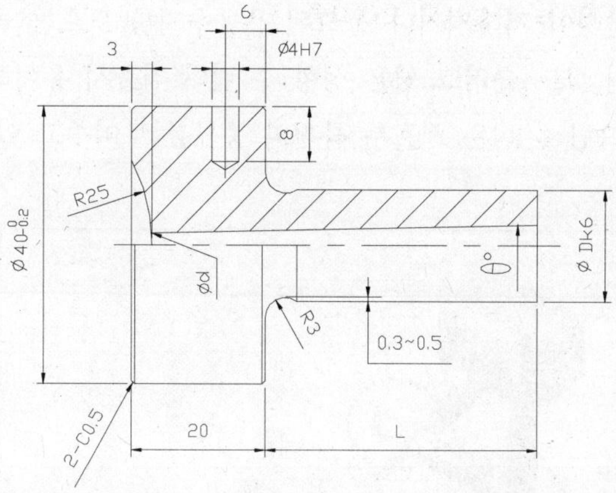

단위:mm

호칭치수	ΦD	
	치수	공차
16	16	+0.012 −0.001
20	20	+0.015 −0.002
25	25	

'C' 형 타입

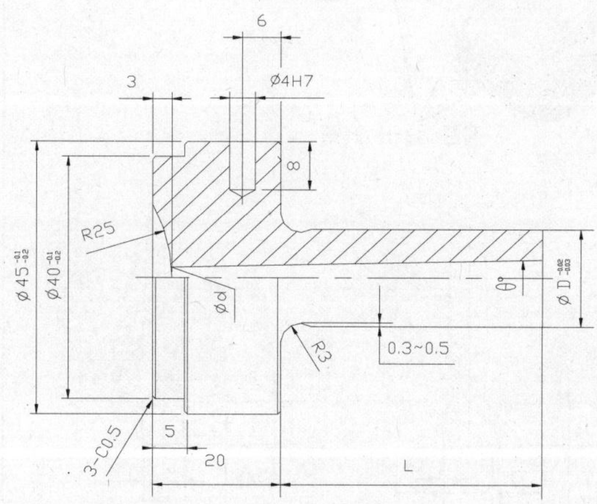

호칭치수	ΦD	
	치수	공차
16	16	+0.02 −0.03
20	20	
25	25	

'D' 형 타입

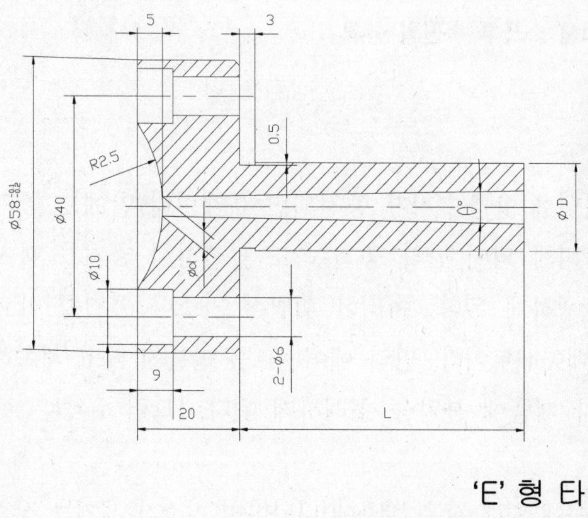

호칭치수	ΦD	
	치수	공차
16	16	+0.012 −0.001
20	20	+0.015 −0.002
25	25	

'E' 형 타입

[그림 4-45] 스프루 부시의 종류

스프루 출구에는 수지가 유동하면서 점성이 저하되거나 응고된 용융수지를 모으는 콜드 슬러그 웰을 부착한다. 스프루에 만들어진 콜드 슬러그 웰은 성형 후 런너 취출시 용이하게 하기 위해 스프루 록을 같이 설계한다. [그림 4-46]은 스프루 록핀의 종류를 보여주고 있다.

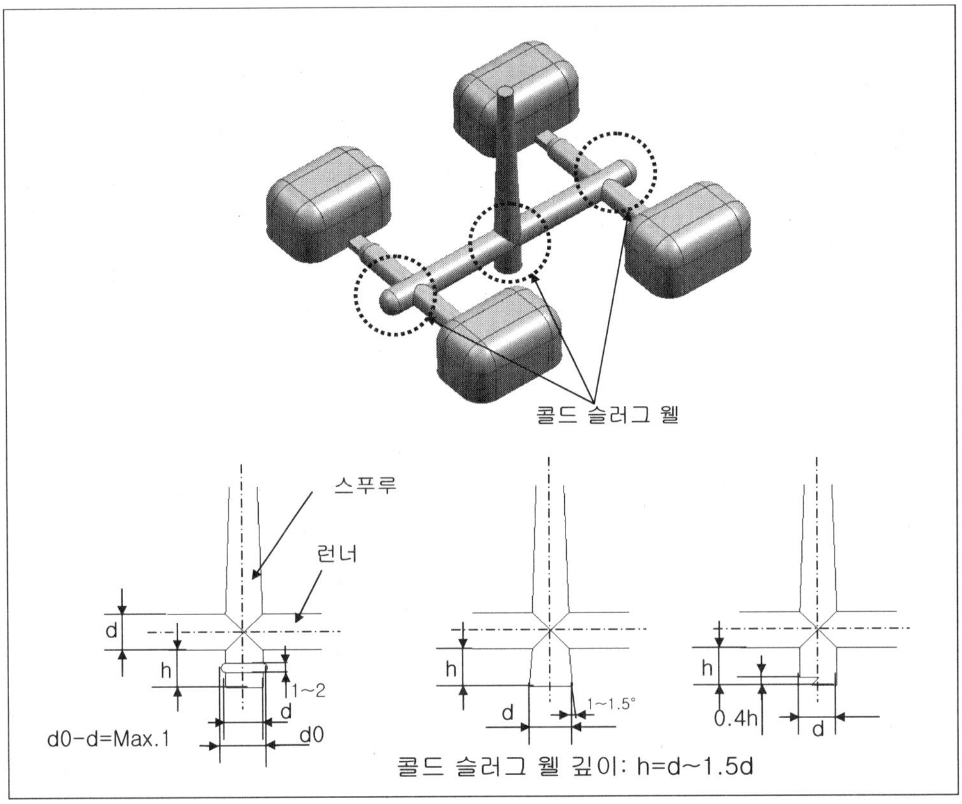

[그림 4-46] 스프루 록핀의 종류

6. 에어 벤트

금형에서 가스빼기를 하는 것은 캐비티에 용융수지가 충전되면서 캐비티 안에는 공기와 휘발성 가스가 파팅면을 기준으로 압축되게 되며 만약 충전 속도가 빨라서 공기가 빠지지 않을 시에는 버닝현상이나 미성형이 발생하게 된다. 이러한 휘발성 가스나 공기를 밖으로 배출하기 위해 통로를 만드는데 이것이 에어벤트이다. 만약 에어벤트를 만들지 않고 계속하여 성형하였을 시에는 금형을 오염시키거나 제품에 불량을 초래하게 된다. [그림 4-47]은 에어 빼기형상을 보여주고 있다.

가스가 유동시 압축되는 장소는 유동흐름에 의해 같은 장소에 나타나며 가스가 생기는 장소는

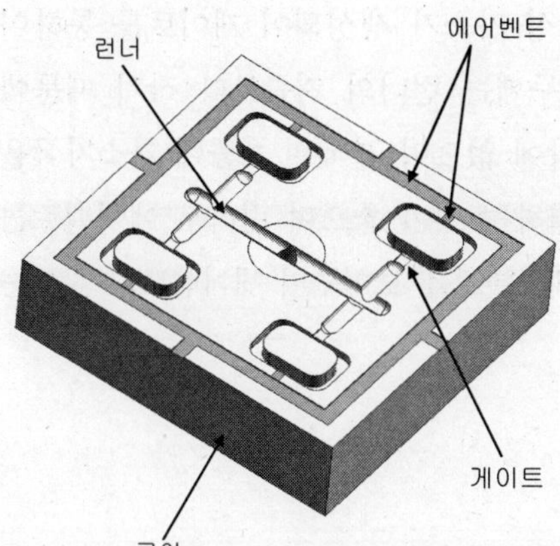

[그림 4-47] 코어의 에어벤트

거의 움직이지 않는다. 금형설계시 에어벤트의 설계는 경험상으로 만들거나 성형해석 시스템으로 에어벤트 예측이 가능하므로 미리 금형 가공시에 만들어 놓는 것이 좋으며 예상하지 못하고 성형시에 에어에 의한 불량을 발견 할 때에는 그 위치를 확인하고 새롭게 에어벤트를 만들어야 한다. 에어벤트는 플래쉬가 발생하지 않도록 깊이를 정해 주어야 한다.

[표 4-18]에 수지별 에어벤트 랜드와 깊이를 보여 주고 있다. 에어벤트의 랜드 길이가 긴 경우 벤트부가 막히고 에어벤트의 역할을 하지 못하기 때문에 랜드의 길이는 1mm~3mm로 하는 것이 적당하다. 또한 에어벤트는 제품의 형상과 게이트 위치가 파악되면 가스 생성위치를 파악할 수 있으며 일반적으로 가스의 발생장소는 게이트의 반대쪽 부분과 웰드 부분, 리브나 보스부분에 주로 발생하며 [그림 4-48]은 에어벤트 적용부위의 예를 보여 주고 있다.

[표 4-18] 수지별 에어벤트 랜드 깊이

수지명	벤트 깊이	수지명	벤트 깊이
ABS	0.01~0.03	PBT	0.005~0.015
폴리아세탈	0.01~0.02	폴리아미드	0.005~0.015
PPO(변성)	0.02~0.03	폴리카보네이트	0.02~0.03
PPS	0.005~0.015	-	-

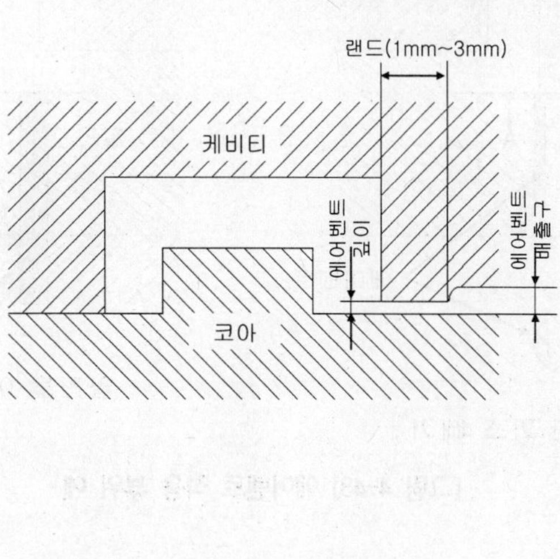

수지가 런너를 지나갈 때 높은 온도로 인하여 휘발성 가스가 생성되어 게이트를 통하여 캐비티로 유입되게 된다. 또한 일반적으로 캐비티의 두께는 런너의 지름보다 작기 때문에 런너의 휘발성 가스는 캐비티에 유입되어 압축 될 수밖에 없으며 결국은 제품에 가스자국을 만들게 된다. 따라서 런너부의 가스는 런너부에서 해결하는 것이 좋으며 런너부 에어벤트는 파팅면에 생성시켜 주어야 한다. [그림 4-49]은 런너부 에어벤트를 보여주며 에어벤트의 깊이는 0.05mm정도가 적당하다.

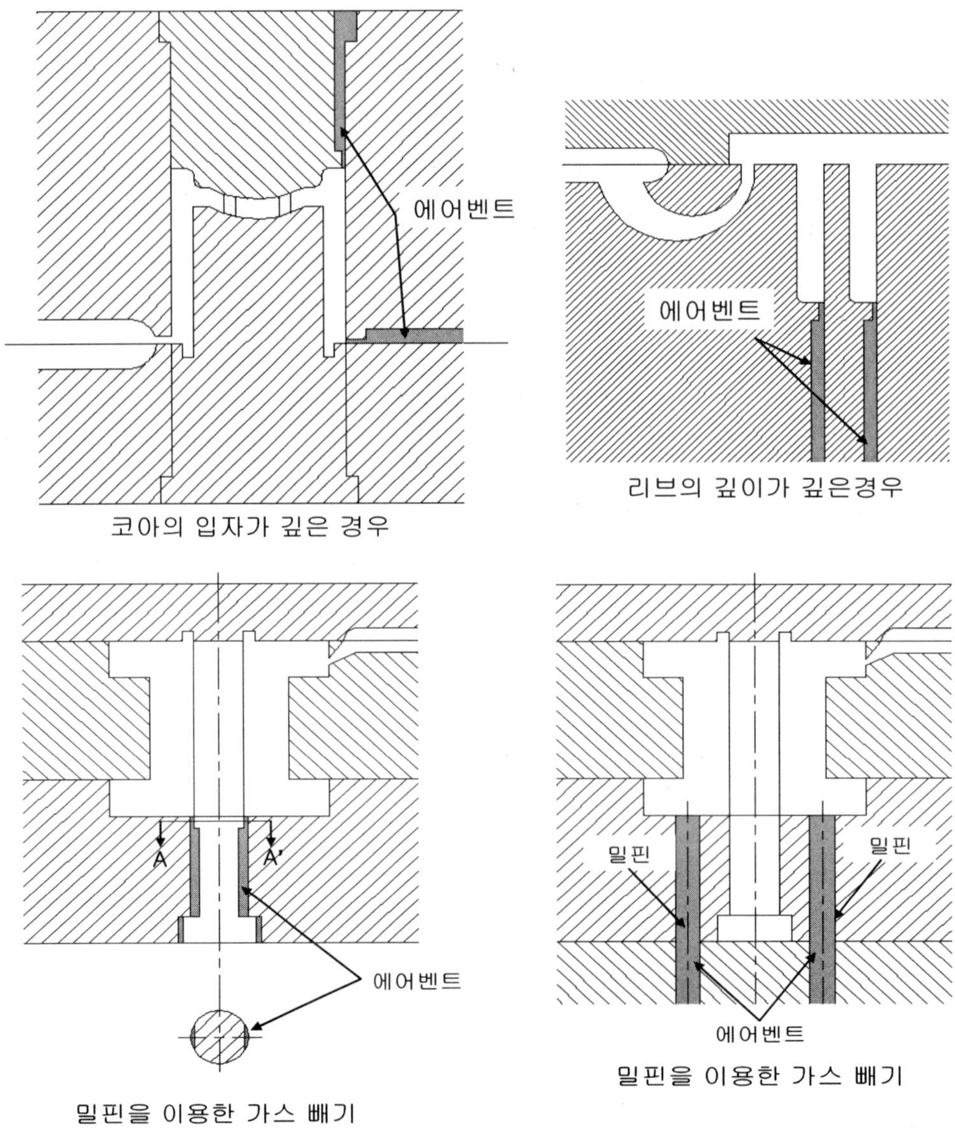

코아의 입자가 깊은 경우

리브의 깊이가 깊은경우

밀핀을 이용한 가스 빼기

밀핀을 이용한 가스 빼기

[그림 4-48] 에어벤트 적용 부위 예

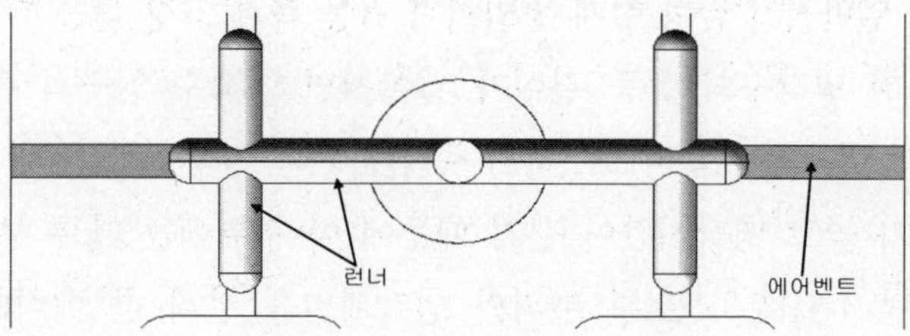

[그림 4-49] 런너부 에어벤트

제5절 냉각회로 시스템 설계

냉각공정에서는 제품이 고화되면서 치수의 변화를 가져오게 된다. 따라서 이러한 치수 변화를 최소화하기 위해서는 제품형상의 두께를 균일화하고 냉각 또한 제품 전체적으로 균일하게 행해져야 한다. 그러나 균일한 온도로 제품을 컨트롤하기는 실제적으로 힘들다. 금형의 정밀도가 높을수록 금형 설계시 복잡해지고 냉각회로 설계시에도 이러한 부수적인 부품들로 인해 많은 어려움이 있다. 이러한 어려움으로 인하여 제품에 대해 균일한 냉각을 할 수가 없고 부분적으로 온도가 집중될 수밖에 없다. 일반적인 금형 설계 형상을 [그림 4-50]에 보여주고 있다.

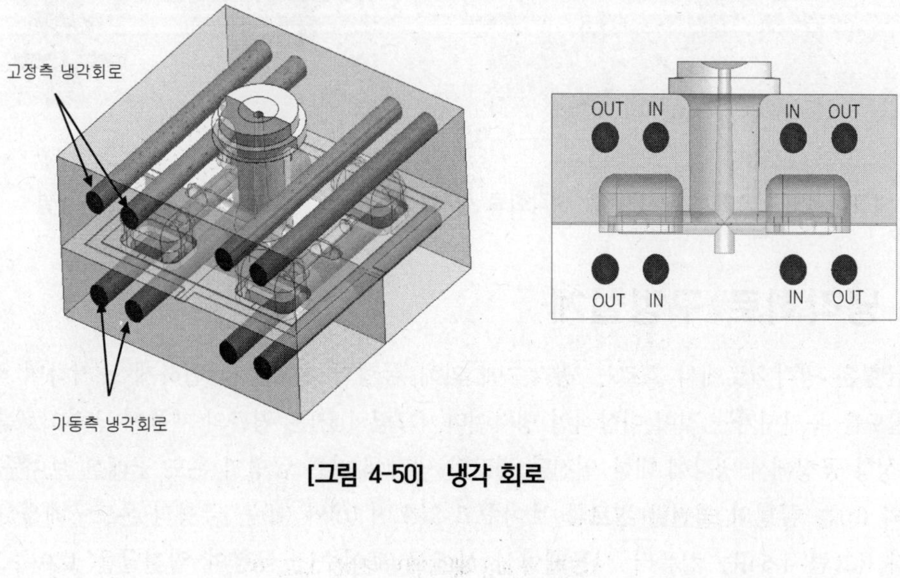

[그림 4-50] 냉각 회로

[그림 4-50]은 가장 일반적인 금형 설계 방법이며 가동 측과 고정 측을 각각에 대해서 냉각회로를 설계하여야 하며 냉각수의 유동 길이가 길어지면 냉각수 입구의 온도와 출구의 온도 편차로 인하여 제품의 냉각을 효율적으로 하지 못하게 된다. 또한 스프루와 런너 부위는 성형시 다른 부위보다 온도가 높고 냉각시간이 길기 때문에 이 부위에는 다른 부위보다 냉각효율이 높게 설계한다. [그림 4-51]은 스프루 부위의 냉각채널을 설계 한 예이다.

냉각회로에서 냉각수가 유동시엔 입구부와 출구부의 온도 차이는 2℃를 넘지 않는 것이 좋으며 금형 구조상의 문제로 냉각채널 설계가 힘든 경우를 제외하고는 냉각회로의 길이는 냉각효율을 높이기 위해서 냉각회로를 짧게 한다. 사출을 위해 냉각회로에 호스를 연결 할 경우에는 냉각채널의 지름과 동일한 호스를 사용하는 것이 좋으며 호스의 지름은 Φ10mm 이하로 사용하지 않는 것이 좋다. 제품의 형상에 깊은 부위가 있는 경우에도 코어부에 냉각회로를 설계하여 사출시에 발생하는 열을 분산시켜 주어야 한다. [그림 4-52]는 코어 냉각을 위한 냉각회로를 보여 주고 있다. 냉각회로의 설계가 효율적으로 잘 적용되었다 하더라도 냉각수를 쓰게 되면 냉각수 특성상 냉각회로 내에 이물이나 녹이 발생하게 되어 일정 시간이 지나면 효율이 떨어지게 되며 심할 경우는 냉각회로가 막히게 된다. 때문에 주기적인 청소와 관리가 필요하다.

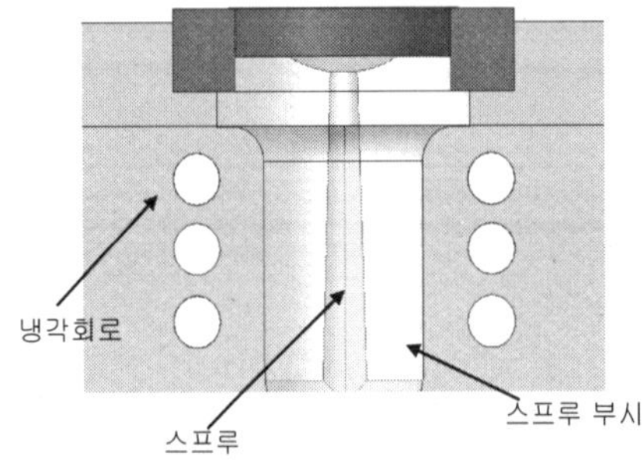

[그림 4-51] 스프루 부시 주위 냉각회로 설계

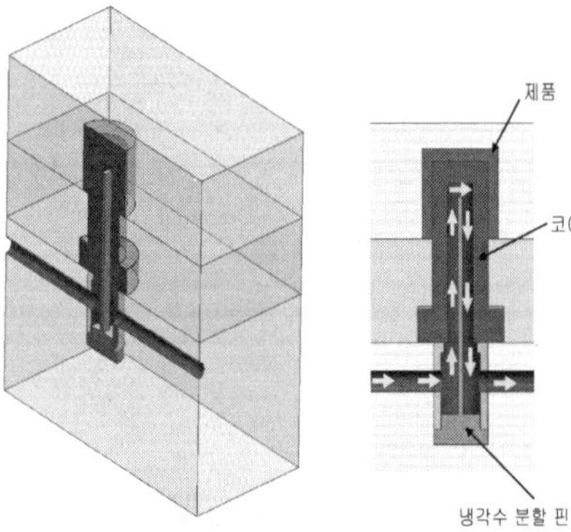

[그림 4-52] 코어 냉각채널

1. 냉각회로 구멍설계

금형은 냉각회로에서 흐르는 냉각수에 의해 금형의 온도를 균일하게 유지하며 성형품의 정밀도를 유지시키는 것이 이상적인 냉각이다. [그림 4-53]은 평판의 제품에 냉각회로를 설치하여 성형 공정에서 냉각에 대한 열전달 경로와 냉각에 따른 금형의 온도 구배를 보여주고 있다. (a)와 (b)는 금형의 열전달 경로를 보여주고 있으며 (c)와 (d)는 금형의 온도구배를 보여주고 있다. [그림 4-54]는 컴퓨터 시뮬레이션 상에서 보여주는 금형의 열전달을 보여주고 있다.

(a)에 비해 (b)의 경우 적절한 냉각회로의 설계로 인하여 금형의 온도 분포가 균일한 것을 볼 수 있다.

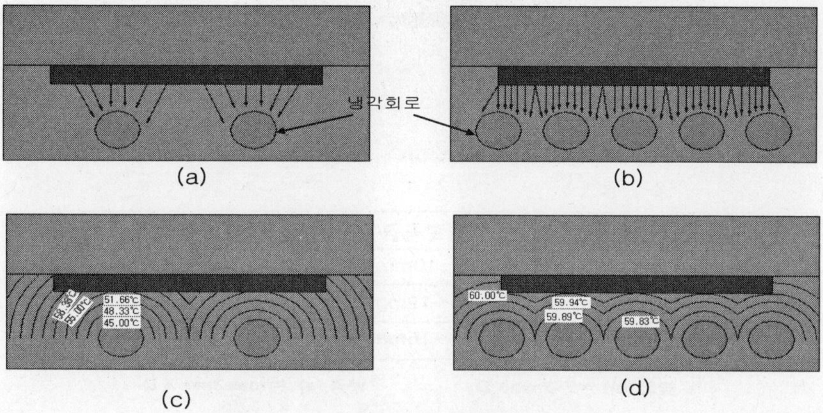

[그림 4-53] 금형의 열전달과 온도 구배

냉각회로의 직경은 제품의 두께와 형상에 따라서 다르게 해야하며 일반적으로 Φ8mm 이하는 냉각효율이 떨어지기 때문에 적용하지 않는다. 냉각의 효율을 높이기 위해서는 냉각회로가 제품의 표면과 가까이 위치하는 것이 가장 효과적이나 제품의 표면과 너무 가까이 하게 되면 냉각효율이 오히려 떨어지게 된다. 또한 냉각회로 설정 시에는 단일 회로보다는 여러 개의 회로를 제품의 곳곳에 배치하는 것이 냉각효율이 높다. 일반적인 냉각회로의 직경에 따른 제품표면으로 부터의 거리를 [표 4-19]에서 보여주고 있다. 성형품 두께에 따른 냉각회로 직경을 나타내고 있으며 일반적으로 직경을 Φ10mm~12mm를 많이 쓰고 있다.

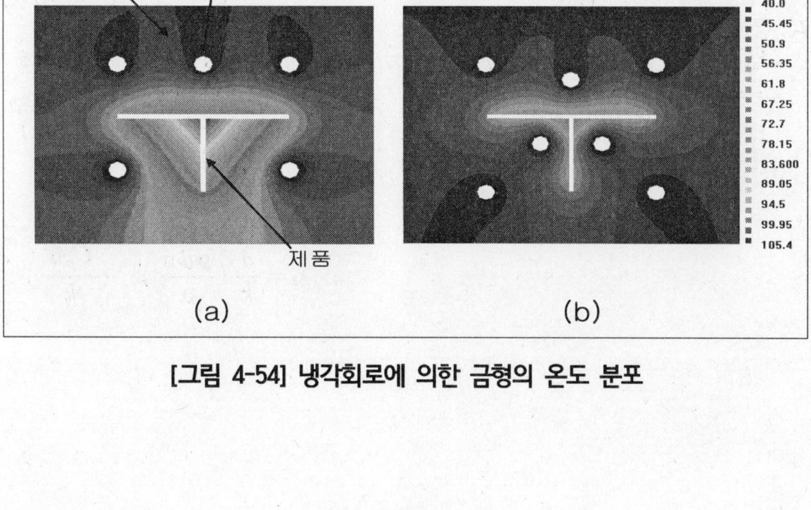

[그림 4-54] 냉각회로에 의한 금형의 온도 분포

[표 4-19] 성형품 두께와 직경에 따른 제품 표면 거리

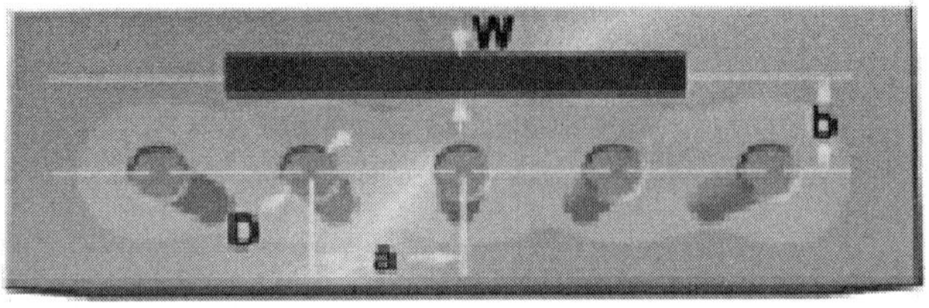

성형품두께 (w)	냉각회로직경 (D)	제품표면과 거리
~2mm	8~10mm	4~6
~4mm	10~12mm	6~8
~6mm	12~15mm	8~10

높이 (b) = 2~3mm X D　　간격 (a) = max 3mm X D

2. 금형의 전열 면적 계산

금형에 대한 전열면적 계산을 다음과 같은 식으로 구할 수 있다. 성형 중에 수지가 금형으로 이동되는 열량을 Q라고 한다면 $Q = n{\cdot}G\,[C_p(T_i - T_o) + R]$ 단, 성형 중에 수지에 의한 열량과 냉각수로 이동되는 열량은 같다고 가정하고 냉각수로 이동되는 열량을 Q'라 하면 $Q' = \lambda{\cdot}A{\cdot}\Delta T$이 된다. 조건에서 성형 중에 수지가 금형으로 이동되는 열량과 냉각수로 이동되는 열량이 같다는 가정을 하였으므로 $Q = Q'$가 된다. $Q = Q'$에서 전열면적으로 정리를 하면 $A = \dfrac{Q}{\lambda{\cdot}\Delta T}$ 이 된다. 여기서,

n : 시간당 $Shot$수 $(1/hr)$	C_p : 용융수지비열 $(kcal/kg{\cdot}℃)$
ΔT : 금형과냉각수와의온도차이 (℃)	μ : 점도 $(kg/m{\cdot}sec)$
k : 냉각수의열전도도 $(kcal/m{\cdot}hr{\cdot}℃)$	T_o : 이형온도 (℃)
T_i : 수지의용융온도 (℃)	A : 전열면적 (m^2)
d : 냉각수구멍지름 (m)	v : 냉각수유속 (m/sec)
R : 용융수지잠열 $(kcal/kg)$	G : 성형품중량 (g)

$\lambda = \dfrac{d}{k}{\cdot}\left(\dfrac{\rho{\cdot}d{\cdot}v}{\mu}\right)^{0.8}{\cdot}\left(\dfrac{C_p{\cdot}\mu}{k}\right)^{0.3}$ 이 된다.

예를 들면 성형된 제품의 중량이 60g이며 시간당 Shot수가 150/hr이며 냉각수 구멍직경 ψ10mm, 용융수지 온도는 250℃, 성형품 이형온도를 50℃로 할 경우 전열면적을 구해보자. (단, C_p= 0.3kcal/kg·℃, λ=0.5kcal/㎟, ΔT=6℃, 용융수지의 잠열은 없다고 가정한다.)

전열면적 A는 $A = \dfrac{Q}{\lambda \cdot \Delta T} = \dfrac{n \cdot G\,[C_p(T_i - T_o) + R]}{\lambda \cdot \Delta T}$ 이다.

여기서 Q를 구해보면 $Q = \dfrac{60}{100} \times 150 \times 0.3 \times (250 - 50) = 540kcal/hr$ 이 된다.

전열면적 A를 구하면 $A = \dfrac{540}{0.5 \times 6} = 180mm^2$ 이 된다.

[표 4-20]는 수지의 비열과 잠열을 보여주고 있다.

[표 4-20] 수지의 잠열과 비열

수지	잠 열 (kcal/kg)	평균비열 (kcal/kg℃)	수지	잠 열 (kcal/kg)	평균비열 (kcal/kg℃)
아세탈	39	0.35	PS	–	0.35
나이론	31	0.40	ABS	–	0.40
LDPE	31	0.55	Acrylic	–	0.35
HDPE	58	0.55	PVC	–	0.28
PP	43	0.46	PC	–	0.30

3. 냉각수량 계산

시간당 유입되는 냉각수량은 다음과 같이 구할 수 있다. 냉각회로에서 전달되는 열량Q_1을 구하여보면$Q_1 = Km_i(T_i - T_o)$ 여기서, 외부에서 유입되는 열량과 유출되는 열량이 같다고 가정한다.

$Q1$: 시간당유입되는열량$(kcal/hr)$ K : 열전도효율 이다.
m_i : 시간당유입되는냉각수량(kg/hr) T_i : 냉각수출구온도(℃)
T_o : 냉각수입구온도(℃)

성형시 용융수지에서 금형으로 유입되는 열량Q'라 하고$Q' = ma$가 된다.

여기서, 이다.
m : 시간당유입되는중량(kg/hr)
a : 성형시용융수지에서방출되는전열량

위의 식을 이용하여 시간당 유입되는 냉각수량(m_i)을 구하면 $m_i = \dfrac{ma}{K(T_i - T_o)}$로 구할 수 있다. [표 4-21]은 냉각회로의 한계수량을 나타내고 있다.

[표 4-21] 냉각회로의 한계 수량

냉각수로 직경(mm)	한계속도 (m/sec)	한계순환 수량(l/min)	냉각수로 직경(mm)	한계속도 (m/sec)	한계순환 수량(l/min)
8	1.26	3.78	15	2.0	21.12
10	1.55	7.35	20	2.31	43.52
12	1.80	12.20	-	-	-

4. 냉각회로 길이

금형의 냉각에 있어서 냉각회로의 길이를 설계를 할 경우 열량 이동을 고려하여 설계하여야 한다. 성형시 용융수지가 금형으로 이동한는 열량과 금형에서 냉각수로 이동하는 열량 사이에는 등가의 경우가 성립되며, 이때 이 열량은 냉각수가 갖는 열량과 같다. 수지의 결정 잠열 또는 다른 부분으로부터 유입되는 열의 흡수나 금형이 대기중이나 기계로 빼앗기는 열량이 없다고 가정한다면 Q는 다음과 같이 구할 수 있다.

$Q = n{\cdot}G \times C_p{\cdot}\Delta T$ 로 나타낼 수 있고 다시 금형에서 냉각수로 들어가는 열량 Q'는 $Q' = m{\cdot}c{\cdot}\rho(T_o - T_i)$ 여기서,

m : 냉각수량(m^3/hr) ρ : 냉각수밀도(kg/m^3) c : 냉각수비열$(kcal/kg{\cdot}℃)$
T_i : 냉각수입구온도(℃) T_o : 냉각수출구온도(℃)

이다. 다음은 냉각수가 갖는 열량Q"는 $Q'' = \pi \times d \times l \times \lambda \times (T_m - T_{wm})$ 여기서,

d : 냉각회로직경(m) l : 냉각회로길이(m) λ : 열전달계수$(kcal/m^2{\cdot}hr{\cdot}℃$
T_m : 냉각수입구온도(℃) T_{wm} : 냉각수출구온도(℃)

이다.

여기서 냉각수 온도를 $T_{wm} = \frac{1}{2}(T_{iw} + T_{ow})$ 라고 한다면 Q=Q'=Q"이며 이 식을 정리하면

$$\frac{1}{2}(T_{ow} - T_{iw}) = \frac{Q}{2mc\rho} \qquad T_m - \frac{1}{2}(T_{ow} - T_{iw}) = \frac{Q}{\pi dl\lambda}$$

$T_m - T_{iw} = \frac{Q}{\pi dl\lambda} + \frac{Q}{2mc\rho}$ 로 정리할 수 있다. 다시 이것을$T_m - T_{iw} = T$로 가정하면

$$T = \frac{Q}{\pi dl\lambda} + \frac{Q}{2mc\rho} \qquad \frac{Q}{\pi dl\lambda} = T - \frac{Q}{2mc\rho} \qquad \frac{1}{l} = \frac{\pi d\lambda}{Q}\left(T - \frac{Q}{2mc\rho}\right)$$

따라서 냉각회로 길이는 $l = \frac{2Qmc\rho}{\pi d\lambda(2Tmc\rho - Q)}$ 가 된다.

예를 들면 용융수지의 중량이 170g/hr이고 비열이 0.5kcal/kg℃, 용융수지온도가 250℃일 때 한계 냉각수로의 길이를 구해보자. 단 냉각수량 1.5㎥/hr, 냉각수 밀도 0.99kg/㎥, 냉각수 비열 1kcal/kg℃, 열전달 계수 350kcal/㎡hr℃, 금형온도 40℃, 냉각수 입수온도 30℃, 이형온도 80℃, 냉각수로 직경 ϕ10mm이다.

$Q = n \cdot G \cdot C_p (T_i - T_o) = 0.17 \times 0.5 \times (250 - 80) = 14.45 kcal/hr$

T=40-30=10℃

냉각회로 길이 l 은

$$l = \frac{2Qmc\rho}{\pi d \lambda (2Tmc\rho - Q)} = \frac{2 \times 14.45 \times 1.5 \times 1 \times 0.99}{\pi \times \frac{10}{1000} \times 350 \times (2 \times 10 \times 1.5 \times 1 \times 0.99 - 14.45)} = 0.25\text{m}$$

5. 냉각 시간

냉각시간은 제품의 살 두께, 용융수지 온도, 성형품 살빼기, 금형의 온도에 따라 냉각의 시간은 다르고 사출조건이 같더라도 수지의 종류에 따라 냉각시간은 달라진다. 용융수지의 온도가 열변형 온도에 달할 때까지의 시간을 냉각시간으로 정할 경우 θ는

$$\theta = \frac{-t^2}{2\pi\alpha} ln\left[\frac{\pi}{4} \frac{(T_x - T_m)}{(T_c - T_m)}\right]$$

$$\alpha = \frac{R}{\rho \cdot C_p}$$

여기서,

θ : 냉각에필용한최소시간(sec)
T_c : 수지의사출온도(℃)
C_p : 수지비열
R : 수지의열전도율($cal/cm/cm^2$/sec/℃)
t : 상두께(cm)
T_x : 수지의열변형온도(℃)
T_m : 금형온도(℃)
α : 수지의열방산율
ρ : 수지의비중(g/cm^2)

이다.

[표 4-22]는 수지에 대한 열 방산율 α를 보여주고 있다. 예를 들면 성형품의 최대 두께 0.35㎝, 열변형 온도(성형품취출온도)144℃, 수지의 사출온도 260℃일 때 냉각시간을 계산하여 보자. (단, 수지의 열전도율 0.002388cal/㎝ sec℃, 수지비열 0.5421cal/g℃, 수지밀도 0.9768g/㎤이다.) 냉각시간 θ를 계산하여 보면

$$\alpha = \frac{R}{\rho \cdot C_p} = \frac{2.388 \times 10^{-3}}{0.97681 \times 0.5194} = 4.707 \times 10^{-3}$$

$$
\begin{aligned}
\theta &= \frac{-t^2}{2\pi\alpha} ln\left[\frac{\pi}{4}\frac{(T_x - T_m)}{(T_c - T_m)}\right] \\
&= \frac{-0.35^2}{2\times\pi\times4.707\times10^{-3}} ln\left[\frac{\pi}{4}\frac{(144-95)}{(260-95)}\right] = 6.026\text{초}
\end{aligned}
$$

이론적인 냉각시간은 약 6초 정도이다.

[표 4-22] 각 수지에 대한 열방산율

<table>
<tr><th>수지명</th><th>열방산율(㎟/s)</th><th>금형온도(℃)</th><th>수지명</th><th>열방산율(㎟/s)</th><th>금형온도(℃)</th></tr>
<tr><td>PC</td><td>0.105</td><td>-</td><td>PA66</td><td>0.085</td><td>80~100</td></tr>
<tr><td>CA</td><td>0.085</td><td>-</td><td>PA6</td><td>0.070</td><td>80~100</td></tr>
<tr><td>CAB</td><td>0.085</td><td>-</td><td>PP</td><td>0.065</td><td>20~80</td></tr>
<tr><td>CP</td><td>0.085</td><td>-</td><td rowspan="2">LDPE</td><td>0.090</td><td>20</td></tr>
<tr><td>PS</td><td>0.080</td><td>-</td><td>0.075</td><td>60</td></tr>
<tr><td>SAN</td><td>0.080</td><td>-</td><td rowspan="3">HDPE</td><td rowspan="2">0.095
0.095</td><td rowspan="2">20</td></tr>
<tr><td>ABS</td><td>0.080</td><td>-</td></tr>
<tr><td>PMMA</td><td>0.075</td><td>-</td><td>0.055</td><td>80</td></tr>
<tr><td>PVC</td><td>0.075</td><td>-</td><td rowspan="2">POM</td><td>0.065</td><td>60</td></tr>
<tr><td>PBTP</td><td>0.090</td><td>80~100</td><td>0.050</td><td>100</td></tr>
</table>

6. 냉각회로의 구성

금형을 설계할 경우 냉각회로는 밀핀보다 우선하여 검토를 한다. 냉각회로는 품질에 직접적으로 영향을 미치기 때문에 세밀한 검토가 필요하다.

[그림 4-55]는 직류순환식 냉각방법으로 원통의 성형품에서 많이 쓰이는 방법으로 제품의 바깥둘레에 직선으로 냉각회로를 구성한 예이다.

[그림 4-56]은 코어의 상측부위를 냉각시키기 위해 칸막이를 설치해서 냉각의 효과를 얻기 위해 구성한 예이다.

[그림 4-57]은 분류 순환냉각방법으로 [그림 4-58]와 마찬가지로 코아 상측부위를 냉각시키기 위해 만들어진 방법으로 코어의 상측에 구멍을 뚫고 배플(Baffle)플레이트를 설치하여 냉각의 효과를 높인다.

[그림 4-59]는 직류 순환식 냉각방법으로 성형품의 형상에 따라 코어에 직선의 냉각회로를 설계한 예이다. 냉각효과가 좋아서 각진 성형품에 알맞다.

[그림 4-60]은 대형 성형품의 금형 냉각을 위한 회로이다.

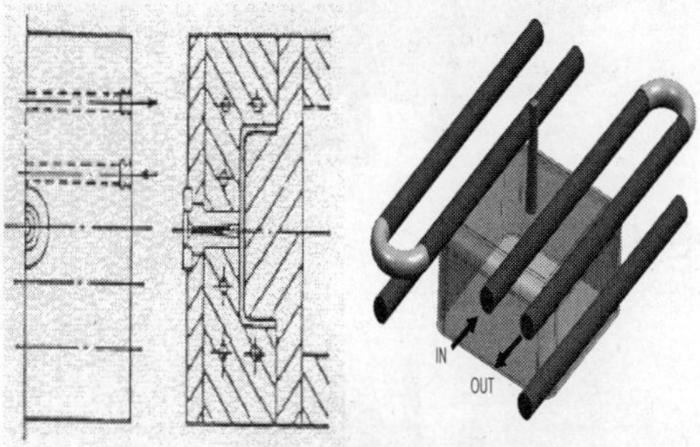

[그림 4-55] 직류순환식 냉각방식

[그림 4-55]은 직류 순환식 냉각방식으로 일반적으로 가장 많이 쓰이는 냉각 방식으로 고정측 형판에 직선의 냉각회로를 가공한 예이다 냉각회로의 연결은 스프루에서 가까운 곳에서부터 냉각수를 보낸다.

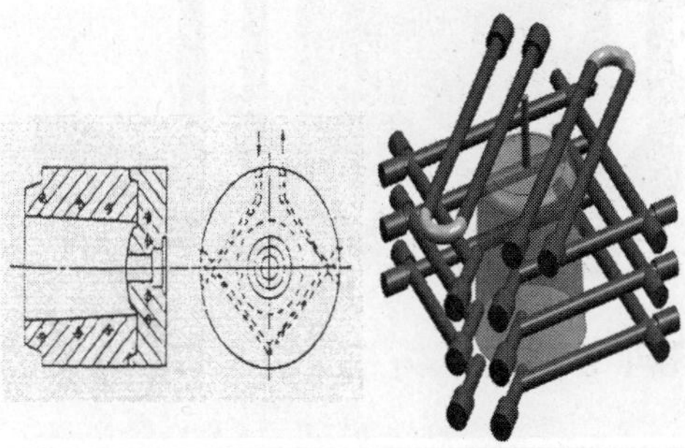

[그림 4-56] 직류순환식 냉각방식

[그림4-56]은 직류순환식 냉각방법으로 원통의 성형품에서 많이 쓰이는 방법으로 제품의 바깥둘레에 직선으로 냉각회로를 구성한 예이다.

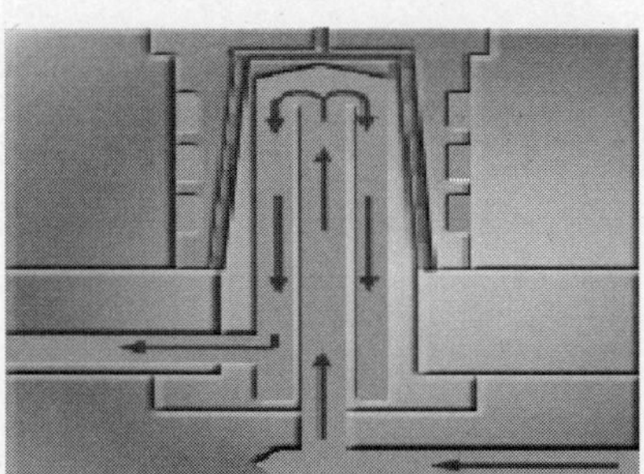

[그림 4-57] 분류식냉각방식

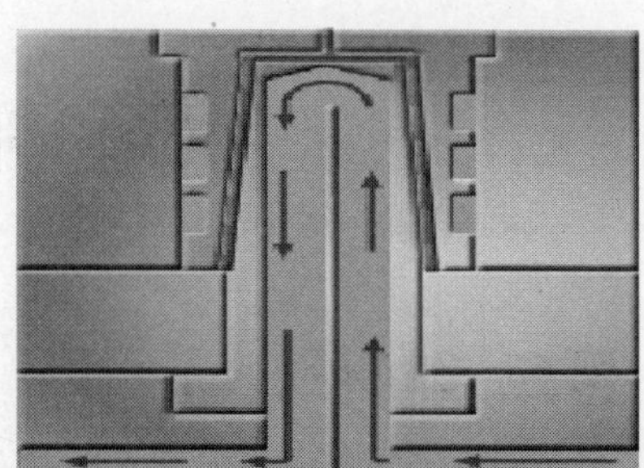

[그림 4-58] 직류 순환식 냉각방식

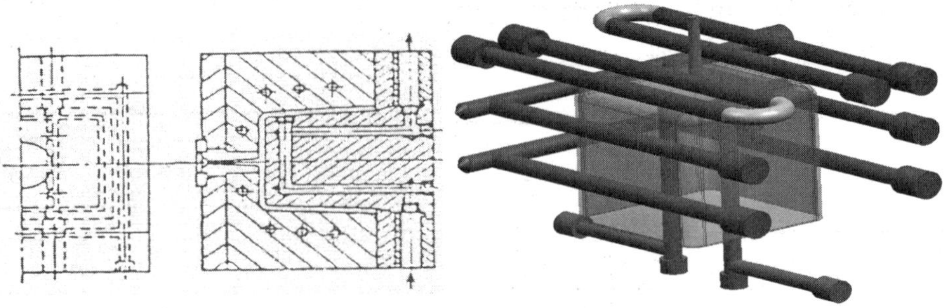

[그림 4-59] 직류순환식 냉각방식

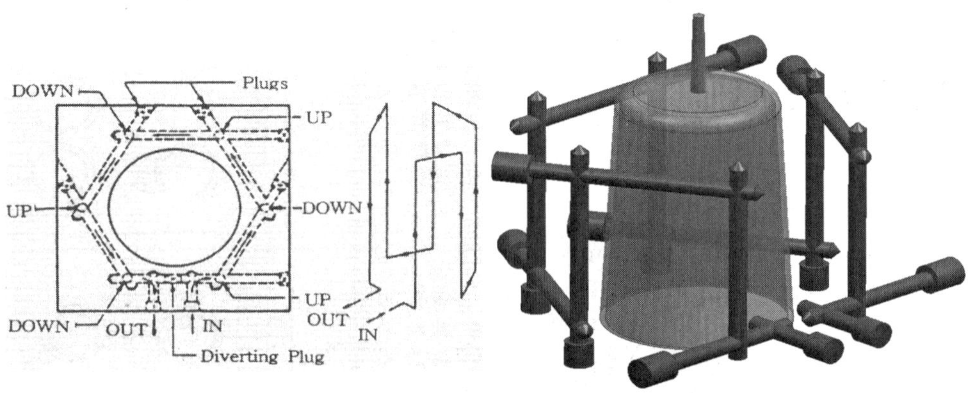

[그림 4-60] 대형 금형의 냉각방식

제6절 베이스와 코어/캐비티 설계

1. 몰드 베이스

몰드베이스는 금형의 본체로 여러 가지 형태로 구분을 하고 있으며 몰드베이스는 이미 표준제품으로 규격화되어 판매되어지고 있다. 몰드베이스는 2단 플레이트타입과 3단 플레이트타입으로 나누고 있으며 [그림 4-61]에 몰드베이스의 타입별 종류를 보여주고 있다.

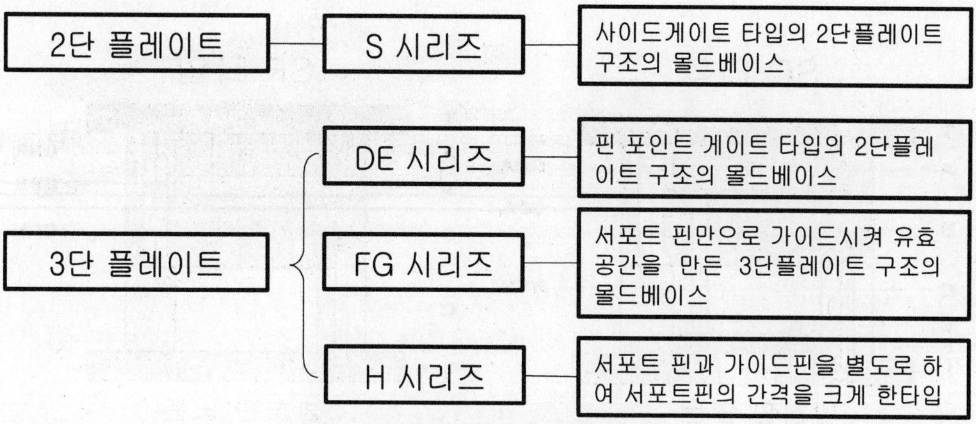

[그림 4-61] 몰드베이스의 타입별 종류

몰드베이스 선택시 기본적인 타입은 어느 몰드베이스 생산업체든지 같으나 기본적인 크기가 제품의 형상이나 게이트 방식이나 제품 취출방식에서 차이가 있으므로 초기에 고려를 잘하여 선택한다. [그림 4-62]는 몰드베이스의 각부 명칭을 보여주고 있다. [그림 4-63]는 표준몰드베이스를 보여주고 있다.

사출성형용 금형에 사용되는 메인 플레이트는 KS B 4151에 규정되어 있으며 규정 부품은 고정측 플레이트 형판, 가동측 플레이트 형판, 받침판 및 스트리퍼 플레이트 4개이다. 외관은 결함이나 녹이 없고, 다듬질 정도가 양호하여야 한다. [표 4-23]은 몰드베이스 플레이트의 정밀도와 표준치수를 보여주고 있다.

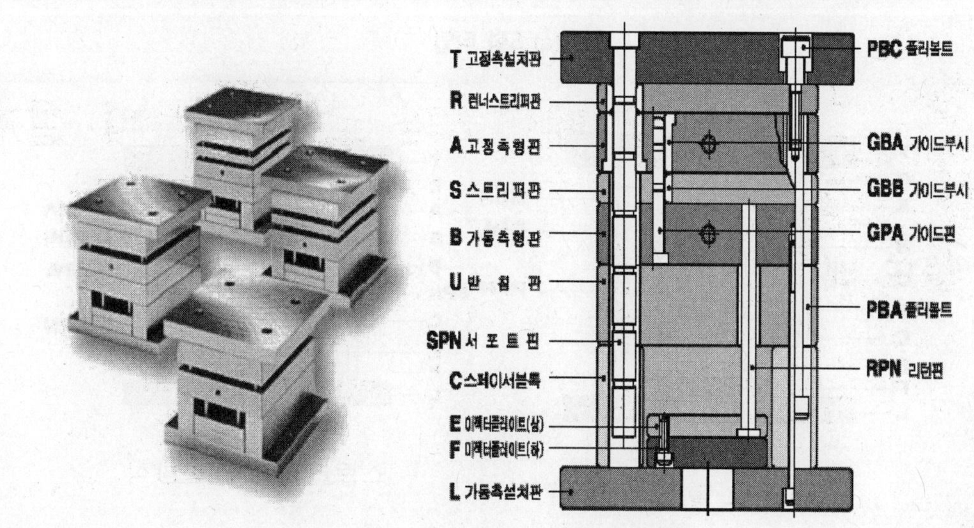

[그림 4-62] 몰드베이스와 각부 명칭

SC 타입

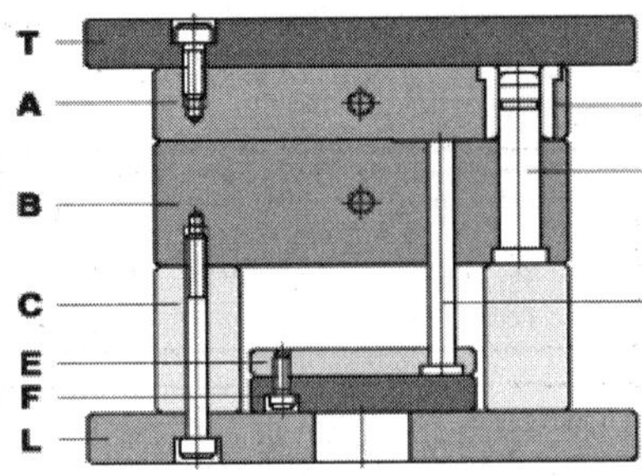

받침판 없는
이젝트 돌출방식

SF 타입

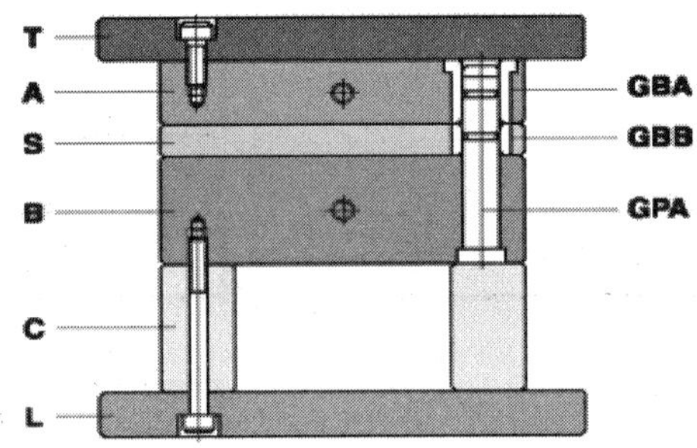

받침판 없는
스트리퍼판 돌출방식

SB 타입

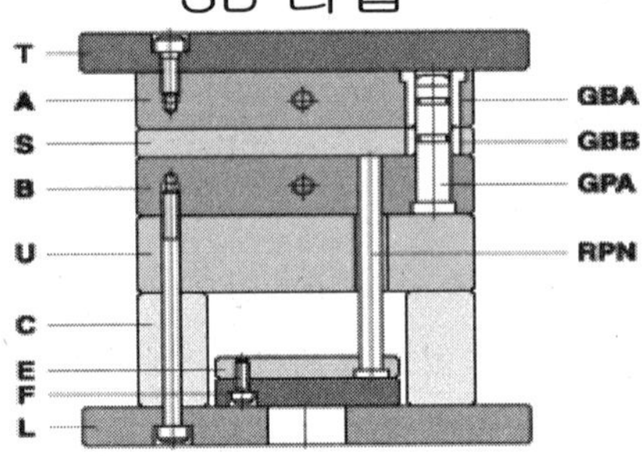

받침판 없는
이젝트 돌출방식

SE 타입

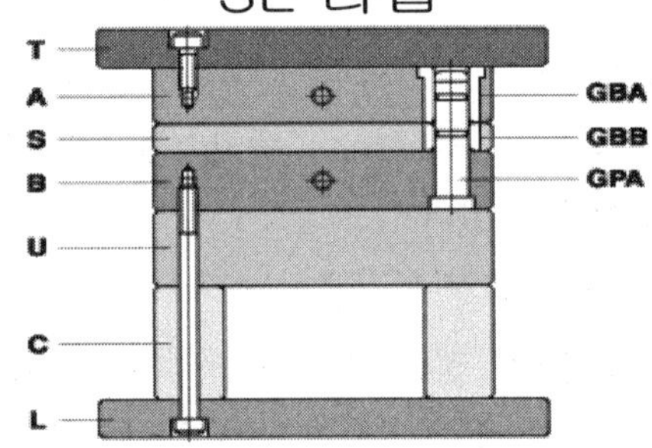

받침판 없는
스트리퍼판 돌출방식

(a) S형 타입

DA 타입

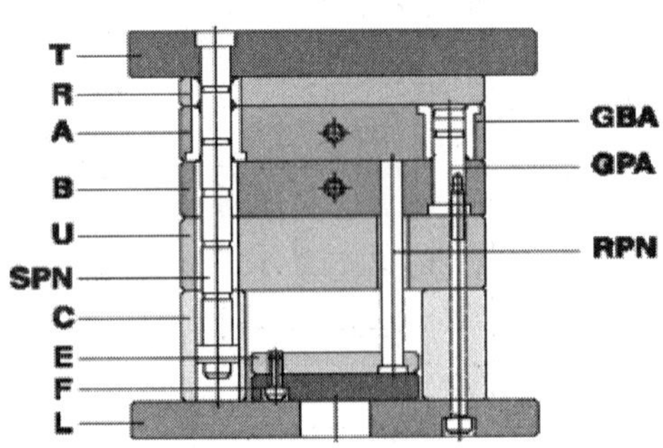

받침판 없는
이젝트 돌출방식

DD 타입

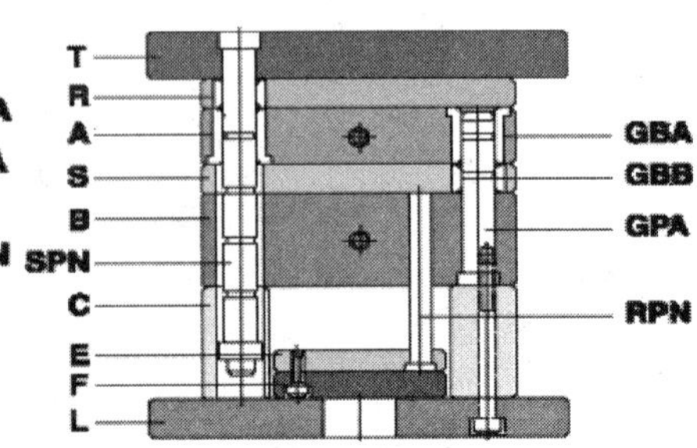

받침판 없는
스트리퍼판 돌출방식

DC 타입

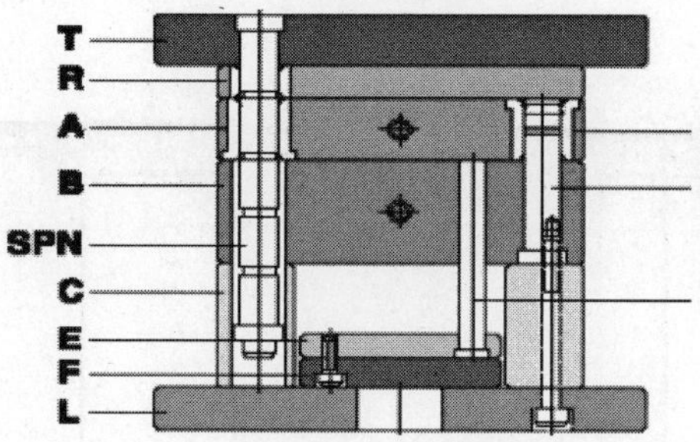

받침판 없는
이젝트 돌출방식

DF 타입

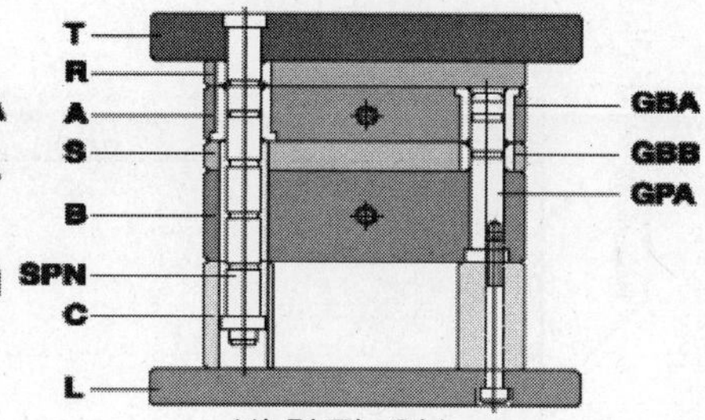

받침판 없는
스트리퍼판 돌출방식

(b) D형 타입

FA 타입

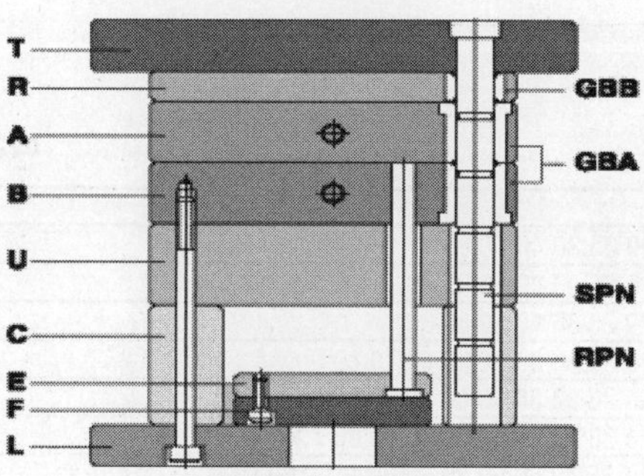

받침판 없는
이젝트 돌출방식

FE 타입

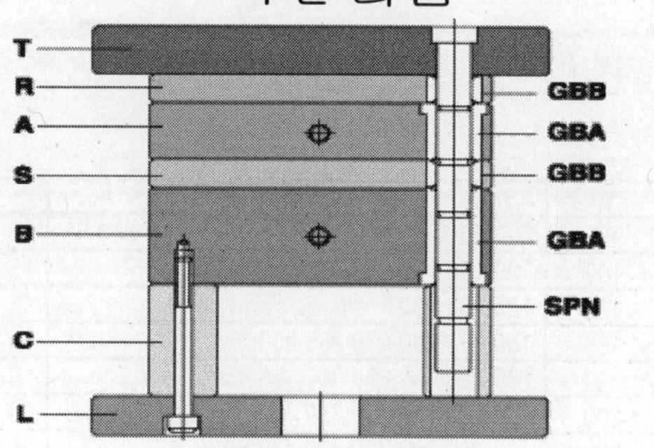

받침판 없는
스트리퍼판 돌출방식

(c) F형 타입

HA 타입

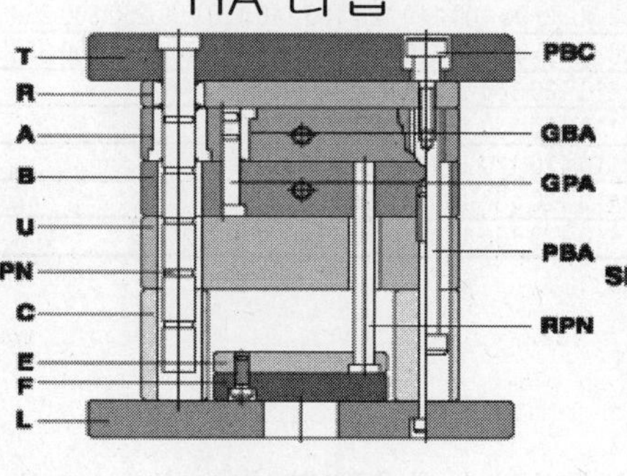

받침판 없는
이젝트 돌출방식

HC 타입

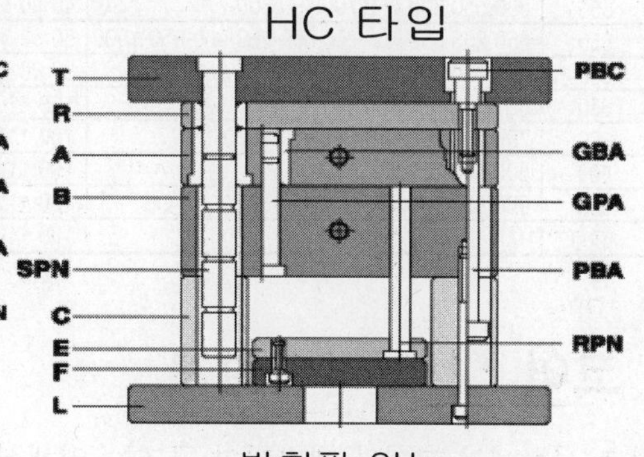

받침판 없는
스트리퍼판 돌출방식

(d) H형 타입

[그림 4-63] 타입별 표준 몰드베이스

[표 4-23] 몰드 플레이트 표준치수

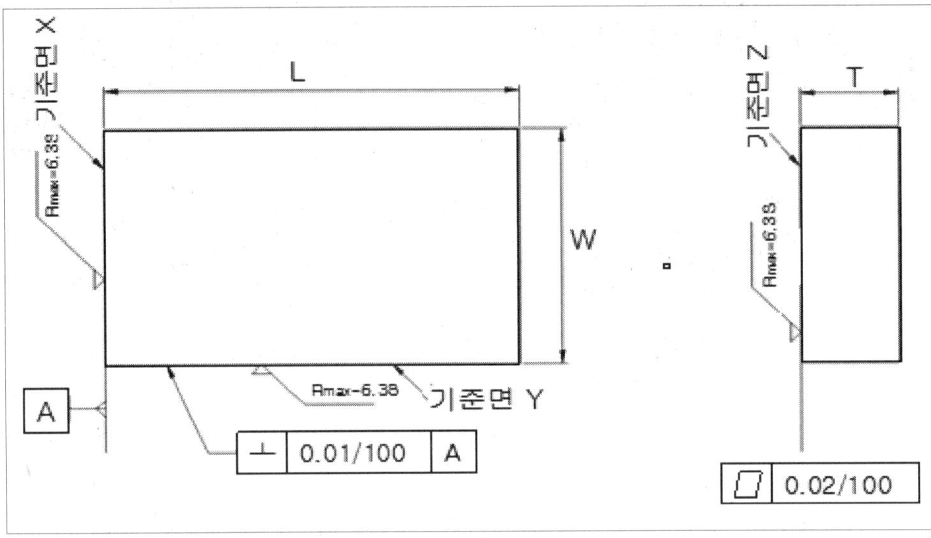

단위: mm

W	L	T
80	80 100 125 150 200	15 20 25 30 40 50 60
100	100 125 150 200	15 20 25 30 40 50 60 80
125	125 150 200	15 20 25 30 40 50 60 80
150	150 180 200 230 250 300 350	15 20 25 30 35 40 50 60 70 80
180	180 200 230 250 300 350 400	15 20 25 30 35 40 50 60 70 80 90
200	200 230 250 300 350 400 450 500	20 25 30 35 40 50 60 70 80 90 100
230	230 250 300 350 400 450 500	25 30 35 40 50 60 70 80 90 110 120
250	250 300 250 400 450 500	25 30 35 40 50 60 70 80 90 100 110 120 130
300	300 350 400 450 500 550 600	30 35 40 50 60 70 80 90 100 110 120 130 140 150
350	350 400 450 500 550 600	40 50 60 70 80 90 100 110 120 130 140 150 200
400	400 450 500 550 600 650 700	40 50 60 70 80 90 100 110 120 130 140 150 200
450	450 500 500 550 600 650 700 750	40 50 60 70 80 90 100 110 120 130 140 150 200
500	500 550 600 650 700 750 800	40 50 60 70 80 90 100 110 120 130 140 150 200 250
550	550 600 650 700 750 800 850 900 950 1000	50 60 70 80 90 100 110 120 130 140 150 200 250 300 350
600	600 650 700 750 800 850 900 950 1000	50 60 70 80 90 100 110 120 130 140 150 200 250 300 350
650	650 700 750 800 850 900 950 1000	100 110 120 130 150 200 250 300 350
700	700 750 800 850 900 950 1000	100 110 120 130 150 200 250 300 350
800	800 850 900 950 1000	100 110 120 130 150 200 250 300 350
900	900 950 1000	100 110 120 130 150 200 250 300 350
1000	1000	100 110 120 130 150 200 250 300 350

2. 코어 및 캐비티설계

사출 성형에서 코어와 캐비티의 구조는 일체식 방식과 입자형 방식이 있다. [그림 4-64]는 입자식 코어와 일체형 코어를 보여주고 있다.

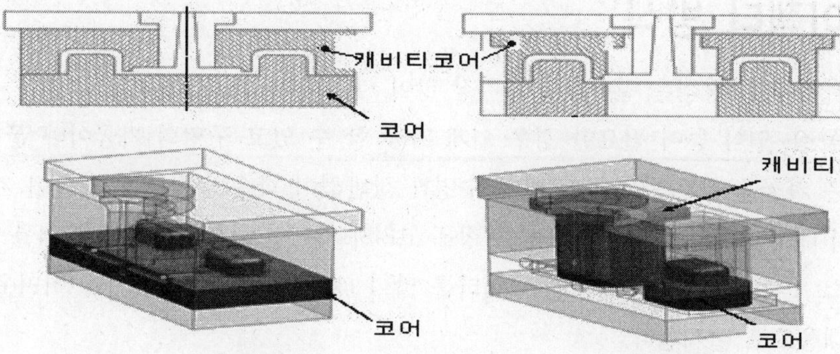

(a) 일체형 (b) 입자형

[그림 4-64] 입자형 코어와 일체형 코어

입자형 코어는 가공을 용이하게 하기 위해서 원형 또는 4각형으로 입자를 만들어 형판에 끼워 맞추는 방식으로 [그림 4-65]은 간단한 입자코어와 캐비티의 예를 보여주고 있다.

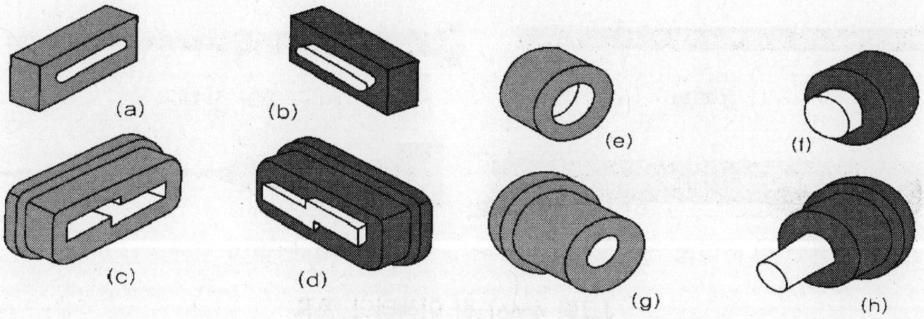

[그림 4-65] 입자코어와 캐비티

제7절 이젝터 설계

사출성형공정에서 성형후 제품을 취출하기 위해서는 제품을 일정온도까지 냉각시켜서 제품을 취출하게 되는데 이것을 제품의 이젝터라고 한다. 이젝터는 성형품의 품질을 일정하게 유지시키면서 제품에 변형이 없이 신속하게 이루어져야 한다.

1. 핀 이젝터 방식

핀 이젝터에 의한 방식은 일반적으로 가장 많이 사용하고 있는 방법으로 가공이 용이하고 열처리, 다듬질, 연삭 등이 필요한 경우 쉽게 가공 할 수 있고 구멍의 가공이나 끝손질에서 정밀도 높은 가공을 할 수 있다. 금형의 수명과 상관없이 파손되면 쉽게 교환이 가능하다. 그러나 핀의 배치는 이형에 의한 제품의 변형을 고려하여 밸런스가 맞게 핀 이젝터를 배치하고 리브나 보스 주위는 다른 곳보다 핀 이젝터를 많이 배치시키고, 가스빼기가 어려운 곳에는 가스빼기 대용으로 설치한다.

[그림 4-66]은 핀 이젝터의 종류를 보여주고 있으며, [그림 4-67]의 이젝터 방법은 핀 돌출형 이젝터 방식이며 (a)부위와 (b) 부위의 이젝터가 있는데 (b)와 같은 방법은 백화나 변형이 발생 할 수 있다. 핀 이젝터의 위치는 (a)와 같이 제품의 가장자리에 위치하는 것이 좋고, 핀 이젝터의 접촉 면적은 가능한 한 넓게 하는 것이 좋다. [그림 4-68]은 다양한 핀 이젝터의 모양과 치수 표기법을 보여주고 있다.

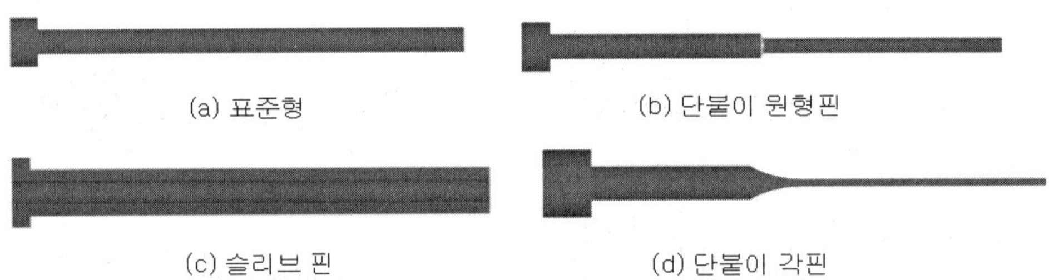

[그림 4-66] 핀 이젝터의 종류

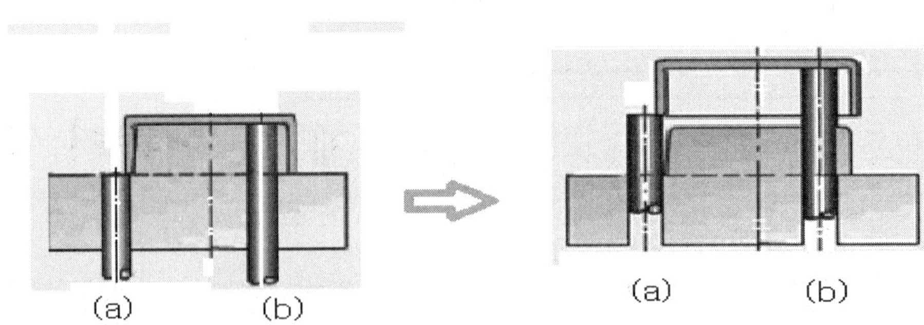

[그림 4-67] 핀 이젝터 설치예

핀 이젝터의 위치를 선정하기 위해서는 취출시 이형저항이 큰 곳을 고려하여 제품의 가장 자리를 선택하여야 한다. 또한 핀 이젝터와 코어는 0.1mm정도 여유를 두어서 배치하여야 한다. 핀은 접촉면적에 따라 적절한 핀 이젝터를 선택한다. [그림 4-69]는 성형품의 가장자리에 핀 이젝터 설치 예를 보여주고 있으며 [그림 4-70]은 핀의 크기에 따른 접촉면적을 보여주고 있다. 또한 [그림 4-71]와 같이 접촉 면적을 크게 하기 위해 D형 핀을 사용하기도 하며 성형제품이 둥근 경우 취출을 위해 이젝터 접시 핀을 사용하기도 하며, 이는 [그림 4-72]에 보여주고 있다. [그림 4-73]은 사출 제품의 보스나 리브 부위에 핀 이젝터를 설치하여 제품 취출시 균열이나 백화현상을 방지하고 취출을 할 수 있도록 한 것이다. [그림 4-74]는 사출 제품의 형상이 부분적으로 가늘고 긴 부분에 배치시키면 취출시 크랙이나 백화 현상이 발생할 수 있으므로 리브의 밑 부분에 배치시켜 취출한다,

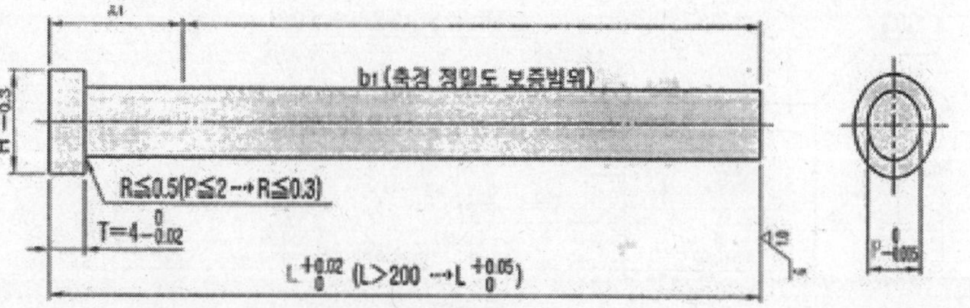

(a)스트레이트 핀 이젝터

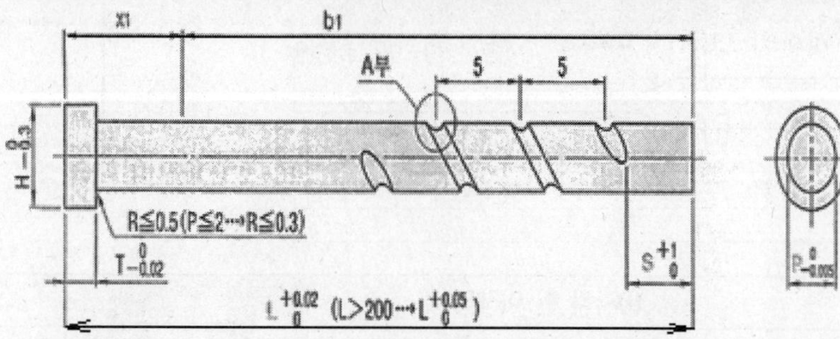

(b)나선형 홈가공 붙이 핀 이젝터

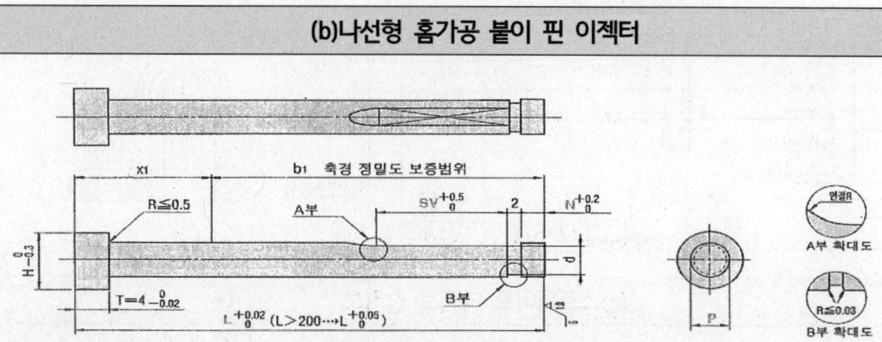

(c)가스밴트 스트레이트 핀 이젝터

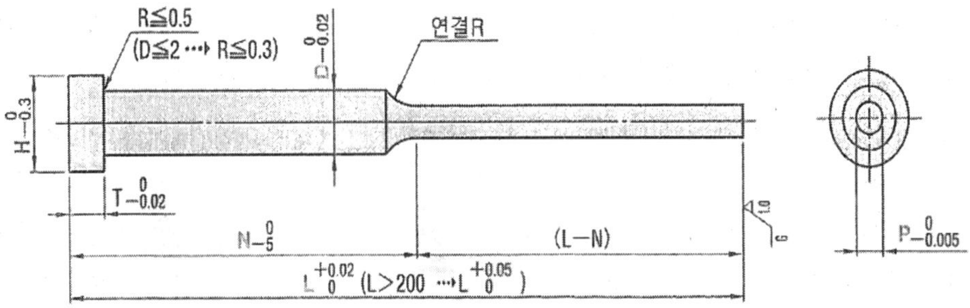

(d)이단 핀 이젝터

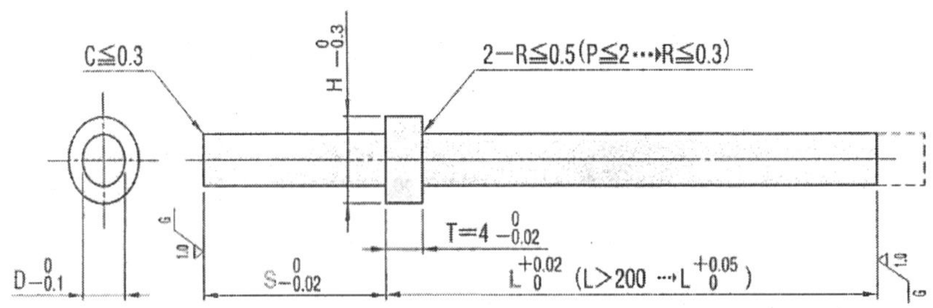

(e)중간 플랜지 붙이 핀 이젝터

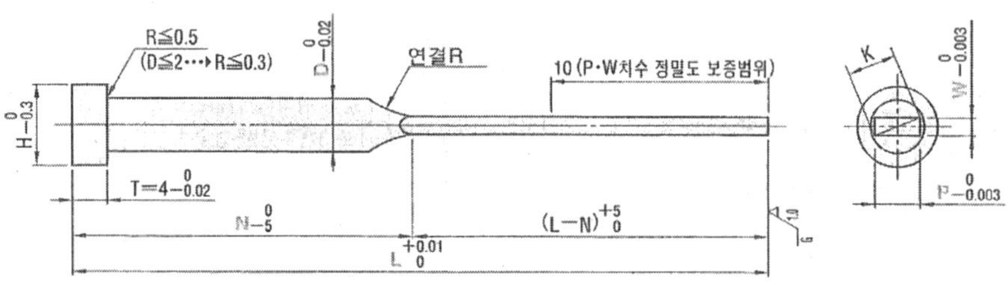

(f)사각 핀 이젝터

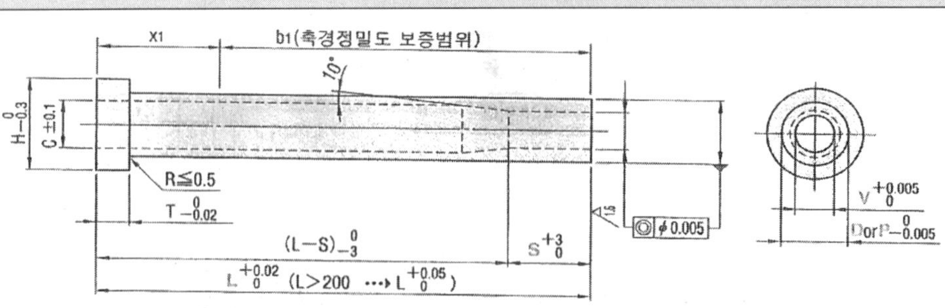

(g)스트레이트 이젝트 슬리브

[그림 4-68] 다양한 핀 이젝터 류

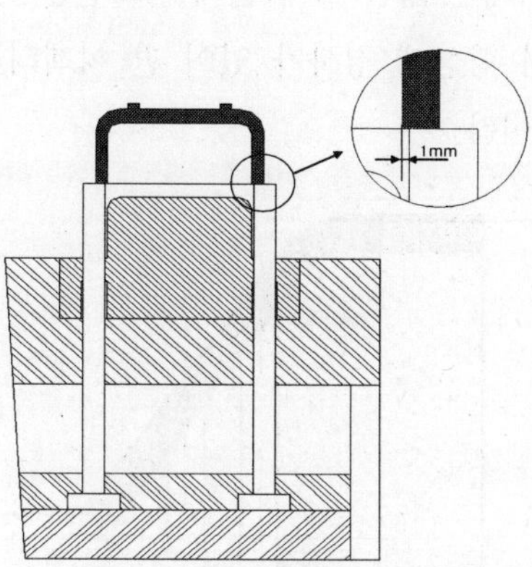

[그림 4-69] 제품가장자리 핀 설치

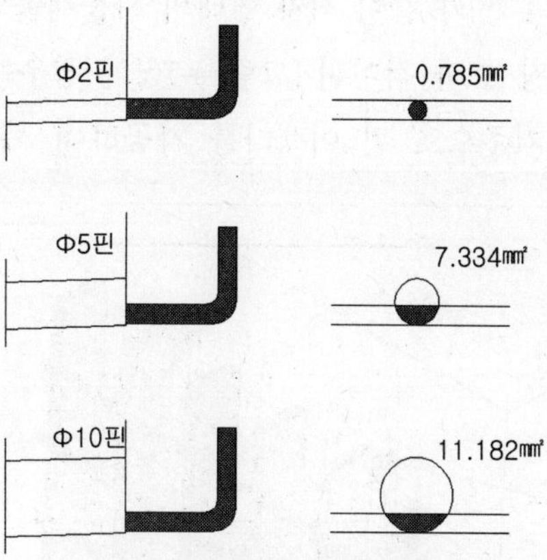

[그림 4-70] 핀 설치와 접촉 면적

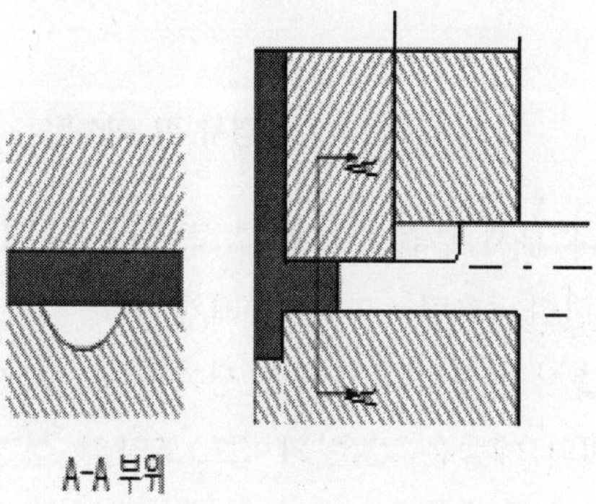

[그림 4-71] D형 커터의 이젝터 부착

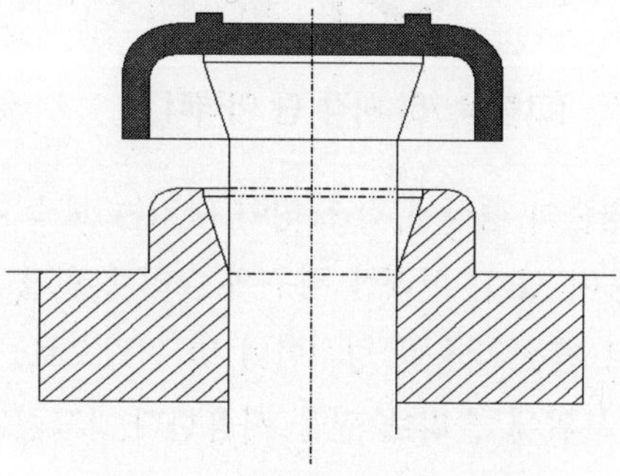

[그림 4-72] 접시머리 핀 이젝터

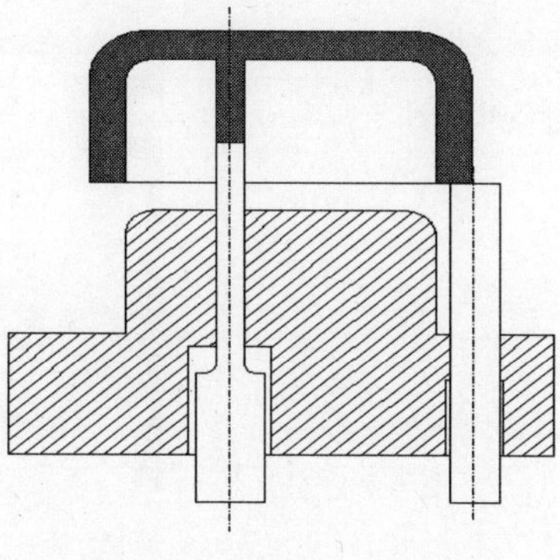

[그림 4-73] 보스 이젝터

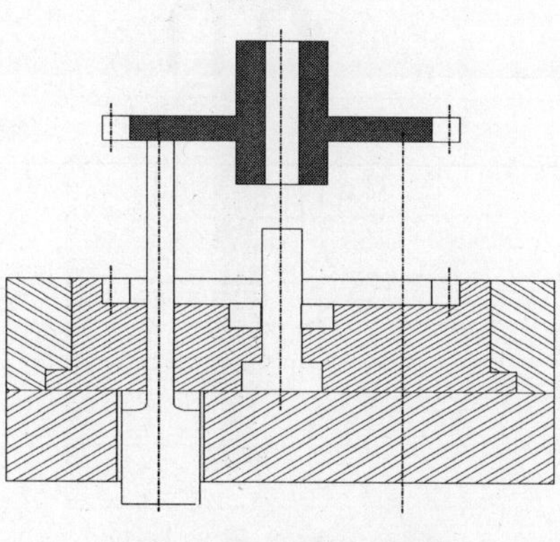

[그림 4-74] 단붙이 이젝터

[그림 4-75]와 같이 격자 형태의 사출제품의 취출시에는 얇은 사각(블레이드)핀을 사용하는 것이 가장 효과 적이며 [그림 4-76]의 경우는 제품의 형상에 경사가 있어 핀 이젝터는 경사 형상을 기준으로 핀 이젝터를 가공하여 사용한 예이다.

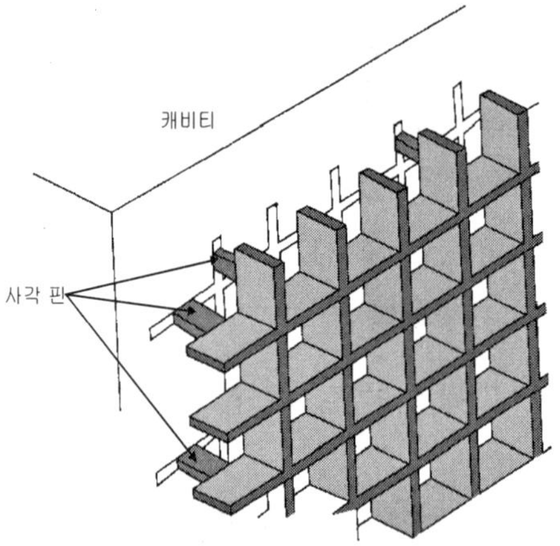

[그림 4-75] 사각 핀 이젝터

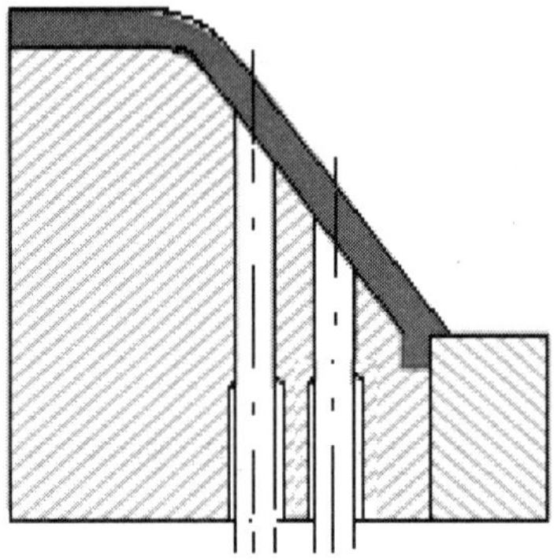

[그림 4-76] 경사 핀 이젝터

성형품의 형상에 긴 구멍이 나있는 보스 부위나 부시 부위는 성형 후 취출이 잘 되지 않는 어려움이 있다. 이러한 경우에 슬리브 핀을 사용한다. [그림 4-77]는 구배가 적고 깊은 제품에 슬리브 핀을 적용한 형식이며 밀 핀만으로는 취출시 변형이나 크랙 발생이 있을 수 있으므로 보스 부위에 슬리브 핀을 사용한다. [그림 4-78]의 제품은 깊은 파이프 모양의 성형품이며 기둥 측에 들어간 경우에는 돌출 시킬 수 있는 단면의 자리가 있으며 슬리브를 사용하는 것이 좋다.

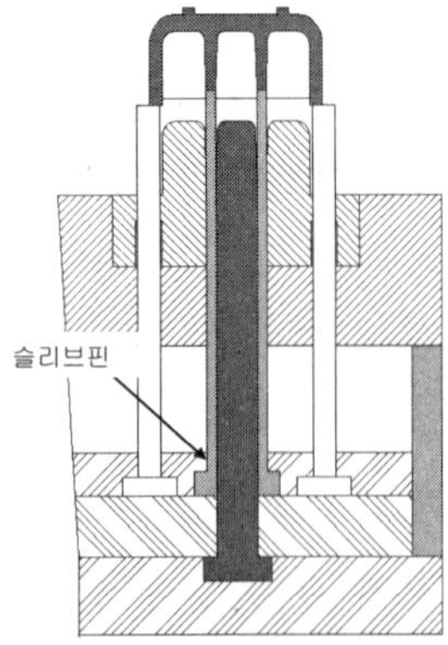

[그림 4-77] 슬리브 돌출과 핀

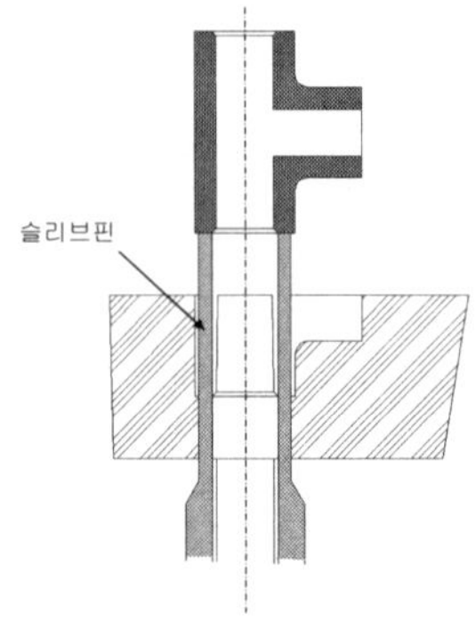

[그림 4-78] 슬리브 돌출

슬리브 담금질 경도는 HRC 55 이상으로 질화 또는 경질 크롬 도금을 하는 것이 좋다. 또한 슬리브와 코어의 끼워 맞춤 길이는 가능한 한 짧게 하는 것이 좋다.

2. 플레이트 이젝터 방식

성형제품의 주위를 파팅라인으로 하고 전체적으로 균일하게 밀어내는 방법으로 제품을 취출 시에 플레이트 판을 이용하여 제품을 취출 시킨다. 플레이트 판을 사용 시에는 취출력이 강하여 대형제품에서도 좋은 효과를 볼 수 있다. [그림 4-79]는 성형제품의 살 두께가 얇아서 핀 이젝터 사용시 백화현상이 나타날 수 있으며 이런 경우 상용되어진다. 이젝터 플레이트의 치수는 코어제품의 치수보다 편측으로 약 0.1mm정도 크게 단을 붙여서 설계를 하고 코어와의 접촉부는 5~7°정도의 구배를 준다. [그림 4-80]은 성형품 중앙에 보스가 있는 경우 이젝터 플레이트를 중심으로 제품을 돌출시키고 보조적으로 슬리브 핀으로 취출을 도와준다. 특히 투명한 제품의 성형시 플레이트 이젝터 방식을 많이 사용하고 있다.

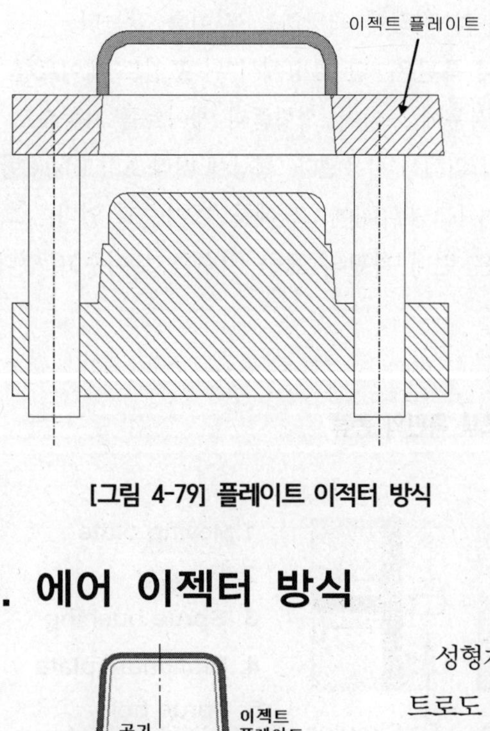

[그림 4-79] 플레이트 이젝터 방식

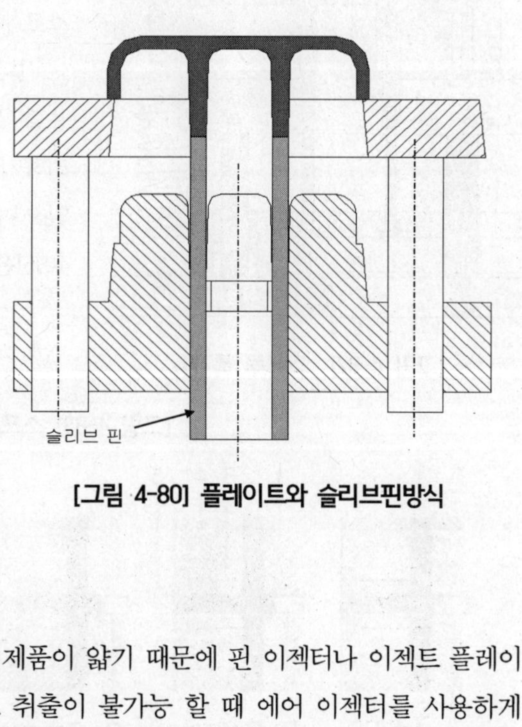

[그림 4-80] 플레이트와 슬리브핀방식

3. 에어 이젝터 방식

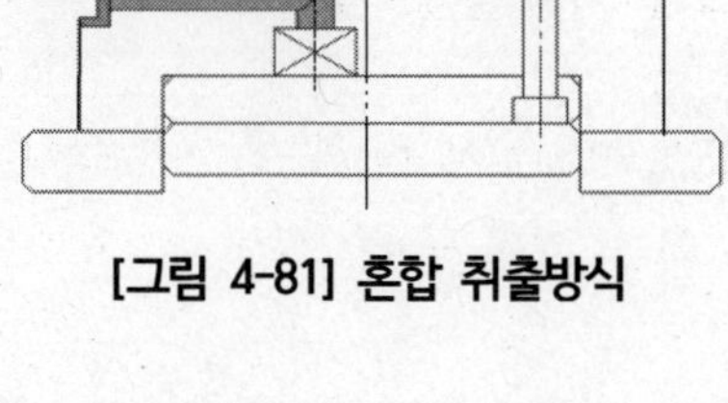

[그림 4-81] 혼합 취출방식

성형제품이 얇기 때문에 핀 이젝터나 이젝트 플레이트로도 취출이 불가능 할 때 에어 이젝터를 사용하게 된다. 특히 연질 재료인 폴리에틸렌(PE)이나 폴리프로필렌(PP) 같은 연질재료를 사용하는 얇은 제품의 경우 적당하다. 또한 에어이젝트 사용으로 자유낙하가 가능하고 금형의 조립이 간단하다. 공기가 코어를 지나기 때문에 냉각의 효과도 있으며 냉각회로를 설치 할 수 없는 경우 에어에 가는 구멍을 만들어서 이젝터 기능과 냉각효과를 겸하여 효과를 볼 수 있다. 압축공기의 압은 5~6kg/㎠의 힘이 필요하며 이젝터 공기는 성형품의 밑부분에 고르게 작용하여 변형을 적게 할 수 있으며 핀 이젝터 취출방식에서 나타나는 백화현상을 해소 할 수 있다. [그림 4-81]은 이젝터 플레이트와 에어이젝트를 혼합한 취출방식을 보여주고 있다.

4. 스프루 런너의 이젝터

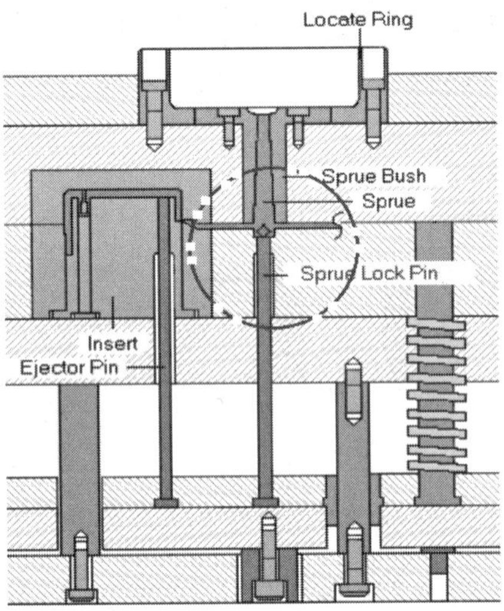

[그림 4-82] 스프루 록 핀

[그림 4-82]에 보는 것과 같이 스프루를 이젝트하기 위해서 스프루 록 핀을 설치하며 형상에 따라 [그림 4-83]에 보는 것과 같은 것이 있다. 또한 스프루 록핀은 콜드 슬러그 웰의 역할을 하므로 스프루 하단에 스프루의 직경에 해당하는 깊이를 갖는다.

런너 록핀은 3단 금형에서 핀 포인트 게이트를 적용할 경우에 쓰이며, 성형품과 게이트를 자동으로 분리하기 위해서 사용된다. 형상에 따라 A형 B형 C형이 있으며 [그림4-84]에 그 예를 보여주고 있다. [그림 4-85]은 런너 록핀의 표준 치수를 보여주고 있다.

[그림 4-83] 스프루 록핀의 종류

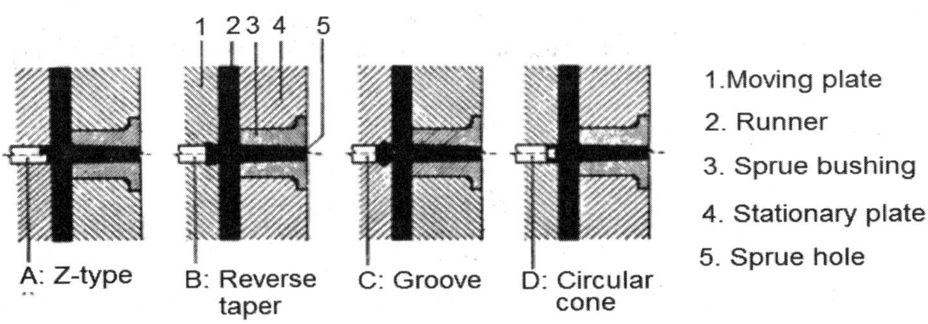

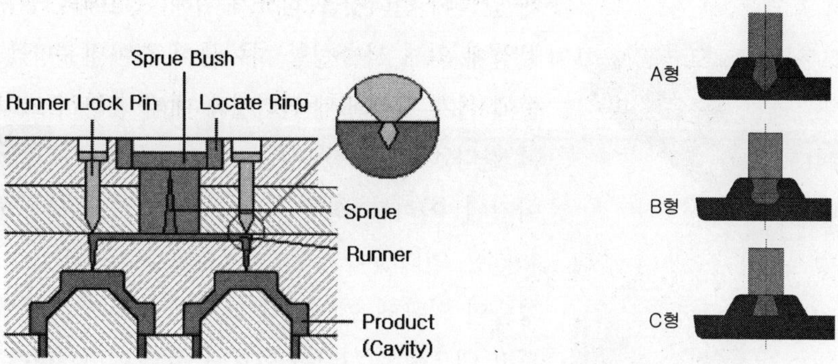

[그림 4-84] 러너 록의 적용과 종류

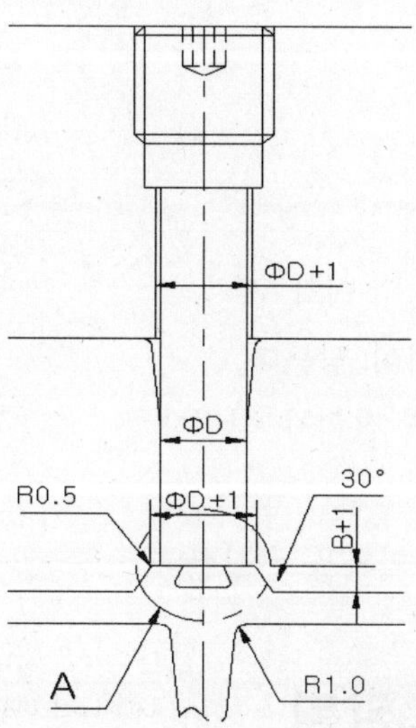

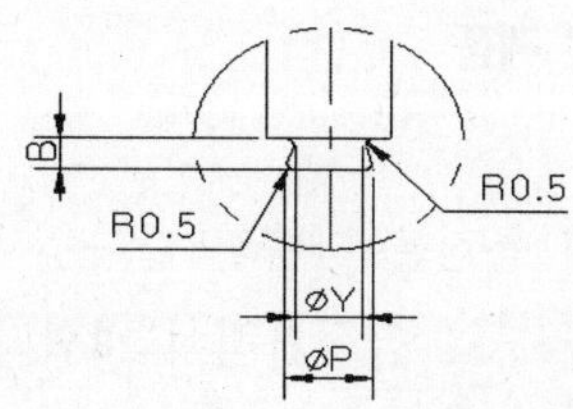

(단위:mm)

D(Φ)	B	ΦY	ΦP
5	2	1.0	1.5
		1.8	2.3
	2.5	2.3	2.8
6	3	3.0	3.8
8	4	5.0	5.8

※ 재질:STD61

[그림 4-85] 런너록 핀의 표준 치수

제8절 언더컷 설계

사출성형기의 형개폐 방향의 운동으로 제품을 원활하게 취출 할 수 없는 성형품의 부분을 언더컷이라고 한다. 금형개폐의 축방향에 대해서 뽑아낼 수 있는 성형품이 아니면 성형할 수 없다. 그러나 성형품은 형열림 방향과 다른 측면의 구멍이나 핸들, 나사등이 포함된 제품을 뽑아 낼 수 있는 금형을 요구하는 경우가 많다. 이 부분에 대응하는 금형의 부품을 이동시켜서 성형품을 뽑아낼 수 있도록 하는 것을 언더컷 처리라 한다. 언더컷은 금형설계시 구조를 복잡하

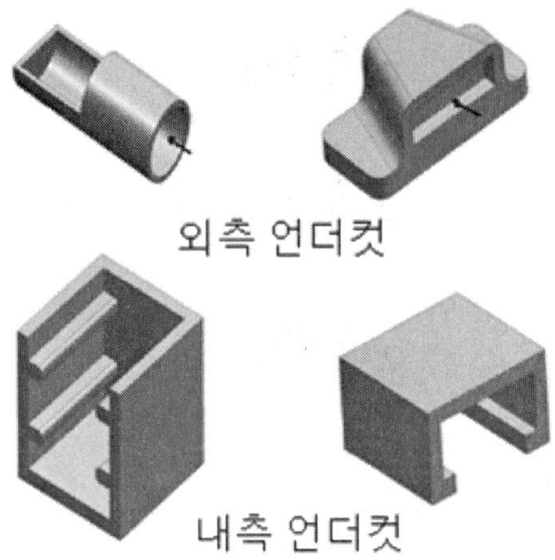

[그림 4-86] 언더컷 제품

게 만들며 언더컷을 피하기 위해 금형에서 구동하는 공정에 의해 사출성형 사이클이 길어질 수 있기 때문에 설계 단계에서 언더컷에 대해 충분히 고려하여야 한다. 하지만 언더컷은 사출성형이 가지는 특징이기에 이러한 장점을 고려하여 설계한다. [그림 4-86]은 언더컷이 있는 성형품을 보여주고 있다. 성형품의 외관에 언더컷이 있으면 외측 언더컷이라고 하고 내부에 언더컷이 있으면 내측 언더컷이라고 한다.

언더컷이 있는 성형품의 특징은 다음과 같다

① 금형의 구조가 복잡해지므로 금형가격이 비싸다.
② Undercut 처리 부품들의 긁힘, 마모, 절손 등 사고 우려가 많다.
③ 사이드 코어를 사용할 경우에 분할 선에 의한 흔적이 남는다.
④ 사이드 코어가 크게 될 경우에 금형 온도 조절기구 설치가 어렵다.
⑤ 성형 사이클 시간이 길어 질 수 있다
⑥ 슬라이드 코어, 분할형에 의한 파팅라인의 흔적이 외관을 손상한다.

1. 언더컷 제품의 취출 기구 처리 방법

1) 언더컷 부분을 설계 변경

제품에 언더컷 부분이 있더라도 약간의 설계 변형에 의하여 취출할 수 있다. 측면에 구멍이 있는 언더컷 제품을 설계 변형에 의해 피하는 방법과 내부 언더컷이 있는 상자형 제품을 설계 변경에 의해 피하는 방법은 돌기부를 리브형상으로 설계 변형하여 언더컷을 피하는 것 이다.

2) 언더컷 위치에 따른 처리방법

(1) 내부 언더컷 처리 방법

① 언더컷 부분을 성형품과 같이 돌출시켜 손으로 이동하면서 빼낸다.

② 경사 핀에 의해 코어를 내측으로 이동시켜서 언더컷 부분을 처리한다.
③ 경사판에 직접 언더컷 부분을 조각해서 언더컷 부분을 처리한다.
④ 암나사를 분리 코어로 성형하여 해결한다.
⑤ 외부에 나사나 풀리와 같이 외부에 홈이 있는 경우에 성형부를 2개 또는 그 이상으로 나누어 캐비티 부를 가공하여 해결한다.
⑥ 금형 열림과 동시에 록킹 블록에서 슬라이드 코어는 해방되고, 앵귤러 핀에 의하여 분할형 코어가 이동되어 언더컷 부분이 처리되고, 이젝터 플레이트 전진에 의해 스트리퍼 플레이트로 성형품을 밀어낸다. 단 슬라이드 코어는 스트리퍼 플레이트에 장치되고 성형품을 밀어낼 때는 슬라이드 코어와 함께 작동된다. 이때 이젝터 플레이트 작동이 원활하면 스프링에 의해 확실히 후퇴하지만 만약 되돌아가지 않으면 밀핀과 분할 형 코어의 충돌로 금형이 파손된다.
⑦ 밀핀과 슬라이드 코어의 충돌사고를 방지하기 위해 구성된 구조로 슬리이브 핀과 밀핀으로 성형품을 밀어낸다.
⑧ 바깥 나사를 분할 형으로 성형하고 이젝터 플레이트와 경사 핀을 이용해서 분할 형 이동시켜 언더컷 부분을 처리하면서 밀어낸다. 형열림 도중에 분할 형이 움직이지 않도록 경사 핀에 스프링이 작용하고, 형 닫힘 때는 가동측 형판의 록킹면을 밀어서 분할부분을 전진시킨다. 이때 가동측 형판에 밀리는 록킹면은 경사 스트로크 보다 최소한 10mm 정도 넓게 한다.
⑨ 가동측 형판에 설치한 분할 형을 고정측 형판에 설치한 도그레그 캠에 의해 이동시키므로 언더컷 부분을 처리한다.

3) 외부 언더컷 처리 방법

(1) 외측 언더컷 처리 설계

① 스트리퍼 플레이트 위에서 슬라이드 코어가 이동되도록 홈을 파고 앵귤러 핀에 의해 이동시키므로 언더컷 부분을 처리한다. 슬라이드 코어를 가동측에 설치하는 경우, 성형품 외측에 가는 선이 생기는데 이를 피하고자 할 때는 슬라이드 코어를 고정측 형판에 설치하며 성형품이 가동측 형판에 남도록 하고 이를 돌출시키는 방법을 생각한다. 또는 형이 체결된 상태에서 먼저 고정측 형판의 슬라이드 코어를 후퇴시키고 난 후에 형을 열도록 한다.
② 3매 구성 구조로써 고정측 형판과 가동측 형판이 형합된 상태에서 러너스트리퍼 플레이트를 분리하므로 앵귤러 핀에 의해 슬라이드 코어가 후퇴하도록 언더컷 부분이 처리된다.

4) 언더컷 제품 밀어 내기 금형 구조

(1) 손을 이용해 강제로 빼내는 방법

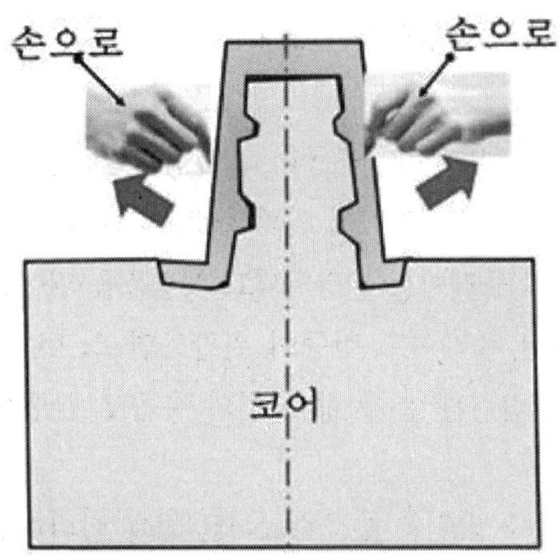

[그림 4-87] 손으로 빼내는 방법

사용하는 수지가 탄성이 크고 성형나사 형상이 지름에 비해 높이가 낮은 둥근 나사의 경우 내부에 있는 나사 나 바깥나사 등 강제로 밀어내는 방법을 말하며 [그림 4-87]와 같이 탄성을 가지고 있는 성형수지를 이용하여 나사부분을 성형한다. 스트리퍼 판이나 손으로 강제로 이형 시키는 방식이며, 특징으로 다음과 같다.

① 탄성이 많은 수지에 사용한다.

② 나사의 형상이 둥근 부분에 사용한다.

③ 생산성이 낮다.

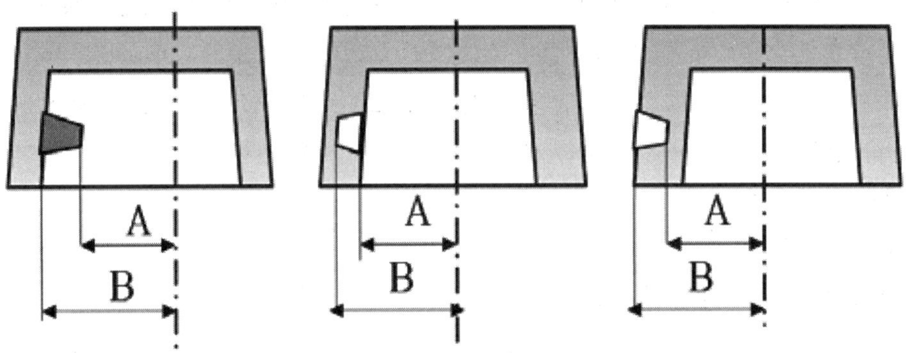

[그림 4-88] 강제로 빼낼 수 있는 언더컷 량

$$언더컷허용량(\%) = \frac{언더컷량(B-A)}{A} X100$$

[표 4-24] 각종 수지의 언더컷 허용량

수지명	ABS	POM	PA	PMMA	LDPE	HDPE	PP	PS. AS
허용량(%)	8%	5%	9%	4%	21%	6%	5%	2%
편측당(mm)	0.08	0.05	0.09	0.04	0.21	0.06	0.05	0.02

(2) 스트리퍼 판으로 빼내는 방법

[그림 4-89]은 스트리퍼 판으로 언더컷을 강제로 취출하는 금형 구조를 나타내었다. 대형제품으로 손으로 밀어내는 것보다 효과적일 때 사용한다. 구조적으로는 스트리퍼로 밀 때 언더컷이 된 쪽의 반대방향으로 제품이 펴질 수 있는 구조여야 한다. 제품의 끝면이 둥글고 스트리퍼 내측이 파져 있기 때문에 스트리퍼가 전진해도 제품이 벌어지지 않고 오므라지는 현상이 있어 취출이 어렵다.

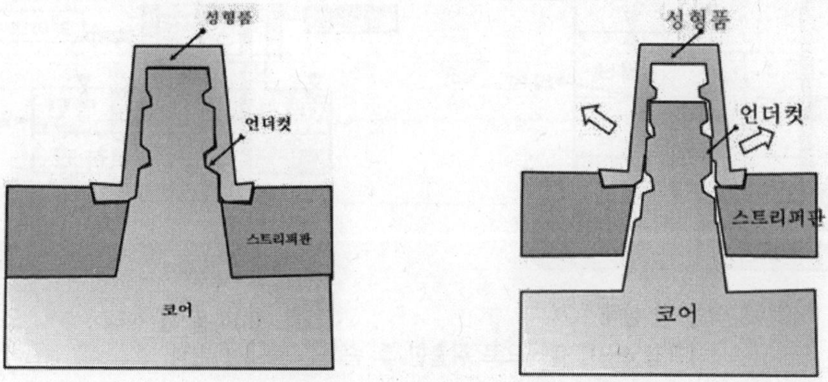

[그림 4-89] 스트리퍼 판으로 빼내는 방법

(3) 블록으로 빼내는 방법

블록으로 강제 취출하는 금형 구조에서는 작동 전 상태에서 보면 둥근 언더컷 부분이 있고, 이 부분을 밀핀에 연결된 블록으로 취출을 하게 되면, 작동 후에서 [그림 4-90]에서 보는 바와 같이 둥근 언더컷 부분이 강제로 회전하여 억지로 취출하는 금형 구조이다.

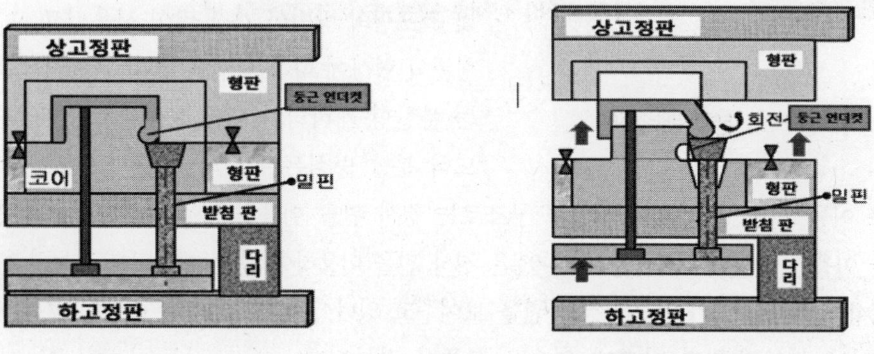

(a) 작동 전 상태 (b)작동 후 상태

[그림4-90] 블록으로 빼내는 방법

언더컷이 [그림 4-91] 같은 경우는 블록으로 강제 취출하여 손으로 뽑아내야 한다. 작동전 상태에서 보면 언더컷 부분이 있고, 이 부분을 밀핀에 연결된 코어로 되어 있다. 작동 후 그림과 같이 언더컷 부분이 밀핀과 연결된 코어에 의하여 위로 올라온 후에 화살표 방향으로 손으로 추출하는 방법이다.

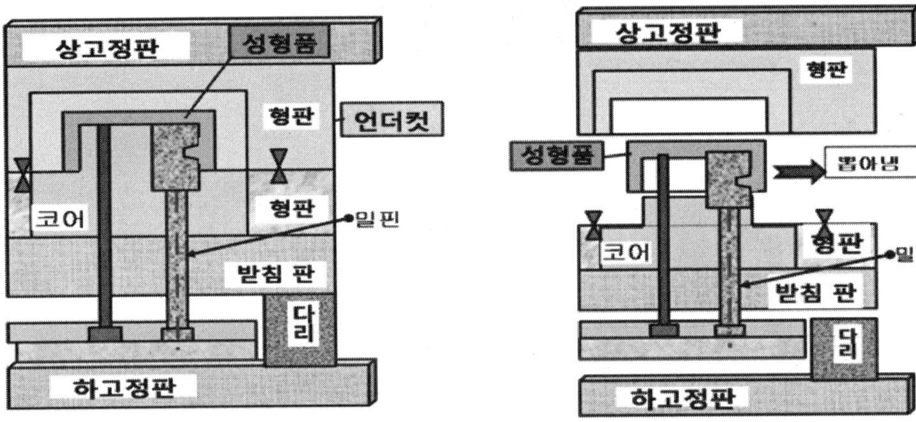

(a) 작동 전 상태 (b)작동 후 상태

[그림 4-91] 블록으로 취출한 후 손으로 빼내는 방법

(3) 분할 형에 의한 언더컷 처리 방법

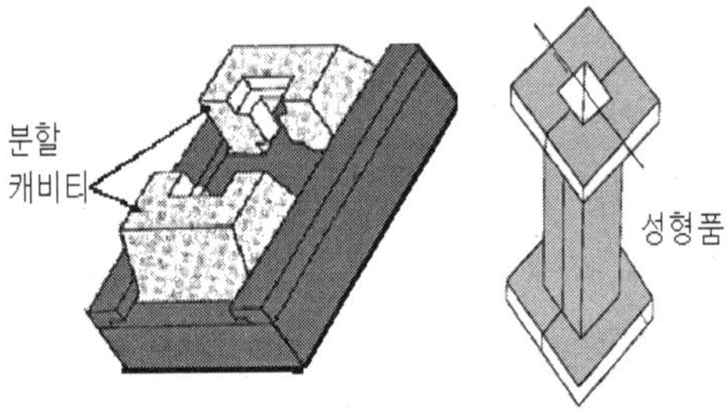

[그림4-92] 분할 캐비티형

분할형은 사출제품의 외부에 설계된 언더컷의 캐비티를 2개 이상으로 나누어 분할시켜서 기계적 방법이나 유공압의 방법으로 슬라이딩 시켜서 언더컷을 없애는 방법이다.

분할형의 작동 방법은 앵귤러핀, 도그레그 캠 및 스프링의 방법이 가장 많이 사용되고 그 외 성형품의 형상에 따라 방법을 달리 한다. [그림 4-92]는 분할형 캐비티의 예를 보여주고 있다. 슬라이드식 분할 방식은 금형의 취출 방향과는 직각의 방향으로 이동시키는 방식으로 분할형 구조로는 경사 핀을 이용한 방식, 캠을 이용한 방식과 스프링을 이용한 방식이 있다. [그림 4-93]은 경사 핀을 이용하여 분할 캐비티를 작동한 예이다. [그림 4-94]는 슬라이드 가이드와 경사 핀을 보여주고 있다. 언더 컷(Under Cut)이 있는 제품에서 금형이 열림의 방향과 다르게 옆으로 부품이 작동되게

하여 제품을 취출하는 금형 구조 중에서 성형품에 언더컷(Under Cut)이 있는 부분을 금형이 열리기 전에 먼저 빼내기 위하여 작동을 하는 부품들이다.

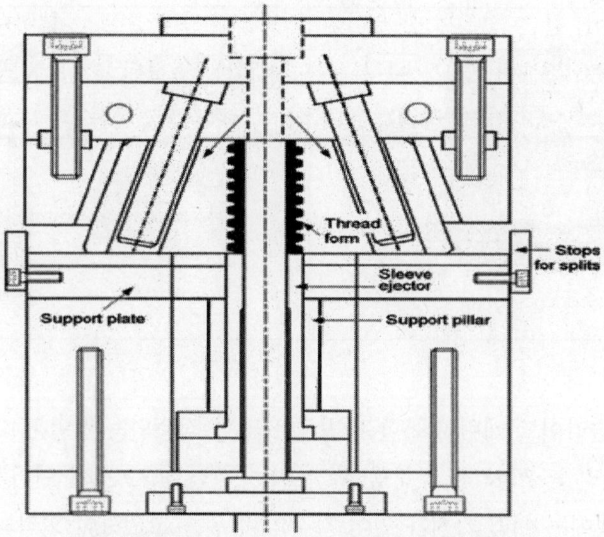

[그림 4-93] 경사핀을 이용한 캐비티분할형

(a) 슬라이드용 가이드 레일

(b) A형 경사 핀

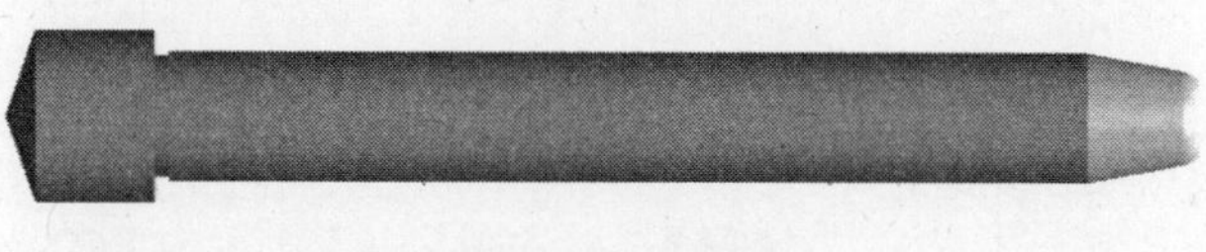

(c) B형 경사 핀
[그림 4-94] 슬라이드 가이드와 경사 핀

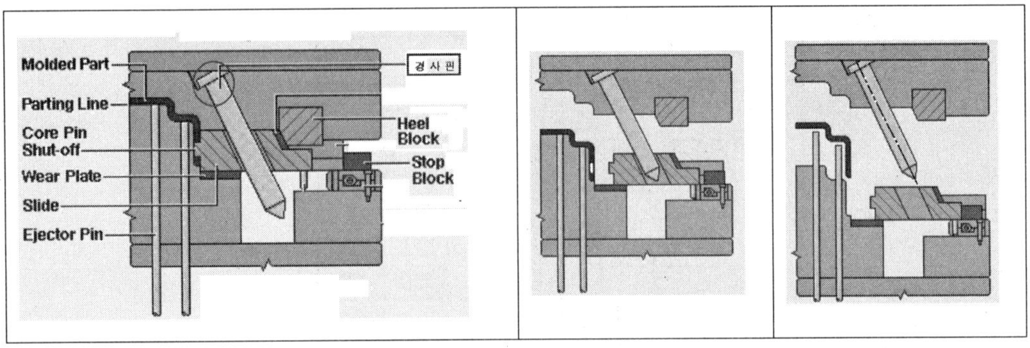

슬라이드 코어와 슬라이드 캐비티 분할 방법으로 많이 적용되는 방법은 [그림 4-95]에 나타난 바와 같이 금형의 측면을 구성하는 부분을 후진 또는 전진시킴으로써 언더컷을 빼내는 방법이다. 전진과 후진 방법에는 여러 가지가 있어 각각의 경우를 고려하여 최적의 방법을 선택한다. 성형품의 형상에 따라 슬라이드 코어의 운동, 형개폐 운동과 타이밍이 문제가 되며 슬라이드 코어의 구동 방법에 대한 고려가 필요하다.

[그림 4-95]은 슬라이드 코어의 형상들 종류를 보여주고 있다.

“A” 방식

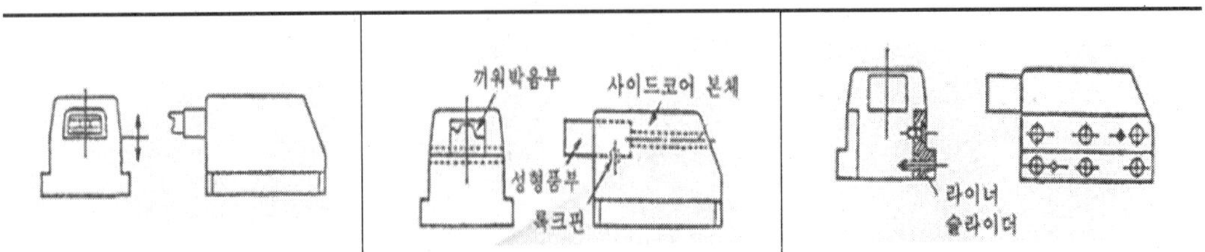

(a) 일체형	(b) 성형부분 조립형	(c) 슬라이더 부착형

[그림 4-96] 사이드 코어의 종류

사이드 코어의 종류는 [그림 4-96]과 같이 일체형, 성형부분 조립형, 슬라이어드 부착형 3종류로 구분된다. [그림 4-96]의 (a)는 성형부와 슬라이드 부가 일체로 되어 있으며 성형부의 형상이 복잡하지 않을 때 많이 적용되는 방식이며 (b)는 성형부분을 따로 만들어 조립한 형식으로 성형품의 형상이 복잡할 경우 많이 적용된다. (c)는 별도의 슬라이드를 별도로 부착시킨 경우로 슬라이드 부위는 금형 재료를 열처리하여 경도 HRC53~55 정도의 라이너를 부착한 것이다. [그림 4-97]은 슬라이드 코어를 홀더(가이드)에 적용한 것이다.

사 용 예	사 용 특 징
	① 소형금형에서 형판에 슬라이드 코어 홀더를 직접 가공한 형식 ② 형판 가공불량시 슬라이드 코어를 수정.
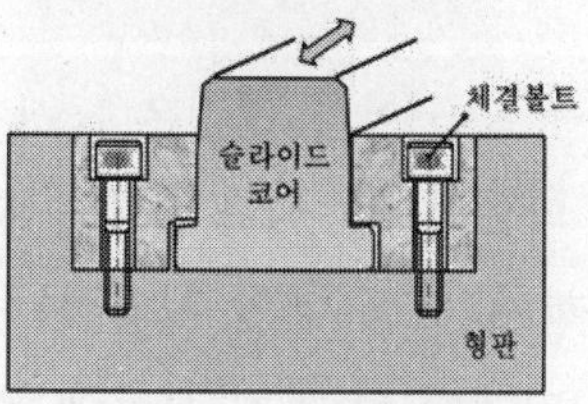	① 분할된 홀더A를 형판에 부착하는 형식 ② 분할홀더의 열처리가 간단. ③ 슬라이드부의 연마가 간단. ④ 슬라이드레일에 볼트체결Type는 볼트 분해 조립이 용이. ⑤ 형판에 볼트체결Type는 볼트 분해조립이 다소곤란.
	① 분할된 홀더 B TYPE를 형판에 별도로 부착하는 형식 ② 형판을 슬라이드 면 보다 P치수 만큼 가공용 ③ 슬라이드 위치 안내가 양호하다. ④ 열처리 및 연마가 용이하다. ④ 슬라이드레일에 볼트체결Type는 볼트 분해조립이 용이하다. ⑤ 형판에 볼트체결 Type는 볼트 분해조립이 다소곤란.
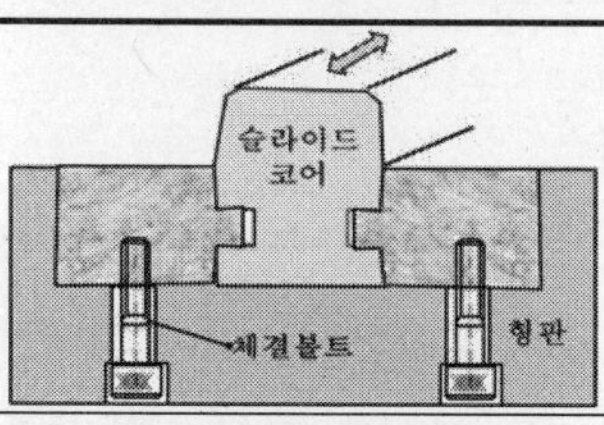	① 분할된 홀더 C TYPE를 형판에 부착 형식 ② 슬라이드 코어의 평면직각도 가공 용이 ③ 분할된 홀더 C와 슬라이드 코어의 안내 홈 맞춤곤란. ④ 슬라이드 레일에 볼트체결 Type는 볼트 분해조립이 용이. ⑤ 형판에 볼트체결 Type는 볼트 분해조립이 다소 곤란.
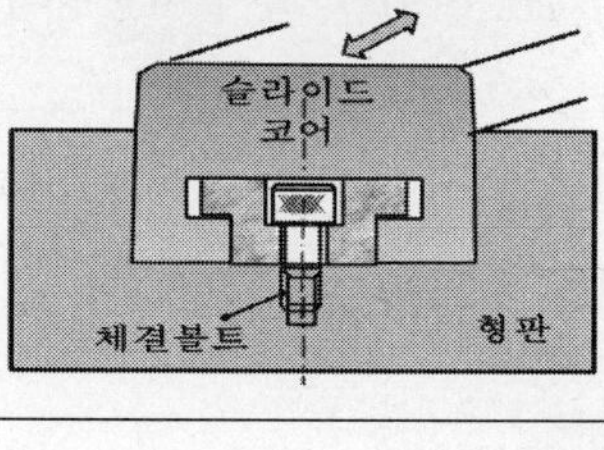	① 슬라이드 코어가 클 때 코어 밑면에 안내 홈을 가공한 형식 ② 슬라이드 코어 홀더 연마 및 열처리 용이 ③ P치수만큼 형판에 가공이 필요. ④ 슬라이드레일에 볼트체결Type는 볼트 분해조립이 용이. ⑤ 형판에 볼트체결Type는 볼트 분해조립이 다소 곤란.

[그림 4-97] 슬라이드 코어 홀더 적용사례

5) 슬라이드 코어를 작동시키는 방법

(1) 스프링에 의한 구동 방식

[그림 4-98]에서 보는 것처럼 사이드 코어 구동에서 언더컷을 빼내는 힘으로 스프링을 이용한 작동 방법이다. 빼내기 하는 스트로크가 짧고 동시에 작은 언더컷(예를 들어 핀 구멍 등)을 빼내는 경우에 사용된다. 특징은 다음과 같다.

① 스프링은 빼내기에 필요로 하는 힘과 사이드 코어를 이동시키기 위한 힘 등의 필요한 힘을 양방으로 동시에 견딜 수 있는 것이어야 한다.

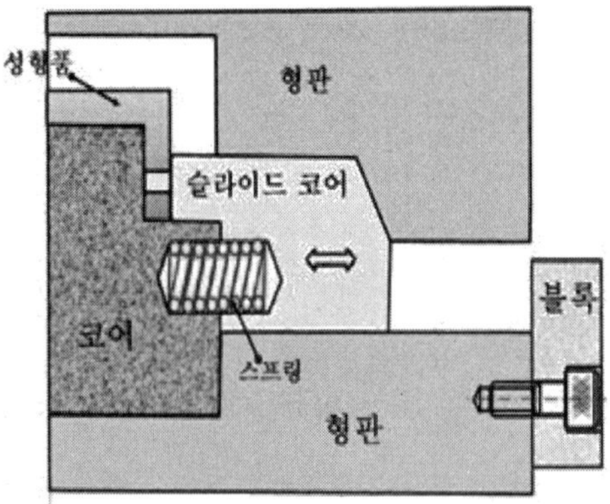

[그림 4-98] 스프링에 의한 금형 구조

② 작동량의 한계가 있어서 작고, 짧은 언더컷의 빼내기에 한정된다.

③ 스프링을 금형에 설치하는 방법은 외장형(外裝形)과 내장형(內裝形)이 있다.

④ 이때 사이드 코어의 전진은 Locking block에 의하여 작동되고 사이드 코어의 후퇴한계는 형 닫힘 시의 사이드 코어 뒷면(背面)이 록킹 블록에 닿는 위치가 된다.

(2) 앵귤러 핀에 의한 구조

[그림 4-99]에서 사이드 코어를 지지하는 방향의 반대 측에 경사 핀을 설치하고 형개폐력을 이용하여 사이드 코어를 섭동시키는 구조이다. 특징은 다음과 같다.

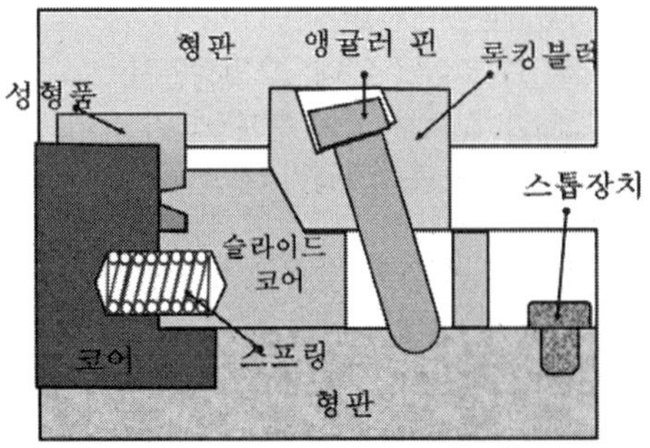

[그림 4-99] 앵귤러 핀 설치구조

① 구조가 간단하다.

② 작동이 확실하며 금형 제작공수가 비교적 많이 소요되지 않아서 경사 핀 방법을 많이 채택한다.

③ 앵귤러 핀의 기울기는 사이드 코어 이동량과 관계있어 경사각을 25°내로 한다.

④ 앵귤러 핀과 사이드 코어의 안내 구멍 사이에는 0.5~1㎜의 간극을 갖도록 한다.

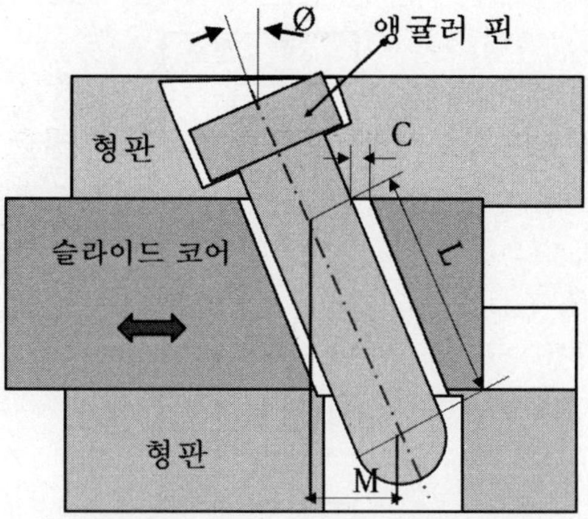

[그림 4-100] 앵귤러 핀의 운동량과 길이

[그림 4-100]에서 보는 바와 같이 슬라이드 코어의 운동량 M과 앵귤러 핀 길이 L은 다음 식에 의한다.

$$M = (L\sin\varnothing) - (\frac{C}{\cos\varnothing})$$

$$L = (\frac{M}{\sin\varnothing}) + (\frac{2C}{\sin 2\varnothing})$$

M : 분할 캐비티의 운동량 (mm), L : 앵귤러 핀의 작용 길이 (mm)

Ø : 앵귤러 핀의 경사각도 (˚), C : 틈새 (mm)

(3) 경사 핀에 의한 취출 방법

제품 내측에 있는 언더컷 부분의 제품을 경사 핀(코어)으로 밀어내므로 경사에 의하여 언더컷 부분이 떨어진다. 언더컷 부분을 코어의 분할 형 또는 슬라이드 코어를 분리하는 역할을 하는 경사 핀을 직접 이용하여 성형품의 일부 형상을 구성하도록 하는 방식이다. [그림 4-101]에서 보는 바와 같이 경사각만큼 기울어진 경사 핀의 한쪽 끝은 이젝터 플레이트에 접촉되고, 금형이 열릴 때, 이젝터 플레이트가 전진하면서 핀의 가로방향 운동에 의해 성형품이 이형된다. 경사 핀에 주어진 만큼의 경사각으로 인해 성형품의 자유 낙하가 가능하다. 계산식은 다음과 같다.

$M = E \cdot \tan\ \alpha$

M : 가로 방향의 운동량(mm), E : 이젝터 스트로크(mm)

α : 이젝터핀의 경사각도(˚)

(4) 공. 유압에 의한 처리 방법

코어를 공기압이나 유압을 사용하는 실린더를 부착하여 사용하는 방법이다. [그림 4-102]

① 특징

ⓐ 슬라이드 코어에 작용하는 성형압력은 모두 실린더 힘으로 받아내야 한다.

ⓑ 공기압 실린더와 같이 작용압력이 낮은 경우에는 토글링크를 짜 맞추어도 된다.

ⓒ 성형기의 사이클에 관계없이 전후진이 가능하다. 또는 사출성형기의 동작과 전기적으로 연동시키어 작동시킬 수 있다.

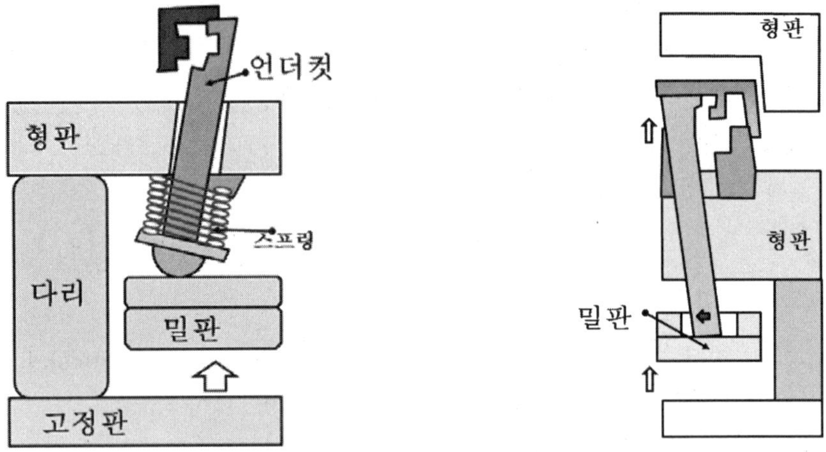

(a) 스프링을 이용한 처리 방법

(b) 밀판의 홈을 이용한 방법

[그림 4-101] 경사 핀을 이용하여 빼내는 방법

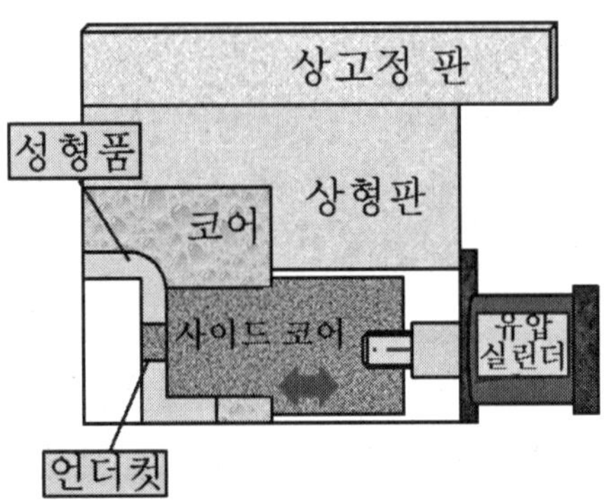

[그림 4-102] 유압 실린더 부착 형상

ⓓ 슬라이드 코어의 스트로우크를 길게 할 수 있다.

ⓔ 금형 본체의 구조가 간단하며 고장도 적다. 단 코스트는 경우에 따라 다르다.

ⓕ 금형을 성형기에 장치하거나, 제거할 때 유압배관이나 제어장치의 제거도 필요하므로 교환 시간이 많이 든다.

ⓖ 슬라이드 작동용 유압(공기압)의 공급원이 필요하다.

2. 제품에 나사 언더컷이 있는 제품

1) 나사형상이 있는 제품의 개요

나사가 있는 성형품을 성형하기 위한 금형은 나사의 특성 및 생산방법 등 대단히 많은 요인에 의해 그 복잡한 정도가 달라진다. 나사는 일반적으로 Under Cut으로 되어 있는 경우가 많으며, 그 처리방법은 일반 Under Cut과는 상당히 다르다. 이때 나사 부분이 파손 변형되지 않고 성형품을 밀어내기 위하여 나사부를 돌려서 밀어내는 방법을 말한다. 나사와 관련한 디자인 형상은 [그림 4-103]에서 보는 바와 같다.

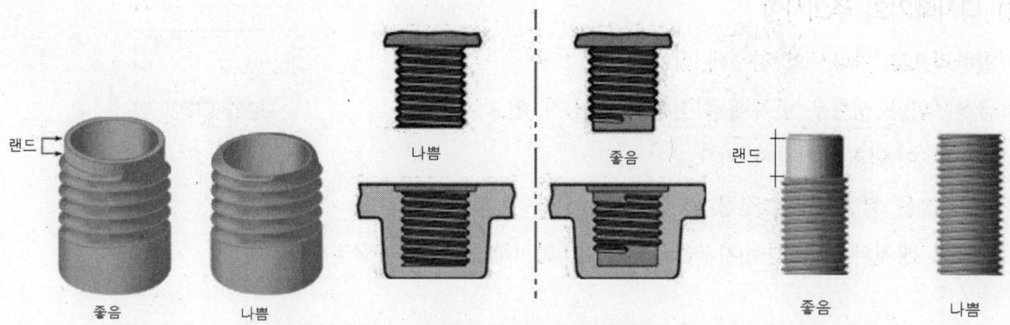

[그림 4-103] 나사 형상

(1) 나사형상 제품의 검토 사항

① 나사형식 : 수나사 또는 암나사.

② 나사형상 : 둥근나사, 삼각나사, 사각나사.

③ 나사치수 : 피치(Pitch), 줄의 수, 지름.

④ 나사 종류 : 연속나사, 불연속나사.

⑤ 나사강도 : 파팅라인의 허용여부.

⑥ 성형방식 : 수동,반자동, 완전자동 금형.

⑦ Cavity수 : 단일 Cavity, 복수 Cavity. 나사의 수량

(2) 나사형상이 있는 제품의 특징

① 금형의 나사부를 위치 결정 코어로 한다. - 양산에는 적용 안함.

② 제품이나 금형의 나사부를 회전시킨다.

③ 금형의 나사부를 분할 형 구조로 한다.

④ 특수 구조의 나사 코어로 한다.

[표 4-25]는 나사성형의 특징을 나타내었다.

[표 4-25] 나사성형의 특징

나사형식	처리방법	특 징
암나사 성형	캐비티 회전형	캐비티 부분을 회전시켜 암나사를 밀어낸다.
	콜랩시블 코어	수축이 가능한 설계의 코어를 사용하여 밀어낸다
수나사 성형	코어 회전형	코어 부분을 회전시켜 암나사를 밀어낸다.
	코어 분할 형	나사부에 파팅라인이 생겨도 무방할 경우에 사용.

(3) 나사빼기의 주의사항

① 일반적으로 암나사의 경우에 많이 사용.

② 금형부위나 성형부 한쪽에 회전방지(슬립)가 필요.

③ 나사의 이송[회전]기구가 필요.

④ 어느 것을 회전시킬지 결정이 필요.

⑤ 런너의 배치와 이송[회전]기구는 가동측에 설치하는 것이 바람직하다.

2) 나사 형상이 있는 제품 취출 방법

(1) 분리 코어로 이형 방법

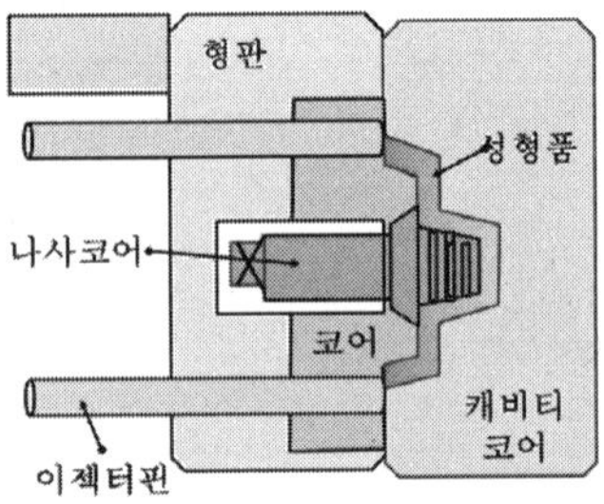

[그림 4-104] 분리 코어 이형 방법

[그림 4-104]에서 보는 바와 같이 금형 본체로부터 나사코어 부분을 분리되도록 만들어 교체하여 인서트 시키면서 성형하고 이형을 반복하도록 만든 구조다. 성형품과 나사부를 성형하는 분리 코어(금형의 일부)를 나사 부분과 함께 이형 시켜서 금형 밖에서 성형품으로 부터 코어를 분리한다. 분리 코어를 사용하는 경우에는 성형품으로부터 나사 코어를 분리하는데 시간이 필요하므로 분리나사 코어를 여러 개 준비하여 분리나사 코어를 빼내는 작업중에 또 다른 분리나사 코어로 성형을 하여 성형 대기 시간을 절약할 수 있다.

특징은 다음과 같다.

① 소량생산의 경우에 사용된다.

② 슬라이드 방식이나 회전방식에 부적합 할 경우에 사용한다.

③ 수나사의 경우에 수지가 수축되므로 이형이 쉽다.

④ 암나사의 경우에는 수지가 수축되므로 이형이 힘들다.

⑤ 분리 코어를 여러 개 준비한다.

⑥ 인서트 작업 시 옆의 코어에 지장을 줄 수 있으므로 주의를 요한다.

(2) 래크와 피니언에 의한 작동

[그림 4-105]에서 같이 고정측 형판에 설치한 래크와 가동측 형판에 설치한 피니언과 슬라이드 래크에 의하여 슬라이드 코어를 직선 왕복운동을 시킴으로 언더컷 부분을 처리한다.

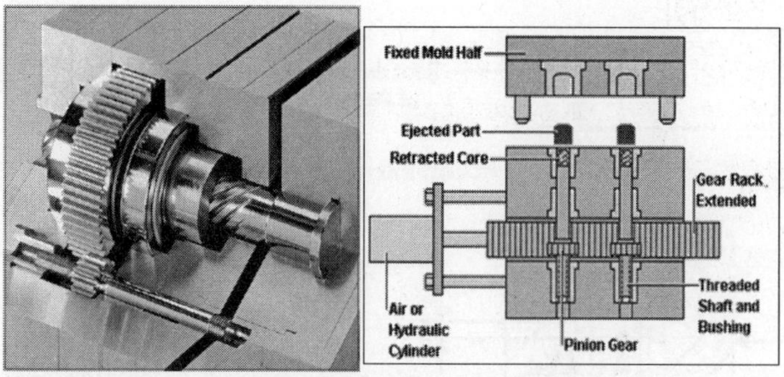

[그림 4-105] 나사금형의 작동

(3) 컬랩시블(Collapsible) 코어 [그림 4-106]에 의한 이형 방법

미국의 DME사가 개발한 것으로 일종의 슬리브와 슬리브 속 핀을 변형시켜 두 개의 부품으로 분할하여 이 부품의 탄성으로 항상 안쪽으로 수축하도록 되어 있는데 안쪽 코어가 빠진 후에 바깥 코어가 수축하게 하여 언더컷 부분을 빠져 나오도록 하는 것과 안쪽에서 코어핀을 밀어 넣어 바깥코어를 확장시키면서 원래의 위치로 되돌아가서 성형이 가능한 상태가 되도록 만드는 금형 구조다.

[그림 4-106] Collapsible Core

[그림 4-107]에서 부품은 탄성으로 항상 안쪽으로 수축하도록 되어 있는데 코어부분이 더 안쪽으로 수축한다. 안쪽에서 코어 핀을 밀어 넣으면 코어를 확장시키면서 원래의 위치로 되돌아가서 성형이 가능한 상태가 된다.

① 일반적으로 캡 종류의 제품에 많이 사용한다.
② 분할코어의 가공이 어렵다.
③ 금형의 분해 조립에 시간이 많이 걸린다.

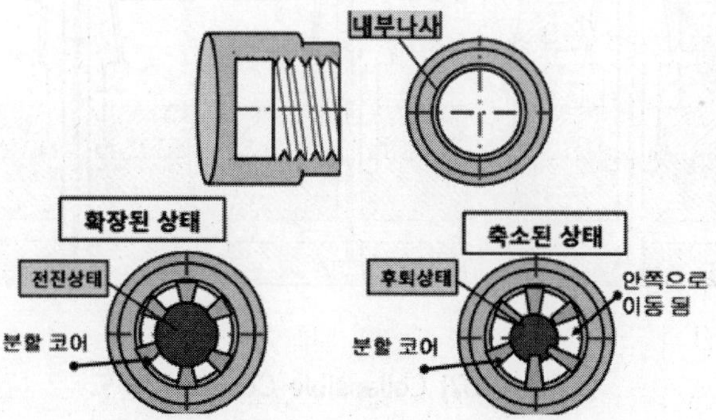

[그림 4-107] Collapsible Core 의 작동

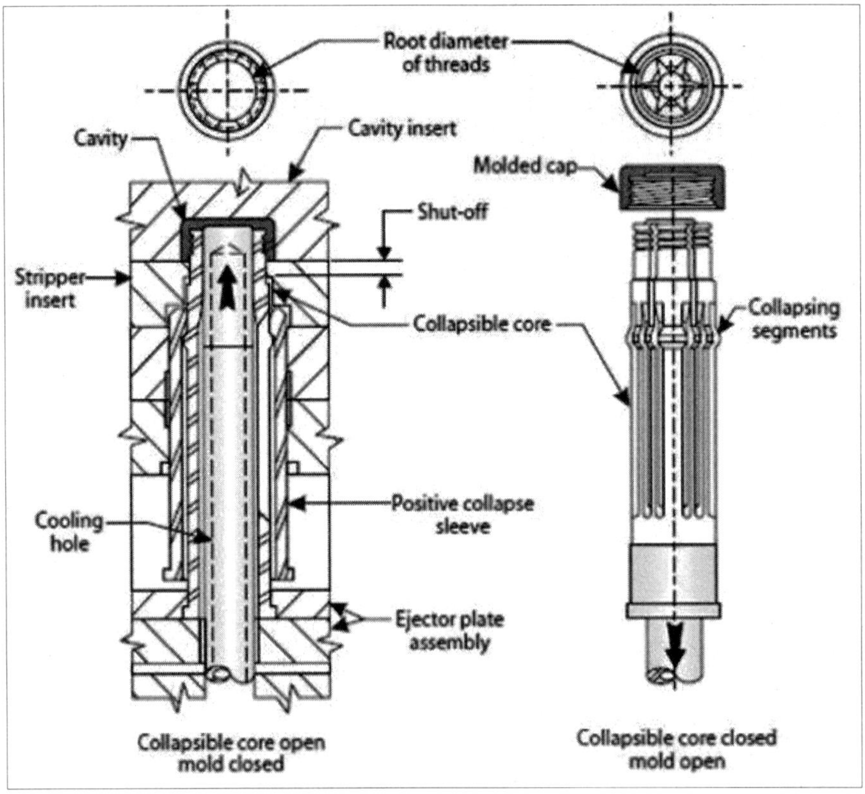

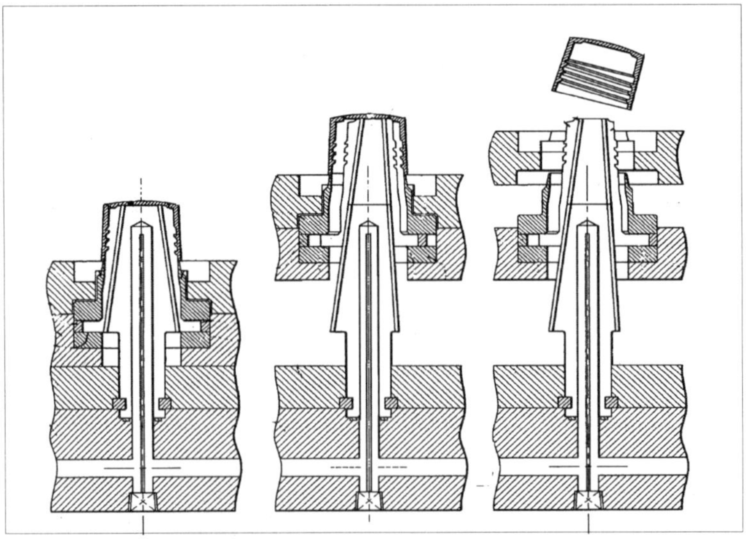

[그림 4-107] Collapsible Core의 개념도

제 5 장

총론
사출성형품 설계
금형설계기술과 CAE
사출 금형 설계

열처리

수지 (PLASTIC)
금형제작
사출성형기와 사출성형
고정밀 사출성형

제1절 금형의 열처리

1. 금형용 재료의 열처리

플라스틱 금형의 제작을 위해 적합한 금형재의 선정은 금형의 수명 및 가공성이 중요한 영향을 미친다. 즉 정밀하게 제작되는 금형은 우수한 성형품을 사출 할 수 있으며 정밀하고 우수한 플라스틱 금형을 제작하기 위해서는 좋은 재료를 선택하고 부품을 금형 가공한 후 조립하여 사용해야 한다. 최근에는 전용 플라스틱용 형강을 많이 사용하고 있으며 특히 사출성형에서는 코어와 캐비티의 면 상태가 그대로 성형품에 전사되고 또 금형에는 계속해서 높은 압력과 고온이 작용한다. 금형재료의 선택 여부는 금형의 수명, 정밀도, 가격에 큰 영향을 미치고 금형에서 요구되는 생산량, 사용수지, 금형의 구조와 부품의 기능, 성형품의 외관, 치수 정밀도 등을 구별하여 선정하고 검토한 후 결정하는 것이 바람직하다.

1) 플라스틱 사출금형재료의 필요조건

(1) 기계가공성이 우수할 것

플라스틱 금형의 캐비티 또는 코어는 기계가공에 의해 제조되고 생산에서 기계가공의 비율이 높기 때문에 가능한 가공성이 좋은 것을 적용하여야 한다. 일반적으로 경도가 높으면 기계의 가공성이 나쁘고, 낮으면 좋은 반면에 열적 마모 등의 면에서 형재로써 기계가공성이 떨어지는 경향이 있다. 때문에 이 양쪽의 결점을 잘 조화시켜 단단하고 알맞은 기계가공성을 갖게 한 프리하든강이 사용되며 최근에는 기계가공 설비와 절삭 공구의 성능이 매우 우수하여 가공이 힘든 종류의 금형강도 쉽게 가공할 수 있게 되었다.

(2) 충분한 강도, 인성, 내마모성이 좋을 것

사출금형을 성형할 때에는 캐비티 내부는 압축 응력과 인장응력을 항상 반복해서 받으며, 최근에는 제품의 정밀도를 높이기 위해 높은 압력으로 성형을 하는 경우가 많고 또 유리섬유나 금속분말, 또는 무기질을 다량 함유한 성형재료가 많으므로, 충분한 강도, 인성, 내마모성과 같은 이러한 성능은 매우 중요하다.

(3) 열처리가 용이하고 열처리시의 변형이 적을 것

금형재의 경도와 인성을 부여하기 위해서 열처리 즉 담금질이나 뜨임을 하는 경우가 많고 열처리에 의해 필요한 경도와 중심부까지 균일하게 경화되어야 한다. 특히 금형의 가공 후에 열처리를 하게 되면 변형이 일어나지 말아야 한다.

(4) 표면 가공성이 우수할 것

표면 경화처리는 도금, 줄무늬 가공의 표면가공과 같이 마모가 클 때에 실시되며 특히 줄무늬 가공은 일종의 화학약품에 의한 부식이므로 SM45C와 SM50C 등 에서 가공하기 쉬우나, 부식온도, 부식시간 등의 조건설정이 어려워 부품마다 줄무늬의 형상이 달라지는 단점이 있으며 얼룩 등이 발생하기 쉬우므로 담금질성이 우수한 고합금계의 금형재에 적합하다.

(5) 수정 시에는 덧살붙이기 용접이 가능할 것

정밀 금형에서 설변으로 인하여 형상을 수정하여야 할 경우 수정 부위는 고정된 덧붙이기 용접봉을 이용하는데 작업은 될 수 있는 대로 간결한 것이 좋으며 강종에 따라 덧붙인 후의 시효처리만으로 강도를 부여할 수도 있다.

(6) 내식성이 좋을 것

염화 비닐계 수지, 나일론, 폴리비닐 아세탈은 성형시 염화비닐 또는 나일론의 부식성 가스를 발생하며, 발포성 재료도 유기계의 발포제의 사용으로 암모니아성 가스를 발생한다. 이밖에 최근에는 할로겐, 인산 에스테르계 등에 첨가한 불연소제나 염소, 브롬, 인 등의 불연성 원소가 함유된 화합물의 반응형 불연제를 사용하는 경우가 많기 때문에 금형의 내식성은 중요시되고 있다. 그러므로 내식도가 SC제에 크롬 도금을 하는 것은 불충분하며, 크롬 함유량이 큰 STD61은 혹은 STD11을 사용하고 내식성이 크게 요구될 때는 스테인레스강이 사용된다.

또 플루오르계 수지는 다른 수지보다 고온에서 성형되고, 부식에 강한 가스를 발생하기 때문에 니켈을 주성분으로 하는 내열 합금인 하스텔로이를 사용하면 좋은 성과를 얻을 수 있다.

(7) 내열성 및 열팽창 계수가 적을 것

폴리 카보네이트(PC), 폴리 페닐렌 옥사이드(PPO) 등 성형밀도가 높은 성형재료가 많이 요구되므로 온도를 높여서 성형해도 슬라이드부 등의 긁힘이 발생하지 않도록 팽창성이 적은 형재가 사용된다.

2. 금형재료의 종류

금형재료는 탄소함유량, 합금여부 및 열처리 종류에 따라 다음과 같이 분류된다.

① 플라스틱 금형강: KP1, KP4, KP4M, HPPM, NAK

② 고속도 공구강: SKH55

③ 열간 가공용 공구강: STD-61, STD-4

④ 냉간 가공용 공구강: STD-11, STD-3

⑤ 탄소 공구강: STC-3, 4, 5

⑥ 베어링 강: STD-2

⑦ 구조용 합금강: SCM-415, 440, 445

⑧ 구조용 탄소강: SM-20C, SM-45C

1) 플라스틱 금형강 (HP-1, HP-4, HP-4M, NAK-80)

플라스틱 금형강은 다음과 같은 특징이 있다. [표 5-1]은 플라스틱 금형강의 화학적 성분을 보여주고 있으며 [표 5-2]는 플라스틱 금형강의 기계적 성질을 보여 주고 있다.

(1) HP1, HP4, HP4M 특징

(가) 공통점은 가공성이 양호하여 기계 가공시간이 크게 단축된다.

(나) 적절한 열처리로 내부 잔류 응력이 제거되어 금형 가공시 변형의 발생 우려가 극히 적다.

(다) 소입성이 커서 소재 내외 부의 경도가 균일하다.

(라) 경도가 높고 내마모성이 우수하다.

(2) NAK 55 특성

(가) 최적 조건에서 열처리하였으므로 그대로 형상가공에 사용할 수 있다.

(나) 뛰어난 경면 연마면과 광택을 얻을 수 있다.

(다) 가공면이 극히 양호하다.

(라) 방전 가공후 연마가 양호하다.

(마) 가공 절삭후 연마가 양호하다.

(바) 수입 불가 관계로 현재 사용하지 않고 있다.

(3) NAK 80 특징

(가) NAK55의 경면 연마성, 방전, 가공면, 인성 개선제로써 추가적인 특징은

(나) 경면 연마성이 우수하다.

(다) 방전 가공면이 치밀하고 미려하다.

(라) 투명, 광택제품, 정밀 금형에 사용.

(마) 용접성이 우수하고 열처리가 필요 없음.

[표 5-1] 플라스틱 금형강의 화학적 성분

구분	C	Si	Mn	P	S	Ni	Cr	Mo	V	Al	Cu
NAK80	0.15	0.36	1.50	0.010	0.008	3.00	0.12	0.25	0.008	1.05	0.99

[표 5-2] 플라스틱 금형강의 기계적 성질

구분	항복강도	인장강도	연신율	단면수축율	충격치	경도(HB)
HP-1	30~45	70~85	> 15	> 35	> 15	28~33
HP-4	70~85	85~100	> 13	> 35	> 55	39~45
HP4M	85~100	100~115	> 13	> 35	> 85	41~47
NAK80	113.0	132.9	8.9	14.2	22	40

2) 고속도 공구강 (SKH-51, SKH-55)

고속도 공구강은 다음과 같은 특징이 있다. [표 5-3]은 고속도 공구강의 화학적 성분을 보여주고 있으며 [표 5-4]는 고속도 공구강의 열처리를 보여 주고 있다.

(1) SKH-51

절삭용 공구 제작에 쓰여지며, 내마모성을 필요로 하는 여러 가지 용도로 사용된다. 고속절삭과 중속절삭에 견딜 수 있는 원소가 다량 함유되어 있다.

(2) SKH-55

비교적 인성을 요구하는 고속절삭과 중속절삭에 견딜 수 있는 원소인 W, Mo, Cr, V와 같은 원소가 다량 함유되어 있으므로 난삭재 가공용 공구 제작에 사용된다.

[표 5-3] 고속도공구강의 화학적 성분

구분	C	Si	Mn	P	S	Cr	Mo	W	V	Co
SKH51	0.80 ~0.90	0.40 이하	0.40 이하	0.030 이하	0.030 이하	3.80 ~4.50	4.50 ~5.50	5.50 ~6.70	1.60 ~2.20	-
SKH55	0.80 ~0.90	0.40 이하	0.40 이하	0.030 이하	0.030 이하	3.80 ~4.50	4.80 ~6.20	5.50 ~6.70	1.70 ~2.30	4.50 ~5.50

[표 5-4] 고속도 공구강의 열처리

구분	열처리온도(℃)			경도	
	Annealing (소둔)	Quenching (소입)	Tempering (소려)	Annealing (HB)	Tempering (HRC)
SKH51	800~880 서냉	1,200~1,250 유냉	540~570 공냉	255이하	62이상
SKH55	800~880 서냉	1,220~1,260 유냉	530~570 공냉	277이하	63이상

3) 열간 가공용 공구강 (STD-61, STD-4)

열간 가공용 공구강은 다음과 같은 특징이 있다. [표 5-5]는 열간 가공용 공구강의 화학적 성분을 보여주고 있으며 [표 5-6]은 열간 가공용 공구강의 열처리를 보여 주고 있다.

(1) STD-61

열충격 및 열피로에 강하므로 열간 프레스형, 각종 다이스, 다이블록제조에 쓰인다. 내마모성과 내열성을 이용하여 열간 가공용 공구로써 광범위하게 사용되고 있다.

(2) STF-4

모든 종류의 열간 금형 제작에 사용하고 있는 Ni-Cr-Mo합금강으로 높은 충격에 잘 견디며, 열처리시 치수 수축 변형률이 비교적 적다.

[표 5-5] 열간 가공용 공구강의 화학적 성분

구분	C	Si	Mn	P	S	Cr	Mo	Ni	W	V
SKD-61	0.32 ~0.42	0.80 ~1.20	<0.50	<0.030	<0.030	4.50 ~5.50	1.00 ~1.50	-	-	0.80 ~1.20
STF-4	0.50~0.60	MAX 0.35	0.60 ~1.00	MAX 0.030	MAX 0.030	0.70 ~1.00	0.20 ~0.50	1.30 ~2.00		MAX 0.20

[표 5-6] 열간 가공용 공구강의 열처리

구분	단조온도	Annealing (소둔)	Quenching (소입)	Tempering (소려)	Annealing (HB)	Tempering (HRC)
SKD-61	1,000~1,100 서냉	820~870 서냉	1,000~1,050 공냉	530~600 공냉	229 이하	51 이하
STF-4	1050 서냉	760~810 서냉	830~880 공냉	550~680 공냉	241 이하	51 이하

4) 냉간 가공용 공구강 (STD-11, STD-3)

냉간 가공용 공구강은 다음과 같은 특징이 있다. [표 5-7]은 냉간 가공용 공구강의 화학적 성분을 보여주고 있으며 [표 5-8]은 냉간 가공용 공구강의 열처리를 보여 주고 있다.

(1) STD-11

고탄소와 고크롬강이며 내마모성이 커서 DIES, 너트, 축조 Roller 제작에 적합하다.

(2) STD-3

합금 공구강에 요구되는 안전한 경화성을 필요로 하는 용도에 주로 쓰인다.

[표 5-7] 냉간 가공용 공구강의 화학적 성분

구분	C	Si	Mn	P	S	Cr	Mo	Ni	W	V
STD-11	1.40 ~1.60	<0.40	<0.60	<0.030	<0.030	11.0 ~13.0	0.80 ~1.20	-	-	0.20 ~0.50
STS-3	0.90 ~1.00	0.35 이하	0.90 ~1.20	0.030 이하	0.030 이하	0.50 ~1.00	-	-	0.50 ~1.00	-

[표 5-8] 냉간 가공용 공구강의 열처리

구분	열처리온도(℃)			경도	
	Annealing (소둔)	Quenching (소입)	Tempering (소려)	Annealing (HB)	Tempering (HRC)
STD-11	830~880 서냉	1,000~1,050 1,020~1,050	150~250공냉 500~530공냉	255 이하	58 이상
STS-3	750~800 서냉	800~850 유냉	150~200공냉	217 이하	60 이상

5) 탄소 공구강 (STC-3, 4, 5)

탄소 공구강은 다음과 같은 특징이 있다. [표 5-9]는 탄소 공구강의 화학적 성분을 보여주고 있으며 [표 5-10]은 탄소 공구강의 열처리를 보여 주고 있다.

(1) STC-3, 4, 5

풀림(Annealing)상태에서 모든 공구강중 가공이 가장 용이 하며, 높은 내 충격성을 지닌다.

[표 5-9] 탄소 공구강의 화학적 성분

구분	C	Si	Mn	P
STC-3	1.00~1.10	<0.35	<0.50	<0.030
STC-4	0.90~1.00	<0.35	<0.50	<0.030
STC-5	0.80~0.90	<0.35	<0.50	<0.030

[표 5-10] 탄소 공구강의 열처리

구분	Annealing (소둔)	Quenching (소입)	Tempering (소려)	Annealing (HB)	Tempering (HRC)
STC-3	750~780 서냉	760~820 수냉	150~200 공냉	212 이하	63 이상
STC-4	740~760 서냉	760~820 수냉	150~200 공냉	207 이하	61 이상
STC-5	730~760 서냉	760~820 수냉	150~200 공냉	207 이하	59 이상

6) 베어링 강 (STD-2)

베어링 강은 다음과 같은 특징이 있다. [표 5-11]은 베어링 강의 화학적 성분을 보여주고 있으며 [표 5-12]는 베어링 강의 열처리를 보여 주고 있다.

(1) STD-2

고탄소 크롬 특수강으로 내마모성 및 내충격성이 큰 강종으로, 볼베어링이나 로울러베어링 제조에 쓰이며 탄화물의 구장화 성능에 많은 영향을 미치는 탄화물이 미세화 되어 있다.

[표 5-11] 베어링 강의 화학적 성분

구 분	C	Si	Mn	P	S	Cr	Mo
STD-2	0.95 ~1.10	0.15 ~0.35	0.50 이하	0.025 이하	0.025 이하	1.30 ~1.60	0.08이하

[표 5-12] 베어링강의 열처리

구 분	단조온도	Annealing (소둔)	Quenching (소입)	Tempering (소려)	Annealing (HB)	Annealing (HRB)	Quenching (HRC)	Tempering (HRC)
STB-2	850 ~1,100 서냉	780~810	800~840	140~180	201이하	94 이상	63~65 (Roll)	60 이상

7) 구조용 합금강 (SCM-415, 440, 445)

구조용 합금강은 다음과 같은 특징이 있다. [표 5-13]은 구조용 합금강의 화학적 성분을 보여주고 있으며 [표 5-14]는 구조용 합금강의 열처리, [표 5-15]는 구조용 합금강의 가계적 성질을 보여주고 있다.

(1) SCM-415, 440, 445

크롬, 몰리브덴 강종으로 기어류, 축류, 고장력 부품, 연결 로드 등 강인성을 필요로 하는 부품에 사용되어진다.

[표 5-13] 구조용 합금강의 화학적 성분

구 분	C	Si	Mn	P	S	Cu	Ni	Cr	Mo
SCM-415	0.13 ~0.18	0.15 ~0.35	0.60 ~0.85	0.030 이 하	0.030 이 하	0.30 이 하	0.25 이 하	0.90 ~1.20	0.15 ~0.30
SCM-440	0.38 ~0.43	0.15 ~0.35	0.60 ~0.85	0.030 이 하	0.030 이 하	0.30 이 하	0.25 이 하	0.90 ~1.20	0.15 ~0.30
SCM-445	0.43 ~0.48	0.15 ~0.35	0.60 ~0.85	0.030 이 하	0.030 이 하	0.30 이 하	0.25 이 하	0.90 ~1.20	0.15 ~0.30

[표 5-14] 구조용 합금강의 열처리

구 분	단 조 (℃)	Quenching (소 입)	Tempering (소 려)
SCM-415	1100 ~ 900	1차850~900유냉 2차850~850유냉	150~200 공냉
SCM-440	1050 ~ 850	830~800 유냉	550~650 급냉
SCM-445	1050 ~ 850	830~800 유냉	150~200 공냉

[표 5-15] 구조용 합금강의 가계적 성질

구 분	항복 강도	인장 강도	연 신 율	단 면 수 축 율	충 격 치	경도(HB)
SCM-415	70 이 상	85 이 상	16 이 상	40 이 상	7 이 상	235~321
SCM-440	85 이 상	100 이 상	12 이 상	45 이 상	6 이 상	285~341
SCM-445	90 이 상	105 이 상	12 이 상	40 이 상	4 이 상	302~363

8) 구조용 탄소강 (SM-20C, SM-45C)

구조용 탄소강은 다음과 같은 특징이 있다. [표 5-16]은 구조용 탄소강의 화학적 성분을 보여주고 있으며 [표 5-17]은 구조용 합금강의 열처리, [표 5-18]은 구조용 합금강의 가계적 성질을 보여 주고 있다.

(1) SM-20C (저탄소강)

저탄소강이며 볼트, 핀 냉각 가공후 열처리하지 않는 부품과 단조후 소준하여 사영하는 부품, 또한 용접성을 필요로 하는 부품에 사용되어진다.

(2) SM-45C

일반적으로 크랭크축, 리어엑슬 샤프트 등에 사용되고 전체를 소입한 후 일부분을 고주파 소입, 또는 냉간 가공한 볼트 등에 사용되고 사출금형의 각종 플레이트에 주된 재료로 사용되고 있다.

[표 5-16] 구조용 탄소강의 화학적 성분

구 분	C	Si	Mn	P	S
SM-20C	0.18~0.23	0.15~0.35	0.30~0.60	0.030이하	0.035이하
SM-45C	0.42~0.48	0.15~0.35	0.60~0.90	0.030이하	0.035이하

[표 5-17] 구조용 합금강의 열처리

구 분	단 조(℃)	Normalizing (소 준)	Annealing (소 둔)	Quenching (소 입)	Tempering (소 려)
SM-20C	1100~900	870~920 공냉	약 860 노냉	-	-
SM-45C	1100~850	820~870 공냉	약 810 노냉	820~870 수냉	550~650수냉

[표 5-18] 구조용 합금강의 기계적 성질

구분	항복강도	인장강도	연신율	경도(HB)
SM-20C	25 이상	41 이상	28 이상	116~174
SM-45C	35 이상	58 이상	20 이상	167~229

제 6 장

수지 (PLASTIC)

총론
사출성형품 설계
금형설계기술과 CAE
사출 금형 설계
열처리
금형제작
사출성형기와 사출성형
고정밀 사출성형

제1절 수지(PLASTIC)의 정의

우리의 실생활에 사용하는 각종 가전제품에서 자동차, 기계설비, 우주 항공에 이르기까지 플라스틱이 적용되지 않는 분야를 찾아보기 힘들다. 플라스틱은 가열이나 가압을 이용하는 방법으로 만들어지고 성형이 가능한 재료나 이러한 재료를 사용한 모든 성형품을 말하는 것이며, 최종적으로 고체형상이 되고 분자량이 크며 제조과정 중 유동성을 이용하여 원하는 형상을 만들게 된다.

1909년 L. 베이클랜드에 의해 발명된 페놀포르말린 수지가 최초의 플라스틱으로 외관상 송진(resin)과 비슷했기 때문에 합성수지(synthetic resin)라 불렸고 "성형하기 알맞다"라는 뜻을 지닌 그리스어 "plastikos"에서 유래되었다고 한다.

플라스틱은 고분자 합성수지가 대부분인 고분자 물질이 주원료로써 셀룰로스, 단백질, 고무 등과 같이 그 구조를 반복하는 단량체(Monomer)로 표시 할 수 있는 고분자 물질로 되어있다. 일반적으로 분자량이 1,000 이하의 것을 저분자 물질, 1,000~10,000 이하의 물질을 중간 분자 물질, 10,000 이상의 물질을 고분자 물질이라고 하며 플라스틱과 함께 고무, 인조섬유, 코팅 재료와 각종 접착제 등을 포함하고 특별한 일부를 제외하고는 탄소와 탄소간의 결합을 반복하고 있다. 이러한 플라스틱에 다양한 충전 재료를 첨가한 복합재료는 플라스틱 발전에 많은 영향을 주었고 플라스틱에 첨가하는 재료에 따라 특수한 기능에 사용되고 있으며 이러한 플라스틱을 기능성 플라스틱이라 부른다. 플라스틱은 금속이나 목재, 유리, 피혁 등의 재료와 비교하면 다음과 같은 특징을 가지고 있다.

1. 플라스틱의 장점

① 중량에 비하여 강도가 높아 가볍고 튼튼하다.

② 가공이 용이하며 생산성이 높다.

③ 착색이 자유롭고 아름답다.

④ 우수한 성형성을 갖고 있다.

⑤ 내식성이 뛰어나 부식이 되지 않는다.

⑥ 완충성(Damping)이 크다.

⑦ 전기와 열의 절연성이 좋다.

⑧ 복합화에 의한 재질의 개량이 가능하다.

⑨ 내약품성 (내산성, 내알카리성)이 우수하다.

⑩ 시장성이 좋아 구입이 쉽다.

2. 플라스틱의 단점

① 열에 약해 고온에서 사용이 곤란하다

② 기계적 강도, 경도, 강성 등이 낮다.

③ 내후성에 한계가 있다.

④ 온도의 변화에 민감하여 치수의 불안정성이 크다.

⑤ 표면에 흠이 생기기 쉽고 더러워지기 쉽다.

⑥ 연소성이 있다

⑦ 환경오염의 원인이 된다

제2절 수지의 종류

플라스틱 수지는 순수한 고분자 수지에서 여러 가지 첨가제를 이용한 합성수지뿐만 아니라 화학반응에 따른 분류와 열적 성질에 따라 열경화성 수지와 열가소성 수지로 분류한다. [그림 6-1]은 고분자 물질의 분류를 나타내고 있다.

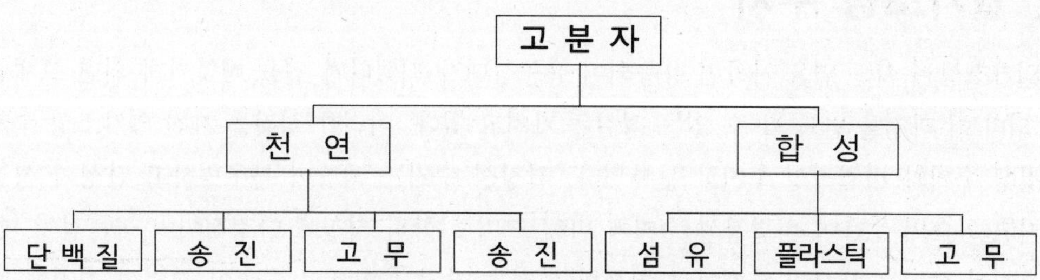

[그림 6-1] 고분자 물질의 분류

1. 고분자수지 분류

1) 선형 고분자(Linear Polymer)

[그림 6-2]에서 보는 것과 마찬가지로 선형고분자는 분자들이 일렬로 연속적으로 연결되어 긴 사슬로 이루어져 있으며 길이가 길어질 경우 직선 상태로 존재하기는 어렵고 분자의 각종운동 (진동, 신축, 굽힘)의 영향으로 여러 가지 모양으로 형태를 보여 줄 수 있다. 선형구조를 갖는 고분자로는 폴리에틸렌, 폴리 (염화비닐), 폴리스틸렌, 아크릴 (폴리메틸 메타크릴레이트: PMMA), 나일론, 불소수지 등이 있다.

2) 가지 사슬형 고분자(Branched Chain Polymer)

[그림 6-3]에서 보는 것과 같이 선형고분자의 분자중 한 장소에 결합되어 가지가 붙는 구조이다. 가지는 주사슬과 동일한 사슬 구조를 갖고 있다.

3) 그물형 고분자(Network Polymer)

그물형 고분자는 [그림 6-4]에 나타난 것과 같이 선형 고분자 사이에 가교(Cross Linking)가 이루어진 형태이다. 이러한 가교가 형성된 고분자는 탄성 고분자(elastomer)나 가교 폴리에틸렌과 같이 내열성이나 기계적 성질이 개선된 플라스틱이 된다.

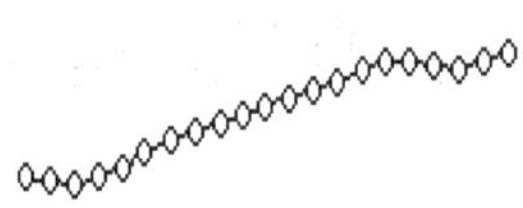

[그림 6-2] 선형

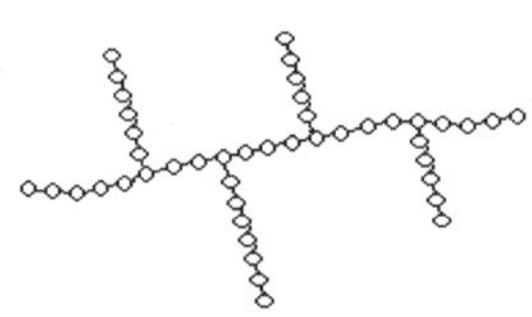

[그림 6-3] 가지사슬형

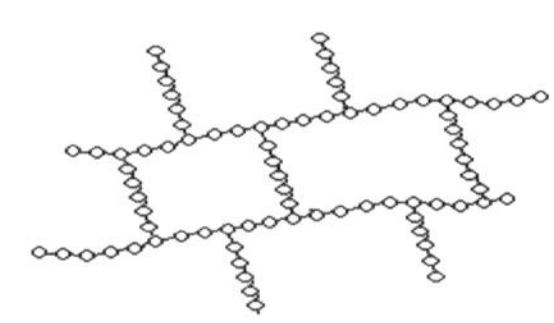

[그림 6-4] 그물형

2. 열가소성 수지

열가소성 수지는 열을 가하면 용융되어 유동상태가 되었다가 열을 빼앗기게 되면 고체상태가 되며 이 과정을 반복 할 수 있는 성질을 가지고 있다. 이러한 성질을 가진 열가소성 수지는 결정성 수지와 비결정성 수지로 분류된다. 결정성 수지는 색상이 불투명하고 탄성의 성질을 가지고 있으며 수축이 비결정성 수지에 비해 크며 화학적 성질에 안정적이며 녹는점이 낮다. 비결정성 수지는 색상이 투명하고 취성의 특성을 가지고 있으며 수축이 결정성 수지에 비해 적으며 화학적 성질이 불안정하며 녹는점이 높다.

3. 열가소성 수지 종류

1) ABS: 아크릴로 니트릴 부타디엔 스티렌

ABS수지는 AN(Acrylonitrile), BD(Butadiene), SM(Styrene Monomer : 스티렌 모노머) 3종의 단량체(monomer)로 구성된 3원 공중합체 된 수지이다. ABS수지는 3종의 주요 모노머의 조성비를 조정하거나, 각종 안료 및 첨가제 보강, 내열제 첨가, 난연제 첨가, 분자량 조절 등을 통해서 다양한 그레이드(grade)로 개발이 가능한 장점을 지니고 있다. ABS 수지는 PS수지(폴리스틸렌)의 단점과 내충격에 약한 SAN의 결점을 해결하기 위해 합성고무가 첨가되어 기계적 강성이 우수할 뿐만 아니라 낮은 온도에서도 탄성이 뛰어나며 충격에도 강하며 치수 안정성이 우수할 뿐만 아니라 표면 광택이 뛰어나며 도금하기가 쉽다. ABS의 개발역사를 살펴보면, 먼저 SM의 고분자형태인 PS(Polystyrene)가 가공성이나 투명성 등의 장점이 있는 반면, 쉽게 깨어지는 결점이 있어 이를 보완하고자 고무(rubber)성분을 보강, HIPS (High Impact Poly-Styrene)를 개발하게 되었으며, 또한 강성이 강한 AN과 SM을 공중합하여, PS수지의 내약품성을 개선, 충격강도를 높인 AS수지가 개발되었다. 이 두 가지를 합하여 1947년 미국의US Rubber사에 의해 개발된 수지가 ABS수지이다. ABS수지를 사용한 대표적인 제품에는 내충격성이 요구되는 합성수지 가방, 헬멧 등과 전화기, 냉장고 내외장, TV 등의 가전제품과 난연제를 첨가한 Computer, Monitor, 내열성이 요구되는 자동차 내장제 등이 있다.

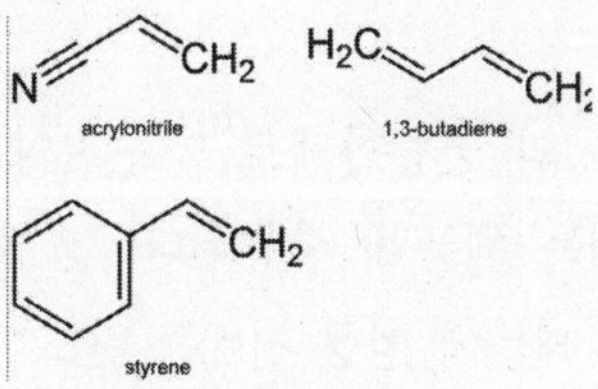

(a) 모노머

(b) 컴퓨터모니터

[그림 6-5] ABS 수지를 활용한 대표적인 제품

2) 폴리스티렌(PS)

PS수지는 SM (Styrene Monomer)을 고분자 상태로 공중합한 열가소성 수지이다. PS수지는 기계적 성질이 우수하고, 전기절연성이 우수하며 특히 고주파에는 다른 수지보다 뛰어난 절연성을 보이고 있으며 유동성이 좋아 성형 가공성이 뛰어나다. 자외선에는 취약해 열화가 생길 수 있다. PS수지는 특성에따라 GPPS와 HIPS로 구분하여 GPPS는 단독 중합체로써 복잡한 가공성이 요구되는 제품, 투명성이 요구되는 제품에 사용된다. GPPS를 사용한 대표적인 제품에는 의약품 및 식품용기, 냉장고 야채박스, 문구류, 선풍기 날개 등이 있다. HIPS는 GPPS의 약점인 내충격성을 보강하기 위하여 고무 (rubber)성분을 보강한 수지이다. HIPS의 용도는 ABS수지의 용도와 유사하며, PS를 사용한 대표적 제품에는 완구류, 카세트 테잎 및 가전제품 등이 있다.

(a) 일회용 커피컵

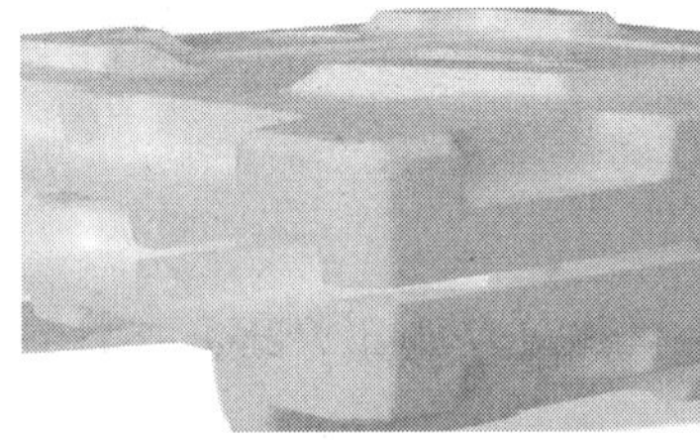

(b) polystyrene packaging

[그림 6-6] PS 수지를 활용한 제품

3) 스틸렌 아크릴로 니트릴 (SAN)

SAN수지는 SM (Styrene Monomer)와 AN (Acrylonitrile)의 공중합체로 PS수지의 내열성, 내약품성 및 기계적 강도를 보완하면서 투명성이 요구되는 제품에 사용된다. 점성이 적어 유동성이 나빠서 성형성이 좋지 않다. 수분 흡수율이 높기 때문에 성형 전에는 반드시 건조가 필요하다. SAN수지를 사용한 대표적인 제품에는 식품용기, 카세트케이스 등 투명하고 우수한 성형성이 요구되는 제품,냉장고 선반 (shelf) 등 투명성과 열안정성이 요구되는 제품, 밧데리 케이스, 일회용 치솔, 내약품성이 요구되는 일회용 라이터, 화장품 케이스 등이 있다.

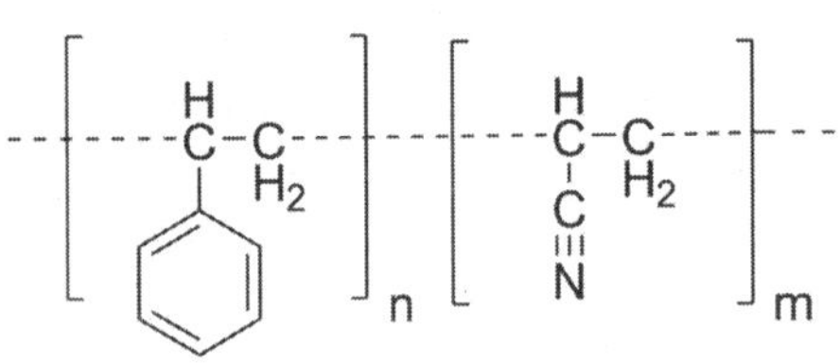

StyreneMonomer + (Acrylonitrile)

화장품 용기

[그림 6-7] SAN 수지를 활용한 제품

4) 아크릴 (PMMA)

아크릴의 최대 특징은 투명성이 대단히 우수하며 가시광선 투과율 (92%~98%)이 높다. 성형 후에도 투명성을 계속 유지하고 있으며 광택 또한 우수하다. 표면경도는 플라스틱 중 가장 우수하며 응력에 의한 균열에는 약하다. 이 수지는 MMA (Methyl methacrylate:메틸메타아크릴레이트) 단량체를 주원료로 하는 수지로 투명성, 내후성, 내약품성, 내긁힘 (scratch)성, 착색성이 뛰어나며 외관이 미려하므로, 자동차, 전기, 전자 부품소재 및 건축자재 등으로 각광을 받고 있다. 아크릴을 원료로 한 대표적인 성형물로는 자동차 실내등, 후미등 커버, 카세트 도어, 광고판, 인조대리석, 피아노 건반 등이 있다.

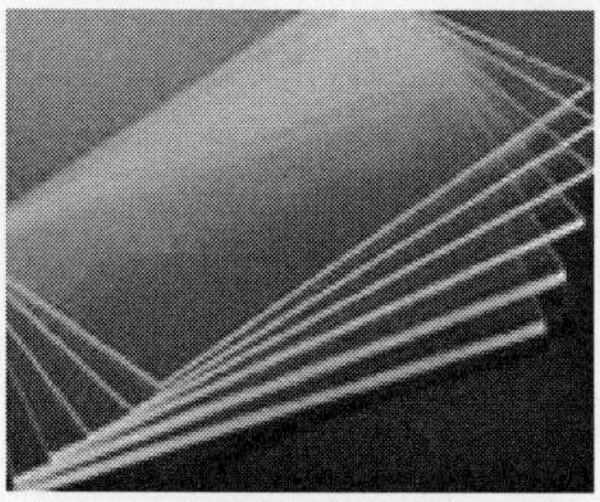

PMMA 보드

Aquarium투명창

평면스크린

[그림 6-8] PMMA 수지를 활용한 제품

(a) LDPE 비닐장갑

(b) HDPE 파이프

[그림 6-9] PMMA 수지를 활용한 제품

5) 폴리에틸렌(PE)

PE (Polyethylene:폴리에틸렌)은 에틸렌 (ethylene)중합에 의해 만들어진 결정성의 열가소성수지이며, 그 특성에 따라 LDPE (Low Density Polyethylene:저밀도 폴리에틸렌)과 HDPE (HighDensity Polyethylene:고밀도 폴리에틸렌)으로 구분된다. 고압법의 제조 과정으로 저밀도 LDPE가 생성되며 LDPE는 성형성이 낮으며 밀도는 0.91g/㎠~0.92g/㎠를 가진다. 중압법의 제조과정으로 중밀도 MDPE가 생성되며 성형성은 LDPE보다는 좋으며 밀도는 0.93g/㎠~0.94g/㎠를 가지며 저압법의 제조과정으로 HDPE가 생성되며 성형성은 가장 좋으며 밀도 0.95g/㎠~0.96g/㎠의 고밀도 폴리에틸렌이 생성된다. 이러한 PE는 점성이 높으며 판단 선도가 높고 취성이 없으며 수분의 흡수율이 낮으며 전기절연성질이 양호하며 기계적 강도가 강하고 통풍률이 좋지만 다른 재료와의 결합이 어렵다. 적용분야는 부드러운 용도로 쓰일 경우는

LDPE 전선피복, 고압케이블 등에 사용하고 강도가 필요한 경우 HDPE를 사용하고 컨테이너 관련제품에 사용하고 있다.

6) 폴리프로필렌(PP)

PP (Polypropylene:폴리프로필렌)은 프로필렌 중합에 의해 만들어지는 열가소성 수지이다. PP는 수지종류 중에서 가장 가벼운 수지에 속하며 비중이 0.90~0.92 정도로 아주 작다. 사용온도가 110℃ 이상으로 높은 편에 속하지만 유동성이 우수하여 박판성형에도 성형이 용이하며 예비건조가 필요 없을 정도로 수분흡수율이 낮다. PP의 최대 장점은 반복적인 구부림에 강해 힌지가 붙은 일체형 성형품이 가능하여 이러한 일체형 부품은 PP 이외의 수지에서는 찾아보기 힘든 장점이다. 프로필렌 중합체는 비결정성인 것과 결정성인 것이 있는데, 이 중 성형용으로 사용되는 것은 결정성 폴리프로필렌이다. PP는 물리적 성질이 PE보다 뛰어나지만 대기 중에 노출된 상태에서 빛이나 열에 산화 및 열화하는 결점이 있으며, 안정제를 필요로 한다. 비중은 0.9로 플라스틱 소재 중 가장 가벼우며 강성, 내충격성, 전기적 특성이 뛰어나며 값이 저렴하여 이용 범위가 넓은 범용 플라스틱이다. 용도는 소형 생활용품부터 자동차 범퍼, 부품, panel과 연신용 필름, 로프, 그물 등 산업용품에 이르기까지 이용범위가 다양하다

(a)의자

(b) 각종 가정용품

[그림 6-10] PP 수지를 활용한 제품

7) 폴리카보네이트(PC)

PC는 기계적 특성이 양호하고 특히 경도가 우수하여 충격에 강하고 투명성이 좋으며 유리섬유가 첨가되었을 경우 145℃까지 내열에도 견딘다. 일반적으로 부품에서 요구되는 구조적 성능에 모두 가지고 있다.

PC (polycarbonate: 폴리카보네이트)는 1956년 독일의 Bayer사에서 처음으로 개발한 열가소성 수지이다. 투명성과 내충격성이 가장 강한 수지로 렌즈, 유기유리, 광디스크 재료, 전기, 전자부품, 광학기기 부품, 자동차부품, 의료기기부품, 창유리 등에 사용되며 사출성형, 압출성

형, 진공성형, 압축성형 등 모든 성형법이 가능한 최첨단소재이다.

투명성이 강조된 폰의 윈도우

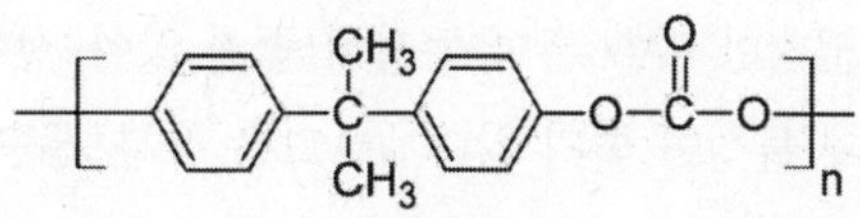

화학결합식

[그림 6-11] PC 수지를 활용한 제품, 화학결합

8) 폴리아세탈(POM)

POM (polyoxymethylene, polyacetal, 혹은 acetal)은 포름알데히드를 주원료로 제조되는 결정성 수지로 장기간의 광범위한 사용온도 범위에서도 기계적, 열적, 화학적 성질이 우수하고, 부품 설계 및 적용이 용이한 엔지니어링 플라스틱이다. POM은 인장강도, 압축, 휨은 열가소성 수지 중 PC와 PA와 함께 최고 수준이며 수분 흡수율이 적다. POM에 glass fiber를 첨가하면 경도는 좋으나 강인성이 나쁘며 취성을 좋게 하기 위해 카본을 첨가하고 내마모성 향상을 위해 백묵가루를 첨가하며 윤활성을 주기 위해서 테프론 가루를 첨가한다. Acetal Copolymer 구조에 의해 열안정성이 뛰어나며, 우수한 기계적 강도와 플라스틱 중 내피로성이 가장 뛰어난 특징을 가지고 있다. 아세탈은 내마찰, 내마모성이 우수하므로 자동차, 전기, 전자, 산업용 소재의 부품에 적합한 수지이며, 기능면에서 금속소재 및 열경화성 수지를 대체할 수 있는 소재이다. 적용분야는 자전거 바퀴, 기어, 볼트와 너트, 소형모터, 스위치레버, 링크 덮게, 가스통, 정화 탱크 등에 사용되고 있다.

자동차용 안전벨트

POM으로 성형된 기어류

[그림 6-12] POM 수지를 활용한 제품

9) 폴리아미드(PA)

PA는 [나일론]으로 많이 알려져 있으며 PA의 기계적 특성과 화학적 특성, 전기적으로 뛰어난 특성으로 인하여 엔지니어링 플라스틱으로 많이 활용되고 있다. 엔지니어링 플라스틱 종류로는 PA6, PA66, PA6-10, PA11, PA12로 나누고 있다. PA6은 유동성이 좋으며 PA6과 물성은 차이가 없지만 PA66은 유동성이 좋지 않아 성형이 어렵다. PA6-10은 가벼운 반면에 PA6이나 PA66보다 물성이 좋지 않다. PA11은 수분 흡수율이 PA6이나 PA66보다 적다. PA12는 PA11과 물성의 차이는 없으며 수분흡수율이 PA 중에 가장 적으며 성형시 치수 안정성이 가장 뛰어나다. 적용분야는 기어롤러, 하우징, 코일몸체, 케이블플러그, 오일필터 등에 쓰인다.

자동차용 오일받이

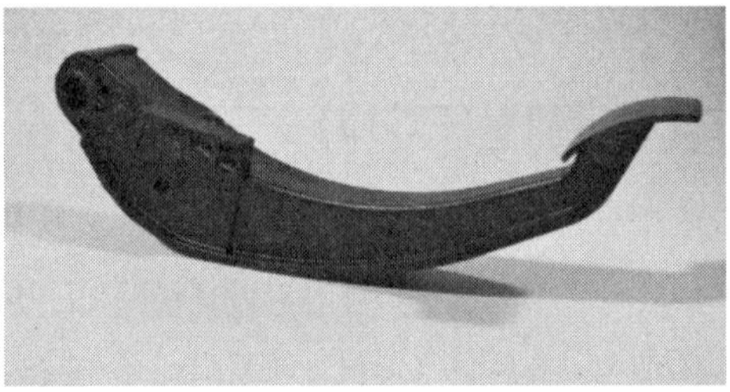

PA6로 성형된 자동차용 페달

[그림 6-13] POM 수지를 활용한 제품

10) 폴리 염화 비닐(PVC)

PVC는 강도가 뛰어나고 딱딱한 물질로 플라스틱 중 가장 점도가 뛰어나지만 가공성이 좋지 않다. 이러한 결점을 해결하기 위해 가소제와 혼합하여 경질의 성질의 수지나 연질의 성질을 가진 수지를 만들 수 있다. 가소제 첨가는 연질의 성질을 가지기 위해서는 30% 이상의 가소제를 첨가하고 경질의 성질을 가지기 위해서는 20% 이하로 가소제를 첨가하면 된다. 적용분야는 연질 PVC의 경우 타이어나 고무성질이 필요한 제품에 많이 적용되며 경질 PVC는 전기제품 케이스류와 배관부품에 많이 쓰인다.

PVC 지퍼백 PVC 파이프

[그림 6-14] PVC 수지를 활용한 제품

11) 서머 플라스틱 엘러스토머(TPE)

TPE는 고온에서 가소화된 플라스틱과 마찬가지로 성형할 수 있고, 상온에서는 고무 탄성체의 성질을 내는 고분자 재료이다. 열가소성 플라스틱용의 성형기술에 의한 가공, 특히 사출성형이 가능하고 가교 공정이 불필요하며 탄성율, 경도 등의 물성에서 플라스틱과 가교고무의 중간 형태로 사용할 수 있다. 우수한 내후성과 내오존성을 가지고 있으며 뛰어난 저온 유연성(-60℃ 이하) 및 높은 열 안정성을 가지고 있다.

적용분야는 고무 탄성체 분야에 많이 쓰이며 잠수복에 많이 쓰인다.

요가매트 산업용호스

[그림 6-15] TPE 수지를 활용한 제품

12) 폴리부틸렌 테레부탈레이트(PBT)

PBT (Polybutylene Terephthalate: 폴리부틸렌 테레프탈레이트)는 포화폴리에스터의 일종인결정성 수지로 용융온도 범위가 좁고 결정화 속도가 빠르므로 일반사출성형기로도 짧은

cycle time내에 성형이 가능한 장점을 가지고 있다. 또한 성형성이 우수하며 내열성, 내약품성, 전기적 특성이 우수할 뿐만 아니라 기계적 성질 및 치수 안전성이 뛰어난 엔지니어링 플라스틱의 일종이다. PBT의 용도는 자동차 도어핸들, 커넥트 등의 자동차 부품이나 형광 램프소켓, 전자렌지 door latch, 에어컨 frame류와 blade 등의 전기 전자용품, pump case, toaster 및 cooker등의 하우징, 기어, 수도계량기 하우징, 통신케이블 접속관 등 산업용품과 기타 가전기기용품에 사용된다. 주원료로 사용되기보다는 유리섬유를 혼합하여 사용하며 용융성은 낮지만 유동성은 PET보다 좋아서 성형성은 PET보다는 양호하다. 섭동성이 우수하고 수분흡수율도 낮다. 적용분야는 전기부품, 광학부품에 주로 사용되고 있다.

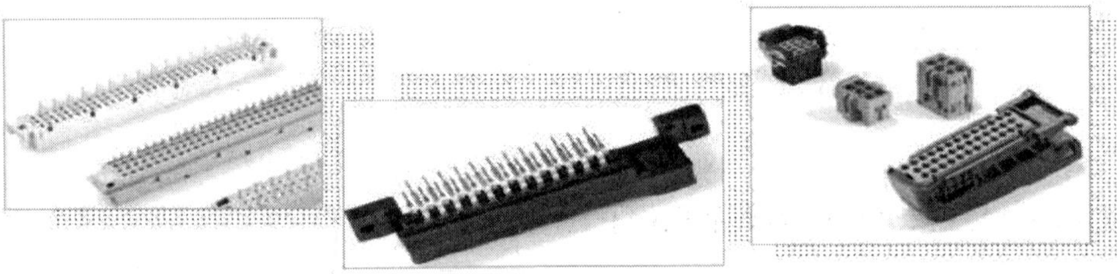

[그림 6-16] PBT 수지를 활용한 커넥트 제품

13) 폴리페닐린에테르 (PPE)

PPE는 1964년에 GE사에 의해 개발된 제품이며 Noryl이라는 이름으로 알려져 있다. PPO의 계량화된 수지로 성형성이 좋으며 주원료는 페놀이며 가공성을 좋게 하기 위해 스틸렌을 혼합하였다. 전기기기 및 사무용기기에 많이 쓰이고 주로 하우징용으로 많이 쓰인다.

14) 폴리페닐린설파이드 (PPS)

일명 라이톤으로 불리며 내열성이 우수하여 엔지니어링 플라스틱으로 많이 사용된다. 열변형 온도가 우수하며 수축률이 적어 치수 정밀도가 우수하고 점도가 낮아 첨가제와 혼합하기가 쉽고 성형성이 우수하다. 적용분야는 광학용 제품의 정밀부품으로 많이 쓰이며 커넥터, 전자렌지 부품, 밸브 등에 쓰인다.

4. 열경화성 수지

열경화성 수지는 열을 가하면 용융되어 유동상태가 되었다가 고화가 되면 고체상태가 되며 다시 열을 가하면 더 이상 용융이 되지 않는 성질을 가지고 있다. 이러한 열경화성 수지는 페놀수지(PF), 우레아수지(UF), 멜라민수지(MF), 불포화 폴리에스터(UP), 에폭시수지(EP), 우레탄수지(PUR), 실리콘수지(SI)가 있으며 사출성형시 유동이 잠시라도 지체하면 경화가 일어나므로 경화가 일어나지 않도록 하는 것이 중요하다. 수지의 특성을 높이기 위해 수지와 수지를 혼합하기도 하며 유기물이나 무기물을 첨가하기도 하고 제품의 특성을 높이기 위해 난연제나 정전기 방지제를 첨가하기도 한다. [표 5-1]은 경화성 수지에 유기물과 무기물 첨가시 장단점을 나타내었다.

[표 6-1] 유기물과 무기물 첨가시 장단점

	유 기 물	무 기 물
장 점	밀도가 낮다	수분 흡수율이 낮다.
	마찰마모가 적다.	수축률이 작다.
	가격이 싸다.	열변형 온도가 높다 .(180℃~200℃)
단 점	수축률이 크다.	밀도가 높다.
	수분 흡수율이 크다	마모가 심하다.
	열변형온도 낮다.(130℃~150℃)	가격이 비싸다.

5. 열경화성 수지 종류

1) 페놀 수지 (PF)

PF는 열변형 온도가 100℃~150℃로 고온에서 사용할 수 있는 수지 중 값이 가장 싸고 충전제 (아스베스트)의 첨가에 따라서 300℃에서도 사용이 가능하고 난연성 및 자기 소화성이 있다. 기계적 강성이 높은 반면 취성이 높으며 표면이 강해서 응력으로 인한 균열에 강하다. 수분흡수율은 낮고 수축률이 작다. 적용분야는 압력솥의 손잡이, 전기솔켓, 접착제의 충전제로 사용된다.

[그림 6-17] PF 수지를 활용한 제품

2) 우레아 수지(UF)

UF수지는 다양한 색상의 수지를 얻을 수 있고 취성과 함께 균열이 발생하기 쉽다. 수축률이 페놀보다 크기 때문에 정밀 소형부품에는 적합하지 않다. 열적 안정성은 좋으나 내후성 이 나빠서 실외에서 사용하기에는 좋지 않다. 적용분야는 향수병, 전기소켓, 변기 등에 사용된다.

[그림 6-18] PF 수지를 활용한 제품

3) 멜라민 수지(MF)

MF수지는 밀도가 1.5~2g/㎤이며 접착력이 좋으며 요소수지에 비해 내약품성이 강하고 끓는 물에도 장시간 견디며 열경화성 수지 중 유일하게 MF Type 152.7은 유일하게 음식물 용기로 사용이 가능하며 표면광택이 좋다. 요소수지보다 강성과 균열에 강하며 열안정성이 뛰어나고 전기적인 단열성은 나쁘다. 적용분야는 책상표면, 식료품용기, 충압 성형품에 사용된다.

[그림 6-19] MF 수지로 만든 Bucket과 Knob

4) 불포화 폴리에스터(UP)

UP는 탄소이중구조를 가지고 있으며 내열성이 90℃까지 이고 화학물질에 강하며 수축률이 9%정도 되며 직사광선에 내성이 강하다. 적용분야는 건축자재 중에 광판, 분리벽, 건물 외관에 사용되며 화학약품용기, 전기배전에 사용된다.

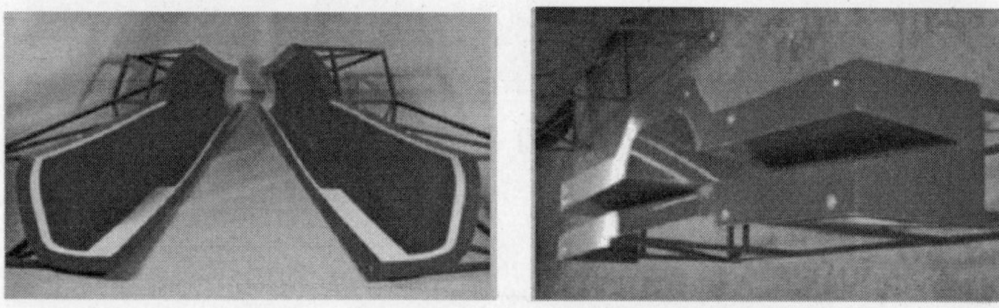

[그림 6-20] UF 수지로 만든 플라스틱 용품

5) 에폭시 수지(EP)

EP는 마모성이 적고 응력에 따른 균열성이 적다. 특히 강한 마모성을 요구하는 하중에 대해 내성이 강하며 열을 강화시켜 주는 작용이 강하다. ① 전기 전도성이 좋으며 ② 작업성이 양호하고 ③ 수축률이 5%정도이며 ④ 내화학약품성에 강하다. 적용분야는 전기절연체, 변압기 모터 자재, 시멘트 연결 부분 접착제, 프레스 가공용 공구, 거푸집 공구에 사용된다.

[그림 6-21] 에폭시 제품과 에폭시로 도장공사

6) 우레탄수지(PUR)

PUR은 발포 성형물 생성시 많이 사용되고 불균일 발포 물질의 경우 강도가 양호하며 표면의 질이 아주 좋다. ① 섭씨 0℃에서도 냉 경화제작이 가능 ② 경화시에는 자가 가열이 되지 않는다. ③ 촉진제를 사용하여 급속경화가 가능하고 ④ 모든 재료에 대해 접착성이 좋으며 ⑤ 수분 흡수율이 낮다. 사용분야는 표면이 강한 우레탄인 경우 컴퓨터 하우징, 창문틀, 기기류에 사용되며 표면이 강하지만 일반 우레탄은 신발바닥, 자동차 좌석, 핸들 등에 사용된다.

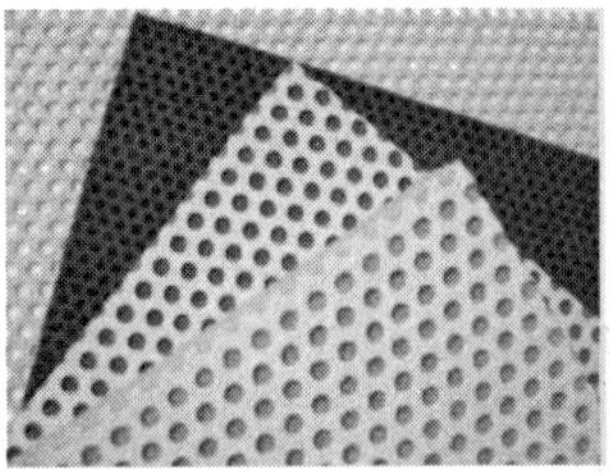

[그림 6-22] 우레탄 제품

7) 실리콘수지(SI)

SI수지는 GE의 로쇼가 규소원소(Si)와 염화메틸(MeCI)로부터 Silicone을 제조하는 직접법 발견 이후 상업적인 물질이 되었다. 화학적 결합이 일반 플라스틱의 주 결합인 탄소와 달리 규소를 주 결합으로 하고 있다. 실리콘은 비중이 1.05~1.23 정도로 탄성의 성질을 가지고 있다. 실리콘 중합체는 SI은 화학결합의 강도가 커 열 및 산화에 강하며 오일이나 고무는 분자간의 인력의 저하의 원인으로 내한성(고화점)이 낮은 반면 SI는 -75℃~-200℃에서도 견디는 우수한 성질을 가지고 있다. 그러나 분자간 인력의 저하로 나타나는 단점으로는 기계적 강도가 떨어진다. 적용분야는 도료의 내수성, 접착향상, 안료 전처리의 향상을 위해 실리콘을 첨가하고 인쇄회로 보호용 실리콘 코팅제로 사용되며, 우수한 내한, 내열성으로 인해 섬유코팅제로 사용되고 접착제로도 사용된다.

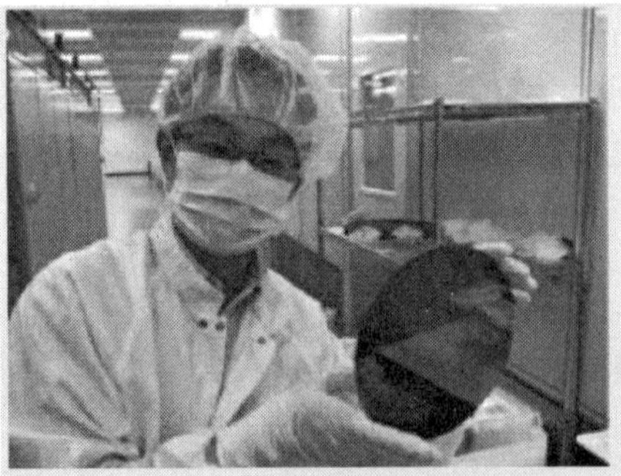

[그림 6-23] 실리콘 웨이퍼와 실리콘 덩어리

제3절 수지 식별법

오늘날 플라스틱 산업의 발달로 인해 많은 종류의 플라스틱이 개발되어오고 있는데 특히 첨가제를 혼합한 기능성 플라스틱이 많이 개발되고 있어 같은 계열의 플라스틱이라도 식별하기 곤란한 점이 많이 생기고 있다. 따라서 개략적인 방법으로 다음과 같이 수지를 식별하였다.
-촉감으로 식별: 유연하고 왁스 같은 느낌의 수지는 PE, PP, PTFE가 있다.
-손톱으로 식별: PE, PVC와 같은 경우 손톱자국이 생긴다.
-소리로 식별: PE, PP, ABS는 둔탁한 소리가 나고 PS, SB는 달그락거리는 소리가 난다.
-투명도로 식별: 투명한 제품으로는 PVC, PS, SAN, PMMA, CA, CAB, CP, PC, UF, MF, UP와 같은 수지가 있다. 불투명한 제품으로는 PF, PE, PP, SB, ABS PA, POM, PTFE와 같은 제품이 있다.

1. 충격 시험

플라스틱의 파괴 시험은 두 가지 특성을 고려하는데 취성이 강한 것과 인성이 강한 것을 고려하면 된다. 시험편 또는 물체에 순간적으로 충격을 가하여 그 파괴에 필요한 힘 (에너지)을 그 물체 또는 물질의 점성을 나타내는 시험법을 충격시험이라고 한다. 따라서 충격강도는 그 물질 또는 물체의 순간적인 집중 외력에 견디는 저항의 하한 값을 나타내는 것이라고 여겨지며 재질뿐만 아니라 그 형상이나 외력의 종류 등에 따라 다르고 정확히 인성을 나타내는 척도라고 말하지는 않는다.

충격시험의 종류는 시험편에 가한 하중에 따라서 충격굽힘시험, 낙하(낙구) 시험, 충격인장시험, 충격 비틀림 시험, 충격 압축시험 등으로 분류되지만 가장 광범위하게 사용된 규격으로 다루어지고 있는 것은 충격 굽힘시험으로 샤르피 (Charpy) 시험법과 아이조드 (Izod) 시험법이 있다. 충격인장 시험은 이론해석이 용이한 것으로 ASTM에서는 다루어지고 있다. PE, PA, PP, PC, POM, PTFE는 인성이 강하고 PS, PMMA, SAN이 취성이 강하다. [그림 6-24]는 충격시험 방식을 보여주고 있다.

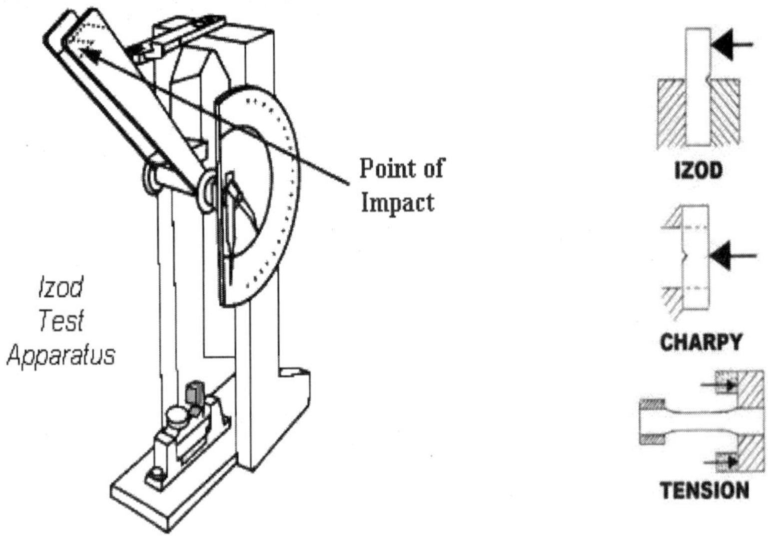

[그림 6-24] 충격시험 방식

2. 밀도시험

비중은 동일한 온도와 동일한 부피의 시료 무게와 물의 중량과의 비이고, 밀도는 단위 체적당 중량으로 단위는 g/ml이다. ASTM에서는 23℃를 표준으로 하고, 비중은 23℃이다.

밀도(D)와 비중(S)의 관계는 D = S(23/23℃) X 0.99756이다.

단, D23B : 23℃에서의 밀도(g/ml)

S(23/23℃) : 23℃에서의 비중 고체의 비중 및 밀도의 측정법은 여러 가지 있고 규격화되고 있는 방법으로는 수중 치환법, 피크노메타법, 적정법 및 밀도 구배관법 등이 있다. ASTM에 의하면 플라스틱 고체는 수중 치환법 성형분, 펠렛트 및 프레이크는 피크노 메타법을 추정하고 있지만 최근에는 밀도 구배관법이 잘 사용되고 있다. 또 액상수지의 경우는 비중병법이 사용되고 있다. 성형재료의 겉보기 밀도는 두세 가지의 방법이 있으며, 이는 용기의 치수가 달라질 뿐 기본적인 겉보기 밀도는 동일하다. 다음의 식으로부터 겉보기 밀도를 구한다.

Da = (C-A) / B Da : 겉보기 밀도(g/ml) A : 용기의 무게(g)

B : 용기의 내용적(ml)

C : 시료를 넣은 후 용기의 무게(g)

[표 6-2]는 수지 종류에 따른 밀도를 보여주며 [표 5-3]은 밀도를 식별하는데 쓰이는 용액제조 방법을 보여주고 있다.

[표 6-2] 수지종류에 따른 밀도

밀도	수지 종류
0.9~1.0	PE, PP, PB
1.0~1.2	PS, SAN, SB, ABS, PMMA, PPO, PC, PA
1.2~1.5	PVC, POM, PE, PBTP, PSU
1.5~1.8	유기물로 충전시켜 만든 수지
1.8~2.0	PTFE

[표 6-3] 밀도 식별 하는데 쓰이는 용액제조 방법

밀도	제조방법
0.91	52%에탄올+48%증류수
0.94	37%에탄올+63%증류수
1.00	100%증류수
1.10	44%글리세린+56%증류수
1.20	93%글리세린+7%증류수
1.30	27%가성소다+73%물
1.40	37%가성소다+63%물

3. 용해시험

용해성은 수지의 구조와 분자크기 및 무게에 영향을 받으며 용해속도는 표면의 크기, 온도, 용매의 확산에 영향을 받는다. 용해 시험도 흡수율과 동일하게 고려한다. 용제류도 단일 종류의 것으로 제한하지 않는다. 수 종류의 혼합이 고려되어 이들의 공통효과를 주시하지 않는 경우도 있다.

측정한 용도의 경우 품질규격으로는 독자적인 침전액을 규정하고 있는 경우가 있지만 시험법 규격으로는 특수한 용재까지 규정하는 것은 당연하고 비교적 보편성 있는 대표적인 약품이나 용재가 ASTM에는 자주 사용되고 있는 시험법이라면 JIS나 ISO에도 시험법이 제정되어 있다. 그러나 그것들은 모두 액체 중에 침전시키는 방법으로 고체나 액체와의 접촉에 대하여 규정한 규격은 거의 없다.

[표 5-4]는 수지에 따른 용해제를 나타내었다.

[표 6-4] 수지에 따른 용해제

수지	용해제	비 용해제
PS	BENZOL, TOLUOL, Chroloroform, Aceton	Alkohele
PVC	Tetrahydrofurn Cyclohoxanon	Methanol Aceton
POM	Benzylalkohol Butirolaceon	Methanol
PA	Ameisensaäure M-Kresel	Methenol Kohen wasserstoffe

가. PA의 Ameisensäure(개미산)한 구분

(1) PA6: 70%의 Ameisensäure용액에 녹음

(2) PA66: 80%의 Ameisensäure용액에 녹음

(3) PA6-10: 90의 Ameisensäure용액에 녹음

(4) PA11과 PA12는 Ameisensäure에 녹지 않음

나. PS와 SAN의 구분

(1) PS: CCl4에 쉽게 녹으며 녹으면서 실과 비슷한 선들이 발생한다.

(2) SAN: CCl4에 녹지 않는다.

4. 용융온도에 따른 구분

플라스틱수지는 수지의 특성에 따라서 용융되는 온도가 다르다. 용융온도는 사출성형 시 수지에 따른 용융온도를 설정하여야 제품에 문제가 생기지 않는다. [표 6-5]는 수지에 따른 용융온도를 나타내었다.

[표 6-5] 수지에 따른 용융온도

수지	용융온도
LDPE	105℃~120℃
HDPE	125℃~135℃
PP	165℃~175℃
POM	175℃~185℃
PA12	178℃~185℃
PA11	184℃~184℃
PA6-10	210℃~215℃
PA6	215℃~220℃
PA66	250℃~260℃
PETP	250℃~260℃

5. 연소 냄새에 의한 식별법

플라스틱의 주원료 수지의 종류를 감별하는 방법은 여러 가지가 있으며 예를 들면 연소시 불꽃의 색, 연소방법 등이 있으며 일반적으로 플라스틱은 복잡한 화합물로 이루어져 있어 정확한 감정이나 각 성분의 화합 등의 정확한 양을 아는 것은 특수한 경우를 제외하고 불가능하다. [표 6-6]에 연소에 대한 시험 방법을 나타내고 있다. [표 6-7]은 연소에 의한 플라스틱 식별법을 보여주고 있다.

[표 6-6] 연소 시험 방법

플라스틱 시편 연소 ⇩	-연소반응과 불꽃반응 검사
불꽃 외형 현상관찰	-시편이 계속연소 하는가? -기포가 형성되는가? -시편에서 방울이 떨어지는가 -시편이 소리를 내며 연소하고 있는가? -불꽃의 색깔은? -불꽃에서 그을음이 나오는가?
⇩ 연소 후 현상 관찰	-냄새는 어떠한가?

태워서 연기나지 않는 수지	PE.PP 등 올레핀계 수지 PMMA 아크릴 POM 타고 있는지 꺼져있는지 구별이 안됨
태워서 연기나는 수지	PS, ABS 등 스틸렌계수지 PVC 불이 붙지 않고 염소를 뿜는다.
냄새로 구별하는 방법	PP : 잘 타며 약간 달콤한 냄새
	PS : 쉽게연과, 다량의 연기를 내며 탄다
	ABS : PS와 약간 비슷하지만 신나 냄새가 남
	PA : 잘 타지 않고 연지는 나지 않음, 양모냄새난다
	POM : 포르말린 냄새
	PET : 시큼한 냄새, 실처럼 늘어 난다.
	PMMA : 연기는 나지 않으며 냄새도 나쁘지 않음
	PBT : PET와 비슷
	PC : 잘타며 소독약냄새 남

[표 6-7] 연소에 의한 플라스틱 식별법

수 지		연소상태	불꽃 제거후 연소여부	불꽃의 성장	플라스틱의 상태	냄새
열경화성수지	페놀수지(注型品)	難	否	황색·스파크	쪼개짐 발생	강력포르말린 냄새
	페놀수지(木分충전재)		否	황색	膨潤·쪼개짐	목재와 페놀 냄새
	페놀수지(纖 基材)		燃	황색·黑煙	膨潤·쪼개짐	섬유와 페놀 냄새
	페놀수지(紙基材)		燃	황색·黑煙	膨潤·쪼개짐	종이와 페놀 냄새
	유레아수지	難	否	황색·淡靑綠色	膨潤	포르말린 냄새
	멜라민수지	難	否	淡黃色	膨潤	유레아와
	폴리에스테르수지	易	燃	황색·黑煙	膨潤	스틸렌모노머 냄새
열가소성수지	스틸렌수지	易	燃	橙黃色·黑煙	軟化	스틸렌모노머 냄새
	아크릴수지	易	燃	황색·端靑色	軟化	아크릴 모노머의 특유의 냄새
	폴리에틸렌	易	燃	先端靑色·下端靑色	溶融落下	파라핀 타는 냄새
	폴리프로필렌	易	燃	先端靑色·下端靑色	溶融落下	석유 냄새
	폴리모노크롤트리플오로에틸렌	難	–	–	–	–
	테프론	不燃	–	–	–	–
	나일론		徐消	先端靑色 靑色淡	溶融落下	양모 냄새
	폴리초산비닐	易	燃	暗靑色·黑煙	軟化	초산 냄새
	폴리비닐브터롤	易	燃	黑煙	溶融落下	특유한 냄새
	폴리염화비닐	難	否	黃色·下端綠	軟化	酸의 자극성 냄새
	염화비닐 초산비닐 공중합체	難	否	暗黃色	軟化	특유의 냄새
	폴리염화비닐렌		否	黃色·綠	軟化	특유의 냄새
	폴리카보네이트	易	徐消	黃色·黑煙	軟化	특유의 냄새
	폴리아세탈	易	燃	先端靑色·下端靑色	溶融落下	포르말린 냄새
기타	천연고무	易	燃	暗黃色·黑煙	軟化	특유의 냄새
	부타디엔·합성고무	易	燃	暗黃色·黑煙	軟化	특유의 냄새
	카제인		否	黃色·炭色煙	膨潤·炭化	양모타는 냄새
	팍터스	易		청색	溶融	특유의 냄새
	세락	易		橙黃色·下端靑色 黑煙	軟化	특유의 냄새

제 7 장

총론
사출성형품 설계
금형설계기술과 CAE
사출 금형 설계
열처리
수지 (PLASTIC)

금형제작

사출성형기와 사출성형
고정밀 사출성형

제1절 금형도면 분석과 공정

1. 금형도면 분석

금형도면은 성형품이 되는 제품도와 금형제작을 위한 금형부품도, 조립도 등으로 분류할 수 있다. 도면분석에는 2D와 3D의 두 도면을 분석을 하게 되는데 3D 분석이 효율성이 좋고 오류가 적다. 산업 현장에서는 혼용하여 사용되고 있다. 두 도면에서 치수의 오차가 발생하는 경우에는 설계자와 반드시 협의하여 진행하여야 한다. 제품도를 분석할 때는 성형과 제작의 특성을 고려하여 특히 구배의 적용 상태와 3D를 참조한 정확한 분석이 중요하다. 설계단계에서 빼기구배의 편측과 양측의 오류를 줄이기 위해서 검도 단계에서 빼기구배의 값을 면밀히 검토해야 하고 주서의 내용을 숙지해야 한다. 조립도의 경우 일반적으로 3D 모델링의 코어와 캐비티의 조립상태를 참조, 수축율과 구배 등의 검토가 가장 중요하다고 할 수 있다. 설계자의 2D를 기반위에 생성된 3D도면은 NC 코드 생성을 위해 시간과 오류를 줄이고 CAM프로그래밍 작업으로 빠르게 진행할 수 있다.

(1) NC 가공 영역과 가공 방법

금형 설계된 조립도 상의 상하의 인서트 캐비티와 코어를 가공으로 보내기 위해서 일반 기계가공을 진행 할 것인지 NC가공을 할 것인지, 일체형과 인서트 형식의 특성을 고려하여 정밀도 있는 금형제작을 위하여 기계를 선정하게 된다. 일체형의 경우 공작물이 큰 특성으로 중대형 기계를 선정하고 통상적으로 정밀도가 낮은 특성이 있다. 인서트로 금형을 조립 완성하는 경우, 생산수량과 재질 그리고 열처리 여부를 고려하여 가공해야 한다. 열처리를 하는 경우 통상 연삭가공으로 마무리 한다.

2. 공정계획

플라스틱 성형품의 제작 프로세스는 상품 기획에서 시작하여 성형품설계로 MOCK-UP을 먼저 제작하여 개발에 착수한다. 설계, 구매, 금형, 사출 등의 금형구조 검토회의를 거쳐 금형설계에 들어가고, 가공은 자체 가공이 가공하여 자체에서 진행하거나 또는 외주 처리하여 가공을 의뢰한다. 가공된 금형부품을 검사하고 조립하여 금형을 완성하고, 완성된 금형으로 성형품을 사출해서 측정을 통해 품질을 평가하는 프로세서를 갖는다. 초기 발주에서 금형설계, 생산수량을 고려한 소재선택, 부품별 금형제작가공, 중간 치수검사, 금형조립사상가공, 1차 시험사출,

제품검사, 양산 또는 특성을 고려한 금형수정, 2차 시험 사출, 양산으로 진행된다. 아래의 그림은 금형제작 프로세스와 금형공정 계획표이다.

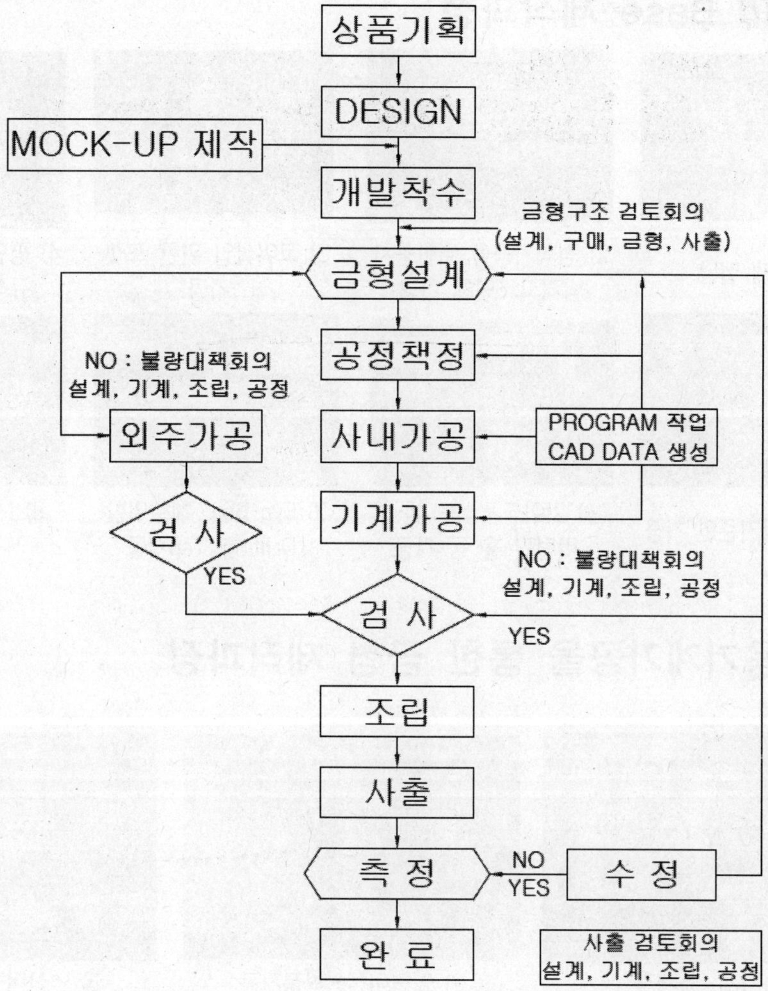

제2절 사출금형제작과정

1. Mold Base 제작과정

1) 소재 절단

2) 정삭가공을 위한공차 남기고 6면체 가공

3) 코어삽입 위한 포켓 가공.

4) 평면도, 평행도 등의 규격 맞춘 연삭가공

5) 금형제작기준면 가공

6) 가이드포스트·부시, 리턴핀 홀 등 가공.

7) Eye-Bolt, 체결위한 Drilling, Tap가공

8) Mold Base 조립, 검사로 완성

2. 범용기계가공을 통한 금형 제작과정

1) 톱기계 - 소재절단

2) 밀링머신 - 부품가공

3) 연삭머신 - 부품가공

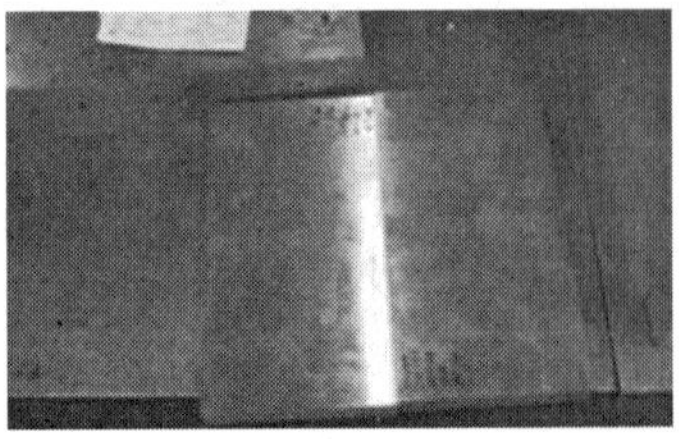
4) 금형부품소재 준비완료

5) 건드릴
-이젝터핀홀,볼트홀,냉각홀의 가공

6) 레이디얼드릴-Tap 작업

3. N/C로 가공하는 금형 제작과정(1)

1) NC-형판의 포켓 황삭가공

2) NC-형판의 포켓 정삭가공

3) NC-형판의 포켓 잔삭가공

4) 와이어컷팅머신 준비작업

5) 와이어컷팅머신 가공작업

6) NC가공을 통한 가공품

4. N/C로 가공하는 금형 제작과정(2)

NC-흑연전극가공

NC로 완성된 흑연 전극

방전작업 전의 셋팅 가공

지그위에 설치된 가공품

방전작업-코어부분 방전 가공

방전가공을 통한 가공품

5. 금형조립과정(1)

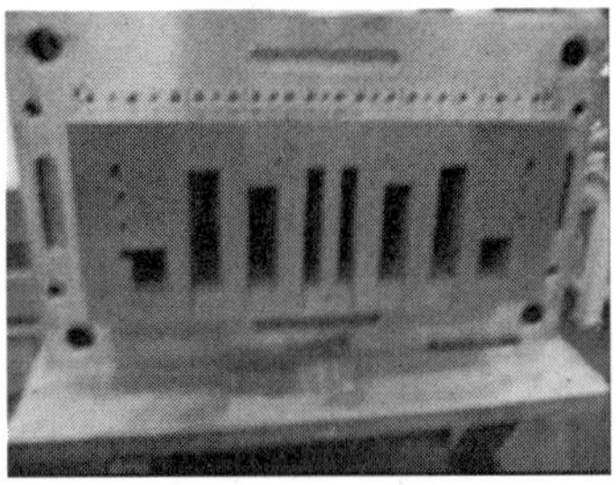
금형부품의 끼워맞춤

금형부품의 끼워맞춤

금형부품의 부분조립

슬라이드 부품의 조립작업

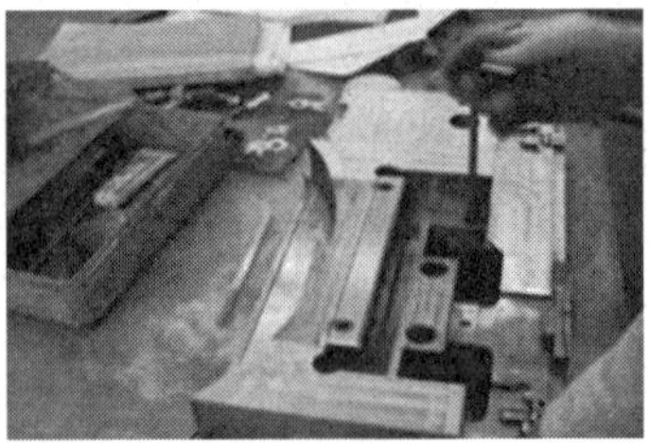
슬라이드 부품의 조립작업

금형가동측의 조립상태

6. 금형조립과정(2)

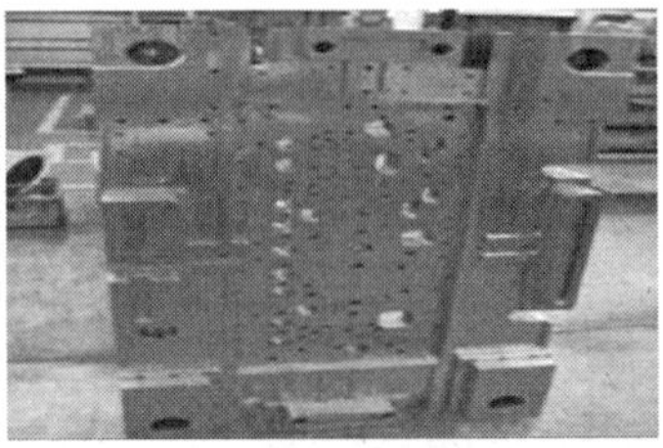
가공된 금형부품

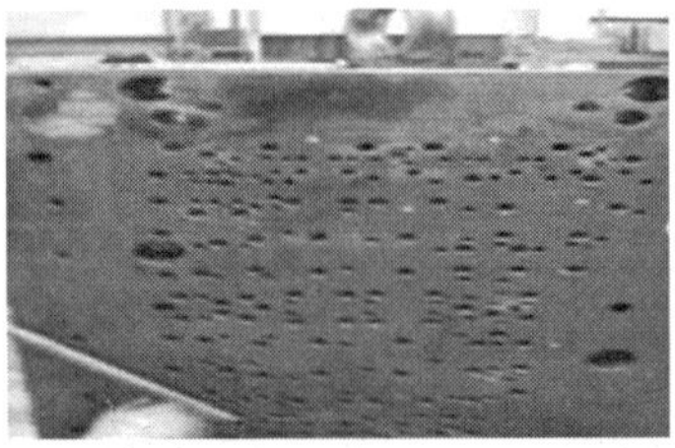
금형부품의 각종 핀 홀

금형부품 중 이젝트핀 조립

금형부품의 조립작업

맞춤작업을 위한 다듬질 가공

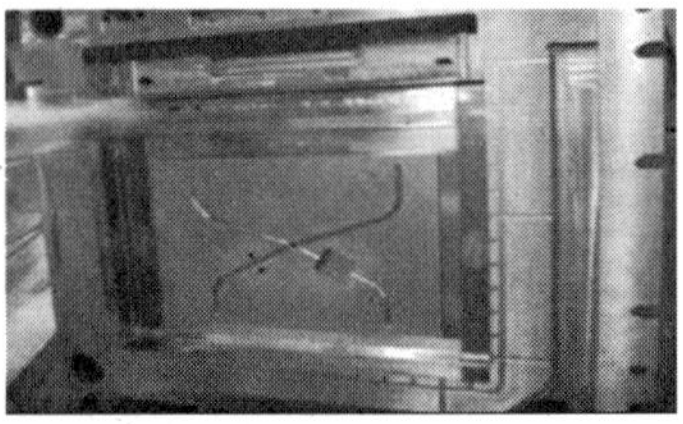
금형가동측의 조립상태

제3절 평면 연삭

1. 평면 연삭가공

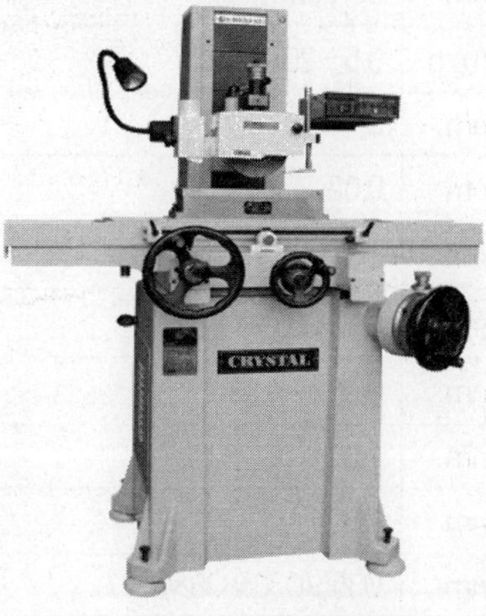

[그림 7-1] 성형겸용 평면연삭기

평면 연삭은 숫돌을 이용하여 여러 가지 형태의 공작물에서 평면부분을 가공할 때에는 기계를 일반적으로 성형 겸용 평면 연삭기 [그림 7-1]라고 한다. 연삭가공에는 공구연삭, 원통연삭, 사출금형에 많이 쓰이는 평면연삭과 성형연삭이 있다. 그 중 가장 기본적인 작업은 평면연삭이다. 평면연삭의 경우 그라인더를 자동으로 교환하는 대형 연삭기 [그림 7-2]에서 주로 소형제품의 연삭에 쓰이는 탁상형 원형 테이블 연삭기나 로터리 방식의 연삭기가 사용되어지고 있으며 또한 정밀 가공용 연삭기 [그림7-3]이 사용되고 있다.

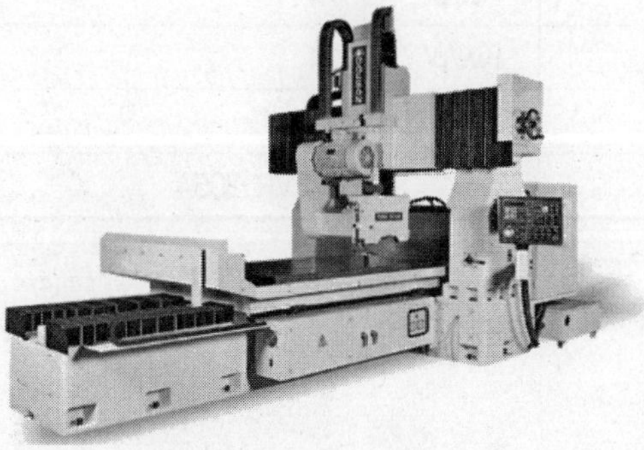
[그림 7-2] 대형 평면연삭기

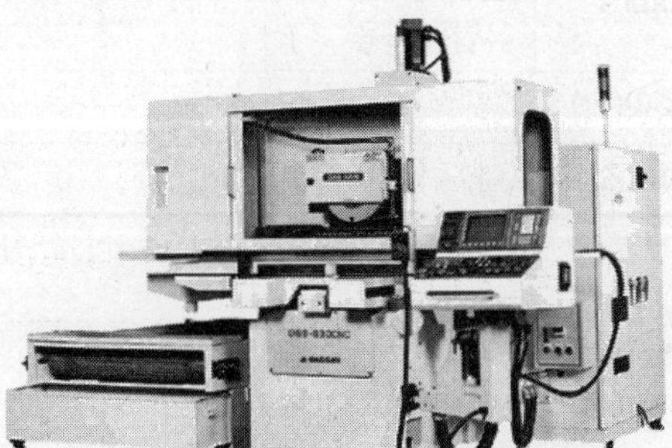
[그림 7-3] 정밀 가공용 연삭기

사출금형

평면연삭기의 일반적인 사양은 [표 7-1]과 같다.

[표 7-1] 일반적인 평면 연삭기의 사양

항 목			단 위	YGS-63A
Capacity	표준척의크기(길이×폭)		mm	600×300
	테이블 상면에서 숫돌 중심까지의 거리		mm	0~522
Table	좌우 이동 속도(평균)		m/min	0.5~20
	전후 수동이송	핸들1회전당 이송량	mm	5
		다이알 1눈금당 이송량	mm	0.02
	전후 자동이송	간헐이송	mm	0.5~20
		연속이송	m/min	0.1~1.0
Grinding head	자동 절입 이송량		mm	0.002~0.03
	수동 절입 이송량	핸들1 회전당 이송량	mm	1.0
		다이알 1눈금당 이송량	mm	0.005
Grinding Wheel	외경×폭×내경(60Hz)		mm	Ø355/Ø305×38×Ø127
	회전수(50Hz/60Hz)		r.p.m	1500/1800
Motors	스핀들용		Kw/p	3.7/4
	유압펌프용		Kw/p	2.2/4
기계중량(약)			kg	2200
휠 카바 적용 모델			-	YGS/CVR-305A

1) 연삭기의 동작상태

(1) 장비의 점검

ㄱ) 전기 공급은 원활한가?

ㄴ) 각종 스위치의 이상 작동은 없는가?

ㄷ) 공회전에서 주축 스핀들의 회전은 정상적인가?

ㄹ) 숫돌의 드레싱 상태는 양호한가?

ㅂ) 마그네틱 척의 작동상태는 양호한가?

ㅅ) 유압펌프 및 테이블의 상태는 올바른가?

ㅈ) 흡진 상태는 양호한가?

ㅊ) 절삭유 상태와 공급은 양호한가?

ㅋ) 덮개는 올바르게 조여 있는가?

2) 기계 유지 및 보수

연삭장비는 고속회전에 의한 가공을 하는 장비로 장비 사용 시 세심한 주의가 요구된다. 아래의 항목들은 연삭기를 유지하는데 필요한 기본사항을 제시하고 있어 작업자는 항상 주의를 요하고 주기적인 점검이 필요할 것이다.

ㄱ) 숫돌 회전축은 충격에 약하므로 공작물에 터치할 때에 주의하며 작업할 것.
ㄴ) 마그네틱 척에 제품 고정 상태를 꼭 확인 후 작업 진행 할 것.
ㄷ) 공작물 탈자 시 스위치 작동이 끝날 때까지 기다렸다가 제거할 것.
ㄹ) 오일은 매일 습관적으로 점검하고 자동인 경우에는 주 1회 확인하도록 할 것.
ㅁ) 연삭기의 경우 기계에 AIR를 사용하여 청소를 하지 말 것.
ㅂ) 숫돌 밸런스를 잡을 때 드레싱을 한 다음 숫돌 밸런스 균형을 맞출 것.
ㅅ) 주축에서 숫돌 교환이나 해체 볼트나 전용 훅 스패너 사용할 것.
ㅇ) 공작물 두께나 크기에 따라 마그네트 세기를 조절하여 연마할 것.
ㅈ) 무거운 공작물은 반드시 평면 연마에서 연마할 것.
ㅊ) 공작물 황삭 시는 절삭 깊이(열처리강 기준) 0.02mm-0.03mm.
ㅋ) 스핀들 정지 시 강제로 정지시키지 말고 자연스럽게 정지 시킬 것.

3) 연삭 작업 시 발생하는 현상에 대한 처리법

① 높아지는 경우

- 원주속도를 천천히 한다.
- 연삭량을 적게 한다.
- 연삭 절입과 이송을 크게 한다.
- Dresser 절입과 이송을 크게 한다.
- 연삭유 공급량을 많게 한다.
- 연삭유 희석을 고농도로 한다.

② 낮아지는 경우

- 주속도를 빠르게 한다.
- 연삭량을 많게 한다.
- 연삭 절입과 이송을 적게 한다.
- Dresser 설치각을 크게 한다.
- Dresser 절입과 이송을 적게 한다.
- 연삭유 공급량을 작게 한다.

③ 음의 높낮이가 반복되는 경우

ㄱ) 이상 연삭음이 난다
ㄴ) 이송 Mark가 발생한다.

- 지석 원주속도를 천천히 한다.
- 연삭량을 적게 한다.
- Dresser 절입과 이송을 적게 한다.
- 연삭유 공급량을 많게 한다.
- Workpiece와 지석축의 평행을 조정

ㄷ) 가공 변질층이 생긴다

- 원주속도를 천천히 한다.
- 연삭량을 적게 한다.
- 연삭 절입과 이송을 적게 한다.
- Dresser 절입과 이송을 크게 한다.
- 연삭유 공급량을 많게 한다.

ㄹ) 절미가 저하된다.

- 원주속도를 천천히 한다.
- 연삭량을 적게 한다.
- Dresser 절입과 이송을 크게 한다.
- 연삭유 공급량을 많게 한다.

ㅁ) 연삭비가 저하된다.

- 주속도를 빠르게 한다.
- 연삭량을 적게 한다.
- 연삭 절입과 이송을 적게 한다.
- Dresser 설치각을 크게 한다.
- Dresser 절입과 이송을 적게 한다.
- 연삭유 공급량을 많게 한다.

ㅂ) 연삭 연소 현상이 발생한다.

- 지석 원주속도를 천천히 한다.
- 연삭량을 적게 한다.
- Dresser 절입과 이송을 적게 한다.
- 연삭유 공급량을 많게 한다.
- 침투성이 좋은 윤활유로 한다.

ㅅ) 휨, Bending (평면연삭)이 일어난다.

- 연삭량을 적게 한다.
- 연삭유 공급량을 많게 한다.
- 침투성이 좋은 윤활유로 한다.

ㅇ) 사상면 조도가 불량하다.

- 지석 주속도를 빠르게 한다.
- 연삭량을 적게 한다.
- Dresser 절입과 이송을 적게 한다.
- Dressing를 자주 한다.
- Dresser 설치각을 크게 한다.
- Dresser 절입과 이송을 적게 한다.
- 연삭유 희석을 고농도로 한다.
- 지석 Balance를 수정한다.

ㅈ) 치수 정도가 불량하다.

- 지석의 주속도를 천천히 한다.
- 연삭량을 적게 한다.
- Dresser의 절입과 이송을 적게 한다.

ㅊ) 진원도가 불량하다.

- 연삭 cycle을 변경 한다.
- Dresser를 신품으로 교체한다.
- Center구멍을 수정하여 연삭 한다(Cylinderical Grinder의 경우).

ㅋ) 원통도 불량(Cylinderical Grinder, Centeress Grinder의 경우)하다.

- 흔들림 멈춤 위치의 변경한다.
- 가공 단면의 Over-Run을 조정 한다.
- Table의 Sweeble을 조정한다.
- Dresser의 Carat이 큰 것으로 한다.

2. 연삭숫돌의 선택과 가공 조건

1) 연삭숫돌의 절삭 작용

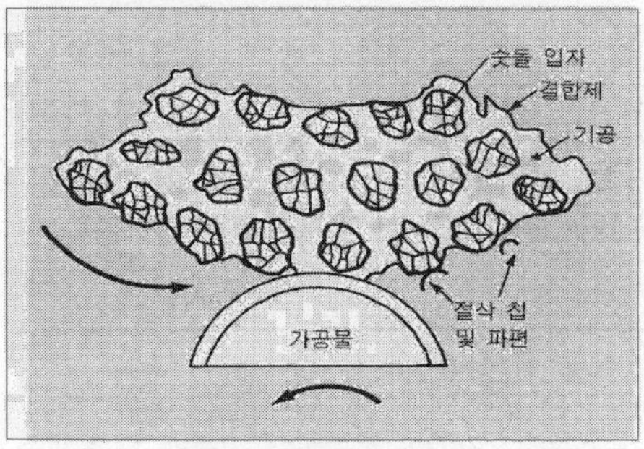

[그림 7-4] 연삭작용

연삭숫돌이 금속을 절삭하는 모양을 보면 [그림 7-4]와 같다. 마치 하나하나의 숫돌 입자가 커터의 날과 같이 작용하여 금속을 절삭하는 것이다. 따라서 숫돌바퀴는 무수히 많은 날을 붙인 커터라 볼 수 있다. 실제로 깎여 나간 절삭 부분은 기공에 쌓이게 되고, 숫돌이 1회전하여 이 부분이 또 다시 접촉점에 오게 될 때까지 원심력 때문에 뿌리쳐 떨어져 나가게 된다.

2) 절삭날의 자생

연삭숫돌은 절삭날이 절삭되지 않게 되면 숫돌 입자가 부러져서 차례차례로 새로운 절삭날이 생긴다. 이것을 절삭날의 자생(自生)이라 한다. 연삭숫돌과 다른 절삭 공구와 다른 점이다.

3) 숫돌바퀴의 3요소

숫돌바퀴의 구조는 [그림 7-5]에 표시한 바와 같이 숫돌 입자, 결합 제, 기공 등의 3요소로 되어 있다. 숫돌 입자는 절삭하는 날이고, 결합제는 숫돌 입자를 고정시키는 것이며, 기공은 절삭 칩이 쌓이는 장소가 된다. 이 3가지를 숫돌바퀴의 3요소라 한다.

4) 숫돌 입자

① 알루미늄질의 숫돌 입자는 인조 숫돌 입자로 순도가 높은 WA숫돌과 암갈색을 한 A숫돌이 있다. WA숫돌은 일반적으로 담금질 강의 연삭에 적합하고, A숫돌은 일반 강재의 연삭에 적합하다.

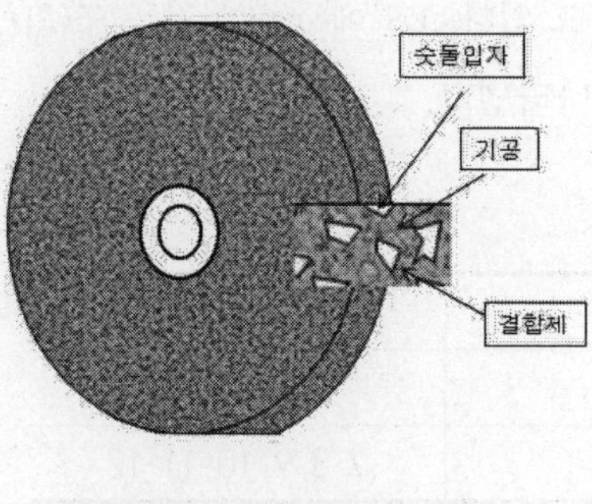

[그림 7-5] 숫돌의 3요소

② 탄화 규소질의 숫돌입자는 역시 인조 숫돌 입자로 흙 갈색의 C숫돌과 녹색의 GC숫돌이 있다. C숫돌은 주철, 자기 등의 단단하고 취성이 있는 것, 혹은 비철금속의 연삭에 적합하고, GC숫돌은 초경합금의 연삭에 많이 사용되고 있다.

5) 입도

숫돌바퀴에 사용되고 있는 입자의 크기를 입도라 하고 체의 눈 번호로 표시한다. 입도의 대소에 의해 연삭면의 거칠기가 결정된다. [표 7-2]는 KS에 의한 입도의 구분이다.

[표 7-2] 숫돌 입자의 입도

입도 (번)	10 12 14 16 20 24	30 36 46 54 60	70 80 90 100 120 150 180 220	240 280 320 400 500 600 700 800
호칭	거친눈	중간눈	가는눈	아주가는눈

6) 결합도

숫돌 입자를 단단하게 결합하고 있는 결합제의 세기를 결합도라 한다. 숫돌이 단단하다, 연하다 하는 것은 결합도를 말하는 것이며 숫돌입자의 경도를 말하는 것은 아니다. 결합도는 [표 7-3]와 같이 알파벳의 대문자로 표시한다.

[표 7-3] 결합도

결합도 기호	E, F, G	H. I. J. K	L. M. N. O	P. Q. R. S	T. U. V. W. X. Y. Z
결합도 호칭	극연	연	중	경	극경

7) 조직

숫돌 내부의 숫돌 입자의 밀도를 말하며, 입도가 같으면 일정 용적 안에 숫돌 입자가 많을수록 조직이 빽빽하다고 하고, 반대로 적은 것을 거칠다고 말하고 있다. KS 에서는 이것을 조(組), 중(中), 밀(密)로 구분하고 있다. 조직은 [표 7-4]과 같이 나타낸다.

[표 7-4] 조직

숫돌입자의 밀도	밀	중	조
JIS 기호	C	M	W
놀돈사기호	0 1 2 3	4 5 6	7 8 9 10 11 12

8) 결합제

숫돌 입자를 결합하여 숫돌바퀴를 형성하고 있는 것이 결합제이고 그 종류에 따라, 성질, 용도 등이 다르다.

(1) 비트리파이드 결합재

① 기호는 v로 표기하며, 점토, 장석을 주성분으로 하여 구워서 굳힌 것으로 결합도를 광범위하게 조절할 수 있다.

② 숫돌바퀴의 대부분이 여기에 속하며, 거친연삭, 정밀 연삭의 어느 경우에도 적합하다. 다만 강도가 약하여 지름이 크거나 얇은 숫돌바퀴에는 적합하지 못한다.

(2) 실리케이트 결합재

① 기호는 s로 표기하며, 규산나트륨을 주재료로 한 결합제로 만든 것으로 대형의 숫돌바퀴를 만들 수 있다.

② 고속도강 같이 균열이 생기기 쉬운 재료나 또는 발열을 피해야 할 경우의 연삭에 사용한다.

③ 비트리파이드 숫돌바퀴보다 결합도가 낮으므로 중 연삭을 할 때는 적합하지 않다.

(3) 에레스틱 결합재

① 유기질의 결합제를 사용하는 것으로 셀락, 고무, 레지노이드, 비닐 등이 사용된다.

② 어느 것이나 숫돌에 탄성이 있고, 얇은 숫돌을 만들 수 있으나 열에 약하다. 일반적으로 절단용 숫돌에 많이 사용된다.

(4) 결합제가 구비하여야 할 조건은 다음과 같다.

① 결합력의 조절범위가 넓을 것. ② 열이나 연삭액에 대해 안정할 것.
③ 원심력, 충격에 대한 기계적 강도가 있을 것. ④ 성형이 좋을 것.

9) 숫돌의 형상 및 둘레의 모양

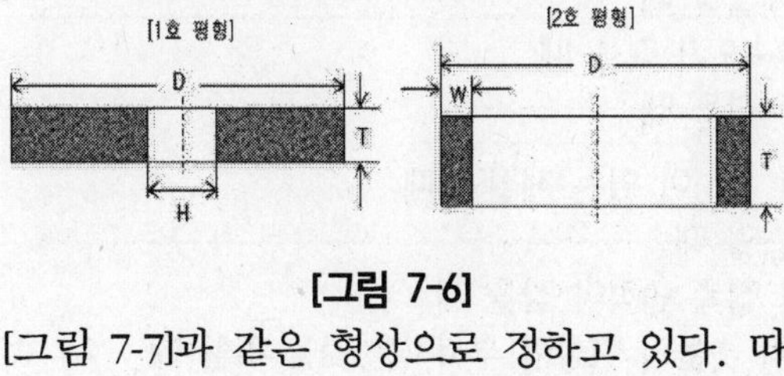

[그림 7-6]

숫돌 둘레의 모양은 연삭 작업 종류에 따라 여러 가지 형상의 숫돌바퀴를 필요로 한다. KS에서는 비트리파이드 숫돌의 표준 형상을 [그림 7-6]과 같이 정하고, 둘레의 모양에 대해서도 [그림 7-7]과 같은 형상으로 정하고 있다. 따라서 숫돌바퀴를 선택할 때는 될 수 있는 대로

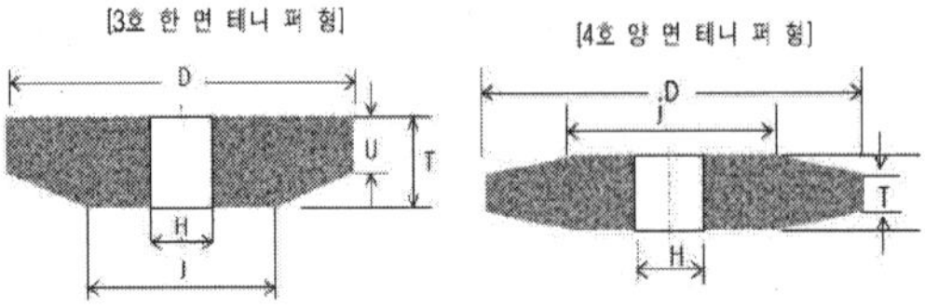

[그림 7-7]

표준 형상에서 고르는 것이 좋다.

연삭 작업에서는 작업의 종류에 따라 여러 가지 형상의 숫돌바퀴를 필요로 한다. 숫돌바퀴를 선택할 때는 될 수 있는 대로 표준 형상에서 고르는 것이 작업을 효과적으로 하는데 도움이 된다.

10) 연삭숫돌의 표시 방법

연삭숫돌의 각 요소 및 형상.치수. 둘레 모양 등의 표시 방법은 [그림 7-6, 7-7]에 나타낸 것과 같이 되어 있다. 따라서 숫돌바퀴의 검사표에 표시되어 있는 것을 보면 바로 그 숫돌의 종류와 성질을 알 수 있다.

숫돌바퀴의 선택은 대단히 중요한 것으로 이것이 정확하지 않으면 좋은 연삭결과를 얻을 수 없다. KS에서는 연삭숫돌의 선택표준을 규정하고 있다.

다음은 연삭숫돌 바퀴의 선택요령에 대하여 살펴보고자 한다. 연삭숫돌 바퀴선택 요령은 [표 7-5]을 참조하여 선택하면 도움이 될 것이다

[표 7-5]연삭숫돌 바퀴의 선택요령

숫돌바퀴	요소	적용의 보기
입도	가는 숫돌	① 공작물이 단단하고 취성이 있는 재질일 때 ② 다듬질 연삭 작업 때 ③ 숫돌과 공작물의 접촉 면적이 작을 때
	거친 숫돌	① 공작물이 연하고 점성이 있는 재질일 때 ② 거친연삭 작업 때 ③ 숫돌과 공작물의 접촉 면적이 클 때
결 합 도	연한 숫돌	① 공작물이 단단한 재질일 때 ② 숫돌바퀴의 원주속도가 클 때 ③ 숫돌과 공작물의 접촉 면적이 클 때 ④ 눈이 찌그러지기 쉽고 연삭 과열일 때
	단단한 숫돌	① 공작물이 연한 재질일 때 ② 숫돌바퀴의 원주속도가 작을 때 ③ 눈이 심하게 부서졌을 때
조 직 도	치밀한 숫돌	① 공작물이 단단한 취성이 있는 재질일 때 ② 다듬질 연삭 작업일 때 ③ 숫돌과 공작물의 접촉 면적이 작을 때 ④ 총형 연삭과 같이 숫돌의 형상이 부서지는 것을 피할 때

	듬성한 숫돌	① 공작물이 연하고 점성이 있는 재질일 때 ② 거친연삭일 때 ③ 숫돌과 공작물의 접촉 면적이 클 때 ④ 눈이 메워지기 쉬울 때

3. 연삭숫돌의 설치

1) 플랜지에 연삭숫돌 설치하기

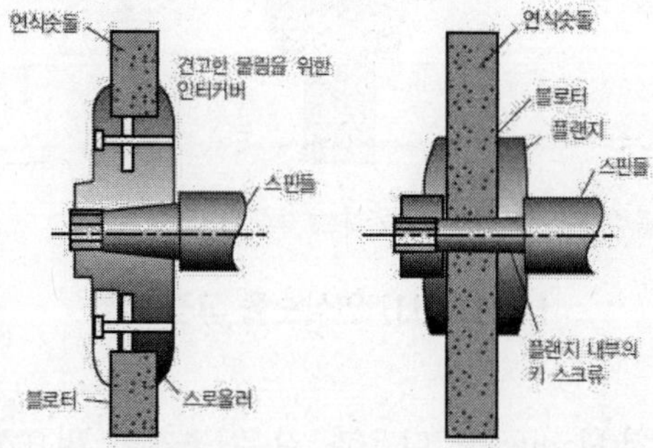

[그림 7-8] 플랜지의 고정

2) 작업순서

[그림 7-9] 연삭숫돌

(1) 선택된 연삭숫돌을 점검한다.[그림 7-9 참조]

① 숫돌의 외관을 살펴보고 금이나 균열이 있는가, 없는가를 점검한다.

② 나무 해머로 가볍게 두들겨 보아 경쾌한 소리를 점검한다. 균열이 있으면 둔탁한 소리가 난다.

(2) 플랜지에 설치한다.

① 조임 볼트를 죌 때는 필요 이상의 힘으로 죄지 않도록 한다.

② 볼트는 순서대로 대칭적으로 죄어야 한다. [그림 7-10]

[그림 7-10] 플랜지를 고정하는 순서

(1)은 직접 숫돌 측에 고정하는 방법으로 탁상연삭기나 휴대용 사용된다.
(2), (3)는 플랜지에 고정하여 플랜지의 구멍을 숫돌 측에 고정하는 방법이며 대부분의 연삭기는 이 형식이다.

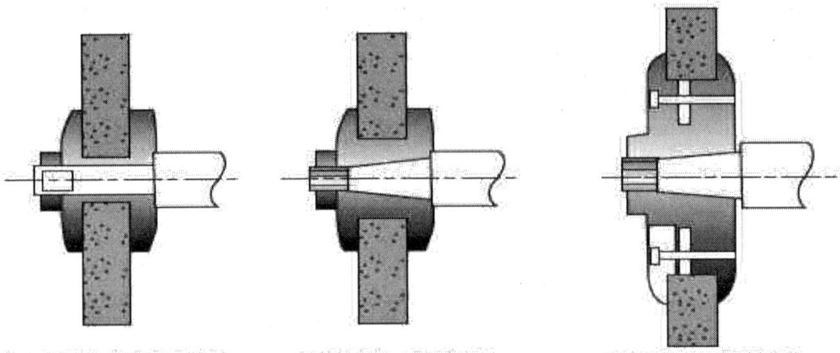

(1)스트레이트 플랜지 (2)슬리브 플랜지 (3)슬리브 플랜지

[그림 7-11] 연삭숫돌 고정 방법

숫돌을 지지하는 플랜지(Flange)는 다음과 같은 조건이 필요하다.
① 측면은 축에 대하여 직각 일 것
② 양쪽의 플랜지는 바깥지름이 같은 것 일 것
③ 플랜지의 바깥지름은 숫돌 바깥 지름의 1/3 이상 일 것

(3) 균형용 아버를 조립한다.

① 플랜지에 균형용 아버를 조립한다. [그림 7-13]
② 이때 테이퍼 구멍에 먼지나 기름 등의 불순물이 있으면 정확하게 끼우기 어려우니 깨끗이 닦는다.

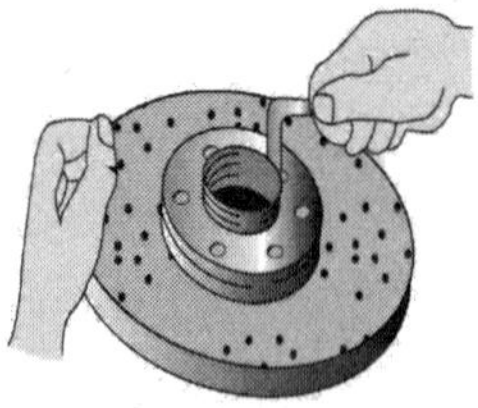

[그림 7-12] 연삭숫돌 플랜지 조건

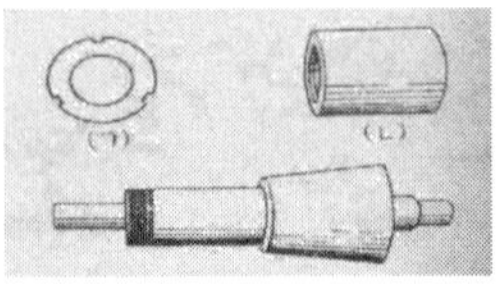

(ㄱ) 너트 (ㄴ) 부시 (ㄷ) 아버

[그림 7-13] 연삭숫돌의 균형용 아버

(4) 균형을 맞춘다.

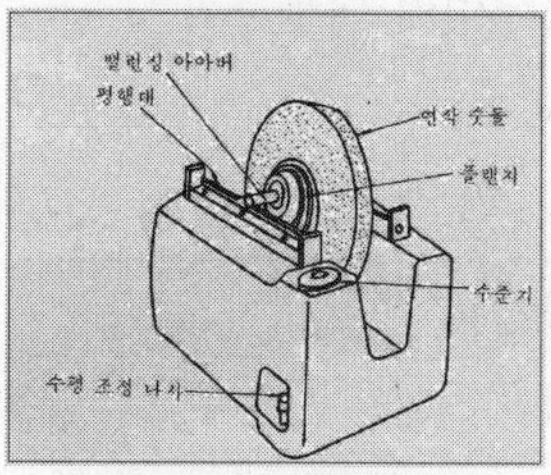

[그림 7-14] 연삭숫돌의 균형용 평형대

① 평행 대는 바닥이 고르고 진동이 없는 곳에 전후 · 좌우가 완전히 수평이 되도록 조정하여 놓는다.

② 연삭숫돌을 평형대 위에 조심스럽게 올려놓는다. [그림 7-14]

③ 연삭숫돌을 평형대 위에서 살며시 굴린 후 정지되면 가벼운 점을 분필 등으로 표시한다.

④ 무거운 곳의 콜릿 조정수를 풀고 가벼운 곳으로 이동시켜 고정한다. 이상과 같은 불균형을 조정하기 위해서 조정 추 또는 균형 콜릿을 사용한다.

⑤ 위와 같은 방법으로 연삭숫돌이 평행대의 어느 위치에서나 정지 할 수 있을 때까지 반복하여 균형을 조정 한다.

⑥ 완전한 균형이 되면 균형용 아버를 풀어놓는다.

(5) 연삭숫돌을 설치한다.

① 플랜지 구멍 및 스핀들은 먼지와 기타의 불순물을 깨끗이 제거한다.

② 연삭숫돌을 숫돌대의 스핀들에 죔 너트를 알맞게 죄어 고정시킨다. 이때 균형이 잡힌 연삭숫돌은 조심스럽게 다루어야 한다.

③ 안전 카버를 끼우고 작업 전에 3~5분간 공전하여 연삭숫돌의 안정성을 시험한다. 이때 작업자는 연삭숫돌의 정면을 피해서 있는 것이 안전하다.

④ 연삭숫돌을 정지시킨다.

[표 7-6] 연삭숫돌의 사용 회전속도의 범위

연삭작업의 종류	사용회전속도
평면연삭	1,200~1,800
원통연삭	1,700~2,000
내면연삭	600~1,800
공구연삭	1,400~1,800

(6) 검사 및 공구의 정리·정돈을 한다.

① 사용 공구 및 재료를 정리 · 정돈하고 검사 받는다.

② 연삭숫돌의 사용 회전수 확인

③ 연삭숫돌의 파괴강도

파괴 강도는 시험할 연삭숫돌을 일정시간 회전 시켰을 때 파괴되는지를 [표 7-7]에 따라 시험한다.

[표 7-7] 연삭숫돌의 파괴강도 시험 표

연삭숫돌의 바깥지름	파괴강도
150～450mm	회전시켜 파괴되지 않는 시간
	1분간
450mm이상	3분간

4. 공작물에 따른 기준면 설정

1) 평면연삭의 기준면 선정 및 작업

(1) 숫돌의 원주속도 [표 7-8 참조]

일반적으로 연삭숫돌의 원주속도가 저하되면 숫돌의 마멸이 심하고 충분한 기능을 발휘하지 못하며, 연삭 저항이 커지고 연삭량은 감소되나 발열 온도는 낮아진다.

[표 7-8]연삭 숫돌의 사용 원주속도

작업방법	원주속도 비고
원통 외면 연삭	1650～2000
내면 연삭	600～1800
평면 연삭	1200～1800
주물 귀 절단(수동 비트리파이드 숫돌 사용)	1500～2000
습식 공구 연삭	1500～1800
건식 공구 연삭	1400～1800
나이프 연삭	1100～1400
금속 절단(레버, 레지노이드, 셀락 숫돌) 사용	2700～4900
초경질 합금 연삭	1400～1650

(2) 공작물의 원주속도 [표 7-9 참조]

공작물의 회전 속도 또는 이송 속도(평면 연삭기 경우)는 숫돌의 원주속도에 비하여 매우 작으며, 원통 연삭이나 평면 연삭에서는 보통 숫돌 원주속도의 1/100～2/100 정도이다. 공작물의 원주속도는 재질과 가공 방법에 따라 상당한 차이가 있으며, 숫돌의 성질, 지름, 숫돌의 폭, 가공 정밀도 등이 관계된다.

[표 7-9] 원주속도

공작물의 재질	작업	외면연삭	내면연삭	평면연삭
연강	거친연삭 다듬 연삭	12～15 6～8	15～20	-
담금질된 강	거친연삭 다듬 연삭	14～16 6～10	18～22	-
주철	거친연삭 다듬 연삭	12～15 6～10	8～22	8～14
황동	거친연삭 다듬 연삭	18～20 14～15	28～32	-
알루미늄	거친연삭 다듬 연삭	50～70 35～40	32～35	-

(3) 연삭 깊이 [표 7-10 참조]

연삭작업에서 연삭 깊이는 매우 중요한 의미를 갖는다. 깊이가 너무 작으면 연삭시간이 많이 걸리게 되어 생산적이지 못하고, 너무 깊으면 연삭숫돌의 마모가 빨라지거나 연삭 번이 일어나는 등 비효율적인 작업이 되기 때문이다. [그림 7-15 참조]

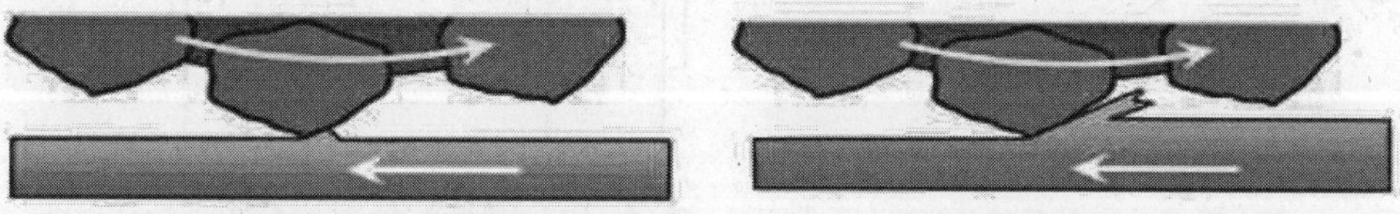

(a) 연삭 깊이가 작을 때 (b) 연삭 깊이가 클 때

[그림 7-15] 연삭 깊이에 따른 절삭 모형

[표 7-10] 연삭 깊이의 표준 값

연삭방식		다듬질정도	연강	담금질 강	공구 강
원통	플랜지연삭	다듬질 연삭 거친연삭	0.005~0.01 0.02~0.04	0.005～0.02 0.03～0.04	0.005～0.01 0.02～0.03
	건식연삭	다듬질 연삭 거친연삭	0.005~0.015 0.015~0.01	0.005～0.01 0.02～0.04	0.005 0.005～0.01
센터리스연삭		다듬질 연삭 거친연삭	0.005~0.01 0.015~0.03	0.005～0.015 0.02～0.04	0.02～0.03 0.02～0.03
내면연삭		다듬질 연삭	0.005～0.01	0.005～0.01	0.005

		거친연삭	0.015～0.03	0.015～0.03	0.005～0.015
평면연삭	수평축	다듬질 연삭 거친연삭	0.005～0.01 0.015～0.03	0.005～0.01 0.015～0.03	0.005～0.01 0.02～0.04
	수직축	다듬질 연삭 거친연삭	- 0.01～0.03	0.015～0.02 -	0.005～0.01 0.015～0.02

(4) 숫돌의 성형 방법 [그림 7-16]

R 드레셔로 숫돌을 성형하여 사용하는데 일반적으로 다이아몬드 드레셔가 이용된다. 숫돌의 성형은 원호 형상과 각도 형상의 성형이 있다. [그림 7-16]은 숫돌의 성형예를 보여 준다.

R(원호)와 각도가 연속되어 있는 경우에는 각도를 성형한 후에 차츰 R의 중심을 외측에서 내측으로 옮겨가며 성형한다. [그림 7-17]

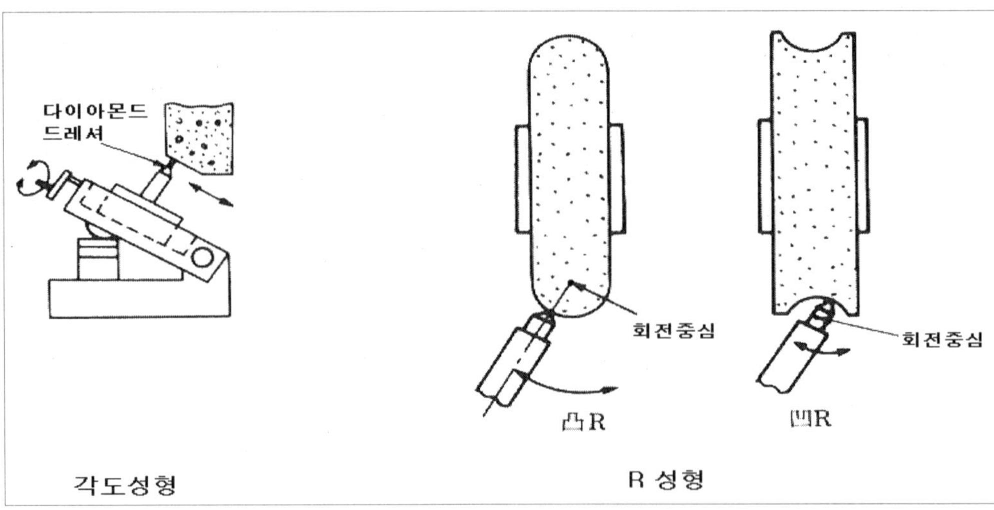

[그림 7-16] 연삭 숫돌의 성형방법

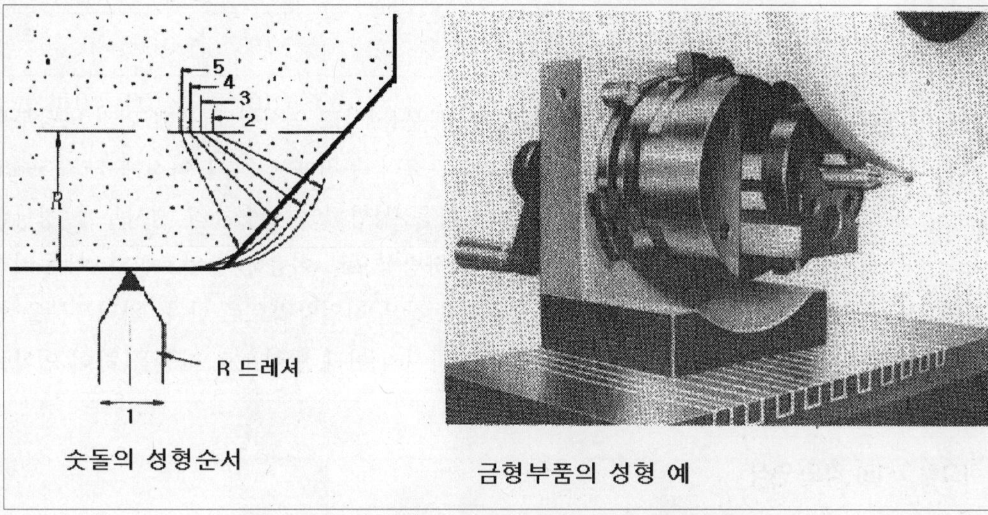

[그림 7-17] 숫돌의 성형순서와 금형부품의 성형 예

(5) 정확한 경사 구하는 방법

각도 연삭을 하여야 할 경우는 보통 [그림 7-18]처럼 사인바를 이용해서 경사각을 구한다.

경사가능한 척을 설치하여 사인바로 블록게이지를 활용하여 각도를 구하여 작업하면 가공정밀도가 좋다.

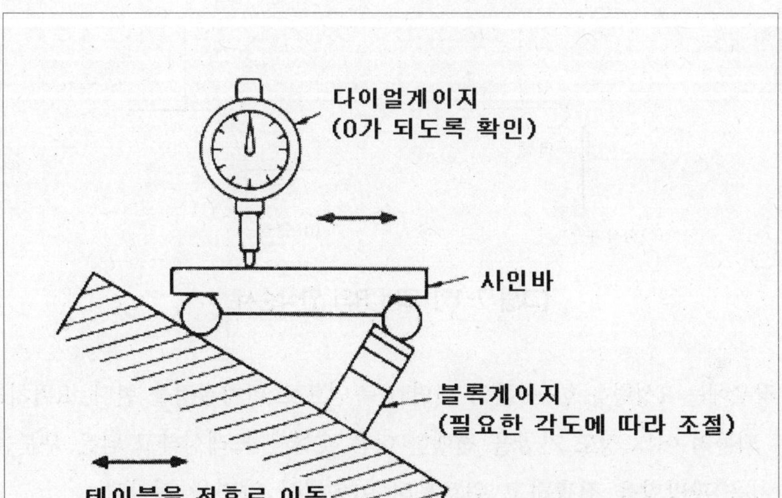

[그림 7-18] 경사테이블의 정확한 경사값 만들기

(6) 각도연삭

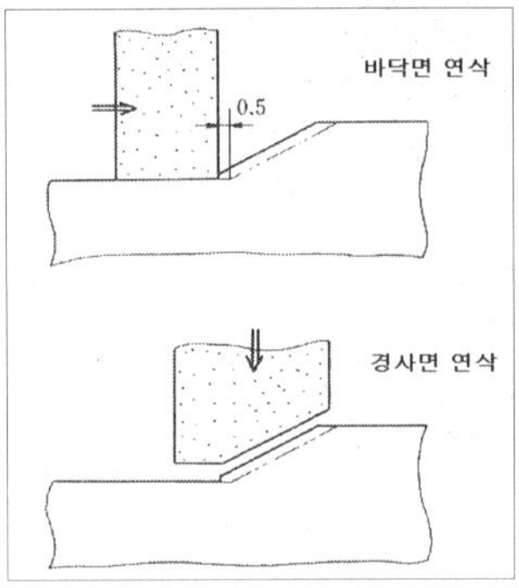

[그림 7-18] 각도 연삭

숫돌로 오목 부분을 각도 연삭할 경우에 먼저 바닥부분을 연삭을 하고, 코너 부위에 접하기 이전에 약 0.5㎜의 여유를 둔다. 다음 성형된 연삭숫돌의 경사부를 성형한 다음 숫돌을 상하방향으로 이송해서 완료한다. 테두리가 경사진 경우에도 같은 작업방법으로 한다. 바닥부분을 연삭하고 척을 경사시켜 아래 방향으로 가공을 하여 연삭한다. [그림 7-18]

(7)코너 R의 연삭순서

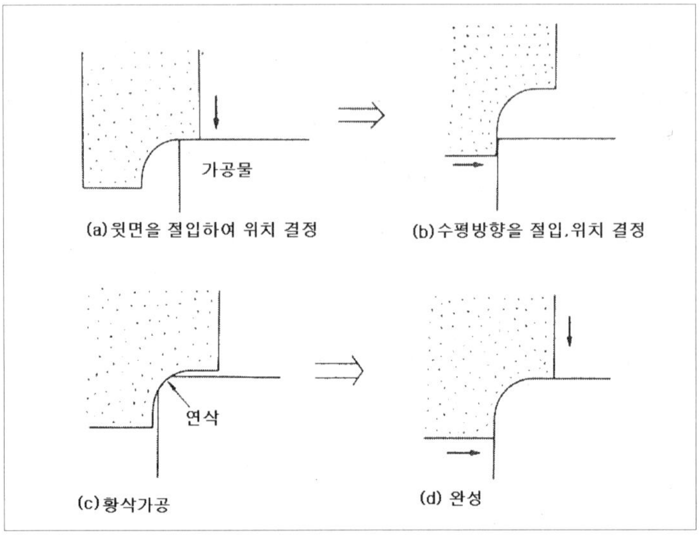

[그림 7-19] 코너 R의 연삭순서

외측R의 경우에는 R성형을 한 숫돌의 윗면과 측면으로 위치결정을 한다. R위치를 확인하고 나서 원래로 되돌려 어느 정도 가공을 진행한 다음 숫돌을 드레싱하고 남은 부분을 연삭한다.

이 경우 처음 황방향을 접촉하고 위로부터 이송해서 양면을 접한다.

내측R의 가공은 측면 및 아랫면 연삭에 주의를 하고, 다음 숫돌의 측면에 접촉하여 위치를 아랫방향으로 옮겨 바닥면을 접촉한 상태로 가공을 마친다.

(8)경사면과 R의 접속

숫돌의 경사면과 R부분 성형을 조심하여, 윗면에 접촉을 하게 되면 5㎛ 정도 위쪽 방향으로 올리고, 다음에 수평방향으로 이송하여 접선에 접할 때 까지 연삭한다.[그림 7-20]

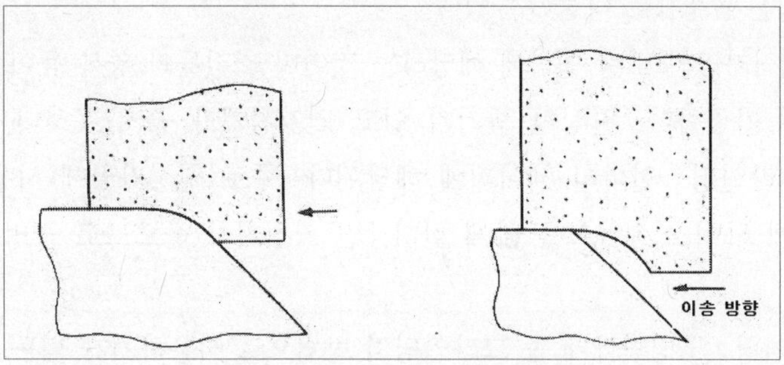

[그림 7-20] 경사면과 R접속 연삭

제4절 지그 연삭

지그연삭기는 밀링커터 대신에 그라인더를 설치한 것으로 정밀도가 뛰어나다. 정밀한 금형의 제작시에 많이 사용되고 있다. 특히 담금질된 금형의 구멍 부분의 연삭에 자주 사용되고 있다.

1. 지그 그라인더 선정

지그 연삭의 가공 능률은 그라인더의 선정이 중요하게 작용한다. 또한 작업을 위한 공작물의 재질에 적당한 그라인더를 선정하기 힘들다. 그것은 절삭성이나 그라인더의 수명, 면의 거칠기의 조합에 따라 그라인더의 선택을 달리해야 하고 적절한 선택은 실제 가공 작업시 시험가공을 하여 선택하는 수밖에 없으며 연삭시에 그라인더의 선택은 다음과 같이 한다.

가. 전착 보라존 : 사용빈도가 가장 많으며 수명이 길고 작은 지름에서 큰 지름까지 다양하게 사용 할 수 있다.

나. 트막염 그라인더 : 전착 보라존을 비트리 파이드 그라인더에 혼합시킨 것이며 ϕ6mm 이상의 구멍가공에 사용되며 절삭성과 면의 거칠기가 전착 보라존보다 좋다. 날을 세우기 위한 작업도 쉬우며 ϕ10mm 이상에서는 특히 가공성이 좋다.

다. GC, WA, 등 : 지그 그라인더 가공에는 보라존 계열의 그라인더를 주로 사용하지만 GC, WA는 그라인더 성형을 할 수 있고 면의 거칠기를 조절 할 수 있는 장점이 있다.

2. 지그 그라인더 가공

1) 지그연삭기는 고가인 만큼 조작이 어려운 기계는 아니다. 그렇기 때문에 초보라도 쉽게 가공을 할 수 있으며 표준화하기도 쉽다.

지그 가공방법은 3가지로 나눌 수 있다.

(1) 구멍연삭 : 절삭가공의 보링 연삭에 해당하는 것이며 스핀들의 왕복 등이 느리고 유성회전을 빨리 하여 가공한다. 편심이 생기기 쉽고 면거칠기가 좋지 못하다.

(2) 촙(Chop) 그라인딩 : 절삭의 세이퍼에 해당된다. 주로 형상가공에 사용한다. 스핀들의 왕복을 빠르게 하여 이송마크를 짧게 한다. 면 거칠기가 좋으므로 구멍연삭에 사용하는 경우도 있다.

(3) 와이퍼 그라인딩 : 구멍연삭과 촙 그라인딩의 방법으로 사용하기가 힘든 경우에 사용하고 와이퍼 그라인딩은 밑면 가공이나 성형 그라인더로 가공하지만 작업시 타는 현상 발생이 잦고 면이 거친 결점이 있다.

2) 담금질된 금형의 자유윤곽 가공을 하기 위하다 NC지그 연삭기가 많이 사용되고 있다. NC지그 연삭기는 다음과 같은 장점이 있다.

(1) 자동화하기 쉽다 : 일직 조업만으로도 400시간/월의 가동이 가능하다. 숙련이 불필요하다.

(2) 고정밀도 가공이 쉽다 : 가공품의 치수정밀도가 높다. 면 거칠기도 양호하다. 이 2점도 안정하다. 이 때문에 닦기가 편하고 조립하기도 쉬우며 뒤 공정의 시간단축이 가능하다.

지그 연삭기의 사용을 잘 소화하고 코스트를 낮추려면 주변의 기술을 정비하여야 한다.

지그 연삭은 가공시에 칩이 많이 생기는 단점이 있기 때문에 연삭 여유를 최소한으로 억제해야하며 이 때문에 소재의 선정, 열처리의 변형, 담금질전의 가공방법, 가공 정밀도 등이 양호하지 않으면 다듬질 여유가 편중하는 등의 폐해가 생겨서 가공시간이 길어진다. 또 설계 단계에서 그라인더 등을 고려한 설계를 하면 능률이 대폭적으로 향상한다

제5절 절삭가공

1. 플라스틱 금형과 절삭가공

정밀 플라스틱 금형은 그 정밀도를 유지하기 위하여 보통 담금질 부품이 많고, 제품부의 최종 가공은 연삭가공이나 방전가공을 하여 마무리를 한다. 정밀 플라스틱 금형이 절삭가공법

으로 가공하는 경우와 성형 쇼트수가 적은 경우나 다이세트 등과 같이 직접 제품부에 관계없는 부분은 절삭가공으로 마무리를 하지만 대부분의 경우 연삭 가공하는 편이 정밀도 측면에서 유리하며 연삭가공을 하는 것이 좋다. 연삭가공하기 불가능한 형상의 담금질된 금형은 보통 방전가공기로 가공하지만 형상이 단순하며 담금질 변형이 적다고 판단하는 경우는 절삭가공 후에 담금질을 한다. 몰드베이스의 가공은 기준면을 연삭가공하고 가이드 핀이나 인터로크 핀의 구멍을 보링 가공하고, 또 다시 제품부의 인서트 블록을 고정하기 위하여서는 구멍이나 포켓부를 절삭 가공한다. 방전 가공의 전극 같은 경우 절삭과 연삭의 경우 두 가지를 달리하여 가공하지만 곡면 형상의 부분은 절삭가공을 한다. 작은 구멍의 절삭가공은 가공 토크를 가공하면서 체크가 가능하게 되었고 드릴 절손 방지 장치 등으로써 구멍 절삭 가공시에도 정밀한 절삭이 가능하다.

2. 밀링가공

가. 밀링 가공에 있어서 밀링 커터의 회전방향과 반대방향으로 공작물을 이송하는 것을 상향 절삭(up cutting)이라 하고 커터의 회전방향과 같은 방향으로 공작물을 이송하는 것을 하향 절삭(down cuttig)이라고 한다.

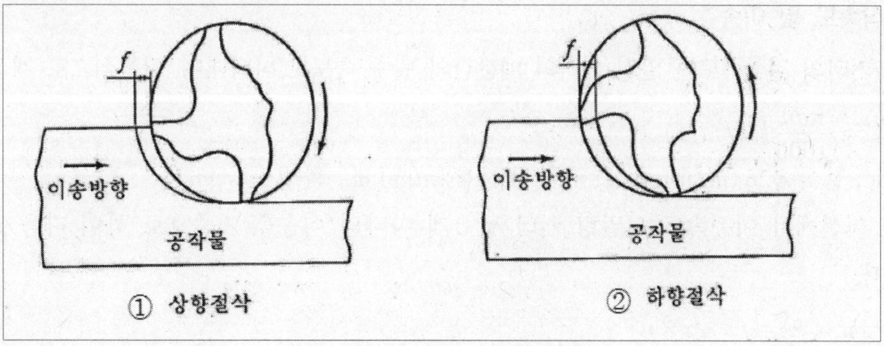

[그림 7-32] 밀링의 절삭 방향

(1) 상향절삭

상향 절삭은 이송장치의 뒤틈(back lash)이 제거되고 절삭을 시작할 때에는 칩의 두께가 얇으며 점차적으로 증가하여 커터 날이 공작물에서 떨어질 때에 칩의 두께가 가장 두껍다. 그러나 절삭력이 위로 작용하므로 공작물 고정이 불안정하고 떨림이 발생되며 커터 날이 가공 경화된 면을 미끄러지면서 절삭이 시작되기 때문에 마찰로 인한 공구 마멸이 심하게 발생한다. 또 커터의 절삭 방향과 일감의 이송 방향이 반대이므로 절삭 흔적의 피치가 크고 가공면이 거칠다.

(2) 하향 절삭

하향절삭은 밀링 커터의 날이 마찰 작용을 하지 않으므로 날의 마멸이 적고 수명이 길다. 커터 날이 일감을 밑으로 눌러 주므로 일감의 고정이 안정되며 절삭 방향과 공작물의 이송 방향이 같으므로 절삭 흔적의 피치가 작고 가공면이 깨끗하다. 그러나 절삭을 시작할 때에 절삭 저항이 매우 크므로 날이 부러지기 쉽고 뒤틈 제거 장치가 없는 경우에는 절삭이 곤란하다.

나. 밀링가공의 절삭 조건

(1) 절삭속도 선정

생산성을 향상시키고 능률적인 작업을 하기 위하여 적당한 절삭속도를 밀링에서 선정할 때 다음과 같은 원칙이 사용되고 있다. 밀링 커터의 수명을 길게 유지하기 위하여 절삭속도는 약간 낮게 선정한다. 일반적으로 다듬질 가공에는 고속절삭과 작은 이송을 주며 막깎기(황삭)에는 저속 절삭과 큰 이송을 적용한다. 처음으로 하는 작업에는 평균 절삭속도를 선정하고 낮은 절삭속도에서 시작한다. 커터의 날이 빠르게 마모되거나 손상되는 현상이 발생하면 절삭속도를 좀 더 낮추어 절삭한다.

(2) 절삭속도 및 이송

밀링 커터의 절삭속도는 밀링 커터의 매분간의 원주 속도로 나타내며, 다음식으로 계산한다.

$$V = \frac{\pi dn}{1000} (m/\min)$$

V: 절삭속도$(m/\min)$, d: 커터의 지름(mm), n: 회전수(rpm)

밀링 머신에서 이송속도는 밀링 커터 날 1개 마다의 이송을 기준으로 하여 다음 식으로 계산한다.

$$f = n \times fr = fz \times z \times n$$

f : 1분간 테이블이동량(mm)
n : 회전수(rpm),
fr : 회전당이송(mm)
z : 커터의날수
fz : 날1개당이송량(mm)

다. 절삭 깊이와 절삭 폭 선정

절삭 깊이는 밀링 머신의 강성이나 동력의 크기, 커터의 종류, 일감의 재질 등에 따라 다르게 준다. 절삭 깊이는 거친 절삭의 경우 대략 2~6mm정도를 주는 것이 좋고, 절삭 깊이를 너무 적게 주면 날끝의 마멸이 커지므로 다듬질 절삭의 경우도 0.3~0.6mm 정도로 하는 것이 좋다. 절삭 폭은 정면 커터의 지름에 비하여 너무 작을 경우에는 진동이 커져 치핑을 일으켜 공구의 수명이 단축되므로 일반적으로 정면 절삭에서는 커터의 지름에 대하여 50~60%가 되도록 하는 것이 좋다.

라. 커터의 종류

밀링 커터에는 가공하는 일감의 모양에 따라 여러 가지 모양, 치수, 재질의 것이 있으며, 여러 개의 날을 갖는 다인공구(多刃工具)를 사용하여 선반 등의 단인공구(單刃工具)보다는 우수한 절삭 성능을 나타낸다. 또한 밀링커터에는 동일한 재료로 커터 전체를 만든 단체형 밀링커터(엔드밀), 팁을 경납 땜 또는 용접한 날붙이 밀링커터(플라이 커터) 등이 있고, 팁을 기계적으로 죔 고정하여 사용한 후에 재연삭하지 않고 버리는 폐기식 밀링커터가 많이 사용된다.

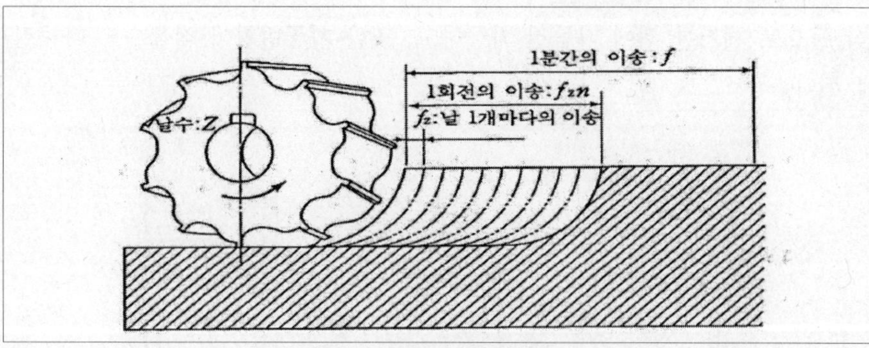

[그림 7-33] 밀링작업의 이송

(a) 평면밀링커터

(b) 홈밀링커터

(c) 각형밀링커터

(d)오목R 밀링 커터

(e)볼록R 밀링 커터

(f) 엔드밀(다듬질용)

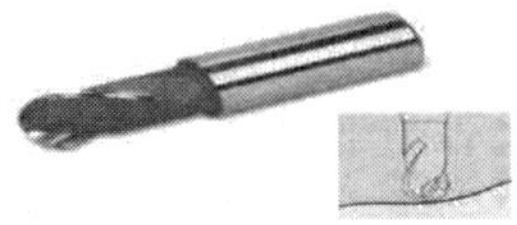

(g) 볼 엔드밀

(h) 초경합금 드릴

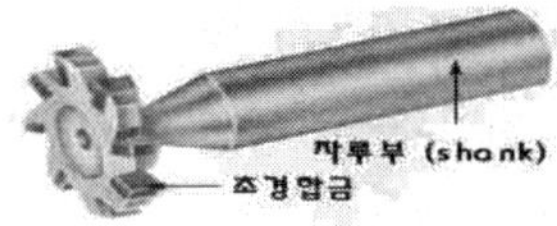

(i) T홈 커터

3. 몰드베이스의 가공

가. 몰드베이스는 제품부 인서트를 정확하게 유지하는 금형의 외측부가 된다. 보통 금형용에는 표준품으로 시판하고 있는 몰드베이스를 사용하지만, 정밀 플라스틱 금형의 경우는 그때마다 설계하여 가공변형에 특히 주의하여 제작한다. [그림 7-34]에 원통형의 인서트블록을 유지하는 몰드베이스의 베이스의 공간을 표시하였다. 대부분이 구멍의 가공이며 가공변형이나 설치 변형의 영향을 최소로 하기 위하여 거친 가공을 하여야 하며 거친 가공에서 발생한 가공변형을 연삭 등으로 제거한 뒤에 다듬질 가공하고, 또한 가공변형이 적을수록 다듬질 여유도 적어지게 된다.

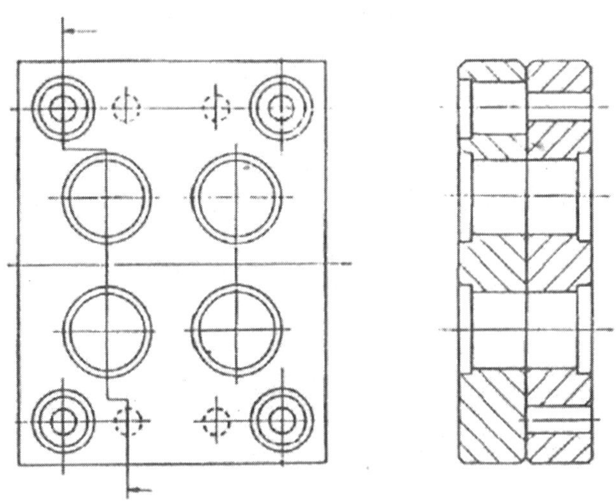

[그림 7-34] 원통형의 인서트블록에 의한 몰드베이스 공간

나. 거친 가공을 강력절삭에 의해 가공 면에 가공변질층이 남아 있으면 다듬질 가공에서 치수정밀도를 유지하기가 어려운 경우가 있다. 소재로 사용하는 몰드베이스의 재료는 300mm 각이며, 0.03mm 이하의 평탄도가 필요하다. 정밀한 석정반 위에서 틈새 게이지(thickness gauge)를 사용하여 평탄도를 측정하고 평탄도가 나쁜 경우는 연삭가공으로 수정한다. 거친 가공에는 머시닝 센터나 지그연삭을 사용하지만 이와 같은 몰드베이스의 가공에서는 버티컬

기계가 정밀도를 얻기 쉽다. 기계의 테이블에 몰드베이스의 설치는 평행 블록 위에 얹어 놓고 고정하고 각 블록의 높이 오차는 3㎛ 이하이어야 한다. 테이블과 적재용의 블록을 깨끗이 닦고, 판은 오일스톤으로 전면을 닦아 운반에서 발생한 상처를 제거한다. 몰드베이스를 적재용의 블록에 얹어 놓고 틈새게이지로 각 블록과의 사이에 틈이 없는가를 확인한다. 틈이 있는 경우는 티크니스 테이프를 넣어서 완전히 접촉하도록 한다. 몰드베이스는 라이너를 사이에 두고 나사로 고정하지만 고정판의 중심점이 적재블록의 중심에서 어긋나면 몰드베이스가 볼록해지는 경우가 있으므로 몰드베이스를 고정한 뒤 다이얼 게이지로 평면을 확인하여야 한다. 가공에 사용하는 공구는 드릴과 엔드밀이지만, 절삭제를 충분히 사용하고 발생하는 열을 흡수하여 가공 중에 발생할 수 있는 변형을 방지한다. 드릴 가공에서는 기름구멍이 있는 드릴을 사용하게 되면 냉각 효율이 높으며, 특히 초경드릴의 고속 구멍 뚫기에서는 필수적이다.

비틀림이 있는 엔드밀 가공에서는 드릴가공을 영향으로 트러스트 방향 휨이 발생하며, 가공하는 몰드베이스에 볼록해지는 위험이 있으므로 몰드베이스의 중심부에서도 고정할 수 있는 구멍 등이 있는 경우에 이용한다. 거친 가공 후에 몰드베이스의 변형을 연삭기로 수정한다. 간단하게 연삭할 때에는 마그네트 척으로 고정한 상태에서 연삭하여도 무방하다. 다음은 마그네트 척을 이용한 가공을 설명한다.

(1) 마그네트 척은 자력이 없는 상태에서 티크니스 테이프를 틈에 고정하여 평탄하게 셋팅을 하고 나서 연삭작업을 한다.
(2) 상하면을 고정하고서 연삭작업을 한다.
(3) 상하면을 같은 방법으로 서로 수정하여 300mm각에서 0.02 이하의 평면도를 얻는다. 이 이상의 평면도가 필요한 경우는 정반위에서 점검하여 닿는 면을 스크래핑한다.
(4) 마무리 절삭도 거친 가공과 같은 설치방법을 사용하지만, 가공기계는 지그보링 머신을 사용하고, 고정력은 거친 가공의 1/10정도로 하여 설치변형을 최소로 한다.
(5) 보링 가공에서의 절삭시의 마모도 무시할 수 없다. 내경의 공차를 10㎛ 이내로 하는 경우는 가공도중 마모가 있기 때문에 1구멍씩 측정하여 가공하여야 한다.
(6) 내경이 20mm 이하에서는 보링가공보다 리머 가공 편이 치수를 유지하기 쉽지만, 공구의 흔들림에 대하여 보링과 같은 영향이 있으므로 주의하여야 한다.
(7) 형판의 구멍과 인서트블록은 여러 번 설치, 제거를 반복하므로 구멍 표면 거칠기를 잘 파악하여 가공한다.
(8) 밑바닥이 붙은 포켓가공은 절삭의 진동, 가공 상에 넘어지기가 직접 포켓 벽의 경사 밑면에 영향주어, 정밀도 유지가 둥근 구멍 가공보다도 어렵기 때문에 도면을 충분히 이해하여 가공한다.

절삭은 여러 가지의 홀더를 기계에 설치하지만, 가공상의 오차를 방지하려면 절삭공구를 홀더에 설치한 그대로 날 끝을 연삭하여 넘어짐이나 흔들림을 수정한다. 또 절삭공구는 가능한 굵은 지름의 것을 짧은 돌출량으로 하여 강성을 높인다. 가공의 능률의 면에서 생각하면 초경공구를 사용하여 고능률 가공이 바람직하지만 가공 중에 가공 변질층이 발생하게 되며 마무리 절삭에서 먹임량이 20㎛정도로 적은 경우, 마무리 가공에 대한 정확한 치수를 얻을 수가 없게 된다.

4. 제품부의 가공

가. 금형의 제품부는 평면의 구성과 곡면 구성으로 구별한다. 평면에 구성되어 있는 부분의 가공은 각각의 면의 기준면에 대한 각도와 위치를 어떻게 정확하게 가공하는 가가 중요한 포인트가 된다. 기준면에 대하여 경사면의 가공 방법은 피가공품을 경사면 가공을 하거나 절삭공구를 구배로 연삭하는 방법이 있다. 구배의 관계치수의 측정은 가공기계 위에서 정밀하게 측정하는 것은 곤란하므로 공작물을 셋팅과 제거를 반복할 때 구배의 치수를 측정하는게 좋으며 이때 셋팅 위치의 재현성이 중요하다. 셋팅 정밀도를 유지하기 위해서는 다이얼게이지 등으로 셋팅하여 자동적으로 오차가 표시되는 방법을 고려하여야 한다.

캐비티의 가공은 가공시간이 길어지므로 가공시에 넘어짐에 의한 오차를 고려하여야 한다. 또 다시 [그림 7-35]같이 절인의 반지름을 코너의R에 맞추면 절인의 이송을 일단 코너에서 막는 것이 많기 때문에 코너부에서 가공시의 넘어지기가 변화하여 구배나 치수가 변화할 수 있기 때문에 충분히 고려하여야 한다.

이와 같은 경우는 코너의 R보다 가는 절사공구를 사용하여 NC가공하는 것이 오차를 작게 할 수 있다. 또한 코어 가공에서의 절삭공구의 절삭 깊이는 성형품에서는 볼록형으로 되고, 치수상 중대한 영향을 주기 때문에 깊이의 조정은 피하는 것이 좋다. 그러나 캐비티는 오목형이기 때문에 칩의 제거가 나쁘고 칩 때문에 면에 상처가 나는 경우가 있다. 또한 적정한 절삭조건을 주지 않는 경우는 구성절인의 생성탈락으로써 밑면에 원형의 먹임의 마크가 발생한다. 충분한 절삭제를 공급하여 구성절인의 발생이 없는 절삭조건의 정밀도가 높은 금형가공에 필요하다.

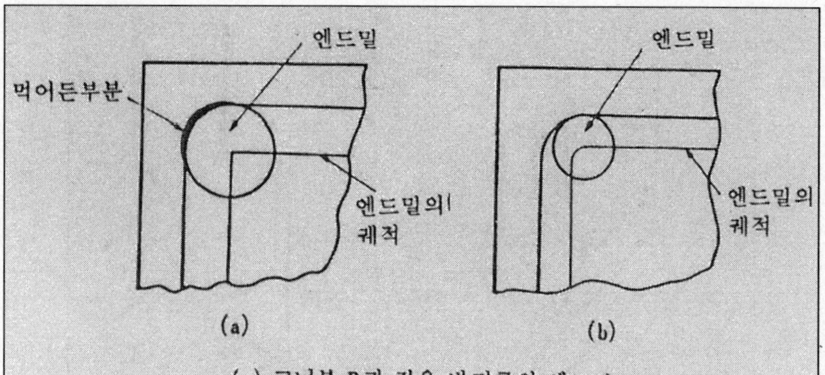

[그림 7-35] 코너의 R 가공

나. 곡면으로 구성되어 있는 제품부의 가공은 CAM 가공 소프트웨어의 발전으로 가공이 쉬워지고 NC밀링 머신이 높은 정밀도의 가공을 할 수 있게 되었다. 또한 NC가공이 곤란한 형상에서는 방전가공를 적용하게 된다. 실제의 가공은 밀링머신만으로 가공이 끝나는 것은 드문 일이며 방전가공이나 그 외의 방법으로 정밀도를 유지한다.

NC밀링의 실제의 절삭가공은 절삭공구의 움직임을 제어하지만, 절삭 강도의 조절에 따라 가공정밀도가 달라진다. 또한 절삭공구의 정밀도는 절삭면의 형상 정밀도에 영향을 주기 때문에 곡면의 기복이 심한 경우에는 [그림 7-36]과 같이 절삭점이 크게 이동하므로 볼 부분의 가공은 정밀도 좋게 연삭하여야 한다.

가공한 엔드밀의 정밀도 검사는 실제로 깎기 쉬운 재료(알루미늄, 아연합금 등)를 깎아서 그 단면을 투영기에 걸어서 측정한다. 측정값에 따라서 엔드밀의 중심을 다이얼로 이동시켜서 회전R의 값을 확인한다. 캐비티의 가공에 대하여 코어의 가공은 형상이 보통 볼록하기 때문에 큰 강성이 있는 절삭 공구를 사용할 수 있고 칩 제거도 좋으며 측정하기 쉽기 때문에 정밀도를 얻기 쉽다.

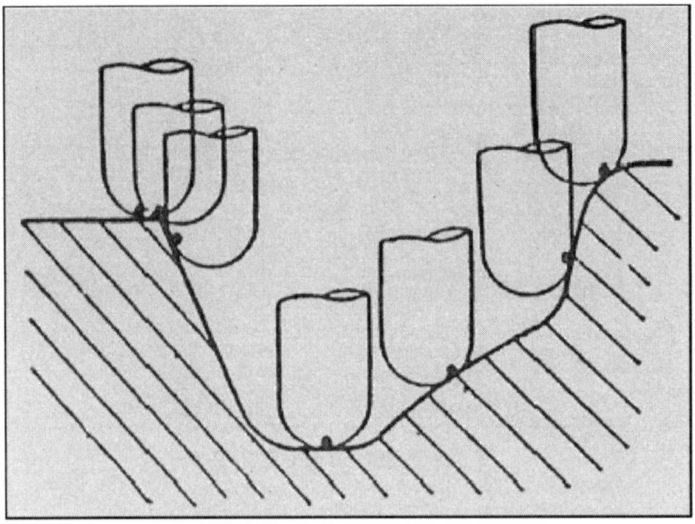

[그림 7-36] 모방 밀링 가공의 커터와 스타일러스의 접촉점

플라스틱 성형품의 두께가 0.5~2mm 정도의 자유곡면 형상에서는 두께의 불균일을 그의 5% 이하로 억제하려면 신중하게 가공하여야 한다. 제품부의 작은 구멍가공은 코어방식과 직접가공이 있다. 코어 방식으로 하는 이유의 하나는 작은 구멍의 가공은 드릴작업 중에 드릴의 파손이 생기기 쉬우므로 그 대응책으로 사용하는 방법이다.

코어 방식은 정밀선반으로써 구멍을 가공한다. 구멍을 가공하는 경우의 기계의 진동은 진폭 3㎛ 이하로 관리한다. 피가공품과 드릴을 쌍방으로 회전시켜 드릴의 축이 XY로 이동할 수 있는 장치를 구비한 선반으로 양축의 편심을 5㎛이하로 조정하여 가공한다.

드릴의 편심은 드릴 척의 조를 살짝 해머로 두들겨서 조정한다. 드릴의 가공 상태도 중요하며 각도나 치수의 대칭성을 공구 현미경으로 체크하여 릴리프면의 거칠기를 오일스톤으로 닦아서 매끈하게 하여 사용한다. 드릴과 피가공품의 절삭 시작시 흔들리지 않고 칩이 대칭으로 나오는 것을 확인하고 가공을 시작한다.

제품부에 직접 작은 구멍을 가공하는 경우는 지그 보러 등을 사용하지만 0.5mm 이하의 작은 지름의 드릴은 힘의 방향에 따른 변화에 의해 드릴의 파손 사고가 많아진다.

이와 같은 작은 지름의 드릴가공에서는 미소 토크 검출장치가 붙은 NC의 전용기를 사용하는 편이 능률도 좋고 드릴의 파손도 적다.

다. 드릴 파손의 원인은 피삭재의 조직에도 있고, 불순물이나 경도의 불균일은 작은 지름의 드릴가공에서는 피하여야 한다. 절삭속도에 대하여서는 경험적으로 여러 가지 있으며 작은 지름에 대하여서도 주속은 큰 지름의 드릴과 같게 하여 가공하는 방법과 [그림 7-37]과 같이 1mm 이하의 지름에 대해서 주속을 저하시키는 방법이 있다. 가공기계에 따라서 절삭 조건을 연구하여야 한다.

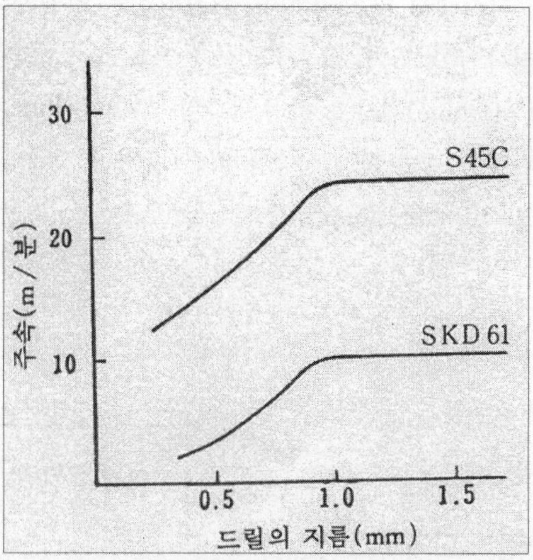

[그림 7-37] 작은 지름의 드릴 절삭속도의 주속도 바꾸는 예

제6절 방전 가공

1. 방전가공기

1) 방전가공기의 원리

방전 현상은 자연 현상에서 볼 수 있는 천둥과 같은 원리에서 이용되는 가공방법이다. 방전의 원리를 이용한 네온사인, 용접 등 여러 가지 분야를 볼 수 있으며 방전이란 고체, 액체, 기체의 절연체에 절연이 파괴되어 전류가 흐르는 현상이다. 방전 가공은 방전 현상을 인위적으로 설정하여 발생되는 에너지를 이용한 가공 방법이다. 방전 가공은 절연성 액체 속에 전극과 피가공물을 넣어 코로나에서 시작되어 불꽃 방전, 아크의 형태를 지나서 절연 파괴로 끝난다. 실제제품의 가공에서는 에너지 공급 시간이 보통 10-7~10-3Sec이다. 아크의 온도는 약 6,000~10,000℃ 정도이며 아크가 발생한 미소한 영역에서는 가공 재료가 용융하거나 증발한다. 일반적으로 가공물과 전극의 두 극단에 전압을 걸면 (-)전극에서 (+)전극을 향하여 전자가 튀어나간다. 전자는 도중에 서로 충돌하면서 기체중의 기체 입자와 충돌을 일으키며 이온화로 인하여 전자의 수가 증가하는데 이 경향은 양(+)극에 근접해 질수록 점점 높아지며 이것에 의한 절연 파괴현상이 방전이다. 그러므로 방전시에는 양(+)극 쪽에 많은 열이 발생한다. 방전

가공이란 전극과 공작물 사이에서 방전 현상을 인위적으로 발생시켜서 공작물의 가공점을 폭발적으로 용해, 기화시켜서 구멍 뚫기, 형 조각, 절단 등을 하여 금형을 주로 제작하는 것으로 EDM(Electric Discharge Machine)이라고 한다. [그림 7-38]에서 방전기의 원리를 보여주고 있다. 방전이 진행되는 과정을 보면 전압 상승에 따른 방전의 진행과정은 비 자속 방전(암류방전) → 코로나(Corona)방전 → 불꽃(Spark)방전 → 글로우(Grow)방전 → 아크(Arc)방전 → 방전 종료의 순서로 이루어 진다.

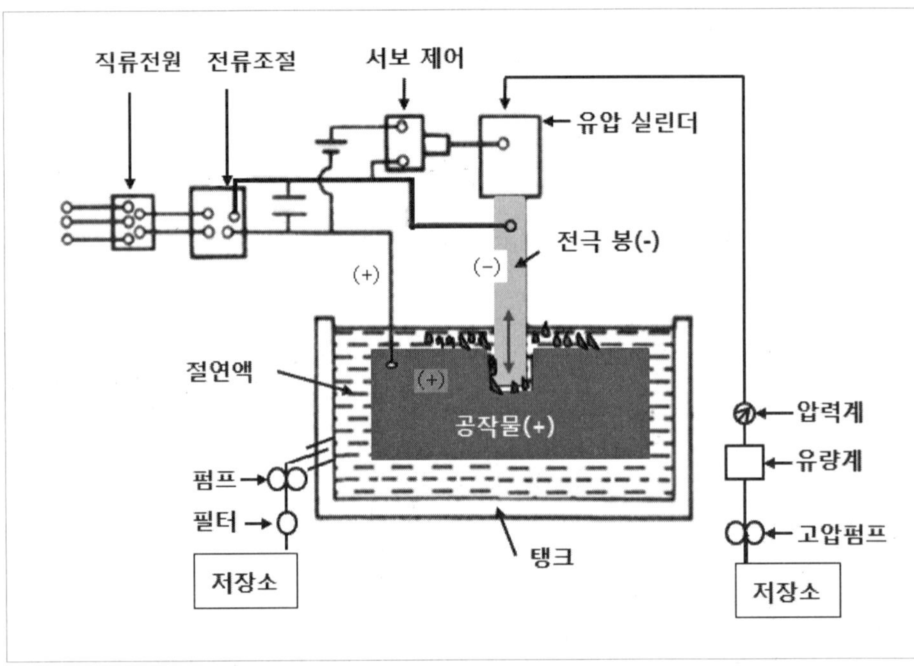

[그림 7-38] 방전기의 원리

2) 방전기의 특성

방전 가공은 가공공작물을 등유와 같은 절연성의 가공액 속에 고정한 다음 절삭 또는 연삭 공구 대신 가공하려고 하는 모양의 전극을 만들어 100[V]의 직류 전압을 주면서 접근시키면 0.04~0.05mm정도의 거리에서 방전을 일으킨다. 이때 방전이 발생하게 되는데 서로 가깝게 접하는 돌출부에서 먼저 방전이 일어나고 이 방전으로 전극과 가공 공작물 사이에는 용융이나 증발로 공작물이 가공되며 일반적으로 양(+)극의 소모가 크기 때문에 일감을 양극으로 한다.

다음은 방전가공의 장점과 단점을 보여주고 있다.

① 공작물이 전기적 도체이면 경도나 점도등의 제약을 받지 않는다.
② 비 접촉성으로 기계적인 힘이 가해지지 않는다.
③ 무인운전이 가능하다
④ 가공면이 균일하다.
⑤ 가공 확대 여유가 일정하고 고정밀도가 유지된다.
⑥ 미세한 가공이나 홈 가공이 가능하다.
⑦ 가공 표면의 열변질층 두께가 균일하여 마무리 가공이 쉽다.
⑧ 가공성이 높고 계획성이 크다.
⑨ 나사구멍이나 휘어진 구멍도 가능하다.
⑩ 전극의 형상대로 정밀도가 높은 가공을 할 수 있다.
⑪ 공구인 전극이 필요하다. (별도의 제작공정이 필요)
⑫ 가공상 전극 소재에 제한이 있다. (Cu, Gr, Ag-W, Cu-W)
⑬ 일시적인 가공 속도는 느리다.
⑭ 가공액을 석유(인화성)로 사용할 때 화재에 주의를 해야 한다.

3) 방전기의 구성

방전 가공기는 그림과 같이 본체, 전원, 가공액 공급 장치의 3부분으로 나눌 수 있다. [그림 7-39]은 방전기와 방전 가공을 보여주고 있다.

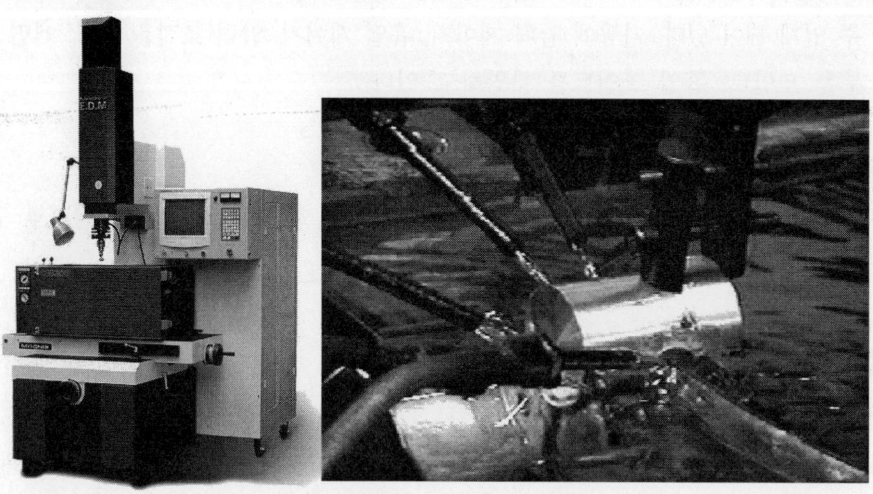

[그림 7-39] 방전기와 방전가공

(1) 헤드

헤드는 전극을 설치하는 부분으로 램이 상하로 이송할 수 있는 구조로 되어 있다.

(2) 전극홀더

전극 물림 장치는 램으로부터 전기적으로 절연되어 있고, 수평 조절판을 이용하여 수평 조정을 할 수 있다. 각도 조정 손잡이 나사를 이용하여 각도 조절판을 20°범위 안에서 조정할 수 있다.

(3) 테이블

가공물을 고정할 수 있고 X축과 Y축으로 구성된다.
좌표 표시는 각 방향의 X, Y, Z축 이동 범위를 0.001mm의 미소량으로 CRT 화면에 표시된다.

(4) 컨트롤 박스

방전 가공기를 제어할 수 있는 제어 시스템이 있으며 기계 본체를 가동시키고 프로그램을 작성할 수 있는 기계 조작반과 리모트 컨트롤 박스 등으로 구성되어 있다.

(5) 전원 장치

방전 가공에 알맞은 전류 및 전압을 발생시켜 불꽃을 연속적으로 발생시키는 전원으로써 가공 속도, 방전 시간, 전극 소모비 등 가공 목적에 따라 조건을 변화시킬 수 있다.

(6) 가공 탱크

방전 가공시 가공액을 채우는 곳으로 액면을 조절할 수 있으며 가공액을 가공액 탱크로 배유할 수 있게 되어 있다. 가공액 압력 게이지, 흡입 게이지, 압력 조절용 레버, 액면 조절(분출)문, 분출 조인트, 흡입 조인트를 부착하고 있다.

(7) 가공액 탱크

가공액의 저장, 침전, 여과, 공급을 행하는 부분으로 저장 탱크, 펌프, 휠터 등으로 구성되어 있다.

4) 전극

방전 가공에서 전극은 가공품의 조도, 공차, 및 가공 속도에 가장 큰 영향을 미치므로 전기 저항이 작고 소모가 적으며 기계 가공이 용이하고 가격이 저렴해야 한다. 방전가공용 전극은 기계 가공이 가능한 일체형상으로 가공하는 것이 좋다. 그러나 일체형상의 전극으로 방전가공할 경우, 깊이 정밀도, 모서리에 대한 정밀도를 얻기 어렵다. 3차원 형상의 가공에서는 전극을 분할하여 가공한다. [그림 7-40]은 전극을 보여주고 있다. 정밀 플라스틱 금형의 파팅부의 방전가공은 전극을 분할하여 가공하는 것이 가공이 용이하다.

전극을 분할형상으로 설계하는 장점은 다음과 같다.

① 전극 형상이 간단한 형상으로 되기 때문에 전극제작하기 쉽다.

② 전극을 분할함으로써 가공찌거기를 제거하기 쉽기 때문에 지속아크방전이 생기기 어렵다.

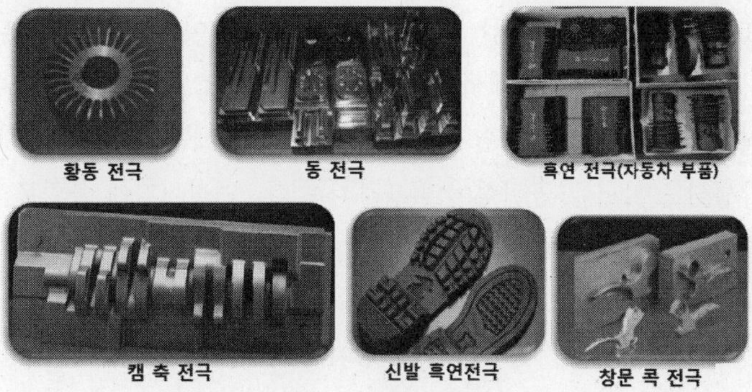

[그림 7-40] 전극

(1) 전극재료

전극의 재료는 가공의 용이성, 가격, 방전가공의 안전성, 소모량을 고려하여 주로 황동, 은-텅스텐, 구리-텅스텐, 흑연을 사용한다. 전극은 가공 구멍의 치수보다 작게 한다. 예를 들면 거친 가공에서는 0.5mm, 일반 다듬질에서는 0.2mm, 고운 다듬질에서는 0.03~0.06mm정도 작게 한다. 다음은 전극의 재료의 종류에 대해 설명한다.

(가) 은-텅스텐(Ag-W)

이 재료는 방전 가공시에 전극 소모가 적기 때문에 가공 전극으로 고정밀작업의 다듬질 작업에 사용되고 있으며 중량비로써 텅스텐을 약 65%정도 함유하는 은-텅스텐의 소결합금으로 초경질 합금이나 다이아몬드 등 고강성 제품의 가공에 우수하다. 또한 가공 확대 여유량이 적고 가공면의 조도가 좋은 특징이 있으며 엘콘이라는 상품명으로 만들어지고 있으며 금형의 작은 부품, 깊은 구멍등 정도가 요구될 때 사용된다.

(나) 구리-텅스텐(Cu-W)

은-텅스텐 다음으로 고경도의 가공에 우수하고 중량비로 텅스텐을 약 65%함유한 소결 Cu-W의 합금이다. 전극소모가 적고 가공확대 여유량이 적으며 가공면 조도가 좋다. Ag-W보다 가격이 저렴하기 때문에 정밀가공에 많이 사용되고 있다. 은-텅스텐 전극재료와 더불어 소결 합금이기 때문에 기계적 경도가 우수하고 기계적 가공성은 그다지 나쁘지 않으나 전극 제작용 공구의 여유각을 크게 해야 하는 단점이 있다. 연삭가공으로 제작시 숫돌의 눈메움 현상이 발생하고 비자성체이므로 공작물의 고정이 어려운 결점이 있으므로 주의해야 한다. 또한 얇은 판으로 제작시 휨의 발생에도 유의해야 한다.

(다) 구리(Cu)

구리-텅스텐, 은텅스텐보다는 다소 떨어지나 미세 구멍의 방전등 복제기능이 우수하고 어느 정도 무소모 가공이 가능하기도 하며 가격이 저렴하고 쉽게 구할 수 있기 때문에 저부형의 가공 등에 널리 사용되는 전극재료이나 순도가 높은 것일수록 좋은 특성이 있기에 99.9% 이상의 순도가 요구된다. 그러나 전극 제작시 기계가공상 여러 문제점이 나타나는데 연질 재료 특유의 뜯기는 형상이 가공상에서 이루어져 가공면 조도 및 정도에 좋지 않다. 또한 절삭에 의한 발열이 심하여 절삭이 쉽지가 않으며 가공시에는 절삭유를 사용하여야 한다. 가고 중에 열의 발생이 높아서 가공변형이 발생하기 쉽다. 연질이기에 물림부의 변형에 주의해야 하며 연삭가공시 숫돌의 눈메움(로우딩)현상이 발생한다.

(라) 황동(Bs)

다소 소모비가 크다는 결점이 있거나 관통형이나 거친 가공작업에 많이 쓰이고 있으며 경제적인 면이 높아 가장 일반적으로 사용되고 있다.

(마) 흑연(Graphite)

방전 가공시 순도가 높은 것이 좋으며 순흑연을 사용하면 빠른 가공성과 전극의 소모가 적으며 복제기능이 우수하여 저부형 등의 복잡한 형상의 방전작업에 널리 사용된다. 기계적으로 약하기 때문에 전극 제작시에는 충격에 의한 형상의 중요부위 파손이나 물림 등에 유의해야 한다. 흑연은 가공시 절삭저항이 매우 적어 절삭깊이에 대한 치수의 정밀도가 매우 우수하고 고정도의 치수 정밀도를 얻기 쉬우며 연삭 가공에서도 기계가공과 같이 가공상의 문제점이 없다. 또한 상당히 얇은 치수의 제작도 가공이 용이하며 분진의 발생이 많아서 가공시에는 집진장치가 필요하다. 습식연삭은 눈메움이 발생되어 피하고 건식작업을 하는데 입도가 #120 보다 고운 것은 눈메움이 발생하기 때문에 성형 연삭에서는 #100-120정도를 사용하게 된다. 절삭 및 연삭을 위한 고정 시에는 다른 재료에 접합하여 가공하게 된다. 동에 비하여 1/5의 가벼운 무게를 가지므로 대형 전극의 제작에 적합하며, 열 변형이 적고, 방전성이 좋아 거친 절삭가공에 적합하고 전극 가공시 분말가루가 많이 비산되는 특성을 가지고 있다. 전극제작법으로는 절삭가공, 연삭가공, 가압진동 성형, 분말소결 성형, 와이어 커팅 방법들이 있다. 접합하는 재료는 전극의 홀더나 생크로 사용할 때는 도전성 접착제를 사용한다.

흑연전극의 재료의 장점은 다음과 같다

① 전기조건에 따라 전극 소모가 구리에 비해 1/3~1/10 정도 적다.

② 전기조건에 따라 가공 속도가 구리에 비해 1.5~3배 정도 빠르다

③ 절삭저항이 주철의 10%, 가공능률은 약 5배로 가공성이 좋다.

④ 비중이 구리의 1/5로 대형전극으로 유리하다.

⑤ 승화온도가 3650℃로 내열성이 높다.

⑥ 구리의 1/4정도의 열팽창계수로 치수안정성이 좋다.

⑦ 순간접착제로도 전극의 접착이 가능하다

⑧ 전극표면의 toolmark는 샌드페이퍼로도 다듬질이 가능하다.

(바) 철(Fe)

방전 전극의 가공시에 철의 적용은 순철이 유리하다. 특수한 경우 외에는 잘 사용하지 않으며 전극의 마모가 심하기 때문에 마모율을 감안하여 제작하여야 하고 주로 전극의 형상이 간단하고 치수정밀도가 요구되지 않는 펀치, 다이를 일체로 제작할 때 사용된다.

(사) 아연(Zn-Cu)

구리의 함유량이 많은 합금이 가공성이 좋으며 전극 가공시 철 이외의 타 재료에 비해 가격이 저렴하기 때문에 자주 사용되기도 한다.

(아) 인청동(PB)

가는 구멍이나 가는 홈통과 같은 곳에 전극의 재료에 어느 정도의 강성을 갖지 않으면 안될 때 PB의 선이나 판을 전극으로 이용한다.

5) 가공액

가공액에는 절연도가 높은 유전체 액을 가공에서 사용하는데 일반적으로 석유나 경유가 사용된다. 가공액은 방전 가공에서 칩의 배출, 용융 금속의 비산, 칩의 간극 배제, 냉각 작용, 절연 회복 작용 등을 한다. 방전가공 중에는 가공 재료가 용해되어 분리된 분말과 가공액이 분해 화학 반응을 일으키기 때문에 일감과 전극 사이에 불순물이 있으면 방전이 불안정하여 가공 상태가 나빠진다. 이를 방지하기 위하여 간극에 존재하는 불순물을 제거하는 것을 플러싱(Flushing)이라 한다. 다음은 가공시에 노즐에서 가공액이 분사되는 방법을 설명한다.

(1) 분사법(Side Flushing)

분사 노즐을 통하여 칩을 분사시키는 방법으로 협소한 저부 가공 등에서 전극의 측면에서 틈새를 향하여 가공액을 분사하는 방법으로 두께가 얇은 부품의 가공이나 깊이가 깊을 때는 적당하지 않다. 분가구멍을 전극에 가까이 설치하고 전극의 측면에서 평행하게 분사한다.

(2) 흡입법(Suction Flushing)

더러워진 가공액이나 가공 칩을 전극이나 테이블에 연결된 관을 통하여 흡입하여 방전 종료된 극간에 깨끗한 가공액을 주입하는 방법이다. 전극 측이나 용기 측에 액처리 구멍을 설치하고 가공액을 흡입 처리하는 방법으로 전극 흡입법과 용기 흡입법이 있으며, 거친 가공에 흡입법을 사용하면 가공 칩에 의한 흡입기의 막힘이나 이에 따른 열변형이 생길 수 있으므로 주의하고,

흡입 압력에 의해 방전 갭이 커지므로 안정된 흡입 유량을 유지해야 한다.

(3) 분출법(Injection Flushing)

가공된 칩을 분출시키는 방법으로 전극 측에 분출 구멍을 뚫어 분리시키는 전극 분출법과 가공물을 분출 용기 상에 고정하여 분출하는 하측 분류법으로 나눈다. 전극 분출법은 전극 측에 분류 구멍이 있는 형식으로 주로 저부가공에 적용하며 가는 구멍 가공은 동 파이프 전극을 이용하고 복잡한 3차원 곡면 전극은 동 파이프를 전극 내측에 분배 설치하여 가공액을 처리하며 일반적으로 분출압력은 0.1~0.2kgf/㎠로 한다. 하측 분류법은 가공물을 분류용기 위에 고정하여 아래로부터 분류하는 액처리 법으로 관통 구멍의 거친가공에 유리하며 가공물의 방전 부분이 한 쪽으로 치우쳐 있을 때 분출 경로에 불균형이 생기지 않도록 주의해야 한다.

6) 전극가공

(1)흑연 전극 가공 시 주의사항

① 조각이 떨어짐을 막기 위하여 가공은 하향절삭(Down Cutting)해야 한다.
② 치수정밀도 및 공구의 마모 등을 고려하여 고속도강보다는 초경합금 공구를 사용한다.
③ 공작물의 모양에 따라 받침판이나 나사로 고정하고 또는 접착하는 방법 등을 이용한다.
④ 얇은 판의 가공에 있어서는 진공식 흡착판을 사용하면 휘어짐과 변형이 적고, 치수의 정밀도가 향상되어야 한다.
⑤ 흑연을 고정시키는 힘은 절삭저항이 적기 때문에 금속의 1/5~1/10정도 한다.
⑥ 연삭가공은 GC, WA 연마석을 사용하고, 정밀 연삭시는 다이아몬드 연마석을 사용한다.

(2) 흑연 전극 재료 선택 기준

방전 가공 분야는 지속적으로 그 영역을 넓혀 왔다. 방전 가공이 정밀 기술로서 그 성능을 인정받으면서, 종래 가공으로는 불가능했던 작업만이 아니라 새롭게 가능해진 작업 때문에 다양하게 선택되어 이용되고 있다. 방전 가공기술의 발달로 인해 흑연 재료의 전극을 올바르게 사용하는 것이 더욱 중요하게 되었다. 적합한 재료를 선택하는 여러 가지 기준이 있지만, 작업성과 경제성을 감안하여 전극 선택하는 것으로 다음의 다섯 가지를 살펴보았다.

① 방전 가공 속도(MRR) : 방전 가공 속도는 대체로 시간당 입방 밀리미터(mm^3/hr)나 시간당 입방인치(in^3/hr)로 표시되지만 실제적으로 보면 시간당 소요 비용인 Won/hr으로도 표시할 수 있다. 알맞은 방전 조건만 갖춘다고 해서 최상의 방전 속도를 얻을 수 는 없다. 흑연 전극을 사용하면 대체로 금속 전극보다 빠른 속도를 얻을 수 있지만 흑연의 품질에 따라 큰 차이가 있다. 코어의 재질 및 형상에 적합한 전극 재료를 사용 할 때 최상의 가공속도를 얻을 수 있을 것이다.

② 내마모도(WR): 전극 마모의 종류에는 체적, 모서리, 선단, 측면 등 네 가지가 있다. 이중에서 마모에 가장 취약하며 코어의 형상에 직접 영향을 주게 되는 모서리의 마모가 가장 중요하다고 볼 수 있다. 마모에 가장 취약한 모서리에서 전극이 충분히 견딜 수 있다. 면 전극 전체의 마모를 최소화 할 수 있으며 그만큼 전극을 재사용 할 수 있게 된다. 전극의 마모를 피할 수는 없다. 하지만 올바른 전극과 최적의 방전 조건을 적용하여 마모를 최소화할 수는 있다. 미세 정밀 가공을 할 수 있으려면 내마모도와 가공성이 우수해야 한다. 방전 가공시모서리의 마모를 최소화 하려면 강도와 용융점이 높은 재료의 전극을 사용해야 한다.

③ 표면 조도: 원하는 표면 조도를 얻기 위해서는 올바른 재질의 전극과 적절한 플러싱 및 에너지가 공급 되어야 한다. 높은 주파수의 낮은 전류를 공급하며 요동 가공을 하면 최상의 표면 조도를 얻을 수 있다. 최종 표면 조도는 전극의 표면 조도와 직결되기 때문에 극초미세 및 극미세 흑연과 같이 입자의 크기가 작은 제품이 전극 재료로 가장 적합하다.

④ 가공성: 흑연 가공 경험이 있다면, 흑연이 쉽게 가공된다는 것은 알고 있을 것이다. 가공이 쉽다고 해서 전극 재료로 아주 적합할 수는 없다. 일반 취급이나 방전 가공 작업에서 손상되지 않는 강도를 지니고 있어야 한다. 즉 강도가 높고 입자 크기가 작아야 반경을 최소화할 수 있고 근사한 공차를 얻을 수 있기 때문이다. 또한 흑연 경도도 가공성을 결정짓는 요소이다. 전극 재료의 경도가 높으면 기계 가공시 치핑 현상이 발생될 우려가 있다.

⑤ 경제성: 전극의 비용은 전체 방전 가공 작업 비용에서 아주 작은 부분이다. 그런데 작업비용을 관리할 때 전극 재료의 비용만을 관리 하는 경우가 자주있다. 하지만 전극의 가공 시간, 인건비, 방전시 발생되는 전극 마모도 등과 같은 요소가 총 비용에 실질적으로 큰 영향을 주는 더욱 중요한 것들이다. 또한 방전 전극은 가공물에 직접적인 영향을 주게 되므로 전극재료의 특성과 성능을 제대로 알고 있는 것이 매우 중요하다. 특성과 성능만 알고 있어도 비용 대 성능 비율을 자세히 파악하여 방전가공 작업의 실제 비용을 정확히 계산할 수 있다.

(3) 전극 제작 검토

방전가공의 경우 전극의 재질 선택과 제작은 매우 중요하므로 전극용 재료의 특성과 전극의 제작방법을 충분히 고려하여 요구하는 정밀도를 얻을 수 있도록 제작해야 한다.

① 스탬핑 또는 코이닝에 의한 제작

전기동은 스탬핑(Stamping)에 의하여 성형하기에 적합하며, 그 방법은 동을 880℃로 가열하여 단조로 가공하며, 가공하는 단계에서 풀림(Annealing)처리가 필요하다. 마지막 프레스 가공은 냉각하는 동안의 수축을 고려하여 냉각된 후에 하여야 한다. 코이닝(Coining)은 유압프레스로 냉간에서 행하며, 스탬핑보다 정도가 좋으므로 미세한 부분이 있는 전극의 제작에 적합하다.

경우에 따라서 약 10회 이상 프레싱하며 매 단계마다 풀림을 행한다.

② 공작기계에 의한 제작

전기동은 선반이아 밀링 가공이 용이하다. 동은 타 금속에 비하여 끈적끈적한 성질이 있으므로 50%정도의 지방유와 50%정도의 광유를 혼합한 혼합유를 절삭제로 사용하는 것이 좋다. 최근에는 CNC 공작기계에 의한 가공으로 형상을 자유로이 할 수 있게 되었다.

③ 압출 또는 인발에 의한 제작

이 방법은 주로 같은 단면의 전극을 양산할 때 사용하며, 유사형의 튜브형 전극 등은 이 방법으로 제작한다.

④ 금속 스프레이(Spray)방식에 의한 제작

CNC가 대중화되지 않았을 때 3차원 형상의 전극을 가공하던 방법으로 동선을 공급하며 용융시켜 미세한 스프레이 형태로 금형에 뿌려서 필요한 형상의 부착물을 만드는 방법이다. 전극의 조직이 거칠고 가공이 많아 CNC 기계가 보급된 근래에는 거의 사용되지 않는다.

⑤ 전기 도금법에 의한 제작

미세한 형상부위가 있는 3차원 형상의 전극은 성형금형의 마무리 가공이나 대형 사출용금형의 제작에 쓰이는 대형 전극의 제작에 전기도금법이 이용된다. 도금은 전문지식이 필요하므로 일반적으로 도금 전문회사에 의뢰하는 것이 좋다.

(4) 전극 취약부분에 방전가공 적용

① 전극 설계

방전가공의 전극 설계는 기본적으로는 가공 확대부(오버컷트 량), 가공면 거칠기, 황삭과 사상가공, 전극 소모비, 전극의 요동량 등 많은 요인에 의해 결정된다.

② 전극 단면치수의 결정방법

가공확대 부분을 이론적인 방전 간격에서 구하기는 어렵기 때문에 대개 공작물의 재질에 부합되는 가공 전원 조건에 맞추면서 실험치를 작성한 후 그에 준하여 결정하는 것이 좋다. 또한 관통가공의 경우 전극의 입구측이 출구측 보다 큰 경사진 현상은 가공칩 배출 시에 전극과 공작물 사이에서 가공칩에 의해 발생하는 이차 방전, 전극의 진동 등에 의한 것이다. 전극의 요동이나 테이블 요동에 의한 요동 확대가공의 경우에는 요동량을 감소한 전극 설계를할 필요가 있다.

③ 전극 감소 치수량의 결정방법

전극감소 치수량은 다음 내용에 따라 결정된다. ① 가공형상 치수 ② 가공여유 ③ 요구 가공 정밀도 ④지정면 거칠기 ⑤전극 재질 먼저 ⑤의 전극 재질을 결정한 뒤, 다음 단계로 전극 종류와 개수를 결정하고 마지막으로 전극 감소 치수량을 결정한다. 전극 감소 치수량이 결정되면 지정면 거칠기로 가공조건을 설정할 수 있고 또 가공시간도 추정할 수 있다.

④ 전극 소모와 전극 길이

전극의 유소모조건(일반적으로 사상가공역에 많이 쓰임)으로 방전 가공할 경우 전극의 소모를 고려한 설계를 해야 한다. 전극소모는 가공조건, 전극재료, 공작물 재료와의 조합에 따라 전극의 소요 길이와 개수를 결정할 필요가 있다.

⑤ 전극의 소모와 보정

샤프 에지(Sharp Edge : 예리한 모서리)의 소모 보정은 전극 소모비 1% 이하의 저 소모 조건에서도 전극의 예리한 모서리의 소모는 피할 수 없으므로 소모 부분을 수정한 뒤 재방전가공할 필요가 있다. 이 경우 전극의 수정 후 다시 취부해도 수직도 평생도 위치가 재현될 수 있도록 자석식의 치구나 V블럭 등의 상용치구를 이용 하는 것이 좋다. 취부시에는 기준면에 칩 등이 부착되어 오차가 생길수도 있으므로 취부전에 깨끗이 닦는다. 이러한 샤프 에지부분의 대표적인 예로서 모듈이 작은 평치차의 몰드 금형의 경우 은 · 텅스텐이나 동 · 텅스텐 전극재를 선택하여 전극의 소모 부분을 역방전으로 여러번 수정한 뒤 방전가공 한다.

7) 방전가공 공정

방전은 10-7～10-3초 정도의 짧은 시간에 이루어지며 5,000～10,000℃의 높은 열이 순간적으로 발생되므로 이런 현상의 반복 작용으로 열적인 침식이 되어 가공이 된다. 일반적으로 공기 중에서 방전가공을 하면 산화물이 생성되어 가공이 순조롭지 못하므로 등유, 경유, 방전유 등의 절연성 가공액을 공급시켜 방전이 계속 이루어질 수 있도록 한다. 가공의 진행과 함께 간극의 간격이 증가하므로 극의 간격을 일정하게 유지하도록 전극을 상대적으로 이송시켜주는 역할은 서보 기구가 담당한다. 실제 가공액 중에서 방전가공 할 때 방전이 진행되는 과정은 방전개시→기화상태→폭 발→용융비산→방전 휴지의 순서로 이루어진다. 다음은 방전가공공정을 보여주고 있다.

① 절연액 상태에서 전극과 공작물이 수 미크론(μ) 간격에서 양 극간에 직류의 전압을 공급한다.

② 양 극간 간격이 떨어져 있을 때 Z축 또는 X, Y축의 서보(Servo) 동작에 의하여 자동적으로 양 극간이 접근하여 절연이 파괴되면서 방전이 시작된다. 이때 양극간의 간격을 방전 갭(Gap)이라고 한다. 이 갭은 전기 에너지가 작고 좁은 방전의 경우 2~3μm 정도이며,

큰 에너지의 방전에서는 수십 μm가 된다.

③ 양극간은 일순간에 전자 방출 현상으로 방전주라고 부르는 고온과 높은 압력의 불꽃 방전이 일정 시간 지속된다. 이 시간은 수μs에서 1ms정도의 범위에서 적정시간으로 제어되고 이 시간 동안 방전주에는 약 3,000℃의 고온이 발생되어 금속의 조직이 용해되고 일부는 이온화한다.

④ 양 극간의 절연액이 기화 팽창하여 폭발하고 그 속의 용해된 자리에 불규칙한 크레이터(Crater)의 요철이 생긴다. 용해된 부분에 다시 방전주가 생기고, 폭발한 절연액은 기화하며, 동시에 다양한 탄화물로 변화하고 일부는 용해되어 타르 상태로 되어 배출된다.

⑤ 방전으로 생긴 금속 이온 또는 가스, 타르 상태의 생성물이 배출되고 극간의 절연이 회복되면 다시 전압이 공급되어 다음의 방전이 이루어진다. 방전 후의 방전 흔적은 달 표면의 계곡처럼 되며 이것이 방전면의 거칠기이다. 방전주의 방전 시간에 대하여 절연 회복에 필요한 시간은 적어도 방전 시간의 2배 정도이며 전류치가 높거나 방전 시간이 짧은 펄스(Pluse)는 약 20배 정도가 필요하다. 그러나 어떠한 경우라도 수μsec 단위의 짧은 시간은 변하지 않는다. 따라서 단위시간내의 방전과 절연 회복의 반복수인 방전 주파수는 수 백 Hz~수KHz이다.

2. 와이어 컷 방전기

1) 와이어 컷 방전기의 원리

와이어 컷 방전 가공의 원리는 방전가공 원리와 거의 같지만 전극을 와이어로 사용하고 와이어 전극은 동, 황동, 흑연, 텅스텐, 몰리브덴 등의 재질을 이용하여 가공하는 것을 말한다. 공작물에 (+)전극과 연속적으로 보내지는 와이어는 (-)전극으로 하여 와이어와 공작물 사이에 방전을 일으켜 공작물을 컷팅하는 가공기를 말한다. 이때 CNC에 의해 제어되는 서보 모터는 제어장치의 신호를 받아 X-Y테이블을 움여서 와이어가 가공액(물)과 함께 공작물을 통과하면서 가공되는 것을 말한다. 가공전원 전압 · 충전전류의 세기 · 시간 폭 등의 선택에 따라 가공특성이 변화되며 와이어의 재질, 직경, 장력, 이송속도, 가공액 비저항, 가공액 공급량, 가이드와 공작물의 간격 등에 따라 가공 조건이 결정된다. 가공액의 역할은 극간의 절연회복, 방전 폭발 압력의 발생, 방전가공 부분의 냉각, 가공 칩의 제거를 한다. 와이어 지름이 0.1~0.5mm의 가는 금속선을 전극으로 사용하며 이 와이어에 장력을 주어 감으면서 NC로 조정되는 프로그램에 의해 윤곽을 따라 일감과 방전을 시키며 테이블에 이동을 주어 다이, 압출 다이, 테이퍼 가공 등 필요한 2차원 형상을 가공을 할 수 있는 기계이다. 와이어 컷 방전 가공에서는 일반적으로 가공액으로 이온수를 사용한다. 와이어 컷 방전의 원리는 [그림 7-41]과 같다. 다음은 와이어 컷 방전기에 대해 설명한다.

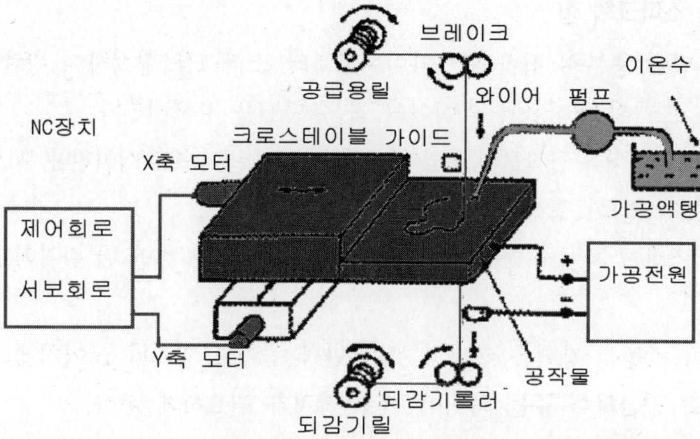

[그림 7-41] 와이어 컷 방전의 원리

(1) 와이어 방전 가공기는 띠톱과 비슷하다.

와이어 컷 방전 가공기는 팽팽하게 장력을 건 금속제 와이어(Wire)를 가공 전극으로 사용하는 방전 가공기의 일종으로 모터를 이용하여 날을 움직이는 띠톱의 원리와 비슷하다. 띠톱이 날카로운 이빨을 가진 날로써 힘과 마찰을 이용하여 금속을 잘라 낸다면 와이어 컷 방전 가공기는 전기적인 방전에 의한 고열을 이용하여 소재를 기화시켜서 제거하는 가공 방법이다.

(2) 와이어 컷 방전은 스파크이다.

전기적인 방전에 의하여 발생되는 스파크의 값은 사이클(주기)로 표시되고 이를 주파수라 하며 “ON-TIME” 즉, 1초당의 스파크를 뜻한다.

(3) 스파크의 에너지는 칩의 크기를 결정한다.

- 높게 조정시 : 고속 가공, 거친 면, 굵은 조각칩
- 낮게 조정시 : 저속 가공, 매끄러운 면, 작은 조각칩
- 최적의 가공면을 얻으려면 : 낮은 스파크 에너지와 높은 주파수 가공을 하면, 가공 칩의 크기가 작아지고 양호한 칩의 배출이 이루어져 양호한 면 가공이 가능하다.

(4) 스파크 에너지는 방전 부근의 온도를 상승시킨다.

온도는 약 10,000~12,000℃까지 상승되고 이 열에 의하여 공작물과 전극은 용융 및 기화되어 가공이 이루어진다.

(5) 가공 중에서 스파크의 힘

- 와이어가 가공면에 충분히 접근하면 와이어로부터 스파크를 형성하여 방출
- 스파크는 매우 뜨거워 공작물과 와이어의 작은 단면을 용해시킨다.
- 스파크가 끝나고 와이어와 공작물의 녹았던 부분은 절연 냉각수로 식혀진다. 서로의 스파크에 따라 2개의 조각(칩)이 형성된다.
- 이러한 과정을 스파크 사이클(Spark Cycle)에 의해 1초에 약 25만 번 반복하면서 스파크가 형성된다.
- 그 결과 와이어는 높은 장력을 견디지 못할 만큼 상처를 입거나 끊어지게되므로 새로운 와이어를 계속 공급하여 주는 와이어 이송 장치가 필요하게 된다.

2) 와이어 컷 방전기의 구조

와이어 컷 방전 가공기의 구조는 기계 본체, 가공액 공급 장치, 제어 장치, 방전부로 구성되어 있으며 그 기능은 다음과 같다. [그림 7-42]는 와이어컷 방전기와 와이어컷 형상을 보여주고 있다.

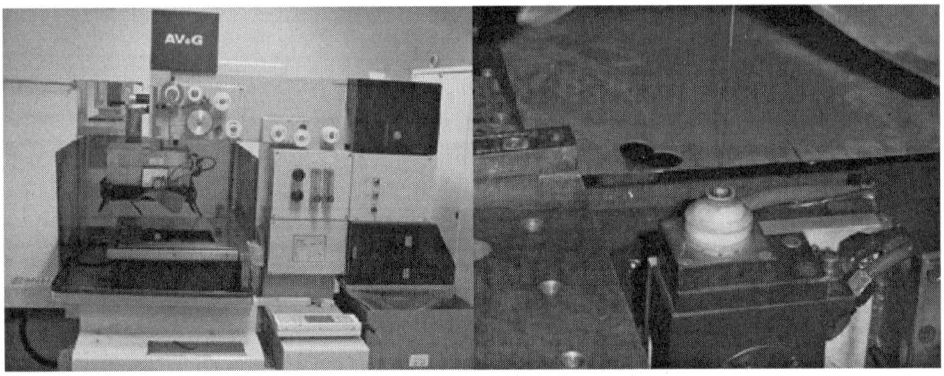

[그림 7-42] 와이어컷 방전기와 와이어컷 형상

(1) 기계 본체

기계 본체는 전극이 되는 와이어를 일정한 장력 및 이송을 주는 와이어 이송 장치, 일감 두께에 따라 상측 가이드의 높이를 조절할 수 있는 Z축 제어부로부터 펄스(pluse) 명령에 따라 작동하는 X-Y 테이블, 테이퍼 가공을 수행할 수 있는 UV축 등으로 되어 있다.

(2) 가공액 처리 및 공급장치

가공액 공급 장치는 불순물의 제거 및 이온의 제거, 가공액을 일정한 온도로 유지하여 방전이 잘 되도록 순환시켜 주는 역할을 한다.

(3) 제어부

와이어 컷 방전 가공기로 공작물을 가공하면 오랜 시간 동안 작업자가 없이 자동으로 작업하는 경우가 많으므로 신뢰성이 매우 중요하다. 따라서 제어부는 와이어 컷 방전 가공기 특유의 기능인 와이어경 보정, 스케일링, 후퇴 제어, 외곽 길이 계산, 모양 회전, 테이퍼 가공 등의 기능을 수행할 수 있어야 한다.

(4) 전력 공급 장치

와이어와 공작물 사이에 가공 전력을 공급하는 부분으로 가공 조건에 따라 방전 펄스의 전압, 전류, 펄스폭 등을 조절하는 트랜지스터 스위칭 회로와 콘덴서 등을 포함하고 있다.

3) 와이어 컷 방전기의 특징

(1) 와이어 방전 가공

와이어컷 방전기는 방전 가공기처럼 형상에 맞추어 전극을 제작할 필요가 없으며 담금질이 된 강이나 초경 합금의 공작물도 가공이 가능하고 일반 공작 기계와 비교하여 가공속도가 변하지 않는다.

(2) 와이어 컷 방전 가공기와 램형 방전 가공기의 비교

와이어 컷 방전 가공기는 램형 방전 가공기와 보다 일반적으로 가공공정이 간단하여 기계가공에서 가공할 수 없는 복잡한 형상을 가공할 수 있고 정전 복구 기능을 채택하여 정전 이후에 가공을 재개할 필요가 없이 24시간 자동 운전이 가능하다. 따라서 가공 인력을 대폭 감축할 수 있는 특징이 있다. [표 7-11]에서는 와이어컷 방전기와 램형 방전기의 비교 설명하고 있다.

[표 7-11] 와이어 컷 방전 가공기와 램형 방전기의 비교

구분	와이어 컷 방전기
전극	- 특정 형상의 전극 불필요. 직경 0.05~0.3mm의 와이어 사용
가공정도	- NC 장치에 의한 X-Y, U-V 축의 합성 운동 - 볼나사의 정도 및 최소 이송 단위에 따라 결정됨 - 클리어런스 조절이 용이함 - 가공에 따른 소재의 잔류 응력 개방에 의한 변형이 나타남
가공속도	가공면이 대체적으로 적으므로 면적효과가 큼
안전	가공액으로 물을 사용하므로 발화 가능성이 전혀 없고 무인 운전이 가능

구 분		형조 방전가공	와이어 방전가공
가공액		등유	증류수
가공 변질층		침탄층	탈탄층
경도		경화(증가)	연화(증가)
표면 잔류응력		인장응력	인장응력
내식성		양호(침탄층)	불량(전해부식층)
결함 발생 상태		열영향층, 균열, 빈구멍, 수소	전해부식층, 빈구멍, 수소
열처리 상태	어닐링재	표면경화 : 경화	표면경화 : 변화없음
	담금질 -템퍼링재	표면경도 : 경화 열영향층 : 연화	표면경도 : 연화

구분	형조 방전기
전극	- 가공 형상에 따라 특정 형상의 전극이 필요함
가공정도	- 전극의 정도에 의하여 가공 정도가 결정된다 - 클리어런스 조절이 곤란하다 - 가공에 따른 소재의 잔류 응력 개방에 의한 변형이 적음
가공속도	- 가공 면적에 따라 대폭 변함
안전	- 통상 기름 속에서 방전, 안전장치가 필요. 화재 가능성

(3) 와이어의 선택

와이어는 방전에 의해 소모되므로 가공 부분에는 항상 새 와이어가 공급되어야 한다. φ 0.05mm의 경우에는 인장 강도가 좋은 텅스텐 와이어가 사용되며 일반적으로는 동이나 황동 와이어를 사용하는데 φ0.1~0.3mm의 범위에서 많이 사용된다.

와이어의 기계적 특성은 [표 7-12]에 보여주고 있다.

[표 7-12] 와이어종류에 따른 기계적 특성

와이어 종류	인장강도 g/mm2	도전율 %	연신율 %	비 고
경 동	35 ~ 45	96 ~ 98	0.5 ~ 3.0	고전압 가공 속도
연 동	25 ~ 30	100 ~ 102	20 ~ 40	고정도 가공, 낮은 속도
황 동(지름)	100	23	1.66	고정도 가공, 높은 속도
황 동(반지름)	47	29.4	27.8	-
텅 스 텐	350	18	-	미세 가공

가공을 위한 공간의 폭은 와이어의 직경에 방전 공간의 두 배를 더한 값이 되므로 코너부의 R에 따라서 와이어의 직경이 결정되어 진다. 와이어의 직경이 커지면 장력을 크게 할 수 있으며 가공시간도 빨라진다. [표 7-13]은 와이어의 직경에 따른 최대 가공 두께를 나타낸다.

[표 7-13] 와이어의 직경에 따른 최대 가공 두께

사용 와이어의 직경	코너 부의 최대 R	최대 가공 두께(mm)
0.05 (W 와이어)	0.04 ~ 0.07	10
0.1 (Bs와이어)	0.07 ~ 0.12	20
0.2 (")	0.12 ~ 0.20	100 이상
0.25 (")	0.15 ~ 0.25	100 이상

4) 와이어 컷 방전기의 가공기능

(1) 도려내기 기능

와이어가 늘 새롭게 공급되기 때문에 전극 소모가 없으며 블랭킹 금형은 테이퍼 가공으로 펀치와 다이를 동시에 가공할 수 있다.

(2) 와이어 경 보정

와이어 컷 방전기에는 가공하는 윤곽에 대하여 와이어 경의 절반과 방전 갭을 더한 +g) 만큼 보정시킨 위치로 전극 와이어의 중심을 편차를 주어서 가공할 필요가 있다. 실제로 가공할 때에 CNC의 설정 패널에서 상당하는 보정량을 수동으로 입력한다. 이것을 와이어 경 보정이라고 한다.

(3) 가공 속도 표시

실제로 이동하고 있는 속도를 컨트롤 화면에 표시하는 기능으로 가공 속도 확인과 가공시간 산정에 사용한다.

(4) 트레이서 기능

가공을 하게 되면 프로그램 된 가공물이 어느 위치까지 가공이 되었는지 그래픽 상으로 보여주는 기능이다.

(5) 후퇴 제어

가공 중에 어떤 원인으로 와이어와 공작물이 단락된 경우 와이어를 지금까지 가공한 통로를 따라서 후퇴시켜 단락을 자동적으로 해체시키는 기능을 말한다.

(6) 원형의 회전

프로그램 된 도형을 수동 데이터 입력에 의해 임의의 각도만큼 회전시켜 가공하는 기능이다.

(7) 주장 계산

가공에 앞서 드라이 런(Dry Run)운전으로 프로그램한 도형의 주장을 표시하는 기능을 말하며 가공시간을 산출하는데 편리한 기능이다.

(8) 자동 위치 결정 기능

공작물의 단면이나 구멍 중심에 와이어를 자동으로 설정하는 기능으로 이 기능에 의하여 가공전의 와이어 세팅을 간단하게 설정 할 수 있다.

(9) 와이어 자동 결선 기능

공작물을 어떠한 형상으로 가공을 완료하면 자동적으로 와이어를 절단하고 프로그램에 의해 다음 가공을 위한 위치 결정을 할 수 있고 또한 가공 중에 와이어가 단선 되어도 자동적으로 연결하여 가공을 할 수 있는 기능이다.

5) 와이어 컷 방전기의 가공 특성

와이어 컷 방전기의 가공 특성은 가공 속도, 가공 정도, 가공면 거칠기 등이 많은 영향을 주고 있다. 가공 조건의 요소는 크게 가공 전원계 · 와이어계 · 가공액계로 분류하고, 일반적인 가공조건에는 가공속도, 가공정도, 가공면 거칠기 및 변질층의 생성 두께 등이 매우 중요한 영역을 차지하는데, 이는 와이어 컷 방전가공기의 성능에 따라 많은 차이가 있을 수 있다.

(1) 가공 속도

와이어 컷 방전가공의 가공속도는 단위 시간당의 가공면적으로 나타낸다. 가공속도(㎟/min) = 와이어 이송속도(mm/min)×가공물 두께(mm)와이어 컷 방전가공은 일반 방전가공에 비해서 대단히 작은 방전 면적에 의해 가공되고 가공물의 두께나 와이어 지름의 증 · 감은 면적효과나 방전 발생 횟수의 증 · 감에도 크게 영향을 미치므로 전류의 증 · 감에 따라 가공속도도 증 · 감하게 된다. 와이어는 공급용 릴에서 약 1~10m/min의 속도로 일정하게 보내 방전작용으로 인한 전극의소모를 보상한 것으로 가공액의 비저항 값이 낮아지면 가공 이송속도는 빨라지나 어느 정도 이하로 떨어지면 가공 이송속도가 낮아지며, 가공액의 비저항 값이 낮으면 큰북현상이 감소하므로 가공액의 비저항 값을 낮게 하여 가공 속도를 높이고, 가공물의 진직도를 향상한다.

- 가공물의 재료

  가공물 재료의 차이에 따라서 가공속도를 달리하며 일반 강을 속도 100으로 보았을 때 동은 125, 동과 텅스텐 합금은 80, 초경합금은 50의 속도로 가정한다.

- 와이어 전극의 재질

  와이어 전극의 재질에 대해서도 가공속도를 달리 하여야 하며 가공 속도의 차이는 동 와이어를 속도 100으로 했을 때 황동 와이어는 속도 120정도로 가정한다. 와이어 컷 방전가공에서 전류의 용량은 와이어 지름의 2승에 비례하고 가공 확대대는 와이어 지름에 비례하기 때문에 와이어 굵기가 가늘어지면 가공량 및 전류의 용량이 작아져 가공속도가 늦어지고 와이어의 굵기가 굵어지면 가공량 및 전류의 용량이 커져 가공속도가 빨라진다. 황동 와이어 [ø 0.1 ~ 0.25(mm)], 동 와이어 [ø 0.15 ~ 0.25(mm)]는 주로 많이 사용되며 구하기 쉽고 경제적이며 가공속도가 빠른 것이 특징이다. 텅스텐 와이어 [ø 0.05 ~ 0.1(mm)]는 항장력이 높아 직경이 작아도 사용 가능하다.

- 전기적인 조건

  방전시에는 방전 에너지의 량을 적절히 조정하여야 하며 가공 중에 방전 에너지를 높여야 하는 경우 전압, 전류, 콘덴서 용량, ON-TIME을 같이 높여야한다.

- 가공액 비저항

  STD11, SK3 등의 공구강을 가공할 경우 가공속도를 빨리 하기 위해서는 비저항을 낮게 설정한다.

- 가공액의 압력

가공 중에 가공액의 압력이 높으면 유속이 빨라서 칩의 배출이 원활하게 이루어지고 가공 진행 방향의 방전 효율이 상승한다. 그러나 가공액의 압력이 너무 높으면 진동이 일어나고 기포가 발생(진공)되어 와이어가 단락되는 경우가 있으므로 가공시에 적절한 가공액의 압력 조절이 필요하다.

- 와이어 장력과 이송 속도

장력을 높이면 방전으로 생기는 반발력에 의한 와이어의 진동 폭이 작아지므로 가공 진행 방향의 방전 효율이 높아지고 가공 속도도 높아진다. 와이어의 이송을 빠르게 하면 가공 속도가 높아진다.

(2) 가공 정도

가공 정도를 크게 보면 가공물의 치수 정도, 위치 결정 치수 정도, 코너 부의 각이나 R의 형상 정도로 나뉘어 진다.

(3) 형상 정도

- 치수 정밀도

와이어 컷 방전 가공기의 치수 정밀도는 보정량에 의하여 결정되며 가공 상태에 특별한 변화가 없다면 치수의 정밀도는 수치 제어의 정밀도에 의해 결정된다. 또한 치수 정밀도에 변화를 주는 원인 중에는 공작물 재료 자체의 변형 원인이 있기 때문에 공작물 재료의 변형은 자체의 내부 응력으로 인한 것과 방전시 열에 의한 것이 있으므로 진공 열처리를 하고, 합금 공구강은 템퍼링을 한다.

변형을 막기 위하여 공작물의 고정되는 힘을 조절하고 가공 시작점과 가공 통로를 잘 선택하는 것도 중요하다. 방전 에너지를 낮추고 2차 가공을 하는 방법도 치수 정밀도를 향상시킬 수 있다.

- 진직도

진직도에 영향을 미치는 원인에는 와이어의 가공액의 비저항값, 진동, 가공 칩에 의한 2차 방전 등이 있다. [그림 7-43]에 나타난 것과 같은 북 현상이 가공면의 진직도를 결정하게 되는데 이 현상 와이어 컷 방전기의 특유의 현상으로 이러한 현상을 억제하려면 상하 와이어의 진폭을 적게 하고 가공액의 비저항을 낮추어주며 가공 속도를 높이는 방법이 좋다. 최근에는 공작물의 진직도를 공작물 두께 100mm에 대하여 수μ이내까지 줄일 수 있게 되었다.

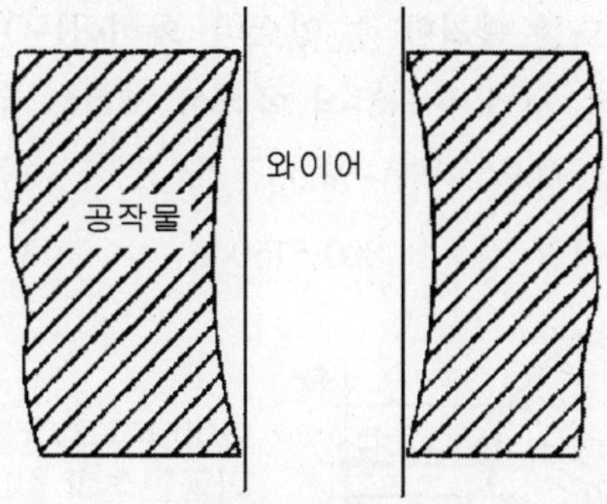

[그림 7-43] 북 현상

(4) 위치 결정을 위한 치수 정밀도

- 구멍 기준

와이어의 가공위치 결정을 위하여 와이어의 수직 조절을 형상에 맞게 조정을 하고 기준 구멍을 수직으로 뚫으며 면의 정도가 깨끗해야 하고 면은 6.3S 정도로 가공하여 중심 검출을 하여야 한다.

- 면 기준

기준면은 연삭 후 면에 생기는 이물을 제거하여야 하며 장력을 크게 하여 단면을 검출한다. 이때에는 반드시 와이어의 반경을 고려하여야 한다.

(5) 코너 부의 형상 정도

와이어 컷 방전가공에 있어서는 코너부 가공시, 일반적으로 코너 부의 윤곽정도가 떨어지기 쉽고 시계부품이나 스프링 판 등 미세 형상을 가공할 때에는 코너 부의 가공 현상에 대한 고려가 필요하다. 코너부에 있어서 방전 에너지의 반발력에 의해 와이어 전극이 진행 방향에 대해 역방향으로 밀려서 생기는 것과, 와이어 전극의 가이드부는 지령 위치까지 도달했지만, 상 · 하 가이드의 중간부분이 미처 코너부에 도달하지 못하였을때 방향의 바꿈에 의한 것으로, 내측 코너부는 언더컷(Under Cut)이 발생되고 외측 코너부는 오버 컷(Over Cut)이 발생된다. 이런 현상을 줄이기 위해서는 와이어의 장력을 높이고 가이드간의 간격을 가급적 짧게 하며 전압과 콘덴서 정전 용량을 낮추어 방전에 의한 반발력을 약하게 하고 전기적 조건과 가공속도를 자동으로 제어하여 와이어의 처짐을 방지하여야 한다.

(6) 와이어 장력

와이어의 장력이 커지면 가공속도는 상승하다가 일정량 이상이 되면 다시 줄어 드는데 이유는 전극 자체의 항장력에 의한 한계가 있어 단선이 쉽게 발생할 수 있으며 단선이 잘 되지 않는 와이어 전극은 가공 속도를 빨리할 수 있으며, 와이어는 방전 충격력 등에 의해 강제 진동이 수반되며 이를 극소화 시키기 위하여 와이어 장력은 보통 와이어 파단

※ φ 0.2mm의 동 와이어일 경우 : 500~800g

※ φ 0.25mm의 황동 와이어일 경우 : 800~1500g

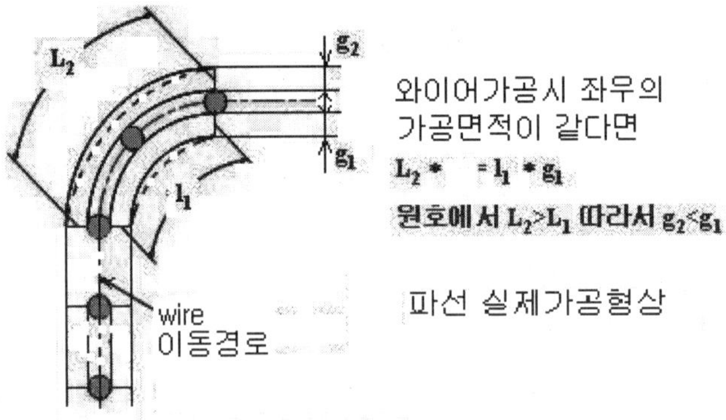

[그림 7-44] 코너부 형상정도

3. 방전가공 공정계획

납기 내에 금형을 제작하기 위하여 각각의 공정별 일정이 수립되어야 하고, 체크하여 자체적으로 관리하는 시트(Sheet)를 만들어 공정별 일정표를 작성한다. 공정표를 작성하기 위해서는 우선 도면에 대한 충분한 이해가 필요하며 공정을 설계할 수 있는 능력이 필요하다. 또한 가공기기의 이해나 가공 방법에 대하여도 많은 지식이 필요하며 전체적인 일정을 고려하여야 하므로 충분한 경험이 필요하다.

공정계획에는 금형제작을 위해 필요로 하는 부품 리스트별 완료 일정이 관리되어야 하며 가공에 의해 완료되는 부품의 경우 공정별 가공 전, 후의 이상 유・무를 체크하여야 하고 최종 가공 공정 후에는 마지막으로 품질에 이상이 없는지를 확인한다. 구매품의 경우에는 구매 업체별 품질 및 가격에 대한 사전정보를 입수해야 하고, 부품별 품질 및 가격을 고려한 발주를 해야 하며, 재고관리가 필요하다. 방전가공에 해당되는 금형제작의 공정은 다음과 같다.

1) 금형부품 제작 공정

① 도면분석

금형부품을 완성하기 위해서는 금형의 한 요소로서 사용되는 기능을 충분히 이해하고 가공계획을 수립한다. 코어나 캐비티에 해당하는 전극가공이 이루어져야 하므로 각각의 공정을

구상한다.

② 재료발주

부품(코어와 캐비티)에 소요되는 재료 발주 (SKD61종).

부품(코어와 캐비티)가공을 위한 전극 재료 발주.

③ 절삭가공

부품의 외곽여유를 남겨두고 1차 가공하고 전극도 외경여유를 남겨두고 1차 가공을 한다.

④ 열처리

코어의 열처리를 진행한다.

⑤ 원통연마가공

열처리된 코어의 외경을 완성 가공한다.

⑥ 연마가공

코어의 기준면을 연마한다.

⑦ 전극가공

웜 기어 전극을 완성 가공 한다.

⑧ 방전가공

코어를 세팅하고 준비된 전극을 가지고 방전 가공한다.

⑨ 경면사상

마이트로 블라스트 & 미각기를 통해 가공면을 개선한다.

⑩ 측　정

완성된 코어를 도면과 비교하여 측정한다.

⑪ 완　성

측정된 코어가 이상이 없다면 코어 가공을 완성한다.

2) 방전가공으로 진행하는 공정

(1) 방전가공 영역에 대한 결정은 도면에 대한 충분한 분석이 이루어진 후 CNC 밀링 및 고속 가공기 등의 가공이 끝난 후에 최종적으로 가공이 이루어지는 부분으로 가능하면 범위와 가공량을 줄여서 가공영역을 결정한다.

(2) 방전가공 영역을 결정하기에 앞서 CNC 밀링, 고속 가공기, W・C 에서 작업이 이루어진 후 재가공하는 방전가공은 대부분 후가공에 해당되므로 불량이 발생되지 않도록 가공한다.

(3) 도면을 분석하여 방전가공 영역 결정 아래 도면을 분석해 보면 우측 원호 안에 있는 제품의 형상은 W・C 가공에 의해 전극 가공 후 방전작업에 의한 완성이 되어야 하며 화살표로 표시된 부분도 게이트의 형상이므로 역시 전극 가공 후 방전가공으로 완성을 시켜야 하고

주변의 러너형상은 고속 가공기에 의해 완성한다.

(4) 생산성을 고려한 작업방법으로 금형의 제작비용의 70%정도가 공정별 임률에 의해 발생하고 있으므로 공정을 줄이고 작업방법을 개선하는 것만으로도 제조원가를 줄일 수 있으며 생산성을 높일 수 있다.

(5) 금형을 제작하기 위해서 가장 효과적이고 효율적인 방법은 하나의 공정에서 모든 작업을 완료하는 것이다. 고속 가공기의 출현은 열처리가 된 상태의 재료에 고속 가공으로 완성가공을 하는 작업방법으로 공정의 혁명이다. 가공기술 및 가공기기들의 발달로 인하여 후가공의 개념이 사라지고 있다.

(6) 가공기기의 특성 및 성능을 고려한 작업방법은 매우 중요하다. 고속가공기의 경우 고속, 고회전의 특징을 가지고 있어 열처리가 되어 있는 코어의 가공이 수월하나, 저속 저회전의 범용 가공기는 절삭력 및 토크는 좋으나 열처리 된 코어를 가공하는 데에는 적합하지 않다. 그래서 고속가공기 에서는 일반적으로 부가가치가 높은 메인코어를 후가공이 필요하지 않는 범위 내에서 가공을 하고 일반적인 정밀도를 요구하는 몰드베이스 및 기타 부품들의 가공에는 범용 가공기를 사용하게 된다.

3) 방전가공 영역 결정

(1) 방전가공 영역에 대한 결정은 도면에 대한 충분한 분석이 이루어진 후, CNC밀링 및 고속 가공기로 가공을 한 후의 부분으로 가능하면 범위와 양을 줄여서 가공한다. 왜냐하면 방전가공하기 위해서 무엇보다도 전극을 가공하여야 하는데 이는 코어를 가공하는 것만큼 많은 공정 및 비용이 소요되기 때문이다. 전극의 재료로 많이 사용되는 동 및 흑연 등은 그 원자재 값이 비싸며 CNC 밀링, 고속가공기, 와이어 컷 등의 고정밀도 기계에서의 가공이 이루어져야 하기 때문이다.

(2) 방전가공 영역을 결정하기에 앞서 또한 고려해야 하는 것이 후가공이다. 후가공이란 하나의 공정에서 작업이 이루어지는 것이 아니라 CNC 밀링가공 후에 와이어 컷 가공을 해야만 하는 경우에는 그 순서나 영역을 결정하는데 있어 신중하지 않으면 많은 비용이 소요될 수 있다. 방전가공은 금형 부품 중 코어 가공을 할 경우 여러 가공공정 중에 가장 마지막 공정에 위치하고 있으므로 방전 가공 중에 발생하는 불량은 이전 작업 공정의 모든 가공을 다시 작업하여야 하는 경우가 발생하므로 세심한 주의가 필요하다.

(3) 도면을 분석해보면 와이어 컷 가공을 우선하고 전극가공 후 방전 작업에 의한 완성이 되어야 하는 것이 있으며 게이트의 형상에 따라서 방전으로 완성해야 하거나 CNC 고속가공기로 완성이 가능하거나 하는 것을 도면분석 후 방전가공 영역 결정하게 된다. 순서는

부품 (코어나 캐비티) 도면의 분석 → 방전가공 영역 결정 → 전극가공방법 결정 → 재료준비 → 공정별 부품가공으로 완성한다.

(4) 가공순서의 결정

절삭과 연삭이 되고 난 이후에 부식을 하는 경우에는 날카로운 코너들이 부식에 의해 라운딩 현상이 일어나고 파팅면의 경우는 플래시가 발생하게 되므로 주의 하여야 한다.

제 8 장

총론
사출성형품 설계
금형설계기술과 CAE
사출 금형 설계
열처리
수지 (PLASTIC)
금형제작

사출성형기와 사출성형

고정밀 사출성형

제1절 사출성형기

사출성형은 플라스틱을 원하는 형태의 성형품으로 만드는 제조기술이다. 성형품은 사출 사출기에서 수지를 용융시켜 금형의 캐비티 안으로 사출하고 용융수지를 고화시켜 만드는 것이다. 사출성형기는 구조에 따라 여러 종류가 있겠지만 가장 일반적인 유압구동식 수평식 사출기에 대해서 알아보고자 한다. 사출 사출기는 크게 가소화 장치, 체결장치 및 제어장치로 나눌 수 있다. [그림 8-1]에서 직압식과 토글식 사출기를 보여주고 있다.

1. 사출성형기와 주변장치

1) 사출 성형기의 분류

사출 성형기

- 가소화 장치(Plastification Unit)
  - *호퍼(Hopper)
  - *재료공급장치(Feeder)
  - *가열실린더(Heating Cylinder)
  - *노즐(Nozzle)
  - *사출 유압 실린더(Hydraulic Injection Cylinder)
- 체결장치
  - *고정 플레이트(Fixed Backing Plate)
  - *이동 플레이트(Moving Backing Plate)
  - *타이 바(Tie Bar)
  - *형체결 실린더(Clamping Cylinder)
  - *밀어내기 장치(Ejector)
- 제어장치
  - *유압제어 시스템 (Hydraulic Power System)
  - *전기제어 시스템 (Electrical Control System)

사출성형기의 장치

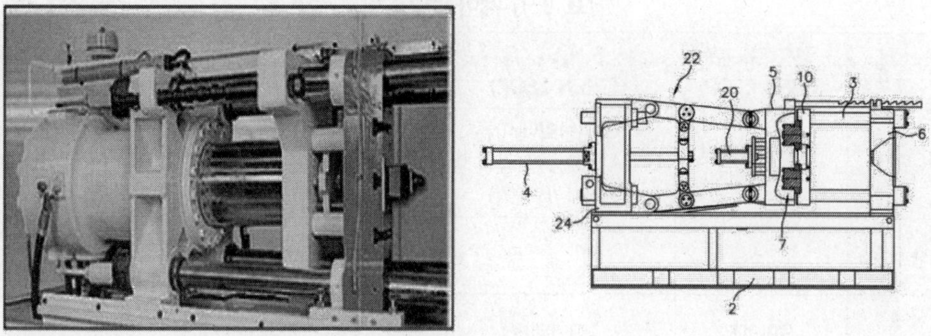

[그림 8-1] 직압식(좌)과 토글식 사출기(우)

(1) 가소화 장치(Plastification Unit)

수지를 용융해서 일정량의 용융수지를 금형 내로 사출하는 장치이다.

(가) 호퍼(Hopper) : 가열실린더에 공급하는 수지의 저장용기

(나) 재료 공급장치(Feeder) : 용융수지를 계량하여 가열실린더로 보내는 장치

(다) 가열실린더(Heating Cylinder) : 수지를 용융, 사출하는 부분

(라) 노즐(Nozzle) : 가열실린더의 선단에 결합하여 사출시 금형의 스프루 부시에 밀착하여 용융수지의 유로를 구성하는 부분

(마) 사출 유압실린더(Hydraulic injection Cylinder): 스크루 또는 플런저를 전진시키고 여기에 사출 압력과 사출 속도, 배압을 발생시킨다.

(2) 체결장치(clamping unit)

금형을 사출성형기에 장착하여 사출시 금형이 열리지 않도록 큰 힘을 가하고, 사출 후 금형을 열어 제품을 밀어내는 장치이다.

(가) 고정 플레이트(fix backing plate) : 고정되어있는 부분으로 금형의 고정측 부분을 장착할 수 있는 플레이트

(나) 가동플레이트(moving backing plate) : 움직이는 부분으로 금형의 가동측 부분을 장착할 수 있는 플레이트

(다) 타이바(tie bar) : 고정 및 가동 플레이트를 지지하고 가동 플레이트 작동시 가이드 역할을 하는 봉재로 금형이 채결되어 압력을 받을 때 체결력을 받는다.

(라) 밀어내기 장치(ejector) : 성형품을 금형에서 밀어내는 장치

[표 8-1] 제어장치의 비교

구 분	전지 RELAY (OPEN LOOP)	P L C (OPEN LOOP)	MICRO-PROCESS	MICRO-PROCESS (CLOSED-LOOP)
내 용	- 재래방식임 (PLC이전)	-조건변화에 따른 DATA 변화용이 (검색 및 자동 F/B 불가)	- 조건변화에 따른 DATA변화용이 (검색 및 자동 F/B불가)	- 검색 및 자동 FEED BACK SYSTEM 가능
기술수준	-	한 국	한 국	한국, 구미, 일본 (유럽원본 기술)
국내 수요도	'70년대	'80년대초	'80년대말	'92~2000년대

2) 사출 사출기의 분류

사출성형기의 분류는 기계형태에 따른 분류, 사출 방식에 따른 분류, 체결방식에 따른 분류 등으로 나눈다.

[표 8-2] 사출성형기의 분류

- 사출성형기 분류
  - 기계 형태
    - 수평식(Horizontal Type)
    - 수직식(Vertical Type)
  - 사출 방식
    - 플런저식(Plunger Type)
    - 인 라인 스크루식(In Line Screw Type)
    - 플런저-스크루방식
  - 형체결 방식
    - 직압식
    - Toggle 식
    - 직압-Toggle식

(1) 기계 형태에 따른 분류

금형의 개폐 방향, 플런저 또는 스크루의 운동 방향에 따라 수평식과 수직식으로 분류한다.

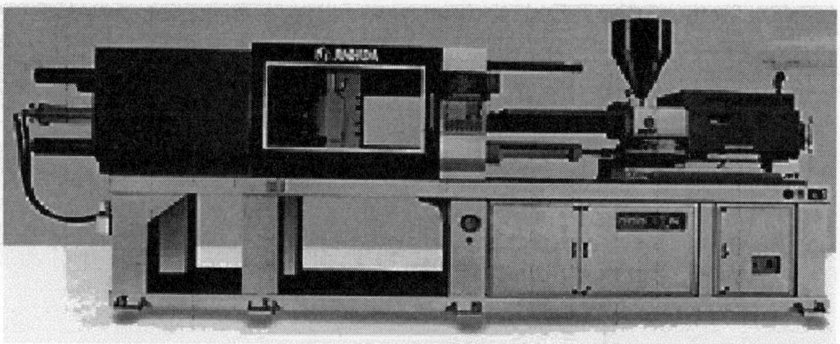

[그림 8-2] 수평식 사출기

(가) 수평식(Horizontal Type) [그림 8-2]

- 성형의 자동화 고속화가 용이하다.
- 금형의 부착 및 조정이 자유롭다.
- 기계의 높이가 낮으므로 가열실린더, 노즐에 수지 공급이나 보수가 용이하다.

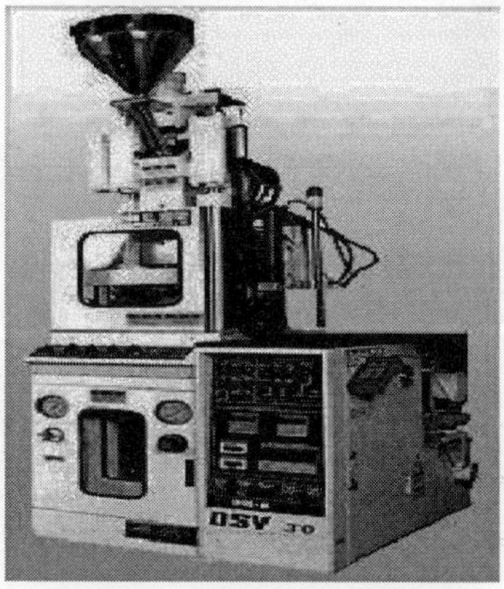

[그림 8-3] 수직식 사출기

(나) 수직식(Vertical Type) [그림 8-3]

- 인서트 성형시 유리하다.
- 큰 금형을 장착해도 안정성이 있다.
- 2색 성형에 적합하고 기계 설치 면적이 적다.

(2) 사출 방식에 따른 분류

(가) 플런저 (Plunger)식 : 스크루가 없는 것으로 플런저에 의해 용융된 수지를 공급하는 것이다. 이 형식은 가열부가 제한되고 큰 압력 손실을 발생하는 단점이 있다. [그림 8-4]

(나) 플런저 스쿠루식 (Plunger & Screw Type) : 한 개의 실린더는 수지를 용융시키고 다른 실린더는 용융된 수지를 사출하는 형식이다. 이 형식은 체적이 큰 실린더가 필요하다. [그림 8-5]

(다) 스크루식(Screw Type) : 스크루에 의해 용융된 수지를 동일 스크루의 압출 공정에서 사출하는 형식으로 가소화 능력이 크고 재료의 체류 장소가 적기 때문에 분해하기 쉬운 재료에 적합하다. 얇은 두께의 성형품과 같이 금형에 수지를 빨리 채울 필요가 있을 때 사용한다. [그림 8-6]

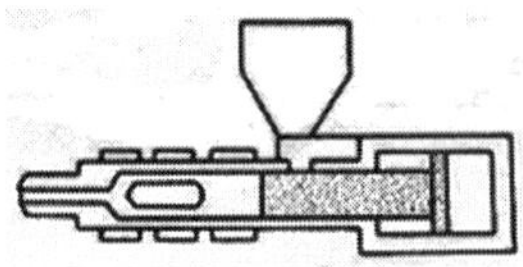

[그림 8-4] 플런저 식

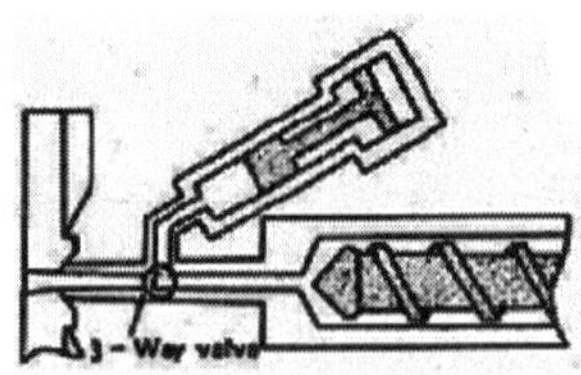

[그림 8-5] 플런저 스크루식

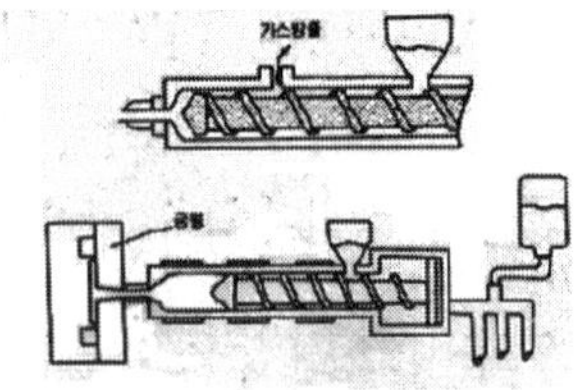

[그림 8-6] 스크루 식

(3) 형 체결 방식에 따른 분류

(가) 직압식: 유압 실린더의 램에 이동 다이 플레이트를 직접 연결하여 유압에 의해 직접 금형을 체결하는 형식이다. 이것은 구조가 간단하여 사용이 용이하며 형체결력 조절이 간단하다. [그림 8-7]

[그림 8-7] 직압식

(나) 토글식(Toggle Type) : 유압 실린더 또는 그 밖의 동력원으로 발생하는 힘을 토글에 의해 형체결력을 얻는 형식이다. [그림 8-8]

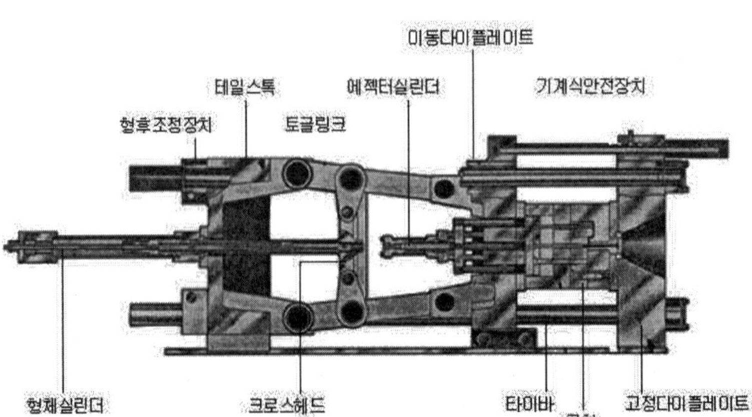

[그림 8-8] 토글식

(4) 형체 장치별 특징

직압식 사출장치와 토글식 사출 장치에 대한 특징을 살펴보면 다음과 같이 비교해 볼 수 있다. [표 8-3], [표 8-4]는 직압식과 토글식의 형체장치의 비교를 보여 주고 있다.

[표 8-3] 직압식과 토글식의 형체장치의 비교

구 분	직 압 식	TOGGLE 식
구조 및 작동원리	유압실린더의 유압에 의해 직접 금형 체결력을 얻는 방식	유압실린더의 힘을 TOGGLE기구에 의해서 기계적으로 금형체결력을 얻는 방식
가 격	비교적 고가	비교적 저가
내 구 성	마모부품이 적음 급유 불필요	마모부품이 많음 급유 장치를 요함
조 작 성	비교적 용이	비교적 번거로움
유 지 보 수	용이	윤활유 관리에 주의
생 산 성	일반적으로 높음	일반적으로 낮음
경 제 성	동력비가 다소 높다	동력비가 낮음
정밀 제어성	우수 (넓은 금형체결력에 의한 분포하중으로 금형변형이 적고 고정 밀도 성형가능)	보통 (집중하중에 의한 금형변형이 직압식에 비해 크다)
기 술 성	금형보호기능우수, 임의의 행정구간에서 고속, 저속 설정이 가능	형체결력 조정이 어렵고 OVER CLAMPING우려가 있다. (복잡, 부정확)
추 세	선진국에서 대부분 채택 (구미:80%, 일본:60%)	감소추세

[표 8-4] 직압식과 토글식 비교표

분 류	항 목	직 압 식	TOGGLE 식
기 본 사 양	1) 타이바 간격, 형판크기. 2) 형판간격, 형체스트로크 3) 금형 개폐속도 특징.	- 크다. - 크다. - 사다리꼴에 유사.	- 작다. - 작다. - 정현 곡선에 유사.
금형조립 공간과 형체 계통의 정밀도	1) 금형조립의 평형도. 2) 이동형판의 전진 낙하. 3) 금형체결력에 의한 금형 변형. 4) CAVITY내 압력에 의한 금형후퇴. 5) 성형공정중의 금형체결력 변화. 6) 형체장치의 정밀도 유지.	- 정확함. - 거의 없음. - 작다. (형체램부에 분산) - 형체방향으로 균일. - 없다. - 양호. (구조간단, 마모부분 없음)	- 불균일. (금형두께 조정에 따라 변화) - 크다. - 크다. (양쪽 LINK부위에 힘이 집중) - 불규칙. - 있다. (금형, 토글 등의 온도변화 기인) - 불량. (구조복잡으로 마모 부분 많음)
금형 교환의 작업성	1) 금형두께 조정. 2) 금형체결력의 설정. 3) 금형체결력의 설정 및 연출. 4) 조직에 필요한 숙련도. 5) 금형교환 시간. 6) 노동력절감 및 금형교환 작업의 자동화.	- 용이. - 용이. (유압식에 의함) - 정확하며 장착용이. (유압계기) - 숙련도가 낮아도 가능. - 짧다. - 비교적 용이.	- 곤란. (금형조정장치에 의하므로) - 곤란. (타이바 형체 여유가 없어짐) - 부정확, 장착곤란. (타이바 팽창 측정) - 높은 숙련도가 필요. - 길다. - 곤란.
금형과 기계에 대한 보호	1) 금형내 이 물질의 검지 정확성. 2) 저압형체에 의한 금형 보호. 3) 과 충전에 의한 과부하. 4) 금형 수명 및 정밀도 유지.	- 높다. - 매우 효과적. - 거의 나타나지 않음. - 길고 안정.	- 낮다. - 약간 효과적. (1/10, 1/100) - 나타남. (타이바, 링크 등의 마모) - 상대적으로 짧고 불안정.
보 전	1) 윤활장소, 윤활횟수. 2) 윤활유 소모 비용. 3) 보전 및 점검해야 할 개소. 4) 소요 보전 시간. 5) 분해 수리 시간. 6) 분해수리에 소요되는 경비 일수.	- 적다. - 적다. - 적다. - 짧다. - 길다. - 적으며 거의 없다.	- 많다. - 많다. - 많다. - 상대적으로 길다. - 상대적으로 짧다. - 많으며 크다.

3) 사출성형기 부대장비

사출 사출기 부품은 사출 사출기 종류, 제작회사에 따라 다르나 여기서는 일반적으로 많이 사용하는 부품들을 소개한다.

(1) 스크루 작동 모터 : 수지를 용융 전진시키는 스크루를 회전시키는데 사용한다. [그림 8-9]

(2) 사출 펌프 : 수지를 금형 안으로 충전시켜 보압을 걸어주는데 사용된다.

- 대용량 펌프 (1단계) : 충전단계에서 사용한다.

- 소용량 펌프 (2단계) : 보압단계에서 사용한다. (용량의 10～15% 사용)

(3) 호퍼 (Hopper) : 용융시키기 전에 수지를 저장하고 필요에 따라 가열 실린더 안으로 들어가는 양을 조절한다. [그림 8-9]

(4) 가열장치(Heating Barrel) : 수지를 용융시키기 위한 전열 장치로 50,000～60,000psi에 견디도록 설계되어 있으며 온도 제어를 할 수 있도록 서머커플을 장착시키고 있다. [그림 8-9]

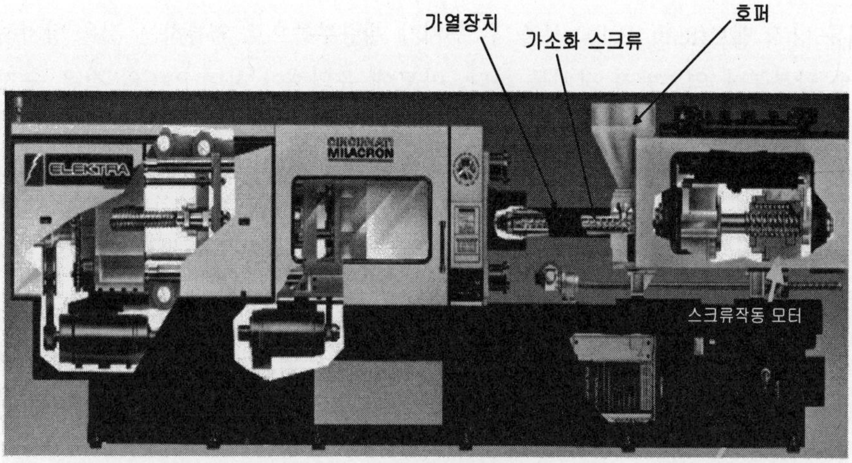

[그림 8-9] 사출성형기의 부대 장비

(5) 가소화 스크루 : 수지를 용융시키고 노즐을 통해 수지를 금형 내로 보내는 역할을 한다. 가소화 스크루는 공급부, 압축부, 계량부로 나누어지며, 중요한 인자는 L/d 비와 압출비이다. L/d 비는 스크루의 길이를 직경 값으로 나눈 값이다. 일반적으로 12:1에서 30:1을 사용하고 길수록 가열이 쉽고 혼합을 잘 시킬 수 있다. 압축비(h1/h2)는 열가소성 수지는 2:1에서 3.5:1을 사용하고 열경화성 스크류는 아주 작거나 없다. 자세한 사항은 [그림 8-10]에서 가소화 스크류의 작동부위를 볼 수 있으며 다음과 같이 나눈다.

-공급부(Feed Zone) : Hopper로부터 수지를 공급받는 부분을 말한다.

-압축부(Compression Zone) : 공급부에서 가열되어 유동화 된 수지는 이 부분을 통과하면서 압축되어 완전히 용융된다. 수지의 용융 온도를 균일화시킨다.

-계량부(Metering Zone) : 완전히 용융된 수지를 성형품에 따라 계량하여 금형의 입구로 보내주는 역할을 한다.

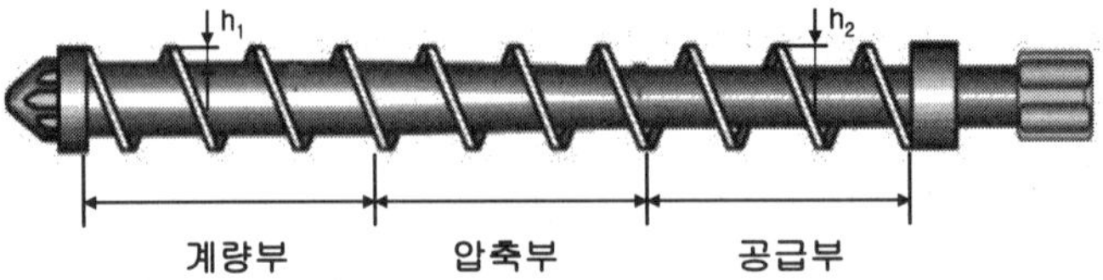

압축비 ≒ h2/h1 = 2.1~2.5

[그림 8-10] 가소화 스크루의 작동 부위

(6) 역류 방지 밸브(Ring, Ball) : 사출 후 수지가 계량부쪽으로 역류하는 것을 방자하기 위해 스크루 앞부분에 역류방지 장치를 한다. 마모에 유의해야 하며 PVC와 같은 수지는 역류 방지 밸브가 없는 것도 사용된다. [그림 8-11]

(7) 노즐(Nozzle) : 사출성형기와 금형이 맞닿는 부분으로 노즐 반경은 스프루 반경과 같거나 작아야 한다. [그림 8-12]

- 오픈 노즐(Open Nozzle) : 노즐구멍이 항상 개방되어 있는 형식으로 고점도 수지용으로 수지가 흘러나올 염려가 없는 경우에 사용한다.
- 니들 노즐(Needle Nozzle) : 스크루가 전진하여 실린더 선단부의 수지가 압력을 받으면 니들의 테이퍼부가 압력을 받아 후퇴하며 노즐이 열려져 사출 되고 사출이 끝나면 스프링의 힘으로 니들이 전진하여 노즐이 닫힌다.
- 슬라이드 노즐(Slide Nozzle) : 사출장치가 전진하여 노즐 선단부가 금형의 스프루 부시에 닿으면 노즐이 후퇴하여 노즐에 연결되어 있는 슬라이드 밸브가 열리며 사출이 개시된다. 주로 낮은 점도의 수지용으로 쓰이고 필요시에 매 사출 사이클마다 노즐이 금형에 닿았다 떨어졌다 한다.

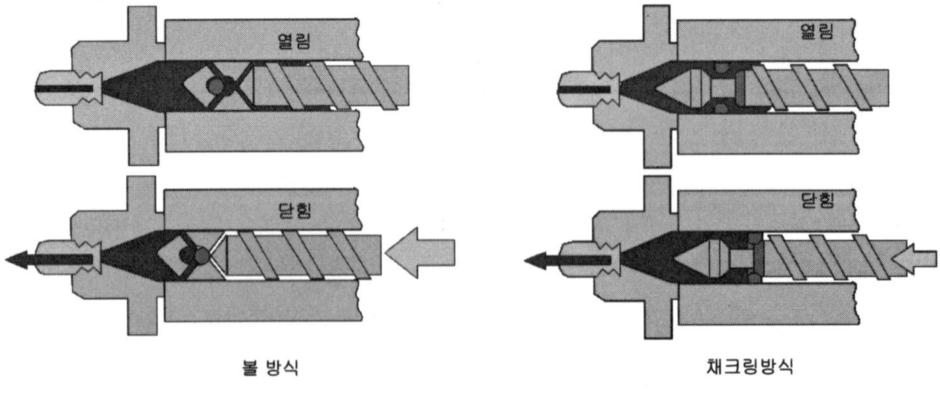

[그림 8-11] 역류방지 체크 밸브

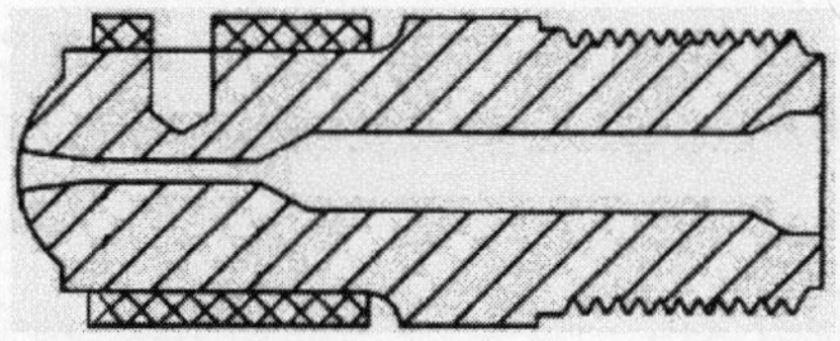

오픈 방식

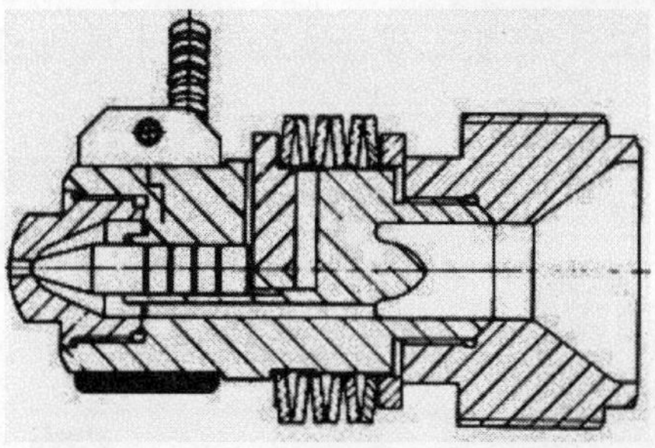

니들 방식

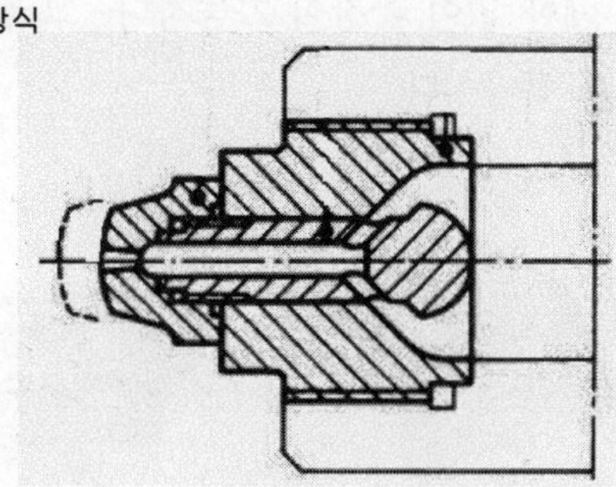

슬라이드 방식

[그림 8-12] 노즐 방식

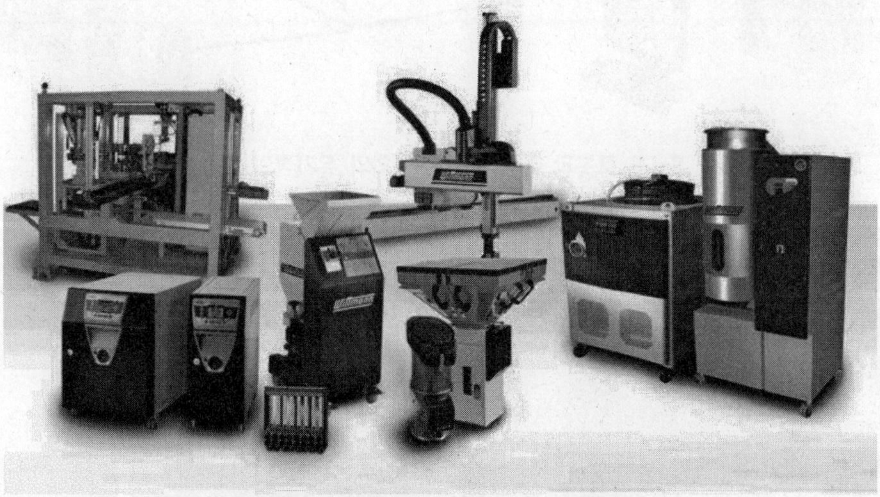

[그림 8-13] 일반적인 사출성형 주변장치
(취출로봇, 온조기, 칠러, 제습기, 자동화설비 등)

(8) 기타 부대장치: 고객이 요구하는 사출품 생산을 하기 위해서는 생산 공정에 투입되어 운용되는 다양한 장비및 자동화 설비들이 필요하다. 이런 설비들을 정기적인 안전점검과 유지보수를 무시하면 장비의 오작동으로 산업 재해가 발생될 수도 있고 제품의 품질에 직접적인 영향을 미칠 수 있게 된다. 그러므로 설비 점검을 담당하는 엔지니어는 사출 전체 공정에 대한 이해가 반드시 필요하다.

부대설비와 사출성형기들은 서로 연결되어 유기적으로 동작해야 한다. 그렇지 않으면 사출성형공정 중에 사고가 발생 수 있다. [그림 8-14]는 로봇과 이송장치(conveyor) 등이 서로 통합 제어되는 한 예를 보여주고 있다.

[그림 8-15]는 다양한 형태의 취출 구조를 보여주고 있다. 제품의 형태 혹은 캐비티 수에 따라서 제한 없이 확장이 가능하다. 그러므로 지그의 설계도 생산성 측면에서 매우 중요한 요소중의 하나이다.

[그림 8-14] 로봇과 여러 주변 장치와의 유기적인 컨트롤 구성도

[그림 8-15] 성형품 형태 및 캐비티 수에 따른 취출 지그

2. 주변장치의 점검

1) 취출로봇 (Robot)

취출로봇 각 축의 이동 범위와 주행 속도 점검 및 사출품을 잡는 부위의 취부 압력을 점검하고 사출성형기와의 연계 동작 상태를 확인한다.

2) 자동화 설비 (Automation system)

사출성형에서 숙련인력의 지속적인 수급측면에서 문제가 제기되고 있다. 이러한 문제점을 해결하기 위해서 작업자를 대신해서 자동화 설비가 그 자리를 차지하고 있다. 성공적인 자동화를 실현하기 위해서 사출금형의 설계뿐만 아니라 자동화 관련 설계도 매우 중요하다.

자동화 설비는 성형품의 단순한 취출을 넘어서 부품의 금형내 인서트 작업, 성형품의 정렬,포장, 게이트 (런너) 제거 등의 다양한 작업을 정확하게 수행한다. 그러므로 자동화 설비는 무인화의 결정적 요인으로 작용한다. [그림 8-16]에서 [그림 8–19] 까지는 다양한 자동화 설비들을 열거해 놓았다.

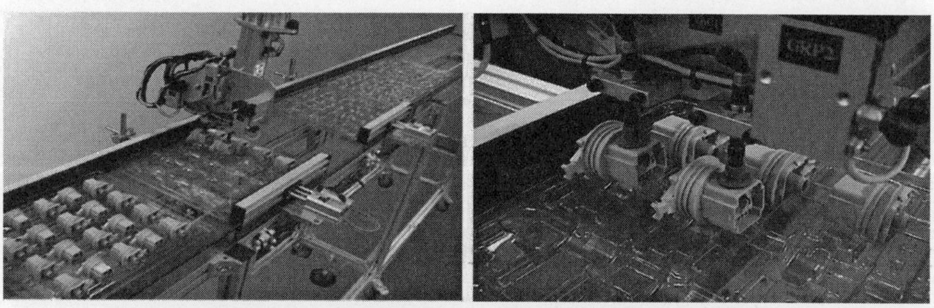

[그림 8-16] 다양한 자동화 설비 [제공:Wittmann 社]

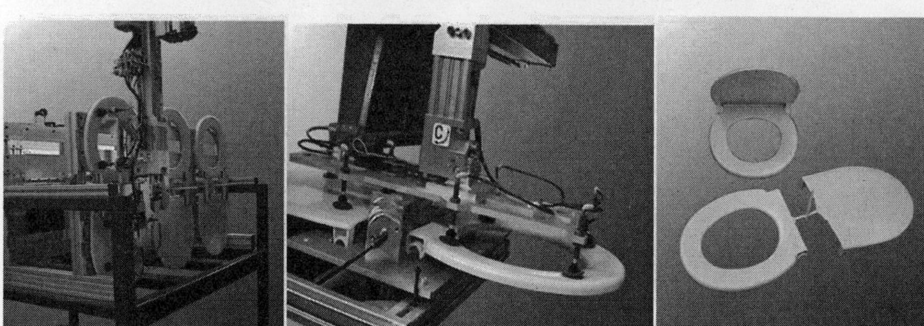

[그림 8-17] Toilet seat의 게이트 제거(degating) 작업

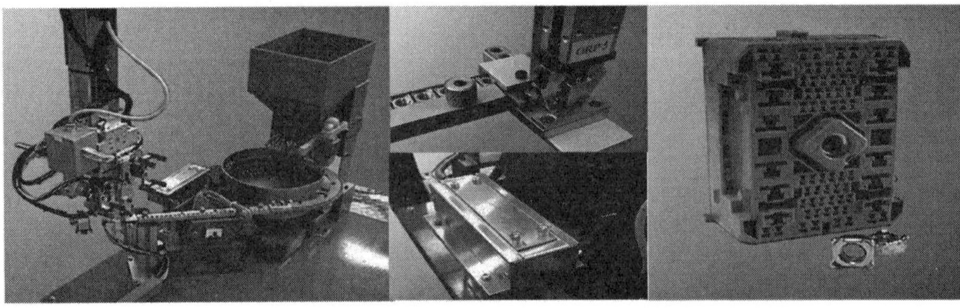

[그림 8-18] 너트 인서트(Nut insert for Connector housing) 자동화 장치

[그림 8-19 섬유인서트(textiles for over-molding) 작업

3) 금형온도조절기 (Mold Temperature Controller)

금형온도조절기는 금형의 온도를 관리하며, 양질의 성형품을 구현하는데 필요한 매우 중요한 설비중의 하나이다. 금형온도 변화에 따른 제품의 불량 및 생산성의 변화를 최소화하기 위해서 일정한 금형온도 관리가 요구된다. 성형품이 정밀할수록 금형온도의 역할은 매우 중요하다.

[그림 8-20] 다양한 형태의 금형 온도 조절기

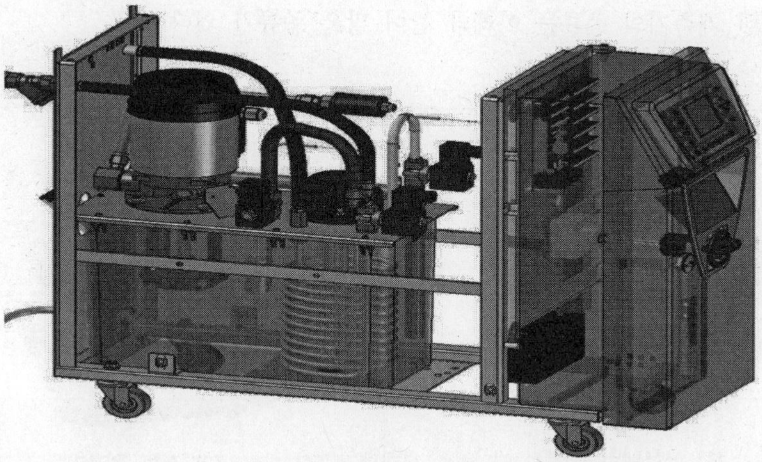

[그림 8-21] 금형온도조절기 내부의 열교환장치

(4) 수지 건조장치(Resin Drying)

좋은 성형품을 안정적으로 생산하기 위해서 여러 가지 요소들이 동시에 충족되어야 한다. 수지건조는 아주 중요한 요소 중의 하나이다. 수지의 건조부족의 원인으로 적정 수분함량 초과 시 수분으로 인하여 열분해 및 가스발생을 가속화시킨다. 하절기 우기에는 무더운 주위온도와 높은 습도로 원료이동이나 장기보관 시 수분을 많이 흡습하게 되어 일반적인 건조조건으로는 건조가 안되며, 제습건조기를 이용하여 장시간 수지를 건조해야만 한다. 투명수지의 경우는 제습건조가 필수적이다.

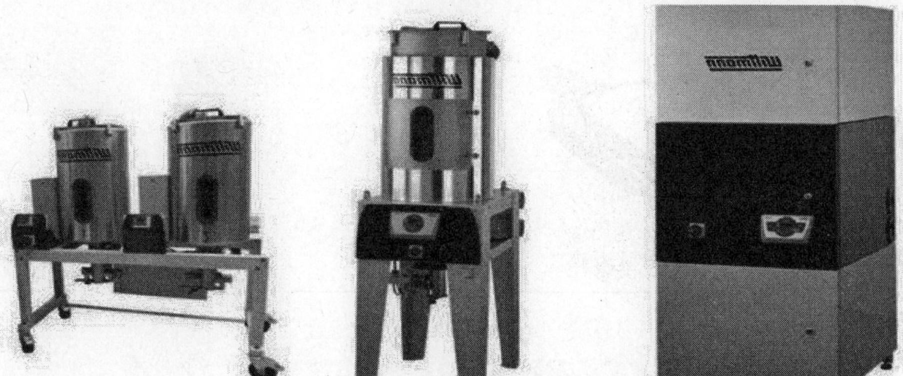

[그림 8-22] 열풍건조기 및 제습건조기

사출금형

점검을 위한 계측기의 종류는 아래와 같이 많은 종류가 있다.

 (1) 금형내압 측정기	 (2) 수분 측정기
 (3) 전자 저울	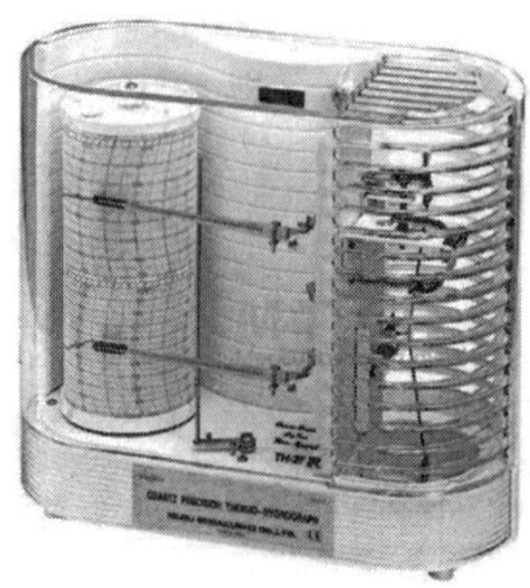 (4) 온습도 기록계
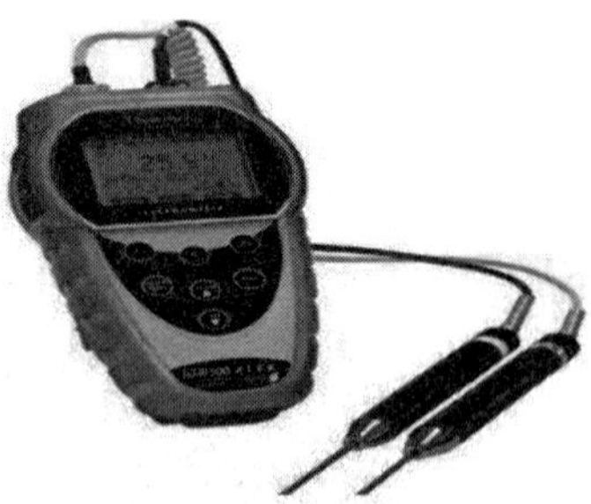 (5) 디지털 금형온도 측정기	

3. 특수 사출기

1) 저압 사출성형

플라스틱 성형도 제품의 특성에 맞게 개발하는 경우가 많이 생기고 이런 특성에 대한 요구가 늘어나면서 엔지니어링 플라스틱 성형이 증가하고 있고 이러한 엔지니어링 플라스틱 성형을 하기 위해서는 스크루 단면적과 사출 피스톤의 단면적과의 비가 큰 고사출 마력(약 2,000kgf/㎠ 이상)의 사출기가 주류를 이루어왔지만, 고압 사출기로 성형하면 게이트에 가까운 부분에 플래쉬가 발생되고 게이트에서 먼 쪽은 미성형이 되기 쉽다. 이 경우 플래쉬를 막으려고 통상적으로 금형의 온도나 수지의 온도를 줄인다. 그러한 때의 형 내압을 보면 게이트 부근은 과도한 압력이 걸리고, 먼 곳은 거의 압력이 적용되고 있지 않은 상태로 있다. 그래서 플래쉬나 미성형을 제어해서 억제하면 이번에는 압력의 편차에 의한 밀도 차이를 일으켜 냉각 불균형에 의한 비틀림, 굽힘, 주름 얼룩이 생긴다.

또한, 고압 성형인 경우 금형 온도, 수지 온도, 냉각수온도, 수지 로트의 산포, 분쇄 재료의 혼합비율 변화 등의 외란 이나 사출량이 미소하기 때문에 사출성형 제품의 제어가 어려운 정밀 성형품 같은 경우 불량이 발생하게 되고 또는 사출 압력이 높기 때문에 성형 조건의 설정 폭이 대단히 좁아지는 등 여러 가지 문제가 있어 정밀 성형품의 성형이나 일반 성형품의 산포를 적게 하는 데는 한계가 있다. 이러한 현상을 해소하기 위해 저압사출성형이 개발되었다. 저압 성형의 기본적인 방식은 금형이나 성형품에 과잉 압력을 걸지 않고 되도록 낮은 사출 압력으로 성형하는 것이다. 금형의 가는 핀이나 복잡한 코어 핀 등의 파손방지나 금형의 수명 향상, 변형이 적은 양호한 성형품을 얻으려는 생각에서 수지의 유동성이 좋은 상태로 하여, 사이클의 지연(대부분의 경우 런너, 스프루가 너무 두껍기 때문에)이나 열 이력에 대해 문제가 없는 한 수지 온도나 배압을 올림으로써 더욱 사출 압력이 낮게 캐비티 내로 충전한다. 저압사출의 종류로는 사출 압축 성형법 (Injection Compression Molding), 사출 프레스 성형법 (Injection Pressure Molding), 저압 고속 충전 성형법 (Low Pressure High Speed Molding) 형내 저압 성형법 (Cavity Pressure Lowering Molding) 등이 있다. [그림 8-23]

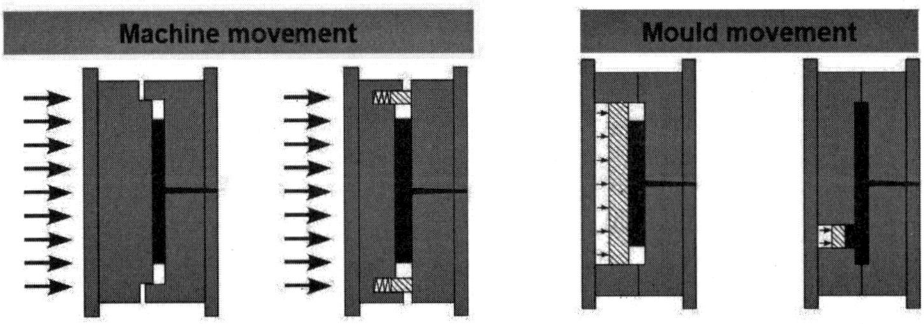

형체 압축방식　　　　금형 코어 압축방식

[그림 8-23] 저압사출 공정

저압사출의 장점은

① 품질개선

수축/휨변형개선, 잔류응력감소, Burr발생개선, 크랙개선,탄화방지

② 다운사이징 (Downsizing)

일반 사출성형법의 1/3~1/5의 금형체결력 절감

③ 에너지 절감 - 일반 사출성형법의 3-6% 에너지 절감

④ 공정 단축 및 얇은 제품 성형 가능

⑤ 금형 파손방지, 이형성 개선

2) 사출압축성형

사출압축성형은 1960년 영국의 Rolinx사가 낮은 압력으로 보다 큰 제품을 성형할 수 있는 방법을 개발한 것이 시초이다. 성형방식은 금형 캐비티에 용융 재료를 사출하는 전반의 사출공정과 이것을 가압해서 압축하는 후반 압축 공정의 2단계로 나눌 수가 있지만, 주로 압축 공정에 큰 특징이 있어 재료의 가압 방법에 따라 다음 4가지 타입으로 분류되며 [그림 8-24]에 압축공정 방식을 보여주고 있다.

사출 압축성형의 특징을 다음과 같다.

(1) 성형 압력이 저감된다.

압축 성형법에서는 캐비티 내의 용적을 성형품의 실제 용적의 수배로 넓혀 놓고 용융 재료를 충전하는 것이므로, 용융수지의 유동저항이 작고 단위 투영 면적당 성형 압력은 보통의 사출 성형의 수분의 1로도 압축 성형에 가까운 제품을 성형 할 수 있다. 예로 압축성형과 일반성형의 압력을 비교해 보면, 압축성형에서의 성형 압력은 150~250 kgf/㎠ 사출 성형에서 형내압은 300~600 kgf/㎠ 로 압축성형의 압력이 적게 나타나는 것을 알 수 있다.

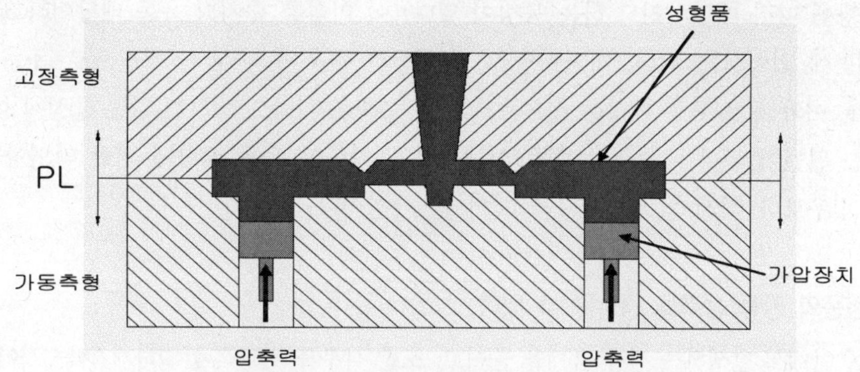

(a) 독립적인 가압장치에 의해 부분적으로 가압한다.

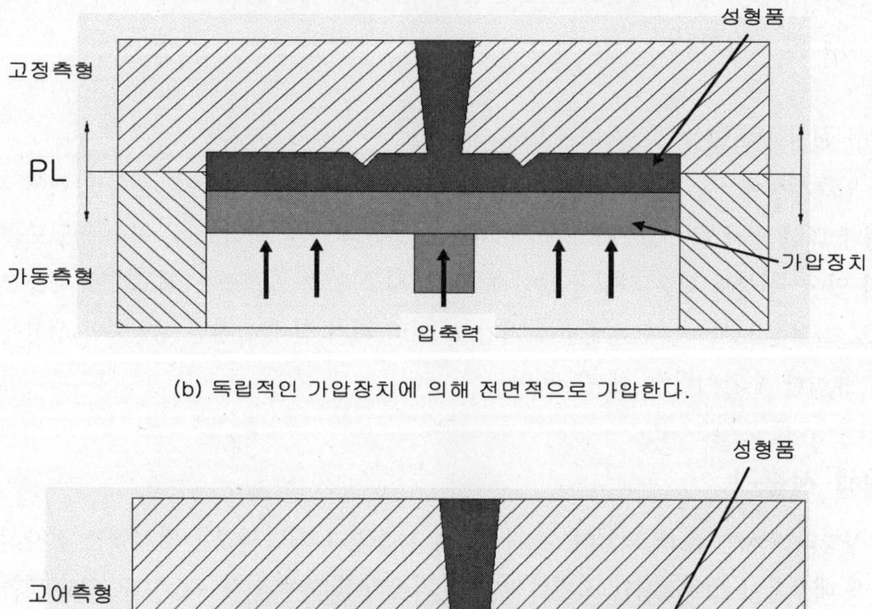

(b) 독립적인 가압장치에 의해 전면적으로 가압한다.

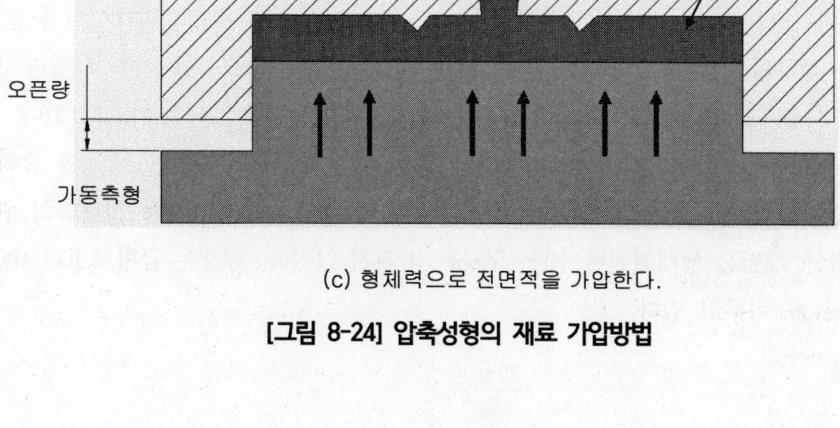

(c) 형체력으로 전면적을 가압한다.

[그림 8-24] 압축성형의 재료 가압방법

(2) 성형 재료의 유동 배향을 완화할 수 있다.

용융한 성형 재료가 금형 내를 유동할 때, 일반적으로 성형 재료를 구성하는 수지나 강화재는 유동 방향에 따라 배열하려고 하는 특징이 있다. 이 현상을 수지의 유동 배향이라고 하는데 사출 성형에 있어서는 런너, 게이트부 및 성형품의 구조에 따라 각 부분으로 유동 배향을 일으킨다. 이와 같은 유동 배향은 성형품의 성형 수축을 시작으로 하는 각종 물성에 이방성을 나타내는 원인이 된다. 압축 성형법에서는 성형 재료의 유동 배향에 의한 악영향을 사출 성형인 경우보다 적게 할 수 있다는 것이 큰 특징이다.

(3) 성형품의 잔류 응력을 경감할 수 있다.

성형품 안에서 발생하는 잔류 응력을 줄이고, 또한 각부를 비교적 균일하게 하는 것이 가능함과 동시에 성형품의 형상 정밀도를 높일 수가 있다. 이러한 사항은 광 디스크나 렌즈 등의 성형에 대단히 중요하다.

(4) 치수 정밀도의 향상

사출 압축성형에서는 재료의 각 부분 전체에 걸쳐서 비교적 균일하게 성형 압력이 가해지므로 금형에 대한 전사성이 양호하고, 이에 따라 성형품의 형상 정밀도 및 치수 정밀도를 향상시킬 수가 있다. 이상과 같은 사항을 종합해 보면, 사출 압축 성형법은 겉보기에 사출 성형법의 일종으로 실질적으로는 압축 성형법에 가깝고, 여러 가지 점에서 정밀 성형품의 생산에 있어서 대단히 유리한 수단이라고 할 수 있다.

3) 2색 사출기

2색 성형의 역사는 오래 되었다. 초기에 2색 사출기가 개발되었을 당시에는 전자 계산기의 버튼류에 대부분이 쓰여졌지만 시대의 변화와 기술의 발전에 의해 AV, VTR, OA, 전화기 등의 용도로 성형되어지고 있다. 또한 2색 성형법에도 기술 혁신이 이루어져 스타트시의 동일 재료에 의한 2색 성형의 개념에서 현재는 서로 다른 재료의 성형이 주류를 이루고 있다. [그림 8-25]는 2색 사출기를 보여주고 있으며 [그림 8-26]은 2색성형공정을 보여주고 있다.

성형품은 일반적인 성형과 같이 1사이클마다 얻을 수 있지만 그 수량은 2공정을 요하므로 1/2이라고 생각하면 좋다. 이 방법은 20년 역사 동안에 기계의 크기, 사출 실린더의 위치에 몇 가지의 개선, 개발은 행해졌지만, 기본 구조는 바뀌지 않았다. 현행은 금형체결력 100톤의 사출기가 주류를 이루고 있다.

[그림 8-25] 2색 사출기

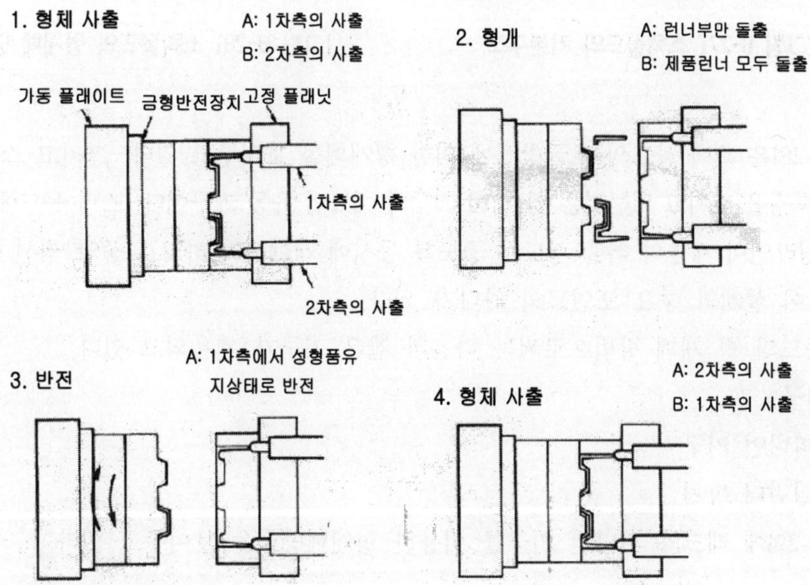

[그림 8-26] 2색 성형 공정

3) 스택 몰드

스택몰드는 같은 금형체결력의 사출 사출기를 사용해서 1쇼트당 성형품의 생산 수를 늘리기 위해서는 일반적으로 금형의 캐비티 수를 많이 적용하는 것이 보통이지만, 성형품의 높이가 비교적 작고, 또한 1쇼트의 중량이 사출 사출기의 사출 용량에 1/2이하인 경우에는 사출기를 유용하게 활용해서 생산하는 방식이다. [그림 8-27]에 스택몰드의 기본 구조를 보여주고 있다. [그림 8-27]에서 보면 접시 모양의 제품을 1단에서 4개 취출하고, 2단에서 4개를 취출하면 1쇼트에서 8개를 취하게 되는 것이다. 금형은 그림에 나타낸 바와 같이 F(프런트 섹션), M(미드 섹션) 및 R(리어 섹션)의 3부분으로 되어있으며 파팅라인은 X 및 Y의 2면으로 구성 되어있다. 용융 재료는 M 섹션으로 고정한 긴 막대 모양의 스프루 부싱(스프루 바)을 통해, X 면 및 Y 면의 캐비티로 인도된다.

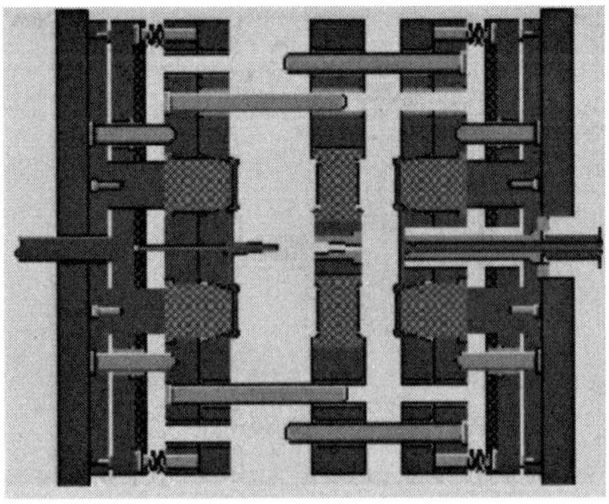

[그림 8-27] 스택몰드의 기본구조

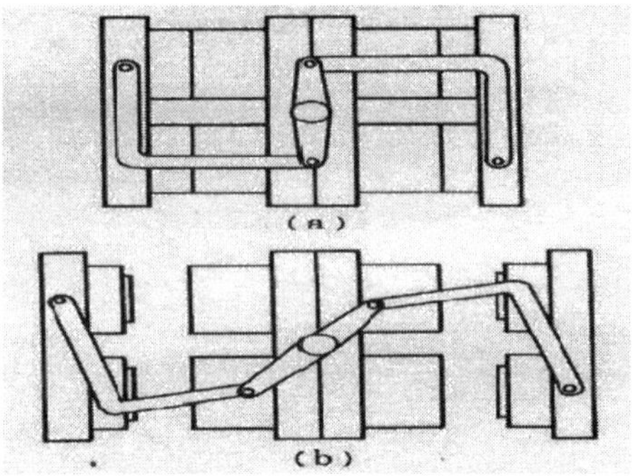

[그림 8-28] 스택몰드의 형개폐 방식

[그림 8-28]은 스택 몰드의 토글방식에 의한 형개폐를 보여주고 있다. 그리고 스택 몰드의 구조에서 특징을 가지고 있는것은 형 개폐 기구와 재료의 유동 기구이다. 스택 몰드에 있어서는 2개의 파팅라인이 제품의 취출 정도가 좋도록 동시에 개폐해야 하므로 중앙 섹션 (M섹션)의 이동 방법이 설계의 중요 포인트의 하나가 된다.

스택 몰드의 형 개폐 방법으로써는 다음과 같은 기구가 채용되고 있다.

① 레버기구
② 래크 피니언 기구
③ 유압 실린더 장치

[그림 8-29]에 래크와 피니언 기구를 이용한 형개폐방식을 보여주고 있다.

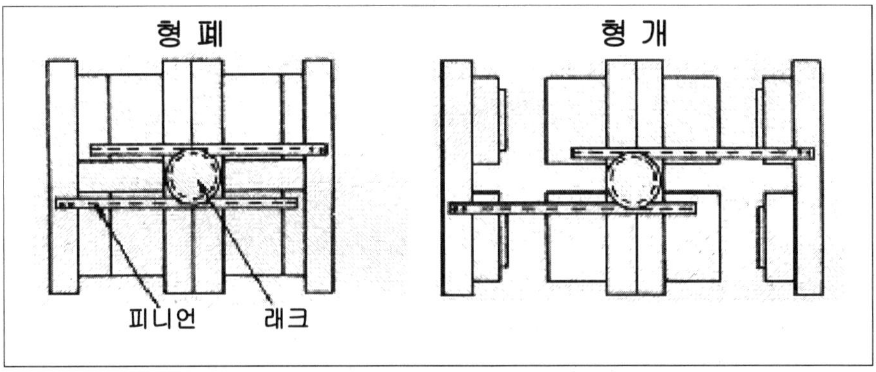

[그림 8-29] 래크와 피니언 기구를 이용한 형개폐방식

5) 가스 사출성형

가스사출성형은 20여년 전 유럽에서 개발되어 최근 10년동안 전 세계에 급속하게 확산되었으며 전기전자 외장품, 하우징류 뿐만 아니라 자동차 부품에 이르기까지 다양하게 개발되어 주목을 받고 있는 기술이다. 이 기술의 시작은 발포성형의 단점을 보완하고자 하는 차원에서 출발하였으나 제품의 표면에 기포 층이 형성되지 않고 고등 급의 매끈한 표면을 얻을 수 있으며, 저압성형 및 캐비티 내부 압력을 균일한 분포로 유지하여 휨을 방지하고 싱크마크를 없애는 등 제품의 특성에 따라 다양한 효과를 얻을 있어서 상당한 성공을 이루고 있는 기술이다. 이 공정은 가스와 열가소성 수지의 이중구조를 갖는 사출성형공정으로 성형품 내부에 빈 공간을 형성시켜 줌으로써 기존의 사출공정에 비하여 구조적 강도가 탁월하고 싱크마크가 없으며 부품의 일체화가 가능하고 낮은 압력으로 성형이 가능하기 때문에 작은 금형체결력으로 큰 제품을 성형할 수 있게 하였다. 기본개념은 용융된 플라스틱 수지 내부에 불활성 기체인 질소를 일정량, 설정된 압력에 따라 사출 하여 가스의 유체흐름을 만드는 기술이다. 이 가스는 발포성형과 달리 용융된 플라스틱과 섞이지 않는다. 이 가스는 플라스틱 내부의 용융된 층을 따라 흐르며 이 흐름에 대한 저항이 낮은 방향으로, 즉 용융된 상태의 점도가 낮은 곳으로 흐른다. 이것은 모든 유체 흐름의 기존 현상이며 점도에 따른 표면 장력의 효과로써 이 가스의 흐름이 용융된 층의 내부에 있도록 한다. [그림 8-30]에 가스 사출의 기본 개념을 보여주고 있다.

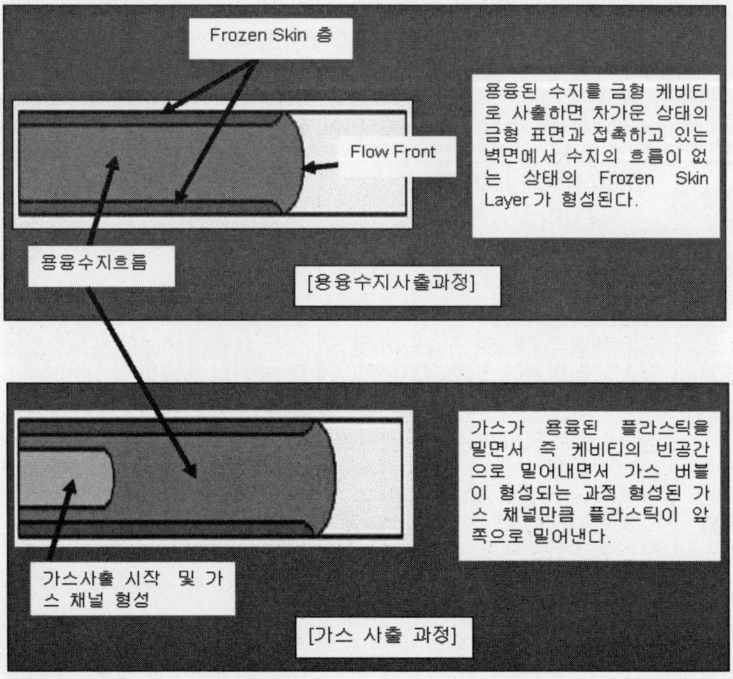

[그림 8-30] 가스성형의 기본개념

일반적으로 가스사출 성형사이클은 플라스틱을 사출하고 그 적용 프로세스에 따라 금형 캐비티의 60%~80%를 채운 다음, 사출 사출기 노즐은 Shut-off 노즐에 의하여 닫혀지고 일정한 지연시간 경과 후에 가스가 사출 되기 시작한다. 물론 이때 금형은 냉각과정이 시작되고 이 냉각과정 내에서 가스 사출과 보압 과정을 마치고 형개 및 취출 작업을 한다. 여기에서 가스를 사출하는 방식에는 사출 사출기 노즐에 가스를 주입하는 장치를 부착하여 사출기 노즐에서 적용하는 방법과 캐비티 내부의 금형내부 즉 런너 또는 제품 내에 핀을 삽입하여 가스를 사출하는 방법이 있으며 [그림 8-31]은 가스성형방식을 보여주고 있다. [그림 8-29]에서의 두 방식을 비교하여 보면 [표 8-5]에서 볼 수 있다.

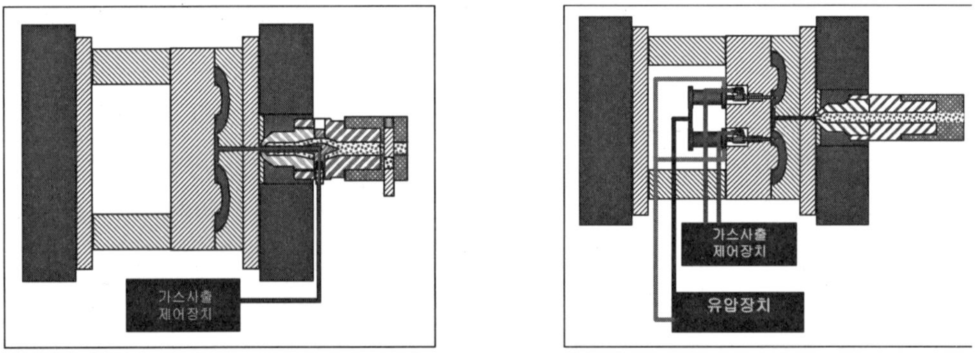

(a)사출성형기 노즐에서 가스성형방식 (b) 금형내부 캐비티에서 가스 성형방식

[그림 8-31] 가스성형 방식

[표 8-5] 가스 사출 방식에 따른 장단점

개념	사출 성형기 노즐에서 주입하는 경우	금형의 캐비티 또는 런너에 직접 주입하는 경우
필요 장치	1)사출기 노즐헤드에 가스 사출용 노즐 장치 2)Shut-off Nozzle반드시 필요	1)금형에 가스 사출용 핀 또는 노즐 장착 2)Shut-off Nozzle경우에 따라 필요
설계	모든 채널은 하나로 연결되어 플라스틱 게이트에 집중되어야 한다.	모든 채널은 연결될 필요가 없으며 별개의 채널을 설계하여 별도의 압력과 시간에 따라 제어한다.
적용	금형수정이 용이하여 기존 금형에 쉽게 적용할 수 있다. 양쪽이 대칭인 제품에 적용이 용이하지만 멀티 케비티, 페밀리 몰드인 경우 플라스틱의 플로우 밸런스를 정확하게 유지하도록 설계해야 된다.	플라스틱과 가스를 별도로 사출하기 때문에 멀티 케비티,패밀리몰드에 적용이 유리하고 특히 가스채널이 긴 대형 제품의 경우에는 반드시 금형에 가스를 주입해야 한다. 가스의 성형조건 설정이 유리하다.
한계	핫 런너 금형에는 적용할 수 없다.	핫런너 시스템에 적용할 수 있으며 벨브게이트인 경우는 Shut-off Nozzle이 필요하지 않는다.

제2절 사출성형

1. 수지종류 및 용융온도

다음은 사출성형을 하기 위한 수지의 특성과 성형에 적절한 용융온도를 알아본다.

1) 성형을 위한 소재의 유동특성

(1) 폴리스티렌(스티롤 PS)

GPPS는 유동성이 좋으므로 과충전으로 되기 쉽고, 변형에 의한 크랙이 발생하기 쉽다. 수지온도는 높게 하지만 사출 압력은 가급적 낮게 하고, 사출 속도는 늦게 한다. HIGP는 점도가 GPPS보다 높으므로 사출 압력은 약간 높게 한다. 우기(雨期)에는 건조시킨다.

(2) 아크릴니트릴스티렌 공중합 (SAN 또는 AS)

흡수성이 크므로 예비건조(75~80℃, 2시간 정도) 해서 사용하고 다른 수지와의 상용성(相溶性)이 나쁘므로 절대로 다른 재료와 혼합하지 않도록 보관에 주의할 것.

(3) 아크릴니트릴 부타디엔 스티렌 공중합 (ABS)

높은 사출압력, 금형온도와 230℃ 전후의 수지 온도가 바람직하다. 금형온도는 60~80℃가 플로우 마크, 웰드 등의 발생이 두드러지지 않는다.

(4) 아크릴 (메타크릴 PMMA)

유동성은 스티롤 수지보다 떨어지므로, 높은 온도, 높은 사출 압력으로 성형한다. 수지 온도가 높으면 가스 발생이 생긴다. 흡습성이 크므로 80℃, 4시간 정도의 예비 건조가 바람직하다. 성형품은 어닐링하는 편이 좋다.

(5) 폴리에틸렌 (PE LDPE HDPE)

저밀도 PE(LDPE, 고압법)는 실린더온도는 높게, 금형온도는 낮게, 사출압력도 충전불량이 되지 않을 정도로 내린다. 고밀도 PE(HDPE, 중저압법)는 유동성이 나쁘므로, 사출압력과 사출속도는 사출기에서 최고로 하는 것이 바람직하다.

(6) 폴리프로필렌 (PP)

190℃정도 이상에서 급격히 유동성이 좋아지므로 적어도 이 온도 이상의 수지 온도로 한다. 수축률이 크므로 수지 온도는 마구 올리지 않을 것, 금형온도는 조금 낮게, 사출압력은 높게, 유지 시간은 길게 한다.

(7) 폴리아미드 (PA, 나일론)

흡수성이 비교적 커서 흡수한 것은 이상 유동을 발생하므로, 수분은 0.1% 이하로 예비 건조한다. 용융점은 비교적 높게, 또 용융점에 달하면 급격히 점도를 저하시키므로, 온도 조절은 세심한 주의가 필요하다. 40℃ 이하에서는 일반적으로 내충격성이 좋아지고 60℃ 이상에서는 인성이 증가한다. 폴리아미드 6은 성형 후 흡수에 의해 큰 치수 변화를 일으키므로 조절 처리를 하면 된다.

(8) 폴리 염화비닐 (PVC)

경질 PVC는 열 안정성이 나쁘고 용융 점도도 높다. 스크루 회전수는 분해에 의한 기포가 나오지 않는 정도보다 다소 낮게 설정한다. 구동 토크에 여유가 있는 사출기가 바람직하다. 금형에는 콜드 슬래그 웰을 충분히 붙여, 런너 게이트가 급변화하지 않도록 하는 것이 바람직하다. 연질 PVC도 분해에는 주의할 것.

(9) 폴리카보네이트 (PC)

용융 점도가 높으므로 약간 높은 실린더 온도와 큰 사출 압력으로 한다. 단, 높은 압력은 내부 변형의 증가로 이어지므로, 금형 온도를 높이면서 조정할 것, 흡수성은 적지만 흡수에 의해 기포의 발생, 변색 등을 조장하므로, 수분은 0.02~0.03% 수지를 충분히 건조한다.

(10) 폴리아세탈 (POM)

열안정성은 나쁘고 점도의 온도 의존성도 작으므로, 일반적으로는 낮은 수지온도에서 비교적 높은 성형 압력으로 천천히 성형한다.

(11) 폴리페닐렌옥사이드 (PPO)

유동성이 좋지 않으므로 높은 수지 온도와 금형 온도가 필요하다. 성형 수축률은 수지 온도가 300℃ 부근에서 최소로 된다. 금형 온도는 110℃ 부근에서 인장 강도, 충격 강도가 최대로 된다.

(12) 폴리에틸렌테레프탈레이드 (FR-PET)

다소의 결정성을 가지므로, 금형 온도는 주의한다. 80~100℃에서 성형수축율이 최대가 되므로 50~70℃나 120~140℃에서 성형한다. 기계적 강도로는 저온 쪽이 좋으나 외관은 좋지 않다. 외관이 필요 할 때는 고온으로 성형한다. 유리 섬유로 강화되어 있는데 유동성은 예상외로 양호하다.

(13) 폴리우레탄(PUR)

유동성은 좋지 않으나 점도의 온도 의존성, 압력 의존성은 크므로, 온도, 압력을 잘 조합하고 사출 속도는 늦는 편이 바람직하다. 기계적 성질은 수지 온도가 170~175℃부근에서 최대가 된다.

2) 성형을 위한 금형의 용융온도

[표 8-6] 플라스틱 사출성형 조건

수 지 명		실린더온도 (℃)	사출압력 (kg/㎠)	금형온도 (℃)
GAPPS		160 ~ 250	700 ~1200	40 ~ 110
HIPS		175 ~ 250	700 ~1200	40 ~ 110
SAN		170 ~ 250	700 ~ 1400	50 ~ 80
ABS		180 ~ 250	800 ~ 2100	70 ~ 90
PMMA		160 ~260	1050 ~ 1400	60 ~ 100
PE	고밀도	170 ~ 300	700 ~ 1400	50 ~ 70
PE	중밀도	150 ~ 300	600 ~ 1400	상온 ~ 70
PE	저밀도	150 ~ 300	600 ~ 1400	상온 ~ 70
PP		200 ~ 280	700 ~ 1400	40 ~ 80
PA	6	205 ~ 300	1000 ~ 1700	50
PA	66	240 ~ 350	1000 ~ 2000	50
PVC	경질	150 ~ 200	1400 ~ 2100	50 이상
PVC	연질	150 ~ 180	800 ~ 1400	45 ~ 60
PC		270 ~ 300	1100 ~ 2100	85 ~ 160
POM		170 ~ 220	1000 ~ 1400	60 ~ 120
PPO		230 ~ 310	1000 ~ 1400	100 ~ 130
FR-PET		250 ~ 270	800 ~ 1000	60 ~ 70, 130 ~ 140
PUR		150 ~ 20	350 ~ 1400	30 ~ 50

일반적으로 플라스틱의 사출성형조건이 표준일 경우 실린더온도와 금형온도를 나타내었다. [표 8-6]에서 플라스틱의 사출성형조건을 보여주고 있다.

2. 성형조건의 구성

1) 온도

(1) 실린더 온도

수지온도는 유동성과 수축률에 커다란 영향을 미치며 용융수지의 충전이 곤란하고 살 두께가 얇은 제품의 성형이나 제품형상이 커서 유동거리가 길 때 또는 표면광택을 좋게 할 때는 일반적으로 실린더 온도를 높게 설정하고 유동저항을 적게 하는 것이 바람직하다. 살이 두꺼운 제품의 경우는 유동저항도 적어 충전이 용이하기 때문에 실린더 온도를 낮게 설정하는 것이 품질의 저하와 기포의 발생을 막을 수 있다.

(2) 금형 온도

금형온도는 가능한 한 높게 하면서 균일하게 할 필요가 있다. 또 용융된 고온의 수지를 금형 내에 신속하게 충전하여 이것을 균일한 속도로 냉각, 고화시키는 것이 바람직하다. 즉 금형온도를 높게 함으로써 수지의 유동저항을 적게 하여 배향이 작아지거나 잔류응력도 작아지며 성형품의 표면 광택이 향상되는 효과를 낳는다.

2) 압력

(1) 사출압력 (1차압)

용융수지를 캐비티 내에 유입시키는 압력으로 수지의 유입 저항보다 커야한다. 충전 완료시 캐비티 내의 압력을 억제하여 플래시를 방지하지만 그 압력이 너무 낮으면 저항에 의해 사출속도가 저하하여 충전이 나빠지므로 주의해야 한다. 충전과정에서 얻은 속도를 구현하기 위한 압력의 최소 값을 구한다. 사출압력의 변화가 완만해지는 영역을 적정 최소 압력이라 판단한다. [그림 8-32]

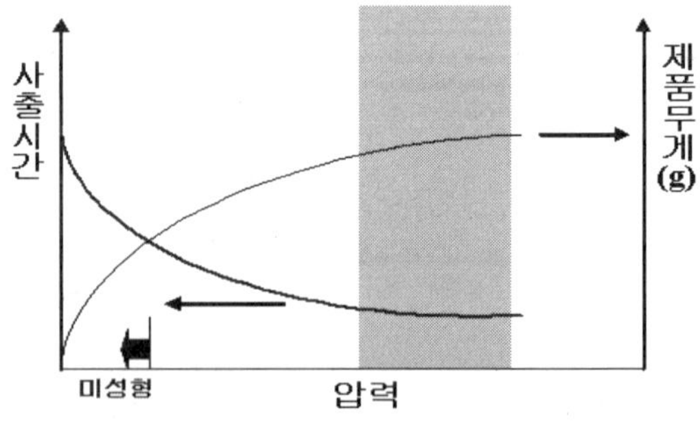

[그림 8-32] 사출시간과 제품무게에 따른 사출압력

(2) 보압(2차압)

사출압력에서 보압으로 전환함으로써 오버팩(Over Pack)에 의한 성형결함을 제거한다. 또한 적당한 압력을 유지하여 수축량(치수)을 조정한다.

(3) 배압

스크류 후퇴로 저항을 주어 가소화 작용을 조정한다. 배압의 효과는 수지의 혼합상태가 좋아져서 수지의 유동성이 증가하고 성형품의 광택이 좋아지며, 탈기작용에 의해 실린더 내부의 가스가 빠져나가서 실버스트릭(Silver Streak)과 같은 불량이 발생하지 않으며, 가스나 공기가 포함되지 않은 용융수지만을 계량하게 되어 계량이 안정되며 계량한 수지의 밀도가 높아짐으로써 사출량이 증가한다. 하지만 배압을 너무 높게 올리면 수지가 타거나 가소화 시간이 길어지므로 주의해야 한다.

3) 속도

(1) 사출속도

압력을 최대로 설정 후 사출속도를 변경하여 수지의 유입속도를 조정한다. 성형품 표면의 불량현상(Jetting, Flow Mark, Weld Line)을 방지한다. 고속으로 하면 충전밀도가 올라가지만 가스가 캐비티에서 빠져나가지 못함에 따라 쇼트샷(Short Shot)이 되는 경우가 있다. 사출압력의 영향이 크기 때문에 사출속도가 큰 기계라도 사출압력이 작으면 사출속도가 올라가지 않는 경우가 있다. 미성형과 플래쉬가 발생하지 않는 영역에서 중앙값을 이용한다. [그림 8-33]

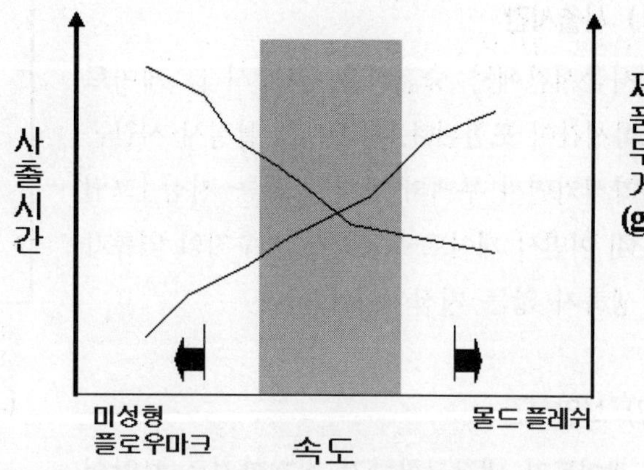

[그림 8-33] 사출시간과 제품무게에 따른 사출속도

(2) 스크류 회전수

스크류 회전수와 가소화 시간은 거의 비례한다. 용융, 혼합, 계량된 수지는 신속하게 캐비티에 충전하는 것이 바람직하다. 따라서 스크루 회전수는 냉각시간과 수지의 가소화 시간에 맞춰 조정한다.

4) 위치

(1) 계량

성형품의 용적에 보압 후의 잔량을 더한 만큼을 확보한다. 잔량은 3~5mm 정도로 설정하는 것이 바람직하다.

(2) 보압전환

사출에서 보압으로 전환하는 위치는 캐비티 내의 발생 압력을 조정하여 바리나 미성형을 막는 치수를 설정한다.

5) 시간

(1) 사출시간

사출시간에는 충전시간, 보압시간, 게이트 고화시간이 포함된다. 사출시간 설정시 시간을 증가시키면서 무게의 변화가 없는 지점 [그림 8-34] 이면서 게이트 부근에서의 수지의 역류가 발생하지 않는 지점이어야 한다.

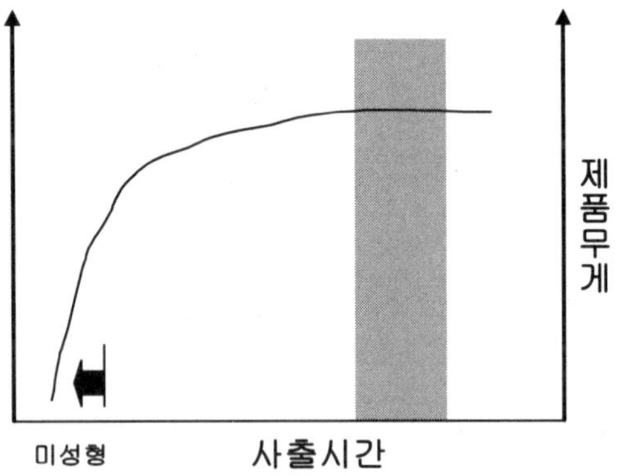

[그림 8-34] 사출시간에 따른 제품무게 변화

(2) 보압시간

게이트가 냉각고화하기 직전까지로 보압이 효과가 있을 때까지의 시간을 설정한다. 시간이 짧으면 수지가 역류하여 치수가 불안정해지며 시간이 길어지면 에너지가 손실되고 사이클 타임이 길어져서 생산성이 저하된다.

(3) 냉각시간

분리형인 경우 성형품이 무리 없이 돌출 되어 변형이 생기지 않도록 시간을 설정한다. 냉각시간이 길면 성형품의 변형을 작게 할 수 있지만, 성형 사이클이 길어져 생산성이 떨어진다. 냉각시간이 짧으면 성형품은 충분히 고화 되지 않으므로 분리형에 의한 외부압력으로 변형을 일으키거나 치수 안정성이 나빠진다.

3. 성형조건 설정 요령

1) 사출성형 진행 순서

1단계(충전 단계) : 사출기의 스크루가 전진함에 따라 수지가 금형의 캐비티를 채우는 단계이다. 금형을 채우기 위해 스크루가 전진하고 용융수지는 가열 실린더에서 노즐을 통해 스프루, 런너, 게이트 그리고 캐비티로 유동한다. [그림 8-35]

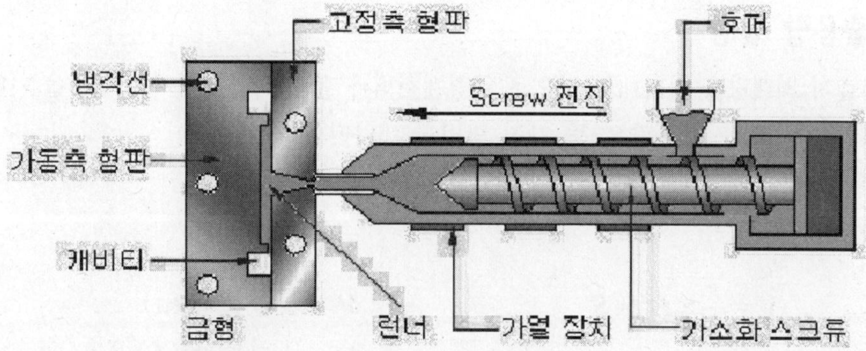

[그림 8-35] 충전 단계

2단계(보압 보상단계): 캐비티가 채워진 후에 스크루가 더욱 전진하여 압력이 가해지는 단계로, 수지는 용융상태에서 고체상태로 변화할 때 수축이 발생한다. 이러한 체적의 변화에 대해 보상이 필요하며, 냉각이 진행되는 동안에 수축으로 인한 체적감소를 가압과 보압을 통해 보상해준다. [그림 8-36]

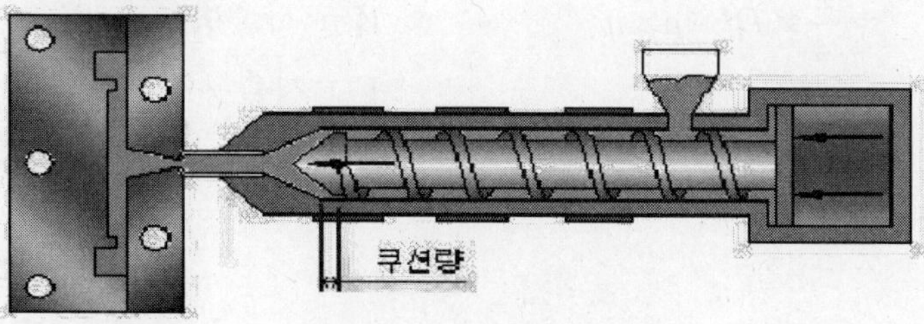

[그림 8-36] 보압보상 단계

3단계(냉각가소화): 게이트가 냉각된(Gate sealed) 직후에는 스크루가 회전하여 다음 사출을 준비하기 위해 수지를 용융상태로 가소화 시킨다. 스크루가 지정된 위치에 도달할 때 성형수지는 충분히 용융된 상태로 되어 다음 사출을 진행할 수 있는 상태가 된다. [그림 8-37]

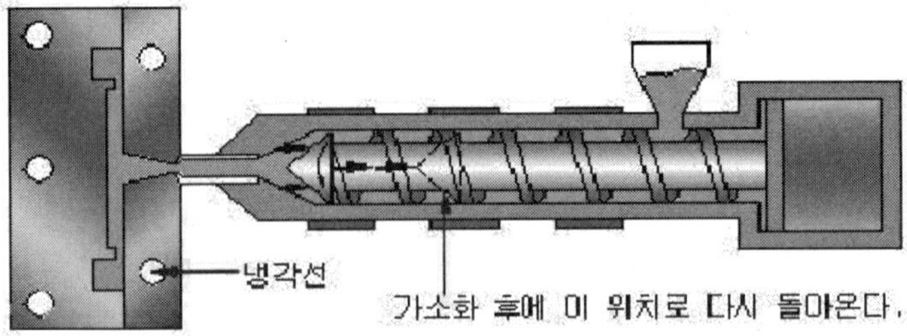

[그림 8-37] 냉각 가소화

2) 사출용량 설정

1회 사출시 최대량을 나타내는 값으로 금형체결력과 함께 사출성형기의 성능을 나타내는 대표적인 수치이다. 사출용량은 두 가지 방법으로 나타낸다.

(1) 사출 용적 (㎤)

$$V=\frac{\pi}{4}\times D^2\times S$$

V : 사출용적(㎤)
D : 스크류지름(cm)
S : 스트로크(cm)

(2) 사출량 (g)

$$W = V\times\rho\times\eta$$

$$=\frac{\pi}{4}\times D^2\times\rho\times\eta$$

W : 사출량(g)
V : 사출용적(㎤)
ρ : 용융수지의밀도(kg/㎤)
η : 효율

3) 사출률

가열실린더가 매 시간마다 어느 정도의 양을 가소화 할 수 있는가를 나타내는 수치이다. 이것은 성형사이클과는 관계없이 사출기가 가소화를 최대한 발휘했을 때의 능력이다. 다르게 설명을 한다면 폴리스티렌을 사용하였을 경우의 1시간당 최대 가소화 중량(kg/hr)으로 표시한다.

다음은 사출기 가소화능력을 스크루의 계산식으로 이 계산식을 적용하면 효과는 85%정도라고 생각하면 된다.

$P_C = \alpha \cdot N \cdot 10^{-3}$ (1피치의 홈 체적 ×매시회전수)

단, $\alpha = \frac{1}{2}\pi D \cdot h(P_o - e) \cdot \cos\theta$

Pc: 가소화 능력(kg/hr)　　N: 스크루 회전수(rpm→1Hr로 환산)
h: 계량부 홈 깊이　　D: 스크루 직경(mm)
e: 나사산폭(mm)　　$\cos\theta$: 비틀림 각

이외에 가소화 능력을 나타내는 방법으로 리커버리 레이트가 있으며(Recovery Rate)가 있으며 SPI를 중심으로 해서 사용되고 있다. 이것은 규정의 노즐 GPPS(216℃)를 사용한 사출용량의 50%에서 퍼지를 해서 구한 값이다.　$P_r = \frac{P_W}{P_t}$

P_r :리커버리레이트(g/sec)　　P_W :10 쇼트의 평균중량(g)
P_t :10쇼트의 평균계량시간(sec)

4) 사출압력

사출 플라스틱 또는 스크루의 선단 부에서 사출시에 발생하는 최대압력이다. 즉 사출압력 P(kg/㎠)는 유압 실린더의 직경 d_0(㎝), 실린더의 유압을 P_0(kg/㎠) 및 사출 플런저 또는 스크루의 직경을 D(㎝)로 하면 다음 식으로 나타내어진다.

$$P = P_0 \cdot \frac{d_0^2}{D^2}$$

사출압력은 통상 유압 실린더의 유압 P_0를 조정하는 것에 의해서 변화된다. 특히 큰 사출압력을 필요로 하는 경우 압력의 발생원인 유압펌프의 능력에는 한계가 있기 때문에 사출실린더를 교환해서 사출플런저 또는 스크루의 직경 d를 작게 해주는 일도 있다. 이 경우 큰 사출압력을 얻을 수 있는데 사출용량 및 사출률은 감소한다.

5) 금형체결력과 투영면적

금형은 사출 되는 수지의 압력을 받으면 금형은 파팅라인을 기준으로 금형이 열리게 된다. 이것을 충분한 힘으로 금형을 조여서 열리지 않도록 하는 힘이 금형체결력이다. 형체력은 사출기의 성능을 대표하는 수치중의 하나이다. 다음의 금형체결력의 계산식을 보여주고 있다.

$$F_{wA} = A \times P_{wi} \qquad F_z = F_{wA} \times 1.2$$

A: 투영면적(㎠)　　P_{wi} : 금형내부압력(kg/㎠)
F_{wA} : 투영압력(kg/㎠)　　F_z : 형체력

4. 성형 불량 원인과 대책

1) 싱크 마크

성형품은 사출성형 후 수지의 특성에 따른 체적 감소가 발생하는데 성형품의 표면에 부분적으로 오목한 모양으로 나타나는 현상을 싱크마크라고 하며 [그림 8-38]에서 싱크마크 현상을 볼 수 있다.

싱크 마크의 원인을 다음과 같이 살펴볼 수 있다.

[그림 8-38] 싱크 마크

(1) 싱크 마크의 원인

① 성형품의 살 두께가 불균일하거나 사출압력이 낮다.

② 보압시간(保持時間)이 짧다.

③ 수지온도가 너무 높다.

④ 금형온도가 높아서 서냉을 하였다.

⑤ Cushion량이 너무 많거나 작아서 생긴다.

⑥ 수축률이 큰 소재에서 발생하기 쉽다.

⑦ 수지에 따라서 수축의 정도가 다르다.

⑧ 제품의 두께가 불필요하게 두껍다.

⑨ Rib, Boss의 설계가 잘못되어 제품 두께에 비해 두껍거나 길어져서 금형의 냉각이 불균일하다.

(2) 싱크 마크의 대책으로는 다음과 같다.

① 성형품의 불필요한 부분의 두께를 얇게 한다.

② 보스나 리브의 길이는 제품전체 두께의 1.5 배로 하고 가늘고 짧게 설계한다. 보스나 리브의 길이가 길면 기포나 미성형이 발생할 수 있다.

③ 재료 선정시 수축률이 작은 재료를 사용하면 sink 가 작다. 특히 PE, PP, POM 등의 재료는 성형시 수축이 심하다.

④ 금형의 냉각시에는 ±1~2℃ 정도로 전체적으로 균일하게 냉각시키고 살 두께가 두꺼운 부분은 부분 냉각을 적용한다.

2) 타버림 줄

타버림 줄은 일반적으로 수지가 높은 온도 또는 지나치게 긴 유동 정체 시간 때문에 열적으로 손상되어 표면이 갈색 또는 흑색으로 변색되어 나타나거나 또는, 금형 내에서 빠져나가지 못한 에어트랩(Air Trap), 혹은 Gas 때문에 발생하기도 한다. [그림 8-39]는 타버림 줄을 보여주고 있다.

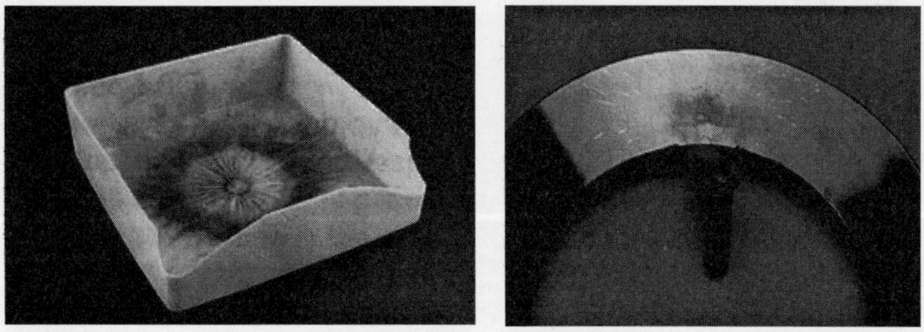

[그림 8-39] 타버림 줄

(1) 타버림 줄의 원인

① 수지의 온도가 높거나, 잔류응력을 낮추기 위한 수지 건조시 체류시간이 너무 길다.

② 수지 온도가 너무 높다.

③ 가소화 유닛내의 전단이 너무 심하다. (스크루 속도가 너무 빠를 경우)

(2) 타버림줄의 대책은 다음과 같다.

① 사출시 유동선단의 온도를 낮추고 사출속도를 줄인다.

② 금형 내에서 Gas가 빠져나갈 수 있도록 에어벤트(Air Vent)를 설치하여 주고, 에어벤트(Air Vent)를 설치하지 못한다면, 핀 이젝터(Eject Pin)을 위치 시켜 준다.

③ 게이트의 위치를 적절한 곳에 위치시킨다.

3) 수분 줄(Moisture streak)

수분 줄은 성형품 표면에 흐름방향으로 열린 "U"자 방향으로 나타난다. 또한 금형 표면상의 수분 때문에 발생한 수분 줄은 폭이 넓고, 거친 얇은 층 모양으로 나타난다. [그림 8-40]은 수분 줄을 보여 주고 있다.

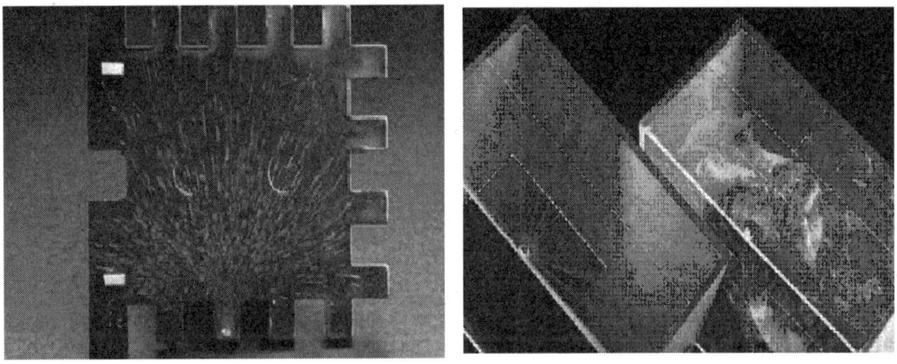

[그림 8-40] 수분줄

(1) 수분 줄의 원인

① 금형의 온도 조절 냉각회로의 손상으로 인한 원인

② 금형벽면의 응결 수의 원인

③ 수지건조의 불충분으로 인한 원인

④ 재료 보관의 불량 원인

(2) 수분 줄의 대책은 다음과 같다.

① 금형의 냉각회로 누설여부를 확인한다.

② 금형온도를 높인다.

③ 재료건조시 흡습건조를 한다.

4) 색줄(Color Strek)

색줄은 유동에서 수지성분의 불균일한 분포 또는 안료의 방향성이 다르기 때문에 발생되거나 열 손상 및 심한 변형도 색변화 또는 색 차이를 일으킬 수 있다. [그림 8-41]는 제품의 색줄을 보여주고 있다.

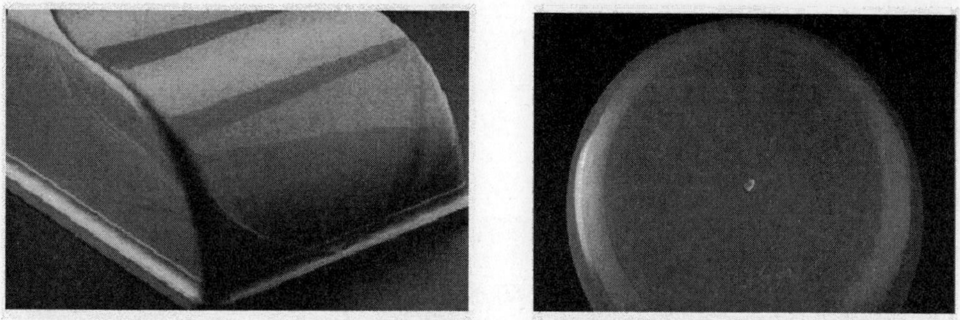

[그림 8-41] 색 줄

(1) 색줄의 원인

① 안료 혼합 과정에서 안료 덩어리가 농도의 차이를 가져올 수 있다.
② 색줄은 플라스틱 성형 조건, 결합제 및 첨가제에 의하여 발생될 수도 있다.
③ 착색제를 사용하여 작업장에서 착색하면 착색입자가 수지에 완전히 용융되지 않아 결함이 생길 수 있다.
④ 안료 및 착색제는 열가소성 수지와 같이 성형온도와 체류시간에 민감하다.
⑤ 열 손상(Thermal damage)은 색줄의 원인이 되고 타버림 줄(Burn Streak)로 간주하면 되며, 심한 응력 및 변형은 색상차이를 유발시킬 수 있다.

(2) 색줄의 대책은 다음과 같다.

① 수지의 성형범위가 높은 전단응력을 허용 할 수 있는지를 확인한다.
② 착색시 가는 입자를 사용하고 용융성을 확인하여 착색과정을 개선한다.
③ 가소화 장치를 선택 할 때는 수지의 충분한 균일성을 얻을 수 있는지 확인한다.

5) 공기 줄 또는 에어 훅

사출 성형 중, 시간 내에 빠져나가지 못하는 공기는 성형품 표면까지 밀려 유동방향으로 퍼진다. 특히, 글자, 리브, 및 오목부 부근에서 공기는 휘말려 수지에 의해 갇힌다. 그 결과 공기줄 또는 에어 훅이 형성된다. [그림 8-42]는 공기 줄을 볼 수 있다.

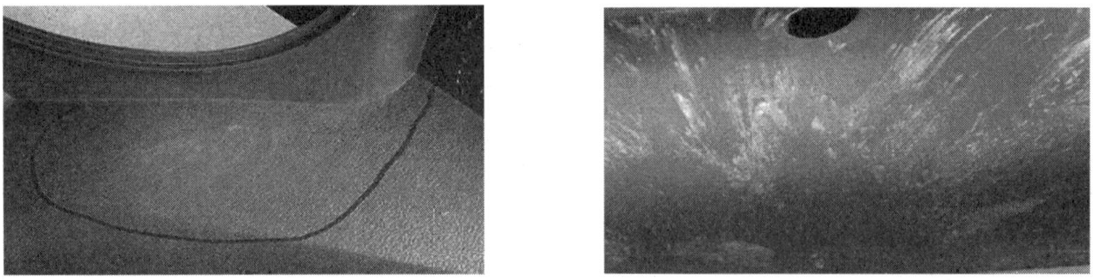

[그림 8-42] 공기줄

(1) 공기줄 또는 에어 훅의 발생 대책은 다음과 같다.

① 형상 변화부에 날카로운 엣지를 피한다.

② 감압시 스크루 후퇴 속도를 감소시킨다.

③ 게이트를 이동시킨다.

6) 유리 섬유 줄 (Glass Fiber Streak)

유리섬유로 강화한 수지를 사용할 경우 망 모양 및 거친 표면이 나타날 수 있으며 표면상에 금속 모양의 유리섬유가 나타난다. 유리섬유가 포함 된 수지는 사출 중 유동방향으로 방향성을 가진다. 수지가 금형표면에 접촉 할 경우, 갑자기 고화 되면 유리섬유가 표면으로 돌출 될 수 있다. 그와 아울러 표면은, 수축의 큰 차이(유리 섬유:수지=1:200)때문에 거칠어 질 수 있다. 유리섬유는 플라스틱의 냉각(고화)을 저해하는데, 특히 유리섬유의 길이 방향으로 영향이 더욱 크다. [그림 8-43]은 유리 섬유 줄을 볼 수 있다.

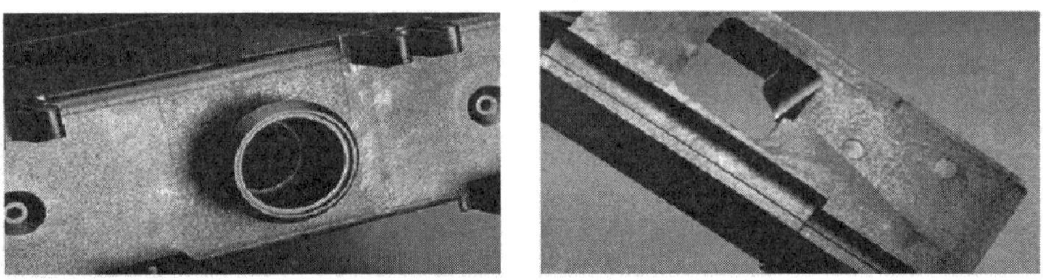

[그림 8-43] 유리 섬유 줄

(1) 유리 섬유 줄의 대책으로는 다음과 같다.

① 사출 속도를 증가시킨다.

② 금형/수지 온도를 증가시킨다.

③ 보압을 높여 준다.

④ 길이가 짧은 유리섬유를 사용한다.

7) 반짝이 또는 광택 차이

성형품의 반짝이는 표면을 빛에 노출 시켰을 때 나타나는 현상이다. 빛이 제품 표면에 부딪힐 경우, 그 방향은 빛의 회절에 의해 빛의 일부가 표면에서 반사되고, 또 다른 일부는 제품의 내부로 통과된다. 광택 요철이 최적화 된 경우 표면 거칠기가 좋아진다. 이를 얻기 위해 다듬질(Polishing)한 금형표면은 가급적 양호하게 반사되어야 하고 무늬를 가진(부식 처리가 된) 금형 표면은 그렇지 않아야 한다. 광택의 차이는 다른 냉각 조건, 수축 차이에 의해 금형표면에서 수지의 다른 반사형태 때문에 발생할 수도 있다. 이미 냉각된 부위가 늘어나는 것(변형)은 광택 차이의 또 다른 이유가 될 수도 있다. [그림 8-44]은 반짝이 또는 광택 차이를 볼 수 있다.

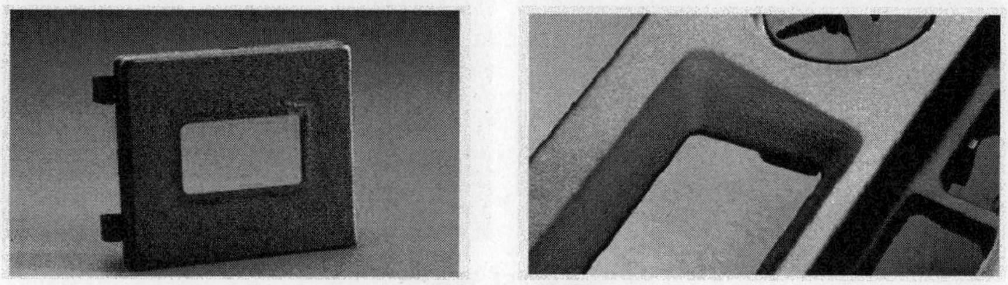

[그림 8-44] 반짝이 또는 광택차이

(1) 반짝이 또는 광택차이의 대책은 다음과 같다.

① 사출 속도를 증가시킨다.

② 금형/수지 온도를 증가시킨다.

③ 금형표면의 다듬질을 좋게 개선한다.

④ 사출 속도를 조절한다. (사출 속도(압력)가 증가되면 성형품 광택도가 증가된다.)

⑤ 금형 온도를 조절한다. (금형 온도가 높아지면 성형품 광택도가 향상된다.)

⑥ 수지온도가 변하면 광택도 차이가 발생된다. (수지 온도가 높으면 수지의 유동성 증가로 일반적으로 광택도가 증가 될 수 있다.)

⑦ 수지의 건조 상태가 불량하다.

⑧ 적절한 성형온도와 실린더 내의 체류 시간이 짧도록 성형하면 좋다.

⑨ 완전 투명 제품의 경우에는 금형면을 도금하면 광택이 좋아진다

⑩ 금형 표면을 cleaning 한다.

8) 웰드라인

웰드라인은 구멍이 있는 제품이나 2개 이상의 게이트를 사용할 때, 수지가 서로 만나는 곳에서 Weldline이 발생한다. 또한 가스 벤트가 제대로 되지 않아 공기의 저항으로 수지의 흐름이 방해를 받아 체류하면서 냉각되어 weldline이 발생하기도 하며 서로 다른 두 흐름이 만날 때의 수지 온도가 낮아서 발생한다. 뿐만 아니라 사출속도가 너무 빠를 때 gas vent가 충분히 이루어지지 않아 공기가 단열압축 되면서 수지 흐름이 지체되어 금형으로 열을 빼앗긴 수지가 서로 만나면 발생한다. 주로 충전말단 부위에 많이 발생한다.

[그림 8-45]에서 웰드라인을 보여주고 있다. [그림 8-46]은 웰드라인이 생성되는 유동 형상을 보여주고 있다.

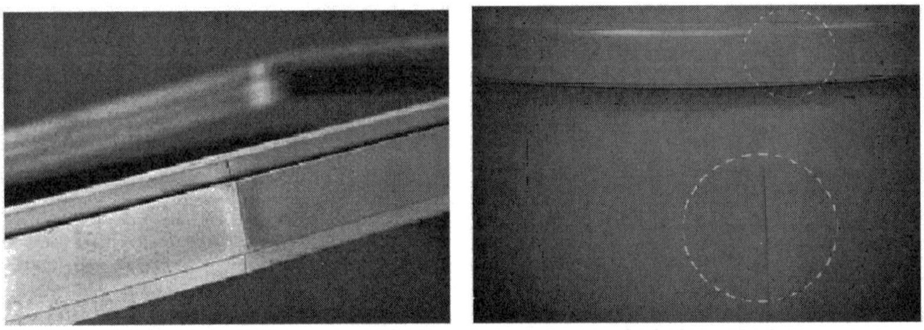

[그림 8-45] 웰드라인

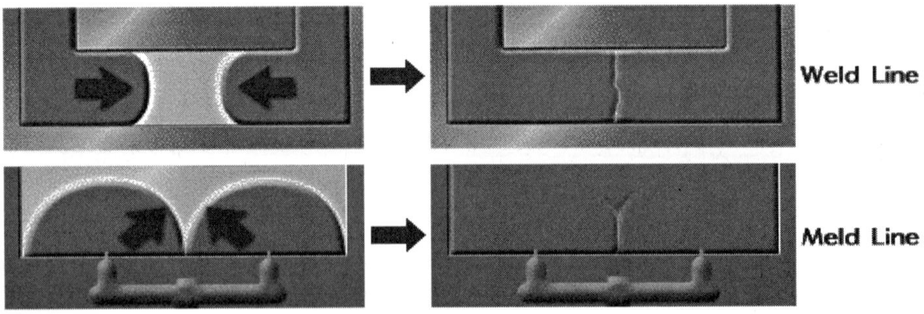

[그림 8-46] 웰드라인 유동 형상

(1) 웰드라인의 대책은 다음과 같다.

① 웰드라인이 생성되는 부근에서 사출속도를 높인다.

② 웰드라인 부근에 가스벤트를 점검하고 사출속도를 조절한다.

③ 수지온도/금형온도를 올린다

④ 사출압력을 높인다.
⑤ 가스벤트가 잘 이루어지도록 금형을 수정/청소한다.
⑥ 게이트의 위치, 개수를 조정하여 웰드라인을 다른 곳으로 이동시킨다.

9) 제팅

제팅은 정상적인 수지유동 선단이 만들어지지 않기 때문에 발생한다. 일반적으로 수지의 유동선단은, 사출기 노즐에서 시작되어 게이트를 통과하여 캐비티 내로 흘러 들어간다. 이때, 어느 정도 냉각되어 나머지 수지와 균일하게 용융되지 못해서 발생하게 된다. 게이트 주위의 사출 속도 차에 의해 발생하기도 한다. [그림 8-47]은 제팅형상이 나타난 제품을 보여주고 있으며 [그림 8-48]은 제팅 현상이 나타나는 유동 현상을 보여주고 있다.

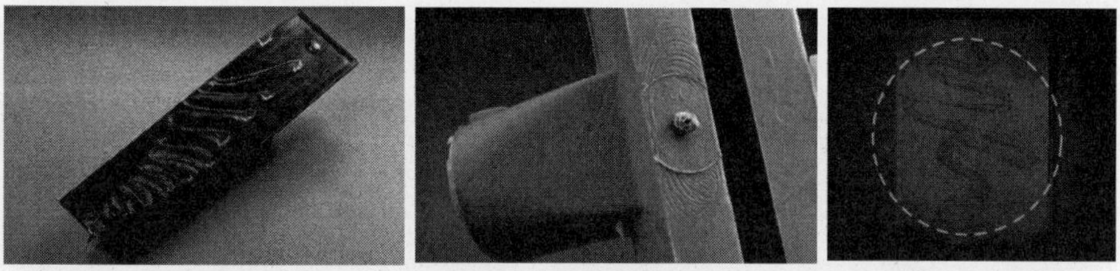

[그림 8-47] 제팅형상

[그림 8-48] 제팅이 나타나는 유동 형상

(1) 제팅의 대책은 다음과 같다.

① 사출 속도 또는 사출구배(게이트가 위치한 부위의 각도)를 감소시킨다.
② 게이트 인접부위에 라운드를 설치한다.
③ 게이트 부근 통과시 수지의 사출속도를 낮추어 게이트 주변에 수지가 충분히 충전 되도록 한다. 이후 사출속도를 빨리 하더라도 용융수지의 점성의 증가 및 고화 층과 용융 층과의 마찰에 의한 유동저항으로 제팅이 발생하지 않는다.
④ 사이드 게이트를 이용하여 방지한다. 이때는 게이트 주변에서의 사출속도를 높여도 제팅

문제가 발생하지 않는다.

⑤ 코어 핀을 게이트 앞에 설치하여 방지한다.

10) 타버림 자국

사출과정이 진행됨에 따라 캐비티의 마지막 부분을 향해 공기가 압축되고 따라서 높은 온도로 가열이 된다. 디젤효과나 타버림 자국은 정상적인 가스빼기 불량으로 발생한다. 제품의 코너 부분, 막혀 있는 구멍, 마지막 충전 부분, 서로 다른 유동 선단이 만나는 부분에서 발생한다. 금형의 형합면, 벤팅 홈, 또는 핀 이젝터의 틈새로 빠져나가지 못할 경우에 발생한다. 사출과정이 진행됨에 따라 캐비티의 마지막 부분을 향해 공기가 압축되고 따라서 높은 온도로 가열이 된다. 그 결과 아주 높은 온도가 제품상에 타버림 자국을 발생시킨다. [그림 8-49]는 타버림 자국을 보여주고 있다.

[그림 8-49] 타버림 자국

(1) 타버림 자국의 대책은 다음과 같다.

① 가스 빼기를 적절한 위치에 설치한다.

② 유동 경로를 변경시켜 Gas를 잘 빠져나가게 한다.

11) 레코드 판 홈 현상

사출 성형시 금형의 온도가 차가운 상태에서 사출을 할 경우 고화 층이 쉽게 형성되고, 유동성이 저하되어 수지흐름 자국이 생긴다. 또한 사출 속도가 낮을 경우에도 고화 층이 쉽게 형성되고, 유동성이 저하되어 수지 흐름 자국이 생긴다. 특히 다이렉트 게이트에서 PC를 사출할 경우 열을 빼앗기면 점도가 올라 발생한다. 또한 가스벤트가 원활하지 않아 유동저항이 크게 되어 발생한다. [그림 8-50]에서 보는 것과 같이 뜨거운 수지가 금형 표면 쪽으로 유동을 진행하면서 레코드 판 홈 현상이 발생하게 한다. [그림 8-51]에 레코드 판 홈을 보여주고 있다.

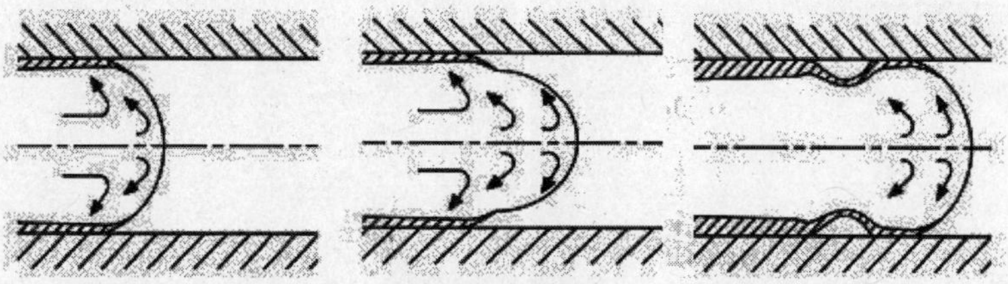

[그림 8-50] 레코드 판홈 발생 현상

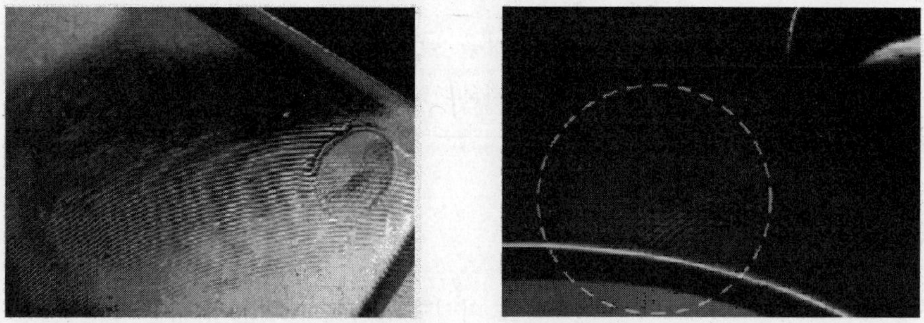

[그림 8-51] 레코드 판 홈 현상

(1) 레코드 판 홈의 대책은 다음과 같다.

① 수지 온도를 높여준다.

② 사출 속도를 빠르게 가져간다.

③ 금형의 온도를 높여준다.

④ 게이트 부근을 통과하는 수지의 사출속도를 다단으로 정밀 제어한다.

⑤ 유동이 느려 발생함으로 압력을 늘린다.

⑥ 간접 게이트에서는 콜드 슬러그 웰을 둔다

⑦ 가스 벤트가 원활히 이루어지도록 한다.

12) 백화 및 응력 균열

백화 및 응력 균열(Stress Creak)은 내부 및 외부의 응력에 의해 발생한다. 스트레스를 받는 부분이 백색으로 변하며, 응력 균열은 성형 후 수일 후에 발생하기도 한다. 특히 사출후 취출시 핀 이젝터에 의한 자국이 백화현상으로 많이 발생한다. [그림 8-52]는 백화 및 응력 균열을 보여주고 있다.

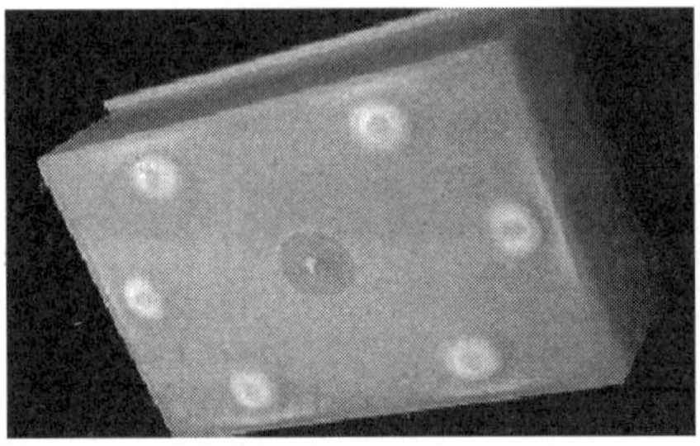
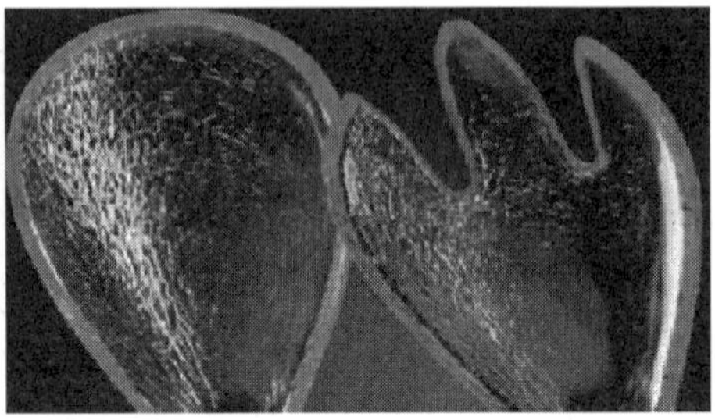

[그림 8-52] 백화 및 응력 균열

(1) 백화 및 응력 균열의 대책은 다음과 같다.

① 사출압력을 낮춘다. ② 보압을 낮춘다.

③ 보압작용 시간을 낮춘다 ④ 수지온도와 금형온도를 올린다

⑤ 냉각시간을 충분히 준다.

13) 미성형

형상이 불완전하게 충전된 사출 성형품을 미성형 제품이라 부른다. 유동의 말단 부에 성형압력이 부족하거나, 게이트 인접 부위에 사출 속도가 빠른 경우 유동의 정체현상이 생기면서 미성형이 발생한다. [그림 8-53]은 미성형을 보여주고 있다.

[그림 8-53] 미성형

(1) 미성형에 대한 대책은 다음과 같다.

① 수지 온도를 높여준다. ② 사출 속도를 빠르게 한다.

③ 사출량을 증가시킨다. ④ 사출압력을 높인다.

⑤ 금형온도를 높인다.
⑥ gate 길이를 짧게 하고, 폭이나 두께를 크게 한다.
⑦ 사출용량이 제품의 중량보다 50% 이상 큰 사출기를 사용한다.
⑧ runner의 단면적이 작으면 용융수지가 유동성을 잃어버린다. 게이트의 크기를 크게 하기보다는 우선 runner의 단면적을 키우는 게 좋다.
⑨ L/t(유동성)가 나쁜 수지는 게이트를 여러 개 두는 것이 좋다.

14) 이젝터 자국

핀 이젝터 자국은 성형품 표면에 핀 이젝터가 위치한 부위가 오목, 볼록하게 돌출 된 형태이다. 핀 이젝터 자국은 성형품 표면의 살 두께 변화(편차)는 광택의 차이를 유발하고, 성형품이 보이는 표면상에 오목 부를 발생시킬 수도 있다. 구체적인 원인으로 4가지를 고려할 수 있다. [그림 8-54]는 이젝터 자국을 보여주고 있다.

① 성형에 관련된 원인: 조기 이형 또는 부적합한 기계 셋팅 때문에 높은 이젝터 힘이 가해짐
② 형상적인 원인: 이젝터 조립 불량 및 길이 부정확
③ 기계적 강도와 관계된 원인: 치수 부정확 및 설계불량, 성형품 및 이젝터 시스템 불량
④ 열적인 원인: 이젝터와 금형간의 높은 온도 편차

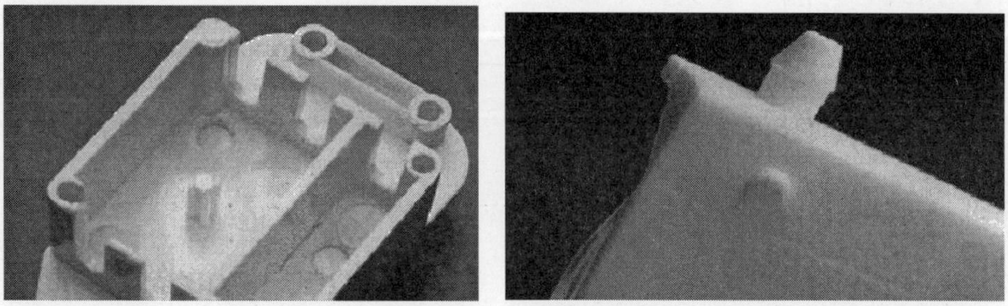

[그림 8-54] 이젝터 자국

(1) 이젝터 자국의 대책은 다음과 같다.

① 이젝터 설계를 정확히 한다.
② 이젝터 헤드의 자국 및 접촉 표면을 확인한다.
③ 길이가 긴 이젝터를 사용한다.

15) 표면층 박리

사출시에 수지의 층이 균일하게 결합되지 못하여 박리 되기 시작한다. 게이트 부근 또는 성형품표면 상에서 잘 생성 될 수 있고, 정도에 따라 면적이 크거나, 면적이 적고 얇을 수도 있다. 사출시에 수지온도, 금형온도가 매우 낮을 때, 금형면에 접촉한 수지가 즉시 고화하여 발생한다. 또한 런너나 게이트가 너무 적거나, 성형품이 얇고 복잡하여, 충전시 전단응력이 과다하게 발생시 나타난다. [그림 8-55]은 박리현상을 보여주고 있다.

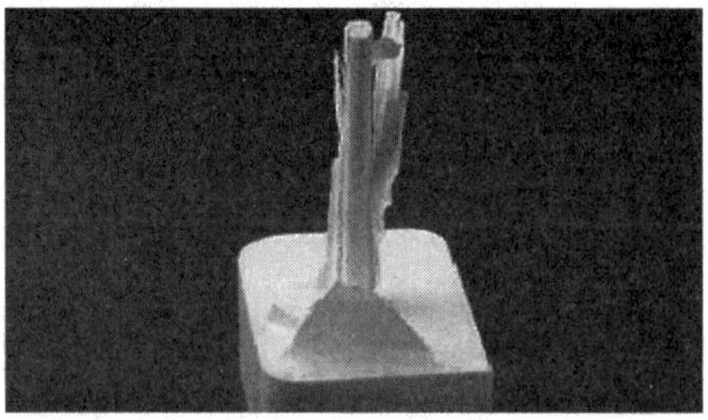

[그림 8-55] 박리현상

(1) 박리현상에 대한 대책은 다음과 같다.

① 사출 속도를 줄인다.

② 수지 온도를 낮춘다.

③ 불순물 또는 입자 중 다른 재료가 포함되지 않도록 한다.

④ 입자내의 습기가 포함되지 않도록 충분한 건조를 한다.

⑤ 런너와 게이트의 크기를 크게하고, 충전시 전단응력을 고려하여 금형을 설계한다.

16) 콜드 슬러그

콜드 슬러그는 게이트 주변 또는 성형품의 넓은 범위에 걸쳐 나타나는 현상이다. 콜드 슬러그는 수지가 사출 된 다음 금형으로 이동하기 전에 게이트 또는 노즐에서 고화 될 때 형성된다. 콜드 슬러그는 런너를 통해 금형 안으로 밀려 들러갈 경우 웰드라인을 발생시키며, 수지가 사출 된 다음 금형으로 이동하기 전에 게이트 또는 노즐에서 고화 될 때 형성된다. 또한 콜드 슬러그는 노즐 온도 제어 불량 또는 가소화 유닛의 후퇴 지연에 의해 발생되며 작은 노즐 직경도 불리한 영향을 미친다. [그림 8-56]는 콜드 슬러그를 보여주고 있다.

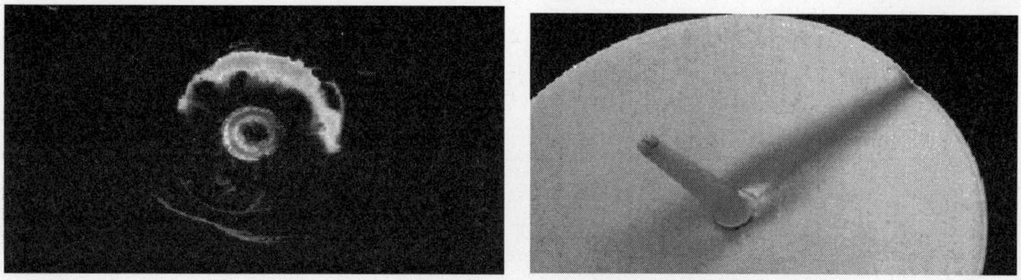

[그림 8-56] 콜드 슬러그

(1) 콜드 슬러그에 대한 대책은 다음과 같다.

① 감압을 줄인다.

② 가소화 유닛을 일찍 분리시킨다.

③ 노즐단면을 크게 한다.

④ 노즐 온도를 높인다.

17) 기포

사출 도중에 공기가 수지 속에 갇혀서 성형품에 기포로 나타난다. 기포에는 갇힌 공기와 기공 두 가지 종류가 있다. 기공은 성형 수지의 수축(싱크마크 참조)에 의해 형성된 속이 빈 공동이다. 두 가지 사이의 차이는 모양이 비슷하기 때문에 구별하기가 아주 어렵다. 공동이 터질 때 기포(진공)에는 가스가 들어가지 않는다. 갇힌 공기는 감압을 사용하지 않고도 감소시킬 수 있다. 보압 또는 보압시간을 변경시키는 것은 공동의 크기에는 영향을 주지 않는다. 공동을 가진 성형품은 보통 공동이 없는 제품에 비해 강하지 못하다. [그림 8-57]에 기포현상을 보여주고 있다.

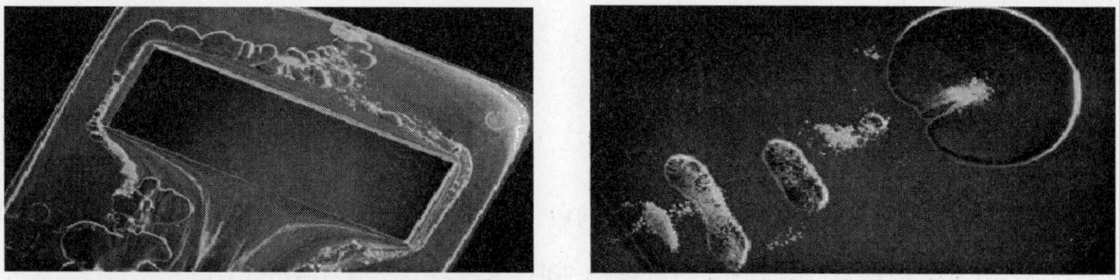

[그림 8-57] 기포현상

(1) 기포현상의 대책은 다음과 같다.

① 감압을 천천히 하거나 줄여준다.

② 배압을 높이고 스크루 속도를 조절한다.

18) 흑점

흑점은 마모된 수지의 입자, 열 손상, 이 물질 때문에 표면에 흑점 형태로 나타난다.

가. 흑점의 원인은 다음과 같다.

① 금형 내에서 배기 불량에 의해 수지가 검게 탄 것.

② 사출성형기 실린더 내의 노즐부근의 틈에 수지가 끼어 오래체류한 수지가 검게 탄 것

③ 스크루의 역류방지 링 사이에 끼어 오래 체류한 수지가 검게 탄 것.

④ 스크루 표면에 상처가 생겨서 채널에 끼어서 흐르지 않고 있다가 탄화된 것.

⑤ 과열 분해된 수지가 노즐을 통해 빠져나온 것.

[그림 8-58]은 흑점을 보여주고 있다.

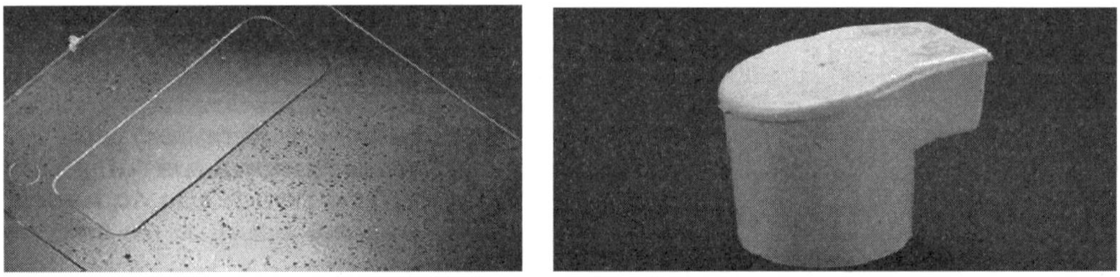

[그림 8-58] 흑점

(1) 흑점의 대책은 다음과 같다.

① 게이트에서 마찰열에 의한 탄화: 사출속도를 낮춘다.

② 사출압력을 내린다.

③ 배압이 부족하여 산소가 유입되어 탄화: 배압을 높인다.

④ 금형 자체의 기름이 부착되어 탄화해서 생김.

⑤ 스크루 실린더의 청소

19) 플래시 (Flash)

플래시는 흔히, 금형의 형합면(파팅면), 벤팅 홈, 핀 이젝터 부근, 슬라이드 코어부분에서 수지가 밀려나온 형태로 발생한다. [그림 8-59]는 플래시를 보여주고 있다.

[그림 8-59] 플래시

(1) 플래시의 대책은 다음과 같다

① 사출압력(2 차압력, 보압)을 낮춘다. ② 수지온도를 내린다.
③ 금형온도를 내린다. ④ 사출량을 낮춘다.
⑤ 최종속도를 낮춘다.
⑥ 금형체결력이 부족한가 체크한다. (금형체결력=금형내압×투영면적)

20) 은줄(Silver streak)

표면에 은색의 줄무늬가 발생하는 형상을 말하며 실버 스트릭은 가소화시 배압이 부족하여 공기를 흡입하고, 이 공기가 캐비티 내에 빨려 들어가는 중에 수지로 둘러싸인 공기가 파열되면서 금형의 표면에 발생되는 현상을 말한다. 계량시 혹은 성형시 받는 마찰열로 인해 열분해된 수지가 가스로 되어 금형 내부에서 파열되면서 발생한다. 또한 금형 내에서 전단마찰 작용에 의해 많이 발생하고 런너 시스템이 얇고 금형내의 살 두께가 불균일할 때 발생한다. [그림 8-60]은 실버스트릭을 보여주고 있다.

[그림 8-60] 실버스트릭

(1) 실버스트릭의 대책은 다음과 같다.

① 배압(PB)을 높여 가소화시 공기가 흡입되지 않게 한다.

② RPM등을 적절한 범위 내로 설정하여야 한다.
③ 런너 시스템의 단면적을 증가시킨다.
④ 살 두께가 급격히 변화되지 않도록 제품을 설계한다.

21) 휨

불균일한 살 두께로 인해 두꺼운 부분은 수축이 크고, 얇은 부분은 수축이 작아서 수축률 차이에 의해 발생한다. 금형의 냉각이 불균일하여 금형온도가 높은 부분이 수축이 크고, 온도가 낮은 부분은 수축이 작은 수축 차이에 의해 발생한다. 상자의 경우 특히 PP의 경우 안쪽으로 휘는 것이 일반적이다. 고분자 사슬이나 보강된 Fiber의 배향이 수지 흐름 방향으로 나타나고, 흐름 방향과 흐름에 직각 방향의 수축 차이로 인해 휨이 발생한다. [그림 8-61]는 휨을 보여 주고 있다.

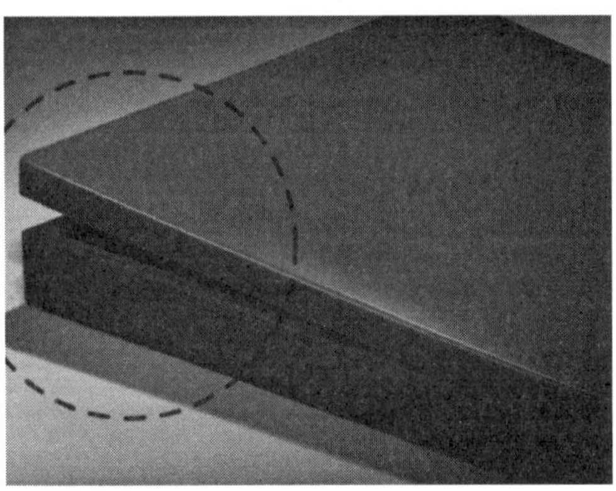

그림 6-52 휨

(1) 휨의 대책은 다음과 같다.

① 두께 변화를 최소화하는 제품을 설계한다.
② 상자 내부를 저온으로 하여 급랭시키고 외부를 서냉시키면 정상으로 된다.
③ 안쪽 휨을 제거하기 위해 내부를 과냉각하면 바깥쪽 휨이 발생하기 때문에 주의 한다.
④ 금형설계시 수지의 흐름방향과 흐름에 직각인 방향의 수축률을 별도로 하여야 원하는 치수의 제품을 생산할 수 있다.

5. 성형 조건 접근법

가. 사출에서 생산되는 제품은 외관이 좋고 튼튼한 제품이면 좋다. 이런 한 제품을 생산하기 위한 조건설정이 필요하다. 사출조건을 설정 할 때 다음과 같은 방법으로 진행한다.

(1) 저용융되는 재료의 실린더 설정온도, 측정치 온도를 설정.
(수지의 분해를 방지하고 공정시간을 단축하기 위해 낮게 설정.)
(2) 저용된 수지의 설정온도에 도달하면 펌프 모터를 가동시킨다.
(필요시 작동유 예열)
(3) 금형체결력을 설정한다. (사출시 금형이 밀리지 않을 정도로 한다.)
(4) 금형의 크기확인, 형개, 형체 및 핀 이젝터 취출거리 및 속도를 설정

(5) 제품의 크기를 확인하고 계량량, 쿠션량을 계산, 알맞은 거리를 설정..

(6) 시험사출을 위해 사출압력, 사출 속도를 고압 고속의 60%~90% 정도로 설정.

(7) 보압 절환 위치를 10mm 이상 (중형 물기준) 정도로 설정.

(스크루 충격 방지를 위하여)

(8) 처음 보압을 낮게 설정하고 보압시간을 길게 설정.

(9) 스크루 회전수를 낮게 설정.

(10) 배압을 '0'에 설정.

(11) 호퍼(Hopper) 내의 재료를 확인하고 재료의 유입이 원활한지 확인.

(12) 퍼지를 한다. (사출부를 전진시키지 않은 상태에서 계량과 사출을 반복하면서 가소화 정도를 확인)

- 화면에서 회전수를 확인한다.(계량 개시까지는 50RPM 정도)
- 유압계에서 스크루 회전압을 확인.
- 계량개시(스크루 후퇴)후 회전수를 올려 가소화 동작을 빨리 한다

(13) 충전시간, 냉각시간, 석백(Suck-back)량을 설정.

(14) 운전조작을 반자동으로 설정하고 1사이클(Cycle)을 개시.

- 제품의 미성형 상태로 사출 하여 유동 상태와 웰드라인을 확인.

(15) 제품의 상태에 따라 조건을 수정.

(16) 제품의 상태에 따라 사출속도를 재 설정.

- 성형품 살 두께, 수지의 유동성, 열 안정성을 고려.
- Over-pack 방지를 위해 낮은 곳부터 시작.

(17) 보압시간을 길게 설정한다.

(게이트 냉각을 확실히 하여 양품을 얻는다.)

(18) 냉각시간을 길게 설정한다.(냉각을 확실하게 하여 양품을 얻는다.)

(19) 보압절환 위치를 계량 값의 90%이내로 설정한다.

(20) 쿠션거리가 3mm~5mm정도가 되도록 재 설정한다.

(금형에 수지 누설을 방지)

(21) 제품의 상태에 따라 보압을 조금씩 높인다.

(22) 배압을 조금씩 준다.

(23) 성형품의 상태를 보면서 사출 보압시간 냉각시간을 단축하여 Cycle Up을 도모한다. (냉각 시간 내에 계량을 완료하도록 스크루 회전수를 조정한다.)

(24) 성형품이 확실하게 낙하할 경우는 중간 시간을 설정하여 운전조작 스위치를 전자동으로 하여 성형을 한다.

(1) 미성형 법

사출성형의 기본적인 조건 설정이 초기 성형시 제품의 상태 파악을 하기 위해 미성형을 실시하여 조건을 설정하게 되며 사출성형시 꼭 필요한 공정이다. 미성형법은 사출성형시 가장 기본이 되는 방법이며 사출성형기의 종류나 작업자에 따라 여러 가지 방법이 있으나 여기서 설명하는 미성형법은 성형시에 스크류의 위치절환을 이용하는 방법을 설명한다. 미성형법을 실시하기 전에 기본적 수지의 건조상태를 확인하고 금형의 상태와 냉각채널의 연결상태, 냉각수 누수확인을 하고, 사출성형기의 이상유무와 사출성형기에 부착되어 있는 보조장치의 이상유무를 확인하여 시험사출을 실시한다. 시험사출시에는 가열실리더 내의 잔여 수지를 배출하여 성형제품에 잔여수지 유입으로 불량이 발생하지 않도록 주의 한다.

예를 들면 제품의 계량이 50mm정도 되는 제품을 선택하여 미성형법을 실시한다.

① 사출을 위한 기본적인 조건을 설정하고 계량을 50mm로 셋팅 한다. [그림 8-62]

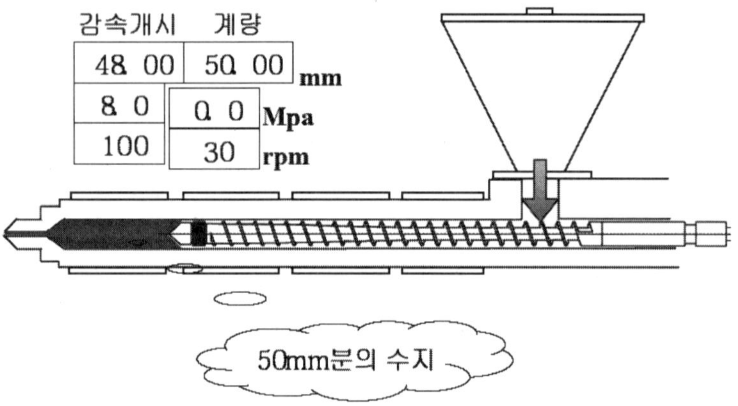

[그림 8-62] 계량거리 50일 때

② 절환위치를 45mm로 설정하여 제품을 확인한다. [그림 8-63]

제품은 스프루 부위까지 유동이 된 것을 확인한다. 유동상태가 스프루까지 유동이 되지 않았을 경우 절환위치를 적절히 변화시켜본다.

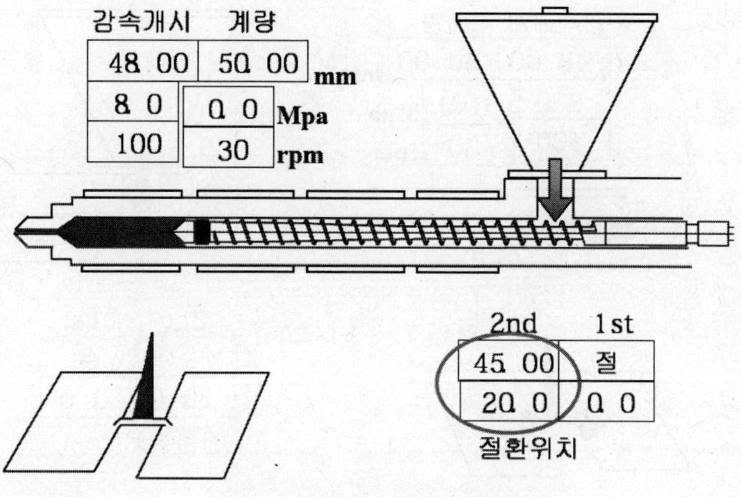

[그림 8-63] 절환거리 45일 때

③ 절환위치를 40mm로 설정한다. [그림 8-64]
제품은 런너부위까지 유동 된 것을 확인한다.

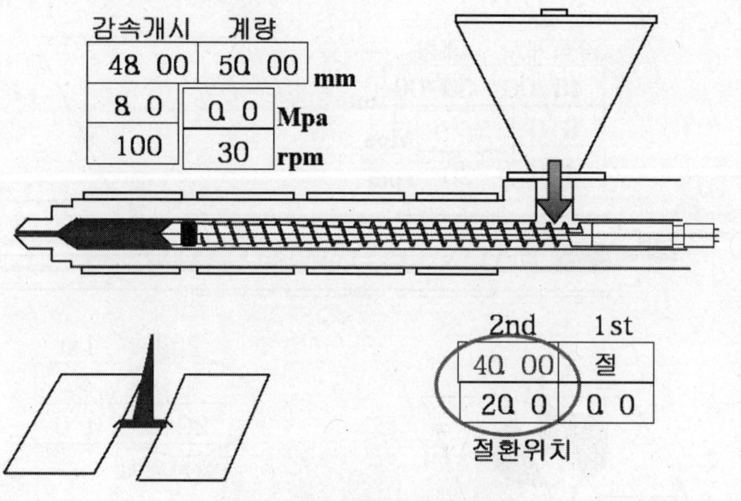

[그림 8-64] 절환거리 40일 때

④ 절환위치를 35mm로 설정한다. [그림 8-65]
제품은 게이트 부위까지 유동 된 것을 확인한다.

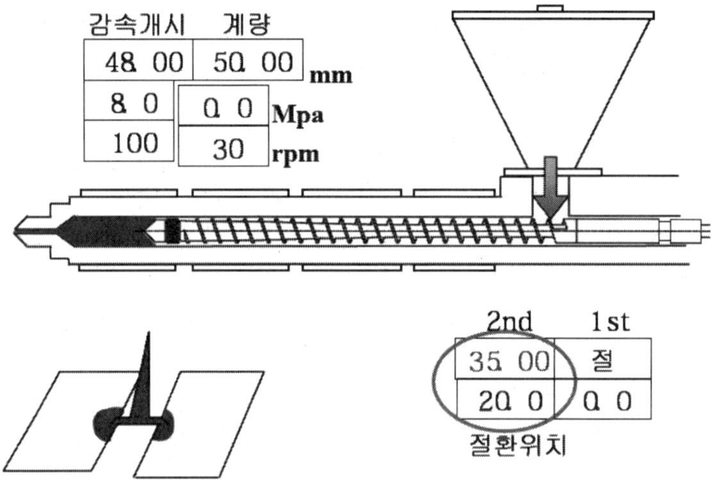

[그림 8-65] 절환거리 35일 때

⑤ 절환위치를 30mm로 설정한다. [그림 8-66]
제품은 게이트를 통과하여 제품의 일부분까지 유동 된 것을 확인한다.(그림 8-62)

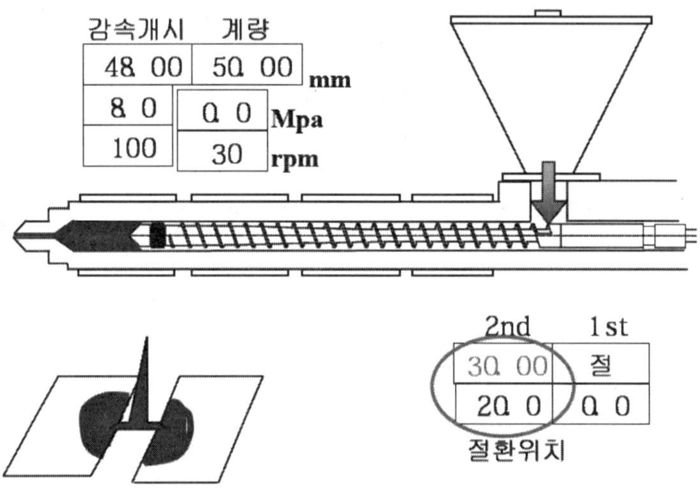

[그림 8-66] 절환거리 30일 때

⑥ 절환위치를 25mm로 설정한다. [그림 8-67]
제품은 제품의 중간부분까지 유동 된 것을 확인한다.

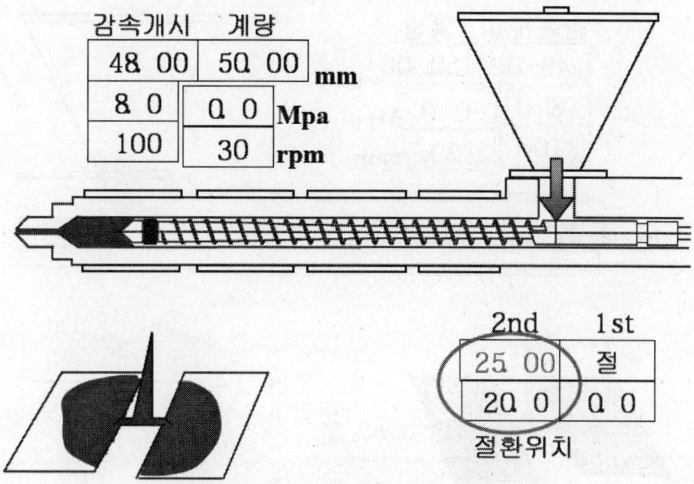

[그림 8-67] 절환거리 25일 때

⑦ 절환위치를 15mm로 설정한다. [그림 8-68]

제품은 제품의 90% 부분까지 유동 된 것을 확인한다.

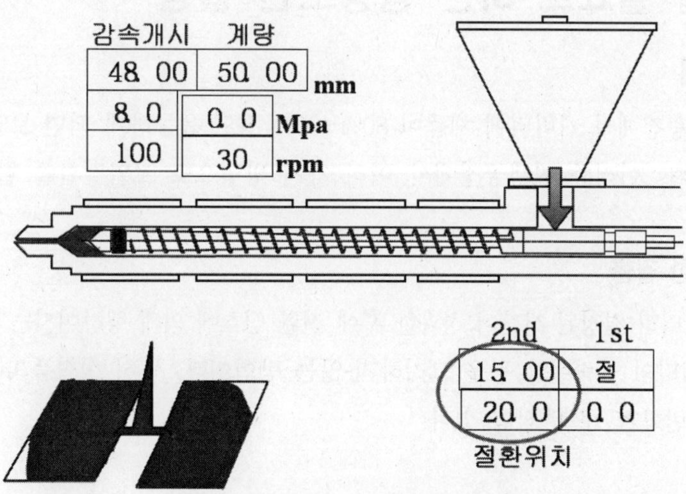

[그림 8-68] 제품의 90%까지 유동

⑧ 절환위치를 12mm로 설정한다. [그림 8-69]

제품은 제품의 95% 부분까지 유동 된 것을 확인하고 보압절환 한다.

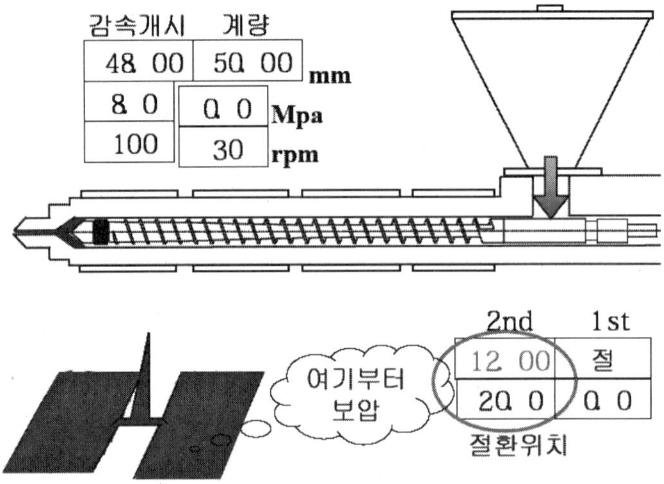

[그림 8-69] 제품 95%까지 유동

다음과 같이 초기에는 미성형법을 하여 제품의 유동상태를 파악한다.

6. 기술을 필요로 하는 성형조건 설정

1) 위치조절

위치조절은 충전에서 캐비티에 제품이 80%~90% 정도 유동하게 되면 보압절환 공정으로 진행되어야 한다. 이러한 진행공정에서 여러 가지 방법으로 보압절환을 할 수 있다

(1) 시간에 의한 절환

사출 개시후 미리 결정된 시간이 경과한 후에 전환 신호에 의해 행하여지는 방법으로 스크루의 위치나 캐비티의 압력변화 등을 고려하지 않는 방법이다. 특히 성형품의 중량 및 치수에 있어서의 품질변화가 큰 단점이 있다.

(2) 스크루의 스트로크(위치)에 의한 방법

가장 흔히 이용되고 유효한 것으로 검증되고 있다. 전환을 위한 신호는 보압 위치의 리미트 스위치에 의해 이루어지며 사출기의 스크루 스트로크가 일정한 한 보압 전환은 캐비티에 동일한 용량의 수지가 채워진 후 일어난다. 이 방법은 보압 공정이 극단적으로 짧을 경우, 리미트 스위치의 오작동의 위험이 있으므로 이 경우에는 보압 전환을 전혀 하지 않는 것이 좋다.

(3) 캐비티 내압에 의한 방법

이 방법은 실제 생산이 곤란한 조건 하에서도 사용되어 상당히 성공을 거두고 있는 방법으로, 캐비티의 압력이 미리 설정된 압력에 도달함과 동시에 보압으로 전환된다. 이 방법은 스크루 스트로크의 영향과 역류방지 밸브의 기능 불량의 영향이 제거되며, 특히 파팅 라인 부근에 중요 부분을 가지는 성형품이나 두께가 얇고 평평한, 플래시가 허용되지 않는 커버와 같은 성형품의 경우에 유효하다.

(4) 금형체결력에 의한 방법

이 방법은 캐비티 내의 압력을 간접적으로 측정하여 전환하는 방법으로 사출기의 다이플레이트 또는 형체 유닛의 타이바의 반발력을 측정하여 보압 전환을 시킨다. 이 경우 금형 교체시 캐비티 압력 센서의 교환이 불필요하며, 반영구적으로 사용 가능한 장점이 있다.

2) 시간 조절

(1) 사출시간

용융된 수지가 캐비티에 사출, 유입되어 성형품의 형상을 만드는데 걸리는 시간을 사출시간이라고 하는데 근래의 사출기에서는 계량 위치에서 보압절환이 되는 위치까지의 시간을 자동적으로 사출시간으로 산정하며 보통 사출시간에 보압시간이 포함된 시간으로 설정하는 경우가 많다.

(2) 보압시간

게이트가 고화하여 보압의 효과가 없게 될 때까지의 시간을 설정한다.

(가) 보압시간이 짧을 경우 : 수지의 역류로 치수 및 외관 불량이 발생.

(나) 보압시간이 길 경우 : Gate 고화 후는 Energy의 낭비와 Screw 선단의 역류 방지 링의 마모를 가져온다. 보압시간의 결정은 게이트의 고화시간까지가 가장 적절하다. 그러나 실제 생산시 이 게이트의 고화시간은 짐작으로 결정되는 경우가 대부분이다. 정확한 보압시간의 설정은 캐비티내의 압력 변화를 측정하여 더 이상의 압력 변화가 없는 시간까지를 설정한다. 그러나 일반적인 경우 보압 적용 시간에 따른 성형품의 중량 변화로 적정 시간을 설정한다.

(3) 냉각시간

이젝팅(ejecting)시 성형품이 무리 없이 취출 되고 변형이 생기지 않는 시간을 설정한다. 냉각시간은 실린더 온도, 금형 온도 및 스프루(Sprue), 런너(Runner)를 포함한 성형품의 두께에 의해 크게 변화하며 성형 한 사이클 중에 가장 많은 시간을 차지하고 있으므로 생산성에 큰 영향을 미친다. 냉각시간이 짧을 경우는 이형시 외력에 의해 변형되거나 치수가 불안정하게 되고 냉각시간이 길 경우는 성형품의 변형이 작고 치수 안정성은 좋아지지만 사이클 타임의 연장으로 생산성이 저하 될 수도 있다.

3) 온도 조절

(1) 실린더 온도

가열 실린더의 온도는 노즐부, 전부(계량), 중간부(압축), 후부(공급)로 대별된다. 노즐부의 온도는 수지의 용융과는 직접적인 관계는 없으나 실린더의 온도는 수지의 유동성과 수축율에 큰 영향을 주며, 게이트의 고화시간에도 영향을 미쳐 사이클 타임과 밀접한 관계가 있다.

용융수지의 충전이 어려운 얇은 제품이나 제품 형상이 커 Flow의 거리가 길 경우와 표면 광택이 중요한 제품은 수지의 열분해에 주의하면서 실린더 온도를 높게 설정할 필요가 있다. 실린더 온도를 낮게 설정할 필요가 있는 경우는 유동저항이 적어 충전이 용이한 두꺼운 제품에 적용하면 수축과 기포 발생 방지에 용이하다.

4) 다단 보압

일반적으로 사출조건을 설정하다 보면 단일한 사출 조건으로 문제를 해결할 수 없을 때 속도와 압력을 다단으로 설정하여 해결하게 된다. [그림 8-70]은 금형내 캐비티의 위치에 따라 수지가 존재하는 곳을 보여주고 있다.

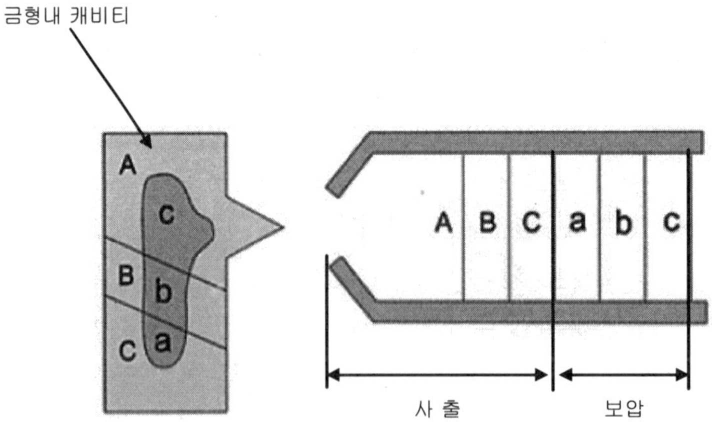

[그림 8-70] 금형내 캐비티의 위치에 따라 수지 존재 부위

다단속도의 원리는 성형품의 표면을 구성하는 A, B, C 단계의 사출속도를 조정하여 성형품 외관불량을 방지하며 A, B, C단계의 보압을 조정하여 기능적 특성을 부여하는 방법이다.

(1) 속도에 의한 다단제어

(가) 제1속 : 스프루, 런너 부위에 수지가 충전 되는 속도이므로 중속-고속이 적당하다.

(나) 제2속 : 게이트 부근에 발생하는 제팅, 실버(Silver Streak) 등을 방지하기 위해서 저속으로 한다.

(다) 제3속 : 플로우 마크, 웰드라인 등을 방지하기 위해 고속으로 한다.

(라) 제4속 : 가스탄화, Burr 등을 방지하고 보압절환 위치를 정확하게 하기 위해서 중속-저속으로 한다.

(2) [그림 8-71]의 사출 속도 조건에 의한 발생 가능한 불량

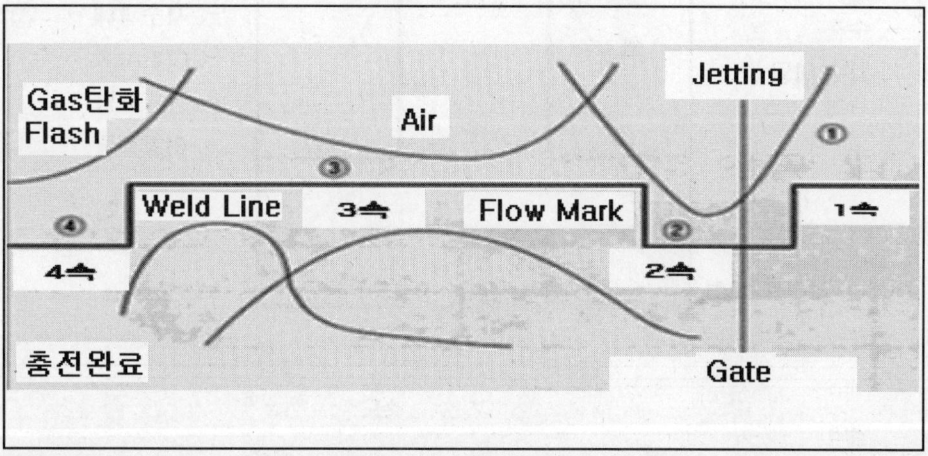

영역	위치	속도	
		고속	저속
1속	스프루, 런너	-	-
2속	게이트	제팅	플로우마크, 웰드라인
3속	성형품 초기 충전	제팅	플로우마크, 웰드라인
4속	성형품 후기 충전	탄화, 플래쉬	

[그림 8-71] 사출 속도 조건

(3) [그림 8-72]의 보압 조건에 의한 발생 가능한 불량

(4) 코어가 긴 경우의 사출 조건 [그림 8-73]

[그림 8-73] 같은 금형구조에서는 사이클을 단축시키려고 초기 속도를 빨리 하면 코어가 흔들려서 제품의 유동이 한쪽으로 쏠리는 현상이 발생하고 심할 경우에는 금형이 파손될 수도 있습니다. 이럴 경우에는 코어가 수지로 채워져서 코어가 흔들림이 없을 때까지 사출 속도를 낮추는 패턴을 선택합니다.

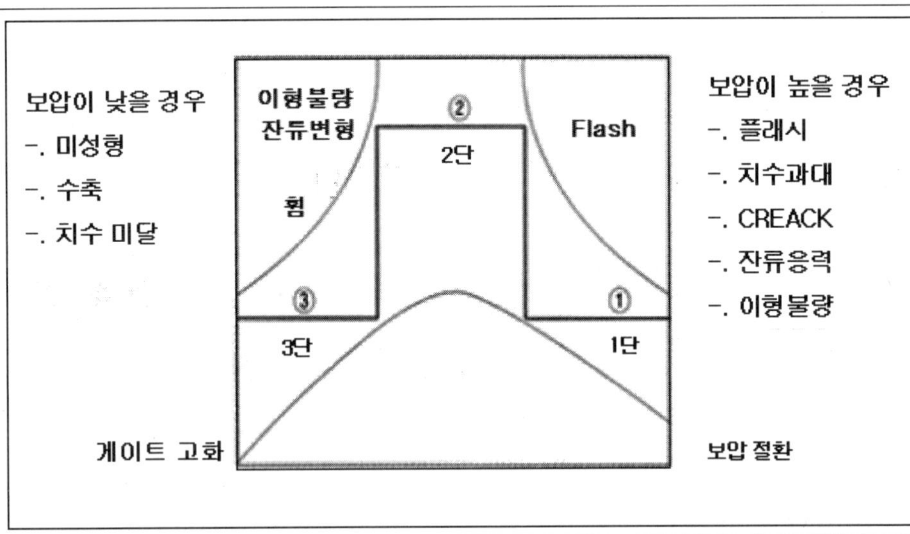

영역	속도	
	고속	저속
1단	플래시	수축, 미성형, 치수불량
2단	제팅	수축, 미성형, 치수불량
3단	이형불량, 휨	수축, 미성형

[그림 8-72] 보압 조건에 의한 발생 가능한 불량

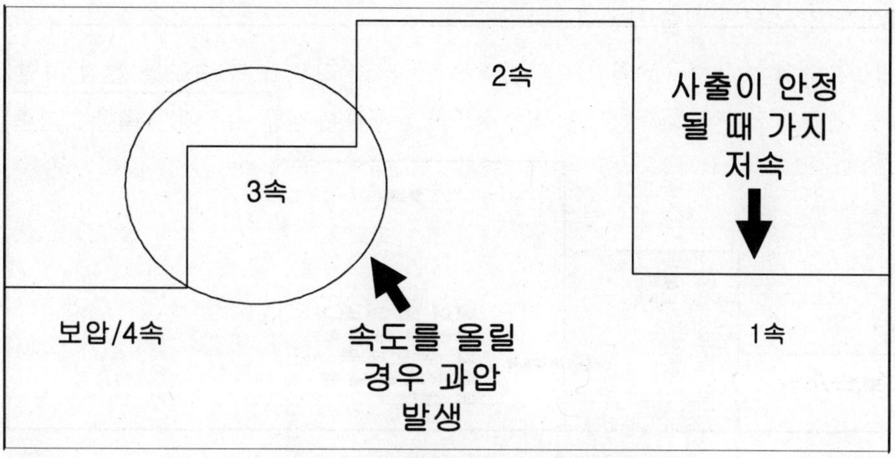

[그림 8-73] 코어가 깊은 구조의 사출

(5) 웰드라인 발생시 사출 조건

웰드라인은 유동형태상 완전히 없앨 수는 없다. 다만 그 위치를 강도나 외관에 문제가 되지 않는 장소로 옮기거나 약화시킬 수밖에는 없다. 웰드라인이 발생할 경우에는 저속에서 고속까지 절환 위치를 옮겨서 웰드라인을 이동시키면 된다.
[그림 8-74]은 웰드라인 발생시 사출조건을 보여주고 있다.

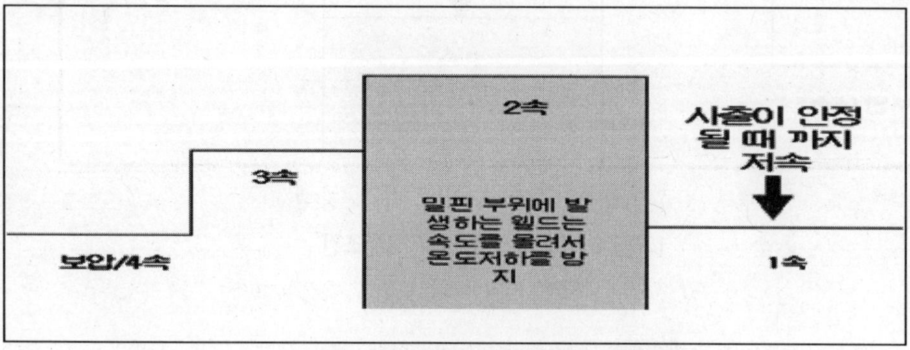

[그림 8-74] 웰드라인 발생시 사출 조건

(6) 가스 발생시 사출 조건

에어와 가스를 가스벤트를 통해서 충분히 빠져나갈 수 있도록 사출속도를 낮추어 준다. 사출의 말단 부이던 중간부분이던 가스에 의한 탄화부분은 속도를 낮추어 주는 것이 가장 좋은 방법이다. [그림 8-75]은 가스 발생시 사출조건을 보여주고 있다.

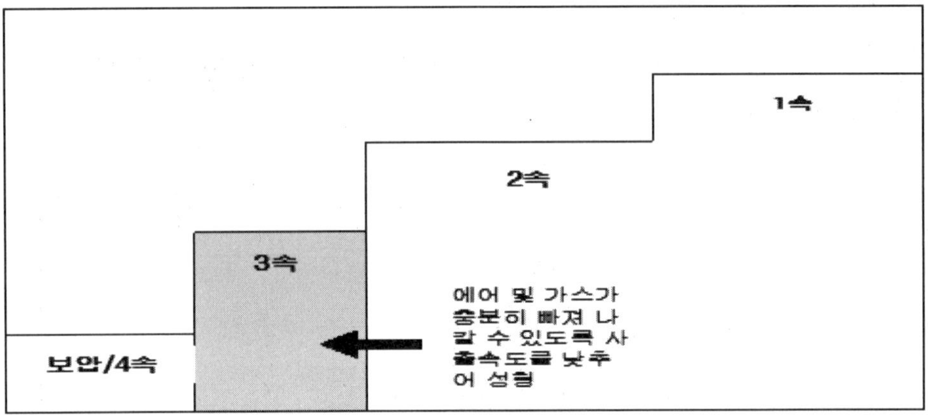

(a) 제품의 마지막 부위에 가스가 발생

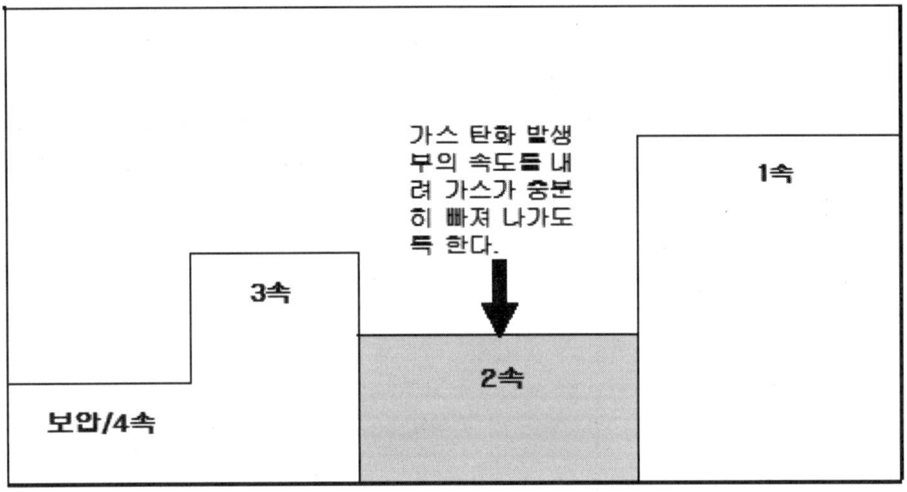

(b) 제품의 중간 부위에 가스 발생

[그림 8-75] 가스 발생시 사출조건

제 9 장

고정밀 사출성형

총론
사출성형품 설계
금형설계기술과 CAE
사출 금형 설계
열처리
수지 (PLASTIC)
금형제작
사출성형기와 사출성형

제1절 정밀 사출성형의 제작 사례

1. 플라스틱렌즈

최근 카메라에는 저비용화, 경량화, 성능향상 등의 목적으로 비구면 플라스틱 렌즈나 플라스틱 프리즘이 활발히 사용되고 있다. 이것은 재료기술, 초정밀 가공기술, 사출기술, 측정 평가기술 등의 진보에 따라, 비구면 렌즈, 프리즘을 저 코스트로 양산할 수 있게 되었기 때문이다. 여기에서는 플라스틱 광학소자를 얻는 금형과 성형에 관한 기술 내용의 일부를 소개한다.

2. 플라스틱 렌즈의 가공요소

플라스틱 렌즈를 얻기 위해서는 [표 9-1]과 같이 2개의 가공요소로 분류된다.

1) 수지재료

표속에 나타낸 광학특성이나 물성 이외에 성형성, 이형성이 좋은 것도 중요하다. 또한 온도와 습도 변화에도 치수나 굴절률이 변동하기 때문에 흡수 특성이나 선팽창률에도 충분히 주의할 필요가 있다.

2) 금형

렌즈의 R형상, 비구면 형상 정밀도의 확보가 포인트이다. 최근 가공기, 측정기의 정밀도가 향상되어 형상오차는 P-V 값으로 0.05㎛정도까지 가능하다.

베이스는 인서트의 동축도, 시프트, 틸트 등의 재현성을 보증하기 때문에 클리어런스, 평행도, 직각도 등을 2~2㎛로 억제하여 가공한다.

3) 성형

면조도가 좋고 내부응력이 적은 렌즈를 얻을 수 있는 성형조건을 구하기 위해 압력, 온도, 속도, 시간을 설정한다. 특히 중요한 것은 사용하는 수지재료가 어떤 특성을 가지고 있는가를 미리 파악해 두는 것이다.

4) 평가

치수측정, 편심, 형상측정을 함과 동시에 렌즈가 갖추어야 할 성능을 시뮬레이션 하여 확인하면서 진행한다.

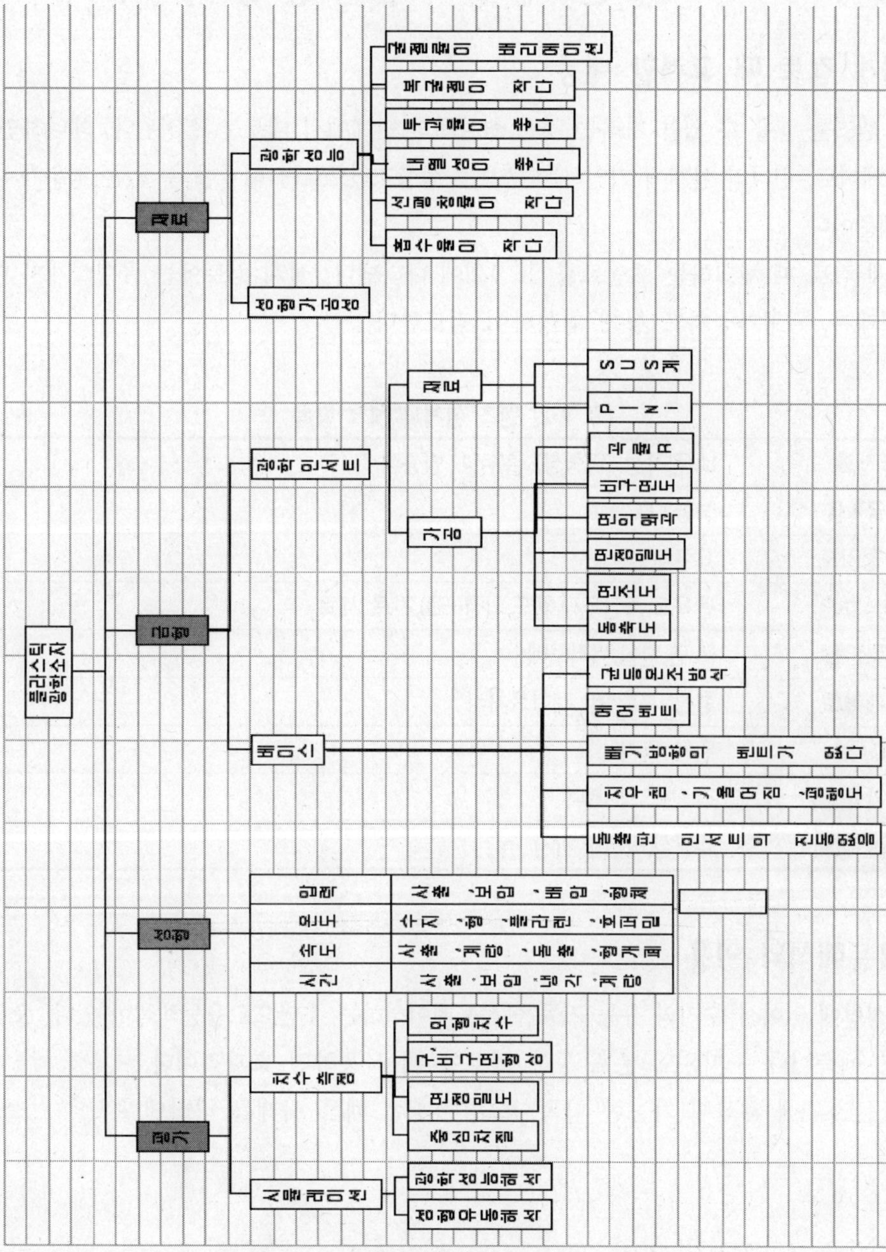

[표 9-1] 플라스틱 렌즈의 가공요소 일람표

3. 플라스틱 렌즈 금형설계의 유의점

1) 설계 검토 때 고려할 내용

좋은 렌즈를 얻을 수 있는 가라는 것은 형설계의 단계에서 대부분 결정된다. 왜냐하면 형분할이나 게이트, 런너의 설계에 기인하는 문제는 성형조건으로는 해결할 수 없는 경우가 대부분이기 때문이다.

형설계 검토 때 체크하는 포인트를 [표 9-2]에 나타낸다. 설계 검토에는 금형설계자 이외에 렌즈 설계자, 금형가공자도 함께 참석하여 검토한다.

[표 9-2] 렌즈 설계시 체크 항목

재료	UV접착성, 이형성, 흡수성, 범용성
굴절율	성형20℃
정밀도	요구레벨
형상요인	편육도,중심두께,웰드,외경(ED),가로 세로
형분할	PL면,편심,빼기구배
게이트	형상, P.L 면, 게이트처리
CV No	위치 크기
가공성	각 렌즈의 코너 R
운반상자	수납성,작업성,하자

3) 유동해석의 이용

렌즈성형에 있어서 수지의 유동 거동을 시뮬레이션하는 수단으로유동해석이 있다. 오목렌즈의 웰드 예측이나 수지온도 분포 등을 검토할 때 사용하면 효과적이다.

[표9-3], [표9-4]에 해석이 가능한 항목, [그림 9-1]에 해석 사례를 나타낸다.

[표 9-3] 유동 해석에서 얻을 수 있는 항목

	변화도	패턴도
압력 손실	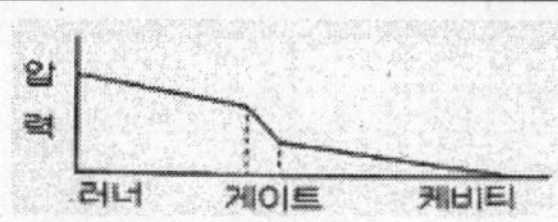	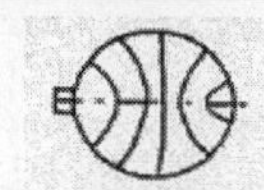 등압력선도
수지 온도	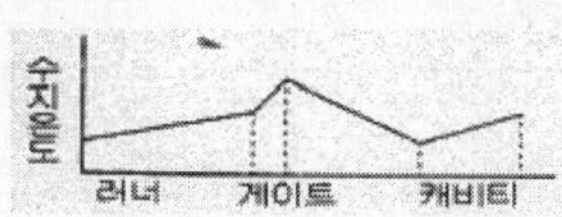	 등온도선도
유동 시간	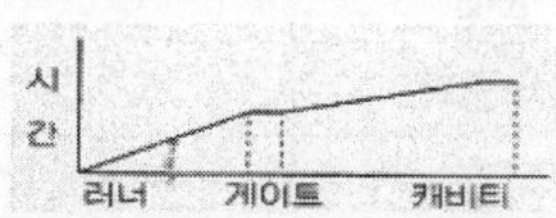	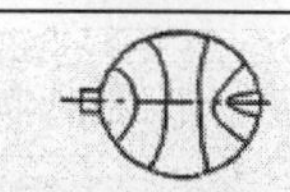 등시간 선도(유동 패턴도)
전단 응력	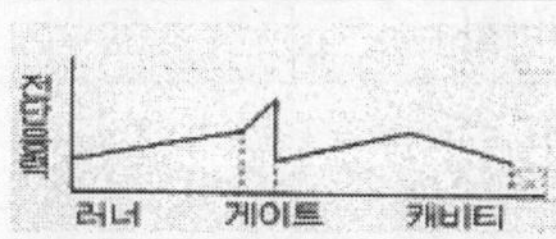	 등 전단력 선도
전단 응력	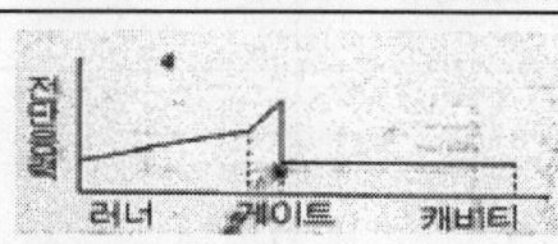	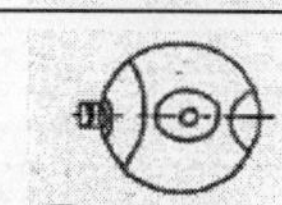 등 전단속도선도
고화 시간	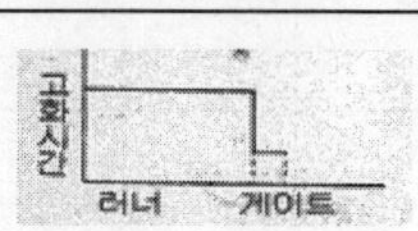	
수지 데이터	Total Volume: 10.00 Cu.cm (모델의 총체적) Max Clamp Tonnage Cycle 18Ton	

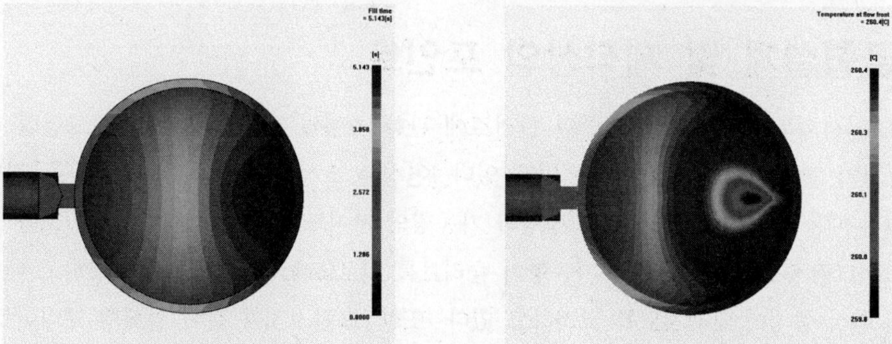

(a) 유동 패턴 (b) 수지온도

[그림 9-1] 플라스틱 렌즈의 유동 해석

[표 9-4] 해석결과를 적용할 수 있는 레벨

(○: 직접 데이터, △:간접데이타)

항목	해석내용		해석결과 입력
게이트 설계	게이트부의 압력손실	○	압력
	게이트부의 수지온도변화	○	온도
	게이트부의 고화시간	○	고화시간
	최적게이트위치	△	유동, 압력, 온도
스프루, 런너 설계	스프루, 런너부의 압력 손실	○	압력
	스프루, 런너부의 수지온도변화	○	온도
	스프루, 런너부의 고화시간	○	고화시간
	스프루, 런너부의 체적변화	○	체적(수치데이타)
성형불량 예측	웰드라인발생 위치	○	유동, 압력, 온도
	숏	△	압력
	복굴절	△	전단응력, 전단속도
성형조건	최적사출시간	△	압력, 온도
	최적금형온도	△	전단응력
	최적수지유동온도	△	전단속도
	필요사출압력	○	압력
	필요최저금형체결력	○	금형체결력(수치데이터)
	총체적	○	체적(수치데이터)

4. 금형설계 및 제작상의 포인트

렌즈 인서트부를 형성하는 비구면 인서트에 관한 초정밀 가공에 대해서는 고정밀 렌즈는 중심오차가 몇 ㎛ 이하로 요구되는 일도 있다. 편심은 고정형과 가동형의 형 맞춤 정밀도로 결정되기 때문에 이와 같은 경우 고정형과 가동형의 가이드만으로는 도저히 정밀도를 보증할 수 없고 [그림 9-2]와 같이 고정 · 가동형의 슬리브를 인로(in-low) 방식으로 가공하고 테이퍼에 의해서 항상 중심이 맞춰지도록 고려하고 있다. 또한 [그림 9-3]과 같이 일체형 캐비티로 묶어 인터로크 핀으로 편심을 확보하는 방식도 취해지고 있다. 이 경우 고정측 다이 플레이트의 포켓 가공은 0.1mm 정도 여유 있게 함으로써 형상맞춤의 오차를 흡수한다. 면 정밀도, 내부응력을 나쁘게 하는 요인을 [표 9-5]에 나타낸다. 앞에서도 설명했지만, 특히 중요한 것은 금형으로부터의 이형에 관여하는 부분이다. 파팅라인이 열리는 순간, 렌즈를 밀어내는 순간의 상황에 따라서 고정밀도의 인서트 형상을 전사시킨 렌즈의 면정밀도를 쓸모없게 만들 수 있다. 그밖에 인서트에 레이디얼 · 드러스트 방향의 여유가 있는 경우, [그림 9-4]에 나타낸 면정밀도 불량에도 대응할 수 있는 금형을 만드는 일이 고정밀도 플라스틱 렌즈를 얻기 위한 첫걸음이라 할 수 있다.

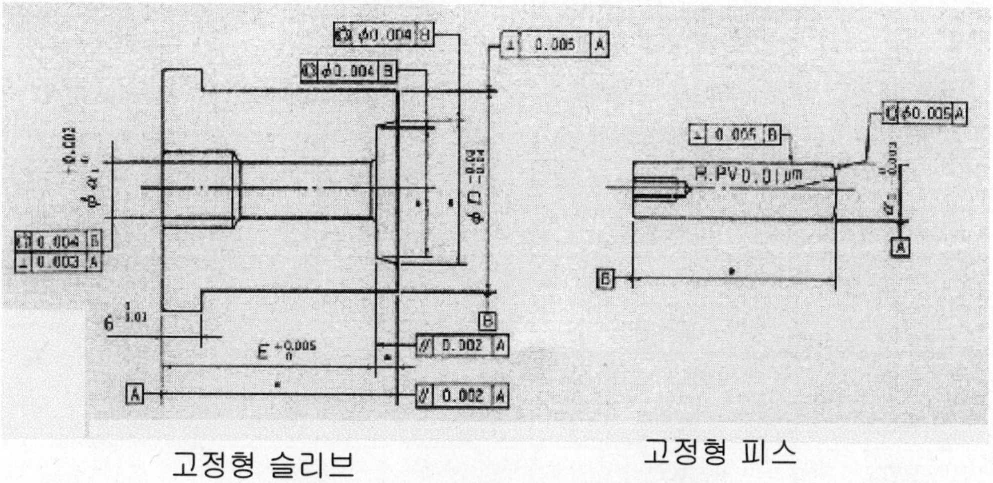

[그림 9-2] 피스와 슬리브의 인로 형식과 공차

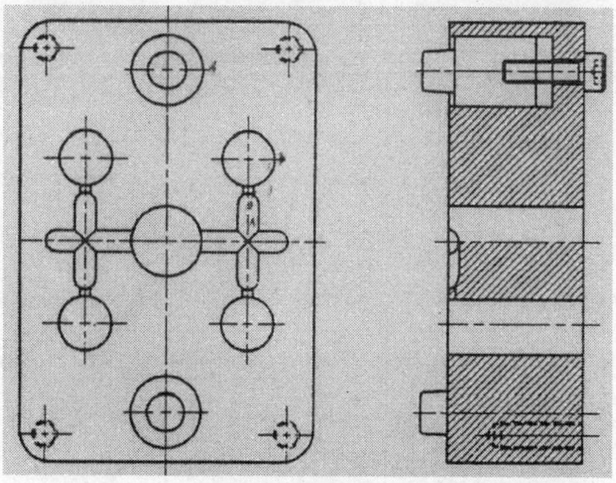

[그림 9-3] 일체형 금형

[표 9-5] 면정밀도 및 내부응력을 나쁘게 하는 요인

무엇이	어떻게 되면	어떤 불량이 생긴다.		비고
		면정밀도 불량	내부응력	
광학인서트	면정밀도 불량	○	-	-
	드러스트 진동	○	-	그림 7-4 (a)
	다이얼 진동	○	-	그림 7-4 (b)
	굵힘	○	-	-
슬리브	빼기방향연마불량	○	○	그림 7-4 (c)
	게이트부연마불량	○	○	그림 7-4 (d)
	가스빼기 불량	○	-	-
	인로 맞춤 불량	○	○	-
형체압력	너무 처짐	○	○	-
형개방시	고정형에 빼앗긴면	○	○	-
금형온도	불균등	○	○	-
돌출	밸런스 불량	○	○	-
사출속도	늦으면	-	○	-
보압	높으면	-	○	-

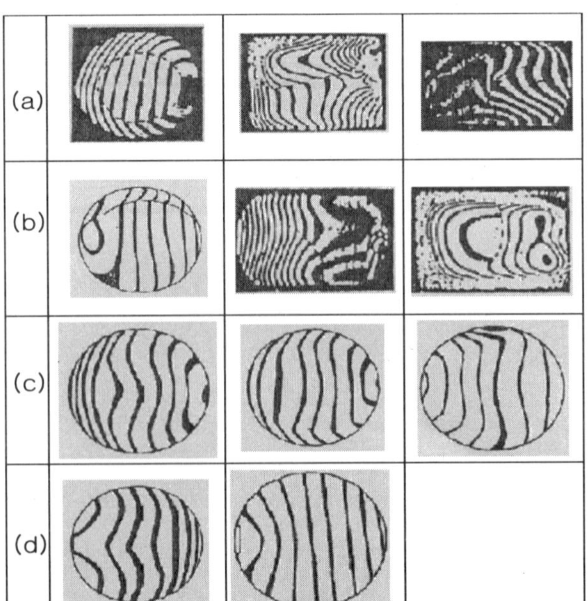

[그림 9-4] 면정밀도 불량 예

앞으로 더욱 플라스틱 렌즈가 다용화(多用化)되고 고정밀도화, 저코스트화가 요구된다. 수지에 대해서는 내열성, 내 흡수성에 대한 향상이 과제이다. 또한 금형에 대해서는 제품형상 요인별 R수축률의 예측정밀도 향상과 고정밀도 렌즈의 많은 다수개 떼기화, 수지의 분해가스 부착에 대한 메인티넌스 프리화 등이 과제이다. 성형법에서는 편중도가 큰 렌즈의 전사성 향상, 성형환경, 성형주변설비 등의 클린 레벨의 향상, 사이클 타임의 단축 등을 들 수 있다.

제 2 절 성형조건의 제어 사례

(출전: 플라스틱인재 닷컴)

1. PMMA(아크릴)작업- 렌즈(Lens)성형

자동차의 안전 운전에 필요한 전조등(Head Lights), 미등(Tail Lights) 등은 자동차에 부착되는 플라스틱 렌즈성형의 사례다. 사용되는 플라스틱 재료는 대부분 아크릴이며 PC(폴리카보네이트)도 용도에 따라서 사용된다. 자동차에 들어가는 플라스틱 제품 중 성형 상 애로를 특히 많이 겪는 것이 있다면 '렌즈작업'을 그 중의 하나로 꼽을 수 있다. 약간의 흑점도 발생해서는 안 되며 제품의 특성상 투명성을 요구하는 경우가 많기 때문에 성형된 제품을 자세히 검사하지 않으면 불량인 것도 모르고 바로 포장박스에 넣는 수도 있다. 기본적으로 확인해야 할 사항인 수축, 플로마크, 실버스트리이크 등을 철저하게 검사해야 한다. 특히, 아크릴(렌즈)작업일 경우 다음 사항들을 참조하면 좋다.

1) 냉각시간 단축

금형은 가능하면 빠르게 가열될 수 있도록 하여 성형한다. 렌즈작업은 금형구조상 정상적인 이형이 되지 못하고 금형 가동측에 성형품의 일부가 남을 수도 있다. 즉, 성형품이 일부만 이형되고 남은 부분은 금형의 캐비티 내부의 깊은 곳에 남아 있게 되는 것은 금형이 차가울수록 그 정도가 더 심하다. 제품이 캐비티에 남아있는 잔여물을 제거하는데 상당한 시간과 노력이 소요된다. 냉각시간을 줄이면 이형될 때 성형품과 금형의 캐비티가 냉각시간을 줄이기 전보다 조금이라도 더 뜨거워져 있는 상태 이므로 상호간에 접촉하고 있는 힘이 덜하게 된다. 그래서 성형품의 전체적인 이형이 가능해 지는 것이다. 결국은 이형시 저항을 줄여주겠다는 의도다. 반대로 냉각시간이 길어지면, 이형도중에 캐비티 구조상 저항이 심해서 평상시에도 잘 빠지지 않는 부분은 취출이 어렵게 된다. 어느 정도 금형이 열을 받았다고 판단되면 줄여놓았던 냉각시간은 평상시로 되돌려 놓아야 한다. 이러한 방법은 어디까지나 초기 작업에서 흔히 발생할 수 있는 작업손실을 없애고 능률을 올리기 위해 임시방편으로 활용을 하는 것이며 정상성형으로 가기위한 전단계로 이해하면 된다. 정상작업 중에도 성형품의 이형 상태를 잘 관찰하여 문제되는 부분이 눈에 띄면 성형품에 이상이 없는 범위 내에서 이형제를 적절히 뿌려가며 작업을 할 수 있도록 한다. 제품의 크랙, 크래이징 현상도 잘 살펴봐야 한다. 크랙(Crack)은 육안으로도 금방 알 수 있으나 크래이징(Crazing)은 가느다랗게 실금이 가는 현상이므로 주의 깊게 살펴보지 않으면 못보고 지나칠 수도 있다. 냉각시간을 줄여서 생산된 제품은 가급적이면 불량처리 한다. 그 중에는 쓸 만한 것도 있겠지만 치수와 다른 부분이 문제가 될 수도 있으므로 불량 처리하도록 하고 금형에 성형품이 박혀서 시간낭비를 하지 않은 것을 다행으로 생각해야 할 것이다.

2) 흐름자국

PMMA로 성형하는 제품은 게이트와 가까운 위치에 가느다란 실모양의 흐름자국이 잘 생긴다. 그 외, 기포(Void)가 발생하는 것도 빼 놓을 수 없다. 금형의 온도가 낮은 성형초기에 발생하는 기포는 주로 스크루 배압이 불충분한 경우와 성형과정에서 금형온도가 낮음으로 인해 용융수지의 흐름이 좋지 않아서 발생한 현상이다. 배압을 필요한 만큼 올려주고 금형이 빨리 열을 받을 수 있도록 성형초기에는 냉각수를 돌리지 말고 차단시킨다. 냉각시간도 단축한다. 이렇게 해도 해결이 안 되면 플라스틱 재료의 등급(Grade)를 바꿔보는 것도 한 가지 방편이 될 수 있다. 기타, 실버 스트라이크(은줄)발생도 주된 불량현상 중 하나로 역시 배압을 높여주고 건조를 충분히 시켜야할 것이며, 흐름방지(강제후퇴, Suck Back)도 설정하지 않는다. 흐름방지를 전혀 설정 하지 않으면 노즐구멍으로부터 흘러나온 수지가 굳어 금형의 스프루(Sprue)구멍을 막아 다음 쇼트(Shot)성형을 방해할 수도 있으므로 만일 이러한 상황이 발생되면 흐름방지거리(mm)설정은 하되 성형에 지장만 없도록 최대한 짧게 설정한다.

3) 휴식시간의 처치

PMMA로 성형작업을 진행하다가 휴식시간에는 계량(Charge)시키지 말고 기계 정지(Stop) 혹은 호퍼(Hopper)의 원료투입 차단기를 막은 상태에서 가열실린더 내부 수지를 원료 낭비 없이 성형품으로 완전히 소화해 내고 더 이상 원료공급 고갈로 인해 계량이 안 될 때 기계를 정지한다. 이유는 다시 기계를 가동하여 작업을 했을 때 작업로스(Loss)를 최대한 줄이고 생산성을 향상시키기 위함이다. 성형작업을 하다보면 우리가 보편적으로 알고 있는 '작업기준'이나 '작업표준'이란 것이 모호할 때가 있다. 작업표준을 준수하는 것이 옳을 때도 있고 때로는 그렇지 않을 경우도 더러 있다. 확률적으로 본다면 표준을 준수함이 맞다. 여태까지 해온 방식이 종합적인 데이터(Data)에 의한 것이기 때문이다. 그러나 생산현장에서 직접 성형조건과 씨름해 본 실무자의 견해는 다소 다른 의견을 가지고 있다. 성형작업은 '생각하는 기술'로 어떻게 생각 하느냐에 따라서 전혀 예측하지도 못한 기상천외한 방법들도 나온다. 원칙은 중시하되 '고정관념'에서 탈피할 줄 아는 지혜도 발휘해야 한다고 한다.

작업지연시간(손실시간, Loss time)도 거의 없으며 작업하는 사람도 편하다. 즉, 계량(Charge)만 시켜주고 즉시 성형에 들어가도 된다. 단, 성형에 들어가기 전에 체류된 수지의 과열여부를 판단하기 위해 약간의 배출로 확인해볼 수는 있다. 이때 가열실린더 내부에 생성된 체류가스(Gas)도 수지와 함께 배출될 것이다. 성형에 들어가면 처음 몇 쇼트(Shot)만 불량처리하면 거의 정상작업이 이루어진다. 이것과는 반대로 원료 투입구도 막지 않고 또한 계량도 완료시킨 상태에서 기계를 정지하고 휴식했다가 다시 작업하려한다면 실린더내 과열수지를 다량 배출시켜야 한다. 이렇게 해도 정상작업에 들어가면 또다시 완전한 양품이 나오기까지 불량 쇼트수가 비교적 많다. 이것은 과열수지를 배출시 켜내는 과정에서 사출과 계량을 반복적으로 실시함으로 인해 가열실린더의 용융수지의 밀도변화, 공기유입 등 말로 표현하기 어려운 매우 복합적이고도 복잡 미묘한 내부 상황의 변화가 주된 원인이라고 볼 수 있다. 성형조건이 안정되기까지 불량이 다량 발생됨은 피할 수 없다. 아무튼 이러한 이유로 작업시작 전에 가열실린더내의 과열된 수지를 필요이상으로 많이 배출시키면 재료낭비도 많고 작업시간 지연도 불가피하기 때문에 PMMA작업에 한정한다. PMMA의 특성 때문이다. 다른 수지작업에도 응용할 수는 있겠으나 모든 작업을 이런식으 로 이해하면 곤란하고 어디까지나 원칙을 중요시하는 가운데 변화를 모색할 수 있을 것이다. PMMA수지라도 플라스틱 원재료 메이커에 따라서 성형작업방법이 달라질 수도 있으므로 일률적으로 모두 적용된다고 단정할 수는 없다.

2. 핫 러너(Hot runner)금형 작업사례(PMMA)

부탄가스에 끝이 가느다란 쇠막대를 달궈 게이트부 분을 관통한 후 작업을 진행하고 초기 작업시 냉각 시간 줄여서 금형에 성형품 박힘을 방지한다. 핫 러너 온도를 정상적인 작업때 보다 좀 더 올리고 시작한다. 처음부터 정상치로 맞추면 첫 쇼트 성형 후 즉시 게이트가 굳어버려 다음 쇼트 사출이 되지 않으므로 어느 정도 열을 받을 때까지 만이라도 올린 상태를 유지한다. 이후에 성형상태와 성형품에 게이트가 같이 딸려 나오는 상태를 잘 살펴가면서 온도를 차츰 내려 적정온도에서 스톱한다. 초기 작업시 냉각시간을 줄여놓았으므로 핫 러너 금형이 열을 받는 시점과 냉각 시간과의 타이밍을 잘 맞출 수 있도록 한다. 금형이 충분히 열을 받았다고 판단되면 냉각 시간을 정상적으로 설정 한 후 핫 러너 컨트롤러의 온도를 점차적으로 내린다. 조절의 순서는 줄였던 냉각시간을 원위치 시켜주는 것이 먼저이고 핫 러너 온도를 정상적으로 낮춰서 고정시켜주는 것은 다음이다. 냉각 시간을 줄인 채로 핫 러너의 열을 먼저 낮추면 이형시에 게이트가 잘려져 핫 러너 게이트를 막아 버림으로 다음 쇼트 사출이 안 된다. 이러한 현상이 발생하는 이유는 냉각시간이 짧음으로 인해 게이트는 덜 굳고 핫 러너는 반대로 열이 낮음으로써 게이트 끝을 물고있는 상황이 되어 이형시에 성형품에 게이트가 붙은 채로 모두 딸려 나오지 못하고 핫 러너의 러너내부에 게이트의 일부 또는 전부가 잘려진 채로 남기 때문이다. 이것을 방지하기 위해서 냉각시간 부터 정상화 시킨 후 서서히 핫 러너 열을 낮추어 가면서 정상치로 고정해야 한다. 정상작업 중에는 냉각 시간이 다소 길어도 핫 러너 게이트만 이형시에 확실하게 성형품에 붙어서 딸려져 나오면 그 다음 쇼트 사출은 이상이 없다. 단, 시간을 지체해 버리면 곧 핫 러너 게이트는 굳는다. 이로 인하여 역시 다음 쇼트 사출은 불가능해진다.

3. PA(나일론) 성형사례

제품두께가 매우 얇은 제품으로 성형상 특별한 문제는 없고 미성형(Short shot) 않으면 된다는 조건의 성형구상은 제품두께가 매우 얇다고 했으므로 성형에 애로점이 없도록 하려면 금형냉각은 생략해야 한다. 두께가 얇은 제품을 냉각까지 시키면 성형은 거의 불가능하다. 용융수지가 금형내로 진입하는 즉시 금형의 차가운 면에 부딪혀 성형도중에 굳어 버린다. 성형온도를 올려주고 사출압력과 속도를 높여주어도 효과가 없다. 금형냉각을 생략하고 성형을 해보면 성형상태가 냉각을 시켰을 때 보다는 양호하나 성형품 두께가 너무 얇아서 완전 성형까지는 역부족이다. 이럴 때 '온유기'를 사용해야 한다. 온유기를 사용하면 금형온도를 높여 뜨겁게 해줄 수 있으므로 성형이 가능하다. 그러나 성형은 가능한데 금형이 뜨거워지면 성형 후 성형품 취출을 빨리 할 수가 없다. 금형온도가 높아진 만큼 냉각시간을 길게 할 수 밖에 없기 때문이다. 성형사이클이 길어진다는 것이다. 성형사이클이 길면 아무리 품질이 우수하다해도 단위시간당 성형되는 쇼트(Shot)수가 감소할 수 밖에 없기 때문에 적자운영이 된다. 이렇게 되면 성형작업을 계속 강행할 수가 없다. 성형작업은 초단위를 다투는 작업이므로 0.1초만 단축시켜도 생산수량은 많은 차이를 나타낸다. 이러한 경우에 성형사이클을 단축할 수 있는 어떤 절묘한 방법은 최초에 작업을 할 때는 필히 온유기를 가동하면서 출발한다. 금형이 식어있는 상태이므로 뜨겁게 해줘서 우선 성형부터 시켜야 한다. 연속적으로 성형이 이루어지는 것을 확인한 후 갑자기 온유기 가동을 멈춘다. 이렇게 하면 금형온도는 급격히 하락하지 않고 서서히 떨어지는데 아직까지는 즉시 미성형은 발생되지 않는다. 성형작업이 안정적으로 진행되어 왔기 때문에 당장 미성형 발생은 없다. 그러나 점진적으로 금형온도는 하락하게 되고 어느 시점에 도달하면 어김없이 미성형은 발생될 것이다. 이것을 방지하려면 온유기 가동을 멈춤과 동시에 냉각시간을 줄여야 한다. 냉각시간을 줄일 때는 서서히 그리고 조금씩 줄여야 한다. 이렇게 하는 이유는 금형온도와 균형을 맞춰주기 위함이다. 온유기를 멈췄다 해서 금형온도가 성형이 불가능할 정도로 즉시 하락하지는 않으나 미세하게 하락하는 것은 피할 수 없기 때문에 그것을 보충시키는 방법으로 예상되는 금형온도 하락만큼 성형사이클, 즉, 냉각시간을 줄여주는 것이다. 계속적으로 성형상태를 관찰해 가면서 냉각시간을 단축해 들어가면 어느 시점에 가서는 온유기 를 가동했을 때와 다름없이 연속성형이 이루어진다. 냉각시간을 단축해 준다는 것은 금형온도가 하락할 틈을 주지 않겠다는 것이다. 그러면 당겨진 시간만큼 생산수량은 증대되는 것이다. 어디까지나 제품에 이상이 없는 한도 내에서 사이클 단축하기에 사이클을 당기는 중간, 중간에 제품관찰도 소홀히 해서는 안 된다. 이렇게 하다보면 성형품의 품질도 온유기 가동 때 보다 우수하다. 사이클을 당겨도 온유기 가동 때보다 품질 면에서 결코 뒤지지 않는다. 결과적으로 품질과 생산성 향상이라는 두마리 토끼를 다 잡는 격이 된다. 이러한 작업방법은 가급적 전자동 금형일 경우 에만 적용시킨다.

플라스틱 사출성형에 있어서 사출과 보압의 정의가 무엇보다 먼저 필요하다. 성형조건을 설정하는 순서로 성형 플라스틱 재료의 성형온도 범위가 얼마인지 먼저 알고 설정해야 한다. 사출성형기의 제어판에 사출 1차, 2차.〉.. 〉보압 등을 볼 수 있다. 이것은 가열 실린더를 통해 용융된 플라스틱 재료가 금형내부로 흘러 들어가 성형 될 조건을 설정해 주기 위함이다. 사출은 크게 1차는 '충전'과 2차는 '보압'으로 구성된다. 충전은 가열실린더를 통해 용융된 플라스틱이 압력과 속도에 의해 성형기의 노즐 구멍을 통과하여 금형내부의 공동부(Cavity)에 주입되어 성형품 형상으로 채워지는 것을 말한다. 보압은 냉각 등에 의해서 부족한 수지를 더욱 채워서 완벽한 제품으로 태어나기 위해 보충시켜 주는 압력을 말한다.

사출이 만약 1차(충전)만 존재 한다면 성형품의 외관은 형편없게 될 것이다. 이러한 현상을 방지하기 위해 보압은 반드시 필요한 것이다.

사출에 의한 충전 사출1차, 2차, 3차 등으로 세분화 되며 보압도 다시 보압1차, 2차, 3차 등으로 나누어 진행된다. 사출 후 보압이 걸리는 위치 절환이란 것도 있다.

실린더 열을 설정할 때는 성형하고자 하는 플라스틱 수지의 성형온도 범위를 알아야 한다. 성형을 위해서 반드시 플라스틱 수지에 열을 가해 금형 내부를 흐를 수 있도록 용융하게 된다. 대표적인 범용 플라스틱 수지인 PP(폴리프로필렌)를 예로 들면 PP의 성형온도 범위는 180℃-270℃ 정도를 추천하고 있지만 180℃ 이하로 설정할 수도 있고 270℃ 이상도 설정이 가능하다. 성형온도 범위가 저마다 조금씩 다르게 표기 되어있는 것은, 정확하게 정해질 수 없기 때문이다. 사출기나 사출하고자 하는 금형, 성형온도설정에 각각의 한계가 있기 때문이다. 온도를 낮출 경우에는, 사출기의 스크루의 구동상태를 잘 관찰하여 무리가 없도록 해야 할 것이며 반대로 높일 경우에는 수지가 과열될 수도 있으므로 주의해야 한다. 사출성형기의 성형온도 설정 패널(panel)을 보면, 노즐온도(NH), 1번히터(H1), 2번히터(H2), 3번히터(H3), 4번히터(H4) 등으로 구성되어 있다. 이것을 온도제어 존(Zone)이라 한다. PP의 경우 제일 높게 설정할 수 있는 금형측과 접하는 노즐온도는 270℃이며 재료가 공급되는 호퍼 측의 히터에 제일 낮게 설정할 수 있는 열 180℃이다.

어떠한 성형품을 PP란 재료를 가지고 성형을 한다고 가정을 해보면 모든 성형조건 설정시 가장 우선해야 할 것은 성형온도 설정 이다. 플라스틱 수지를 녹여야만 그 다음 작업진행이 가능하기 때문이다. 열을 설정 할 때 알아야할 점은, 성형온도 범위에서 한 번에 모두 설정하지 말고 적절하게 조절해 나가야 한다. 이를테면, 노즐온도를 270℃로 1번 히터를 240℃로 2번 히터를 220℃로 3번 히터를 200℃, 4번 히터를 180℃ 등으로 설정하면 안 된다. 성형온도를 설정할 때 반드시 고려해야할 사항으로는 성형하고자 하는 제품의 '두께'를 판단해야 한다. 두께에 따라서 설정온도는 판이하게 달라진다. 두께가 두꺼우면 사출되어 수지가 금형내로 들어갈 때 금형의 차가운 면과 부딪쳐도 쉽게 굳어버리지 않으며 반대로 얇으면 쉽게 굳어버리므로 성형을 시키기가 어렵다. 그래서 두께가 두꺼우면 열을 낮게 설정해주고, 얇으면 높여줘서 성형을 해야 한다. 열을 설정할 때 두께가 두껍다면 노즐온도를 200℃, 1번 히터를 195℃, 2번 히터를 190℃, 3번 히터를 185℃, 4번 히터를 180℃ 등으로 설정한다. 각 구간별 설정온도 간격은 보통 10℃ 혹은 5℃로 한다. 이 수치는 보편적으로 성형온도 설정 시에는 가장 기본적인 방법이다. 두께도 두께 나름, 육안으로 봐서 매우 두껍다고 판단되면 전체적인 성형가능온도 범위 내에서 위의 경우와 같이 최하위 온도를 설정한다. 반대로 두께가 얇을 경우는 반대로 조금 높은 열에서 출발할 것을 추천한다. PP의 경우 240℃을 기준으로 보고 지나치게 얇을 경우는 그보다 높게 설정한다. 각 구간(Zone)별 온도차는 역시 5℃, 10℃정도. 온도를 그 수지가 허용하는 성형 온도 범위 내에서 최대 한계까지 설정했는데도 성형이 되지 않았을 경우에는 핫 러너(Hot runner)를 사용하여 성형을 할 수도 있다. 이것은 금형 내에서 수지 공급 통로인 러너(Runner)를 항상 뜨겁게 해줌으로써 유동중의 열 손실을 없애겠다는 것이다. 이렇게 해주면 웬만큼 두께가 얇아도 성형이 가능하다. 또 한 가지 방법으로는, 온유기를 사용하여 금형을 뜨겁게 해서 성형작업을 가능하게 할 수도 있다. 성형온도 설정시에는 어디까지나 「전체적인 성형가능 온도 범위 내」에서 두께를 보고 일차적인 판단을 하여 대략적으로 설정을 하고 작업을 진행하며, 종합적으로 판단해서 「최적온도」를 설정한다. 또 점도특성도 고려해야한다. 점도가 높은 고점도 수지는 「흐름성(유동성)」이 매우 떨어지므로 비록 성형품의 두께가 두꺼워도 열을 설정할 때는 약간 높여줘서 출발하는 것이 좋다. 저점도 수지는 반대로 열을 낮춰준다. 수지의 흐름성이 뛰어나므로 두께에 비례해서 낮춰줄 수 있다. 그 외에도 강질이냐 연질이냐에 따라서도 좌우된다.

	수지	성형온도
결정성 플라스틱	PE(폴리에틸렌) PP(폴리프로필렌) PA(폴리아미드, 나일론-6 나일론-66 POM(폴리아세탈)	190℃~280℃ 190℃~270℃ 210℃~260℃ 240℃~300℃ 180℃~200℃
비결정성 플라스틱	PS(폴리스티렌) ABS 메타크릴 PC(폴리카보네이트) Noryl(노릴,변성 PPO) PVC(염화비닐) -경질 -연질	180℃~240℃ 180℃~230℃ 180℃~220℃ 260℃~310℃ 240℃~280℃ 165℃~185℃ 150℃~160℃

참고문헌

- 금형산업의 가치사슬 변화와 창조화전략, 2014. (박광순)
- 국가직무능력표준 사출금형설계. 한국산업인력관리공단, 2014. (이민, 이균덕, 조완수, 전대선, 설동옥, 신지호)
- 국가직무능력표준 사출금형제작. 한국산업인력관리공단, 2014. (강신길, 고재규. 설동욱)
- 국가직무능력표준 사출금형품질관리. 한국산업인력관리공단, 2014. (육정권, 황인호, 김부태, 신지호)
- 국가직무능력표준 사출금형조립. 한국산업인력관리공단, 2014. (황인호, 조정희, 김부태)
- 정영득, 구본흥 : 사출성형해석에 의한 제품 및 금형설계. 인터비전, 2005.
- 정영득, 박태원, 김현필 : 플라스틱성형을 위한 알기 쉬운. 금형설계, 인터비젼, 2003.
- 青木正義, 飯田 誠 : プラスチック金型設計 マニュアル, 日刊工業新聞社, 2002.
- 岡田 青 : 射出成形用金型, プラスチックス・エージ, 1989.
- 村上宗雄 : ランナレス金型, 日刊工業新聞社, 1989.
- 技術士 高松英次 : 金型製作の基礎知識, 1988.
- 福井雅彦, 矢野 宏 : 精密プラスチック金型と成形技術, 日刊工業新聞社, 1988.
- 吉田弘美 : 金型加工技術, 日刊工業新聞社, 1987.

저자 약력

김종수	공학박사 한국기계연구원 동남권 기계기술지원단장 한국기계연구원 책임연구원 현) 한국기계연구원 부산자동차부품 기술센터장
박태원	공학박사/금형기술사/금형기능장 현) 한국폴리텍대학 금형공학과 교수

저자와의
협의에 의해
인지 생략

NCS 기반

사출금형

1판 4쇄 2019년 3월 4일

저 자 김종수 / 박태원
발행인 송광헌
발행처 복두출판사
주 소 서울특별시 영등포구 경인로82길 3-4
센터플러스 807호
(우) 07371
전 화 02-2164-2580
FAX 02-2164-2584
등 록 1993. 11. 22. 제 10-902 호

정가 : 22,000원

ISBN : 979-11-5906-039-7 93550

한국과학기술출판협회 회원사